智能电网优化理论与应用

汤 奕 王玉荣 编著

东南大学出版社
SOUTHEAST UNIVERSITY PRESS
·南京·

图书在版编目(CIP)数据

智能电网优化理论与应用/汤奕，王玉荣编著.—南京：东南大学出版社，2022.6

ISBN 978-7-5641-9926-5

Ⅰ.①智… Ⅱ.①汤… ②王… Ⅲ.①智能控制—电网—最佳化理论 Ⅳ.①TM76

中国版本图书馆 CIP 数据核字(2021)第 259326 号

责任编辑：夏莉莉　责任校对：韩小亮　封面设计：顾晓阳　责任印制：周荣虎

智能电网优化理论与应用

Zhineng Dianwang Youhua Lilun yu Yingyong

编　　著：汤　奕　王玉荣
出版发行：东南大学出版社
社　　址：南京四牌楼 2 号　邮编：210096　电话：025-83793330
网　　址：http://www.seupress.com
电子邮件：press@seupress.com
经　　销：全国各地新华书店
印　　刷：南京玉河印刷厂
开　　本：787mm×1 092mm　1/16
印　　张：21
字　　数：494 千字
版　　次：2022 年 6 月第 1 版
印　　次：2022 年 6 月第 1 次印刷
书　　号：ISBN 978-7-5641-9926-5
定　　价：68.00 元

前　言

本书是作为高等教育学校电气工程学科高年级本科生和研究生对优化理论的入门和电力系统相关优化问题应用实践的参考书。

为了满足经济社会发展的新需求和实现电网的升级换代，以欧盟和美国为代表的一些组织和国家提出了智能电网概念，政府部门、电力企业、电气设备生产商和IT业界厂商也纷纷响应。智能电网被认为是当今世界电力系统发展变革的新的制高点，也是未来电网发展的大趋势。本书围绕智能电网和电力系统中的一系列基本优化问题，由浅入深，围绕线性、非线性、无约束、有约束等优化问题逐级展开，主要结构如下：

(1) 从章节分布来看，本书从基本的线性规划到非线性规划，从连续规划到混合整数规划，从传统优化算法到前沿的智能算法，对当前优化理论与技术由浅入深地进行了介绍。从各章内容来看，针对每类优化问题，本书从基本原理，算法步骤，计算举例三个层级进行了阐述与分析。

(2) 本书第二章，介绍了电力系统优化问题中的MATLAB优化环境。在对MATLAB的基本使用方法进行了简练的介绍后，进一步说明了MATLAB优化工具箱和用于解决电力系统潮流计算和最优化潮流问题的Matpower软件包的使用方法，以及MATLAB与常见电力仿真软件PSD-BPA、PSASP的交互方法。最后，还引入了CPLEX、Gurobi的使用简介。

(3) 本书第三章至第八章，针对各类优化问题，选取电力系统与智能电网领域实际应用问题进行了建模和讨论，在优化建模方面提供了合理、新颖、丰富的思路，继而对不同优化理论在实际工程中的运用给出了求解实例，内容涵盖线性、非线性、无约束、有约束、混合整数规划问题等。此外，部分算例代码、算例数据可通过扫描二维码获得，方便读者学习与实操。

(4) 本书的第九章和第十章，针对智能化算法展开讨论，用丰富的算例分析了智能化算法及其在电力系统中的广泛应用，内容涵盖了调度运行、参数辨识、低频振荡和预测等多方面。

在本书的编写过程中，汤奕教授拟定全书大纲、编写教材规划及要求，并对本书的结构提出了大量建设性意见。本书的具体分工如下：前言及第一至四章由王玉荣编写；第五至八章由汤奕编写；第九、十章由汤奕和王玉荣合编。此外，本书编写过程中也得到了李周、王琦、叶宇剑、冯双、胡秦然、戴剑丰、李峰等老师的大力支持。

在本书的编写过程中，崔晗、袁泉、王洪儒、胡健雄、杨若琳、张汀荃、王卉宇、陶苏朦、陈佳宁、常平、孙大松等研究生为本书的资料检索、算例分析等方面也做了大量工作，在此表示感谢。同时，感谢朱奕飞同学为本书绘制的思维导图。

希望本书能够为读者在电力系统问题的优化建模、求解算法方面带来一定的启发。同时，限于作者水平，书中难免存在疏漏，恳请读者批评、指正！

目　录

第一章　优化理论与技术概述

1.1　优化理论与技术的发展历史

优化理论与技术是一门应用性相当广泛的学科，是一个重要的数学分支，它讨论决策问题最佳选择的特性，寻找最佳的计算方法，研究这些计算方法的理论性质及其实际计算表现，并得到期望的最优结果。概括地说，凡是讨论在众多的方案中什么样的方案最优以及怎样找出最优方案，追求最优目标的数学问题都属于最优化问题。最优化问题普遍存在于实际应用中，应用范围非常广。例如，在工程设计领域中，怎样选择设计参数，使得设计方案既满足设计要求又能降低成本；在经济规划领域中，怎样通过分配有限资源，使得分配方案既能满足各方面的基本要求，又能获得好的经济效益；在生产管理领域中，制定怎样的产品生产方案才能提高产值和利润；在交通运输领域中，规划怎样的运输路线才能有效降低货运费用；在国防军事领域中，怎样确定最佳作战方案，才能有效地消灭敌人，保全我方军事力量。诸如此类，不胜枚举。在电力系统领域，优化的思想覆盖了发电、输电、配电、供电、用电各个环节，在当今的源、网、荷、储各个领域均有充分的应用。最优化这一数学分支，正是为这些问题的解决，提供理论基础和求解方法，因此它是一门应用广泛、实用性强的学科。

长期以来，人们对最优化问题进行着探讨和研究。最优化的概念最早可追溯到变分法和 Lagrange 的工作。早在 17 世纪，英国科学家 Newton 发明微积分的时代，就已提出极值问题，后来又出现 Lagrange 乘数法。1847 年法国数学家 Cauchy 研究了函数值沿什么方向下降最快的问题，提出最速下降法。1939 年苏联数学家康特洛维奇提出了下料问题和运输问题这两种线性规划问题的求解方法。人们关于最优化问题的研究工作，随着历史的发展不断深入。但是，任何科学的进步，都受到历史条件的限制，直至 20 世纪 30 年代，最优化这个古老课题并未形成独立的有系统的学科。20 世纪 40 年代以来，由于生产和科学研究突飞猛进地发展，特别是电子计算机日益广泛应用，最优化问题的研究不仅成为一种迫切需要，而且有了求解的有力工具。因此，最优化理论和算法迅速发展起来，形成了一个新的学科。非线性最优化的一个重要理论是 1951 年由库恩-塔克(Kuhn-Tucker)建立的最优条件(简称 KT 条件)。此后在 20 世纪 50 年代主要是对梯度法和牛顿法的研究，这两个方法的基本理论和性质已被广泛应用。以 Davidon、Fletcher 和 Powell 提出的 DFP 方法为起点，60 年代是研究拟牛顿方法活跃时期，同时对共轭梯度法也有较好的研究。在 1979 年由 Broyden、Fletcher、Goldefarb 和 Shanno 从不同的角度共同提出的 BFGS 方法是目前为止最有效的拟牛顿方法。70 年代是最优化研究飞速发展时期，序列二次规划法是这一时期最重要的研究成果。计算机的飞速发展使非线性规划的研究如虎添翼。20 世纪 80 年代开始研究信赖域法、稀疏拟牛顿法、大规模问题的方法和并行计算，90 年代研究解决非线性规划问题的内点法、直接搜索法和有限存储法。进入 21 世纪后各种新的优化算法不断涌现，为优化领域增添了绚丽的色彩。至今已出现线性规划、整数规划、非线性规划、几何规划、动态规划、随机规划、网络流等许多分支。最优化理论和算法在实际应用中正在发挥越来越大的作用。

但随着对最优化理论和算法的深入研究，目前最优化解决方法在解决某些复杂的实际问题时仍具有以下一些局限性。

(1) 单点运算方式，限制了运算效率。从一个初始解出发，每次迭代只对一个点进行计算，无法利用并行计算、多核计算。

(2) 向改进方向移动限制了跳出局部最优的能力。每次迭代都向改进方向前进，对于极小化问题都使得目标函数降低(极大化问题可转换为极小化问题)，因此对凹问题很可能陷入初始解附近的局部解中，即不具备“爬山”“跳出”能力，难以找到全局最优解或所有局部最优解。

(3) 停止条件只是局部最优性的条件。梯度为 0 或库恩-塔克条件，只是最优解的必要条件而不是充分条件。只有当解的可行域是凸集、目标函数也是凸函数时(即“双凸”时)，才能获得全局最优解，但这两个条件在实际的应用问题中很难满足。

(4) 目标函数、约束条件必须连续可微，甚至还要高阶可微。

因此最优化方法的应用范围受到了限制，为了适应各类复杂的优化问题，智能算法在优化理论中得到了进一步的应用。得到广泛应用的智能化方法有遗传算法、模拟退火算法、粒子群算法、神经网络算法及强化学习算法等。

本书第二章到第八章着重介绍了优化问题的算法原理，并给出了最优化方法在电力系统与智能电网领域相关问题的最优化应用，第九章、第十章详细阐述了智能优化算法在电力系统中的多方面应用。

1.2 优化理论的基本知识

1.2.1 求解优化问题的基本步骤

优化理论在解决大量实际问题过程中形成了特定的求解步骤：

(1) 提出问题

搜集有关资料，弄清问题的目标、可能的约束、问题的可控变量以及有关参数。

(2) 建立优化模型

把问题中可控变量、参数、目标与约束之间的关系用一定的模型表示出来。

优化模型的一般数学形式可用下列表达式描述：

目标函数

$$U=\min f(\boldsymbol{x}, \boldsymbol{y}, \zeta)$$

约束条件

$$\text{s.t.}\quad \begin{cases} g_m(\boldsymbol{x},\boldsymbol{y},\boldsymbol{\zeta})\geqslant 0, & m=1,2,\cdots,l \\ h_n(\boldsymbol{x},\boldsymbol{y},\boldsymbol{\zeta})=0, & n=1,2,\cdots,p \end{cases}$$

其中，f，g_m，h_n 为一般(或广义) 函数；$\boldsymbol{x}$ 为决策变量；$\boldsymbol{y}$ 为已知参数；$\boldsymbol{\zeta}$ 为随机因素；s.t.是 subject to 的英文缩写，它表示“以……为条件”“假定”“满足”之意。

(3) 优化模型求解

针对所建立的模型，根据目标函数的形式、变量与约束的条件，采用相应类型的优化算法对模型求解。解可以是最优解、次优解、可行解。复杂模型的求解需用计算机，解的精度要求可由决策者提出。

(4) 解的检验

首先检查求解步骤和程序有无错误，然后检查解是否反映现实问题。

(5) 灵敏度分析

参数扰动对解的影响情况，通过控制解的变化过程决定是否要对解做一定的改变。

(6) 解的实施

它是指将解应用到实际中必须考虑实施的问题，如向实际部门讲清解的用法，在实施中可能产生的问题和修改办法。

(7) 问题后评估

考察问题是否得到有效解决。

1.2.2　优化问题的分类

针对复杂的电力系统环境，建模是解决实际问题的关键和先决条件。面对所建立的电力系统优化模型，决策变量、目标函数和约束条件具有的不同形式，可将最优化问题分为线性与非线性优化问题、有约束与无约束优化问题、确定与随机优化问题、静态与动态优化问题、连续变量优化与组合优化问题、单目标与多目标优化问题，进而采用适当的方法对模型进行求解。下面具体阐述其概念。

线性与非线性优化问题：若目标函数和所有约束条件式均为线性的(即它们全部是变量的线性函数)，则称为线性最优化问题；若目标函数和约束条件式中含有变量的非线性函数(即使只是部分约束式)，则称为非线性最优化问题。

有约束与无约束优化问题：若有约束条件，决策变量的可行域不是整个空间，则称为有约束优化问题；若无约束条件，只有目标函数，决策变量可在整个空间寻优，则称为无约束优化问题。

确定与随机优化问题：若每个变量的取值是确定的、可知的，则称为确定性优化问题；若某些变量的取值是不确定的，但可根据大量的实验统计，知道变量的概率分布规律，则称为随机性优化问题。

静态与动态优化问题：若优化问题的解不随时间的变化而变化，则称为静态优化问题；若优化问题的解随时间的变化而变化，即变量是时间的函数，则称为动态优化问题。

连续变量优化与组合优化问题：若变量在连续的值范围内寻求优化，则称为连续变量优化问题;若变量取离散值,多个离散变量的组合构成这组变量的值域,则称为组合优化问题。

单目标与多目标优化问题:若只有一个优化目标,则称为单目标优化问题;若同时考虑多个优化目标,且目标间一般有冲突,则称为多目标优化问题。有时,可通过多个目标直接做非负加权求和转化为一个单目标的优化问题,因此多目标优化问题是一个向量优化的问题。

针对以上不同类型的优化问题,目前的求解方法分为解析法、数值解法(搜索法)、以梯度法为基础的数值解法、智能与进化算法。

解析法对于无约束问题常利用经典微分法与经典变分法,对于有约束问题常用极大值原理与库恩-塔克定理。

数值解法分为区间消去法(一维搜索)与爬山法(多维搜索),区间消去法包含 Fibonacci 法、黄金分割法(0.618 法)、函数逼近法(插值法);爬山法包含变量轮换法、步长加速法、方向加速法、单纯形法及随机搜索法。

以梯度法为基础的数值解法分为无约束梯度法、有约束梯度法、化有约束为无约束梯度法。无约束梯度法包括最速下降法、牛顿法及拟牛顿法、共轭梯度法、变尺度法;有约束梯度法包括可行方向法、梯度投影法;化有约束为无约束梯度法包括序列无约束极小化法、序贯加权因子法、复形法。

智能与进化算法包括遗传算法、模拟退火算法、粒子群算法、禁忌搜索算法、人工神经网络算法、支持向量机算法、极限学习算法、强化学习算法及各种组合算法等。

本书中列举的电力系统优化问题涵盖经典电力系统基础问题、智能电网问题、电力电子化电力系统问题、电力市场问题、微电网与分布式发电问题、综合能源系统问题等多个领域,分别基于其所属不同的优化模型分类介绍。由于"人工智能"的广泛使用,在以上划分的基础上,本书的最后增加了人工智能在电力系统稳态、暂态下多场合的应用介绍。

1.3 本书结构

本书共十章,第二章介绍电力系统优化问题的 MATLAB 工作环境,第三至八章根据优化模型的求解算法逐步展开,并将优化理论知识与电力系统智能电网研究算例相结合,第九、十章介绍智能化算法及其在电力系统中的广泛应用。各章节的理论方法和算例应用如表 1-1 所示。

表 1-1 本书中电力系统相关算例分布

序号	章节	具体问题	求解算法
1	三	直流潮流模型	理论推导
2	三	灵敏度分析	理论推导
3	三	无功功率最优分布	理论推导

（续表）

序号	章节	具体问题	求解算法
4	三	有功经济调度	理论推导
5	三	负荷侧聚合需求响应潜力计算	线性规划法
6	三	光热优化调度	线性规划法
7	四	高压交直流通道功率优化分配	加步探索法 黄金分割法
8	五	交流最优潮流	梯度法、罚函数法、牛顿法、内点法等
9	五	电力系统交流潮流经济调度	Matpower 应用举例
10	六	状态估计	最小二乘法
11	七	主配一体化风险评估	内点法
12	七	多端柔直电网优化调控	内点法
13	七	路-电耦合的需求响应调控	Matpower 应用举例
14	八	变电所布点优化	0-1 混合整数线性规划法
15	八	日前调度优化	CPLEX 举例
16	九	阻塞管理	粒子群算法
17	九	AGC 机组最优调配	遗传算法
18	九	风电黑启动路径寻优	蚁群算法
19	九	直流输电系统模型参数辨识	差分进化算法
20	九	配电网重构	人工免疫算法
21	九	低频振荡类型识别	mRMR，GA-SVM 算法
22	九	风电功率预测	ARMA，PSO-SVM 算法
23	十	功角稳定性预测	ELM 算法
24	十	受扰频率态势特征预测	ELM 算法

第二章　电力系统优化问题的 MATLAB 工作环境

2.1　MATLAB 简介

本节将以 MATLAB 的一些操作界面图为主，向对 MATLAB 还感到陌生的读者介绍什么是 MATLAB。

安装后首次启动 MATLAB 所得到的操作界面如图 2-1 所示，这是系统默认的、未曾被用户依据自身需要和喜好设置过的界面。

MATLAB 的主界面是一个高度集成的工作环境，主要有 3 个不同职责分工的窗口。它们分别是命令行窗口（Command Window）、工作区（Workspace）窗口和当前文件夹（Current Directory）窗口。

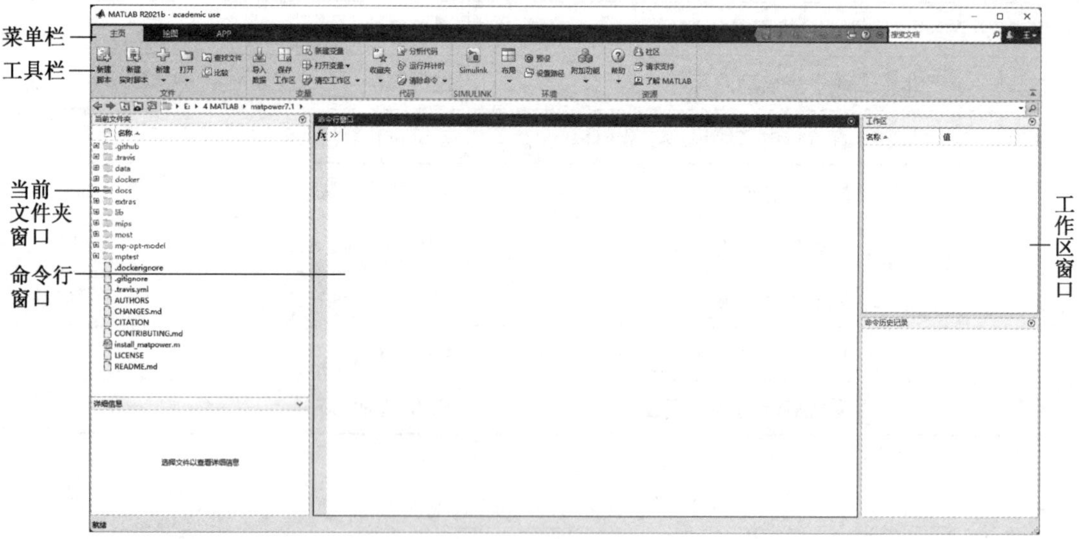

图 2-1　MATLAB 默认的主界面

2.1.1　命令行窗口(Command Window)

在 MATLAB 默认主界面的中间是命令行窗口。命令行窗口是接收命令输入的窗口，可输入的对象除 MATLAB 命令之外，还包括函数、表达式、语句、M 文件名或 MEX

文件名等，为叙述方便，这些可输入的对象以下通称为“语句”。

MATLAB 的工作方式之一是：在命令行窗口中输入语句，然后由 MATLAB 逐句解释执行并在命令行窗口中给出结果。命令行窗口可显示除图形以外的运算结果。

命令行窗口可从 MATLAB 主界面中分离出来，以便单独显示和操作，也可重新返回主界面中，其他窗口也可有相同的行为。分离命令行窗口可单击窗口右上角的按钮⊙，选择☐取消停靠，另外还可以直接用鼠标将命令行窗口拖离主界面，其结果如图 2-2 所示。若将命令行窗口返回到主界面中，可单击窗口右上角的按钮⊙，选择☐停靠编辑器。下面分几点对使用命令行窗口的一些相关问题加以说明。

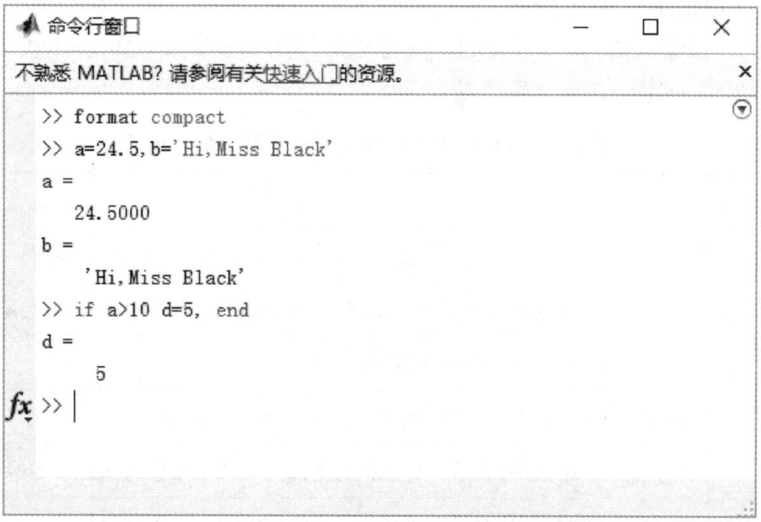

图 2-2　分离的命令行窗口

1. 命令提示符和语句颜色

在图 2-2 中，每行语句前都有一个符号“>>”，此即命令提示符。在此符号后(也只能在此符号后)输入各种语句并按 Enter 键，方可被 MATLAB 接收和执行。执行的结果通常就直接显示在语句下方，如图 2-2 所示。

不同类型语句采用不同颜色加以区分。在默认情况下，输入的命令、函数、表达式以及计算结果等采用黑色，字符串采用赭红色，if、for 等关键词采用蓝色，注释语句采用绿色。

2. 语句的重复调用、编辑和重运行

命令行窗口不仅能编辑和运行当前输入的语句，而且对曾经输入的语句也有快捷的方法进行重复调用、编辑和重运行。成功实施重复调用的前提是已输入的语句仍然保存在命令历史记录窗口中(未对该窗口执行清除操作)。而重复调用和编辑的快捷方法就是利用表 2-1 所列的键盘按键。

这些按键与文字处理软件中介绍的同一编辑键在功能上是大体一致的，不同点主要是：在文字处理软件中是针对整个文档使用，而 MATLAB 命令行窗口是以行为单位使用这些编辑键，类似于编辑 DOS 命令的使用手法。实际上，MATLAB 有很多命令就是从 DOS 命令中借来的。

表 2-1 语句行用到的编辑键

键盘按键	键的用途	键盘按键	键的用途
↑	向上回调以前输入的语句行	Home	让光标跳到当前行的开头
↓	向下回调以前输入的语句行	End	让光标跳到当前行的末尾
←	光标在当前行中左移一字符	Delete	删除当前行光标后的字符
→	光标在当前行中右移一字符	Backspace	删除当前行光标前的字符

3. 语句行中使用的标点符号

MATLAB 在输入语句时，常用的一些符号的作用如表 2-2 所示。注意，在向命令行窗口输入语句时，一定要在英文输入法状态。

表 2-2 MATLAB 语句中常用标点符号的作用

名称	符号	作用
空格		变量分隔符；矩阵一行中各元素间的分隔符；程序语句关键词分隔符
逗号	,	分隔显示计算结果的各语句；变量分隔符；矩阵一行中各元素间的分隔符
点号	.	数值中的小数点；结构数组的域访问符
分号	;	分隔不想显示计算结果的各语句；矩阵行与行的分隔符
冒号	:	用于生成一维数组；表示一维数组的全部元素或多维数组的某一维的全部元素
百分号	%	注释语句说明符，凡在其后的字符视为注释性内容而不被执行
单引号	' '	字符串标识符(用一对单引号实现)
圆括号	( )	用于矩阵元素引用；用于函数输入变量列表；确定运算的先后顺序
方括号	[ ]	向量和矩阵标识符；用于函数输出列表
花括号	{ }	标识细胞数组
续行号	…	长命令行需分行时连接下行用
赋值号	=	将表达式赋值给一个变量(左结合)

语句行中使用标点符号示例：

```
>> a=24.5, b='Hi, Miss Black'     %注释
```

说明：">>"为命令提示符；逗号用来分隔显示计算结果的各语句；单引号标识字符串；"%"为注释语句说明符。单击回车后，该命令执行输出结果如下：

```
a=
24.5000
b=
Hi, Miss Black
```

以上语句因为未用分号作为结尾，故 a、b 的值(运行结果)会在命令行窗口显示。

又如：

```
>>c=[1 2;3 4]   %方括号标识矩阵,分号用来分隔行,空格或逗号用来分隔元素
c=
1  2
3  4
```

若输入：

```
>>c=[1 2;3 4];
```

即在语句末尾加上分号，在命令行窗口中则不会再次输出 c 的运行结果，但其值同样自动储存在工作区中。

4. 命令行窗口中数值的显示格式

为了适应用户以不同格式显示计算结果的需要，MATLAB 设计了多种数值显示格式以供用户选用，如表 2-3 所示。其中默认的显示格式是：数值为整数时，以整数显示；数值为实数时，以 short 格式显示；如果数值的有效数字超出了某一范围，则以科学计数法显示。

表 2-3　命令行窗口中数值的显示格式

格式	命令行窗口中的显示形式	格式效果说明
short（默认）	3.1416	短固定十进制小数点格式，小数点后包含 4 位数
long	3.141592653589793	长固定十进制小数点格式，double 值的小数点后包含 15 位数，single 值的小数点后包含 7 位数
shortE	3.1416e+00	短科学记数法，小数点后包含 4 位数
longE	3.141592653589793e+00	长科学记数法，double 值的小数点后包含 15 位数，single 值的小数点后包含 7 位数
shortG	3.1416	短固定十进制小数点格式或科学记数法(取更紧凑的一个)，总共 5 位
longG	3.14159265358979	长固定十进制小数点格式或科学记数法(取更紧凑的一个)，对于 double 值，总共 15 位，对于 single 值，总共 7 位
shortEng	3.1416e+000	短工程记数法，小数点后包含 4 位数，指数为 3 的倍数
longEng	3.14159265358979e+000	长工程记数法，包含 15 位有效位数，指数为 3 的倍数
bank	3.14	货币格式，小数点后包含 2 位数
hex	400921fb54442d18	二进制双精度数字的十六进制表示形式
rat	355/113	小整数的比率

需要说明的是，表 2-3 中最后 2 个是用于控制屏幕显示格式的，而非数值显示格式。

必须指出，MATLAB 所有数值均按 IEEE 浮点标准所规定的长型格式存储，显示的精度并不代表数值实际的存储精度、数值参与运算的精度，认清这点是非常必要的。

5. 数值显示格式的设定方法

格式设定的方法有两种：一是执行 MATLAB 窗口中“预设”命令，用弹出的对话框中“命令行窗口”预设项（如图 2-3 所示）设定；二是执行 format 命令，例如要用 long 格式，在命令行窗口中输入“>>format long”语句即可。两种方法均可独立完成设定，但使用后者更便于在程序设计时进行格式设定。

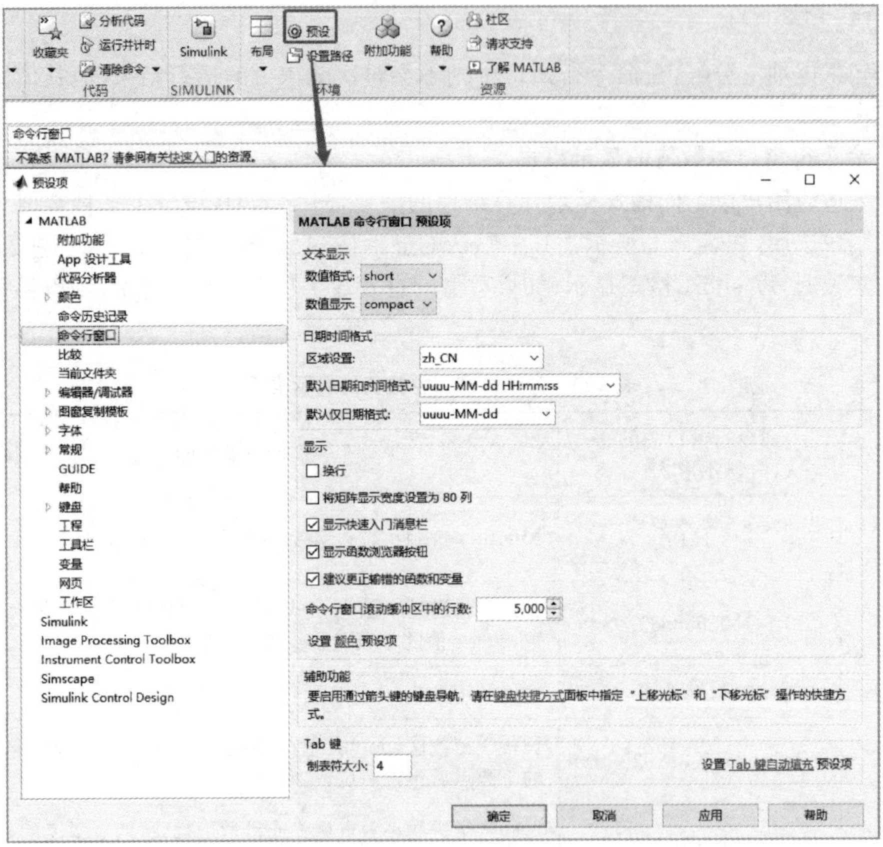

图 2-3　预设项设置对话框

“预设”命令不仅可以让用户自行设置数值显示格式，数字和文字的字体显示风格、大小、颜色也可自行挑选。利用该对话框左侧的格式对象树，从中选择要设定的对象再配合相应的选项，便可对所选对象的风格、大小、颜色等进行设置。

6. 命令行窗口清屏

当命令行窗口中执行过许多命令后，窗口会被占满，为方便阅读，清除屏幕显示是经常采用的操作。清除命令行窗口显示通常有两种方法：一是执行 MATLAB 窗口的“清除命令”—“命令行窗口”命令；二是在>>提示符后直接输入“clc”语句。两种方法都能清除命令行窗口中的显示内容，也仅仅是命令行窗口的显示内容而已，并不能清除工作区和命令历史记录窗口的显示内容。

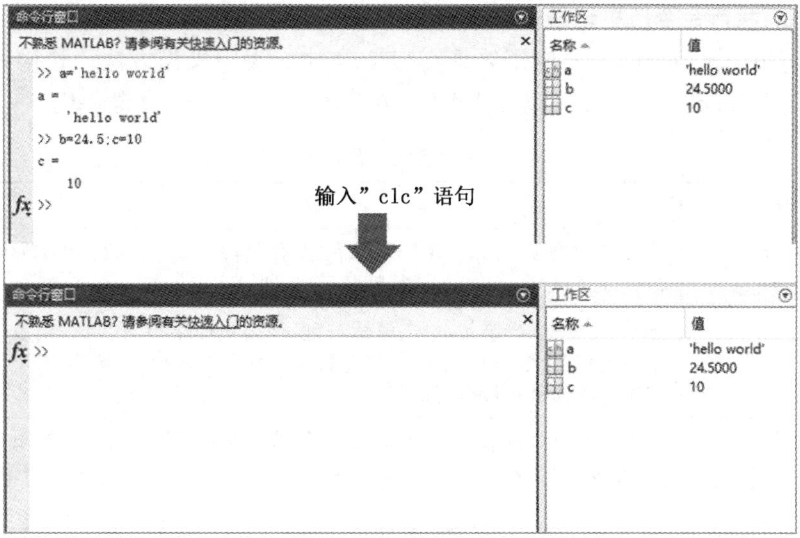

图 2-4　clc 命令输入前后的命令行窗口效果

7. 工作区变量清除

清除工作区变量可使用 clear 命令，在>>提示符后直接输入“clear”语句可以将存储的变量值全部清空。效果如图 2-5 所示。

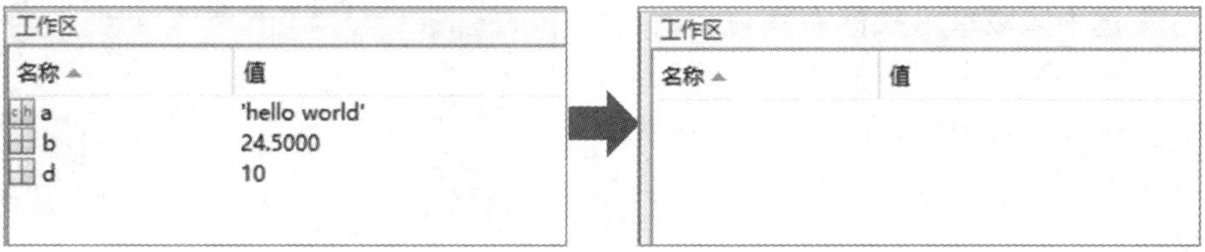

图 2-5　clear 命令效果

2.1.2　命令历史记录(Command History)窗口

命令历史记录窗口是 MATLAB 用来存放曾在命令行窗口中使用过的语句的。它借用计算机的存储器来保存信息。其主要目的是便于用户追溯、查找曾经用过的语句，利用这些既有的资源节省编程时间。

如图 2-6 所示，其中存放的正是曾经使用过的语句。对命令历史记录窗口中的内容，可在选中的前提下，将它们复制到当前正在工作的命令行窗口中，以供进一步修改或直接运行。其优势在如下两种情况下体现得尤为明显：一是需要重复处理长语句；二是需要选择多行曾经用过的语句形成 M 文件。

图 2-6　命令历史记录窗口

1. 复制、执行命令历史记录窗口中的命令

命令历史记录窗口的主要应用体现在表 2-4 中。表中操作方法一栏中提到的"选中"操作，与 Windows 选中文件时方法类似，可结合 Ctrl 键和 Shift 键使用。

表 2-4　命令历史记录窗口的主要应用

功能	操作方法
复制单行或多行语句	选中单行或多行语句，单击鼠标右键，弹出快捷菜单，执行该菜单中的"复制"命令，回到命令行窗口，执行粘贴操作，即可实现复制
执行单行或多行语句	选中单行或多行语句，单击鼠标右键，弹出快捷菜单，执行该菜单中的"执行选中内容"命令，则选中语句将在命令行窗口中运行，并给出相应结果。或者双击选择的语句行也可运行
把多行语句写成 M 文件	选中单行或多行语句，单击鼠标右键，弹出快捷菜单，执行该菜单的"创建脚本"命令，利用随之打开的 M 文件编辑/调试器窗口，可将选中语句保存入 M 文件

用命令历史记录窗口完成所选语句的复制操作：

① 用鼠标选中所需第一行；

② 再按 Shift 键和鼠标选择所需最后一行，于是连续多行即被选中；

③ 在选中区域单击鼠标右键，执行快捷菜单的"复制"命令，其操作如图 2-7 所示；

④ 回到命令行窗口，在该窗口用快捷菜单中的"粘贴"命令，所选内容即被复制到命令行窗口。

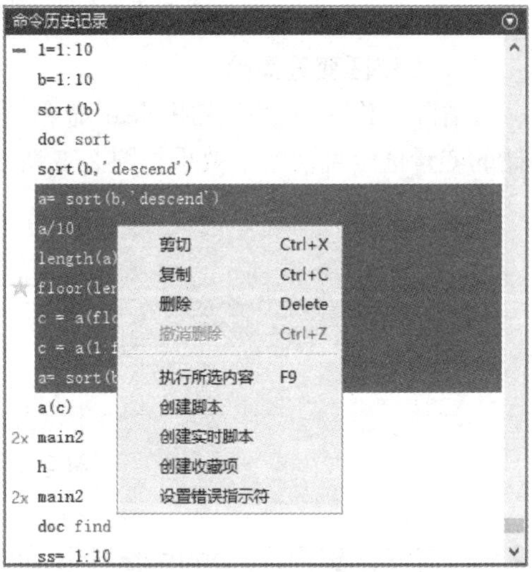

图 2-7　命令历史记录窗口的选中与复制操作

用命令历史记录窗口完成所选语句的运行操作：

① 用鼠标选中所需第一行；

② 再按 Ctrl 键结合鼠标点选所需的各行，于是不连续多行即被选中；

③ 在选中的区域单击鼠标右键弹出快捷菜单，选用"执行所选内容"命令，计算结果就会出现在命令行窗口中。

2. 清除命令历史记录窗口中的内容

清除命令历史记录窗口内容的方法就是执行主界面菜单中的"清除命令"—"命令历史记录"命令。

当执行上述命令后，命令历史记录窗口当前的内容就被完全清除了，以前的命令再不能被追溯和利用，这一点必须清楚。

2.1.3　当前文件夹(Current Directory)窗口

MATLAB 借鉴 Windows 资源管理器管理磁盘、文件夹和文件的思想，设计了当前文件夹窗口。利用该窗口可组织、管理和使用所有 MATLAB 文件和非 MATLAB 文件，例如新建、复制、删除和重命名文件夹和文件。甚至还可用此窗口打开、编辑和运行 M 文件以及载入 MAT 数据文件等。当然,其核心功能还是设置当前文件夹。

设置当前文件夹窗口如图 2-8 所示。下面主要介绍当前文件夹的概念及如何完成对当前文件夹的设置,并不准备在此讨论程序文件的运行。

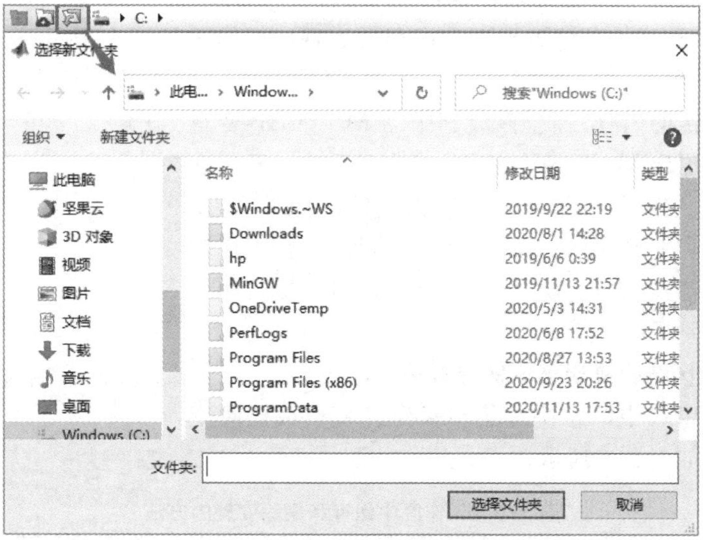

图 2-8　分离的当前文件夹窗口

MATLAB 的当前文件夹即是系统默认的实施打开、装载、编辑和保存文件等操作时的文件夹。用桌面图标启动 MATLAB 后,系统默认的当前文件夹是"…\MATLAB\work"。设置当前文件夹就是将此默认文件夹改变成用户希望使用的文件夹,它应是用户准备用来存放文件和数据的文件夹,可能正是用户自己有意提前创建好的。

具体的设置方法有两种:

① 在当前文件夹设置区设置。可以在图 2-1 所示的当前文件夹设置区的下拉列表文本框中选择下拉列表中已有的文件夹名;或单击按钮,从弹出的当前文件夹设置对话框的目录树中选取欲设为当前文件夹的文件夹即可。

② 用命令设置。有一组从 DOS 中借用的目录命令可以完成这一任务,它们的语法格式如表 2-5 所示。

表 2-5　几个常用的设置当前文件夹的命令

命令格式	含义	实例
cd	显示当前文件夹	cd
cd 文件夹名	将指定的文件夹设定为当前文件夹	cd f:\matfiles
cd ..	回到当前文件夹的上一级文件夹	cd..

用命令设置当前文件夹,为在程序中控制当前文件夹的改变提供了方便,因为编写完成的程序通常用 M 文件存放,执行这些文件时是不便先退出再用窗口菜单或对话框去改变当前文件夹设置的。

2.1.4 工作区(Workspace)窗口

工作区窗口的主要作用是对 MATLAB 中用到的变量进行观察、编辑、提取和保存。从该窗口中可以得到变量的名称、数据结构、字节数、变量的类型甚至变量的值等多项信息。工作区的物理本质就是计算机内存中的某一特定存储区域，因而工作区的存储表现亦如内存的表现。工作区窗口如图 2-9 所示。

图 2-9 分离的工作区窗口

因为工作区的内存性质，存放其中的 MATLAB 变量(或称数据)在退出 MATLAB 程序后会自动丢失。若想在以后利用这些数据，可在退出前用数据文件(MAT 文件)将其保存在外存上。其具体操作方法有两种：①在工作区窗口中结合快捷菜单来实现；②在命令行窗口中执行相关命令。下面分别予以介绍。

1. 用工作区结合快捷菜单保存数据

在工作区窗口中结合快捷菜单来保存变量或删除变量的操作方法如表 2-6 所示。

表 2-6 工作区中保存和删除变量的方法

功能	操作方法
全部工作区变量保存为 MAT 文件	全选，单击鼠标右键，在弹出的快捷菜单中执行“另存为”命令，则可把当前工作区中的全部变量保存为外存中的数据文件
部分工作区变量保存为 MAT 文件	选中若干变量，单击鼠标右键，在弹出的快捷菜单中执行“另存为”命令，则可把所选变量保存为外存中的数据文件
删除部分工作区变量	选中一个或多个变量，单击鼠标右键弹出快捷菜单，选择“删除”命令，在弹出的“确认删除”对话框中单击“确定”按钮
删除全部工作区变量	全选，单击鼠标右键，弹出快捷菜单，执行“删除”命令

2. 用命令建立数据文件以保存数据

MATLAB 提供了一组命令来处理工作区中的变量，在此只介绍 3 个命令，其他命令将在其他章节中予以说明。

① save 命令，其功能是把工作区的部分或全部变量保存为以“.mat”为扩展名的文件。它的通用格式是：

```
save  文件名  变量名1  变量名2  变量名3…
```

将工作区中的全部或部分变量保存为数据文件。例如：

```
>>save dataf                %将工作区中所有变量保存在 dataf.mat 文件中
>>save var_ab  A  B         %将工作区中变量 A、B 保存在 var_ab.mat 文件中
>>save var_ab   C -append   %将工作区中变量 C 追加到 var_ab.mat 文件末尾
```

② load 命令，其功能是把外存中的“.mat”文件调入工作区，与 save 命令相对。它的通用格式是：

```
load 文件名  变量名 1  变量名 2  变量名 3…
```

将外存中“.mat”文件的全部或部分变量调入工作区。

```
>>load dataf               %将 dataf.mat 文件中全部变量调入工作区
>>load var_ab  A  B        %将 var_ab.mat 文件中的变量 A、B 调入工作区
```

③ clear 命令，其功能是把工作区的部分或全部变量删除，但它不清除命令行窗口。它的通用格式是：

```
clear  变量名 1  变量名 2  变量名 3…
```

删除工作区中的全部或部分变量。

```
>>clear                    %删除工作区中的全部变量
>>clear A B                %删除工作区中的变量 A、B
```

与用菜单方式删除工作区变量不同，用 clear 命令删除工作区变量时不会弹出确认对话框，且删除后是不可恢复的，因此在使用时要尤为谨慎。

2.1.5 帮助(Help)窗口

如图 2-10 所示是 MATLAB 的帮助窗口。该窗口分左右两部分，左侧为帮助导航器(Help Navigator)，右侧为帮助浏览器。

图 2-10 MATLAB 的帮助窗口

在命令行窗口，我们可以采用输入“help name” 的形式获取对某一个 MATLAB 命令的说明。例如：

```
>>help find
```

显示结果如下：

```
>> help find
find - 查找非零元素的索引和值
此 MATLAB 函数 返回一个包含数组 X 中每个非零元素的线性索引的向量。
    k = find(X)
    k = find(X,n)
    k = find(X,n,direction)
    [row,col] = find(___)
    [row,col,v] = find(___)
另请参阅 Logical Operators: Short-Circuit, ind2sub, ismember, nonzeros, strfind, sub2ind
    find 的参考页
    名为 find 的其他函数
```

2.1.6 MATLAB绘图简介

1. 二维绘图

(1) plot 函数

格式：

```
plot(X1,Y1,LineSpec1, …, Xn,Yn,LineSpecn)
```

plot 函数用于绘制二维平面上的线性坐标曲线图，提供一组 x 坐标和对应的 y 坐标向量，可以绘制以 x 和 y 为横、纵坐标的二维曲线。

plot 函数可以包含若干组向量对，每一组可以绘制出一条曲线。含多个输入参数的 plot 函数调用格式为：

```
plot(X1,Y1,X2,Y2,…,Xn,Yn)
```

在 MATLAB 中，如果需要绘制出具有不同纵坐标标度的两条曲线，可以使用 plotyy 函数，它能把具有不同量纲、不同数量级的两个函数绘制在同一个坐标中，有利于曲线数据的对比分析，其使用格式为：

```
plotyy(X1, Y1, X2, Y2)
```

其中，向量 X1，Y1 对应一条曲线，X2，Y2 对应另一条曲线。横坐标的标度相同，纵坐标的标度有两个，左边的对应 X1，Y1 数据对，右边的对应 X2，Y2 数据对。

subplot(m,n,p)函数把当前窗口分成 m×n 个绘图区，共 m 行，每行 n 个绘图区，区号按行优先编号。其中第 p 个区为当前活动区。每一个绘图区允许以不同的坐标系单独绘制图形。

此外，MATLAB 还可以作饼形图 pie，排列图 pareto，条形图 bar。读者可通过“help 函数名”了解其具体用法。

(2) 图形标注

```
title('图形名称')
xlabel('x 轴说明')
ylabel('y 轴说明')
```

```
text(x,y,'图形说明')
legend('图例 1','图例 2',…)
```

title、xlabel 和 ylabel 函数分别用于说明图形和坐标轴的名称。

text 函数是在坐标点(x,y)处添加图形说明。

legend 函数用于绘制曲线所用线型、颜色或数据点标记图例，图例放置在空白处，用户还可以通过鼠标移动图例，将其放到所希望的位置。

除 legend 函数外，其他函数同样适用于三维图形，在三维中 z 坐标轴说明用 zlabel 函数。

(3) 坐标轴控制

```
axis([xmin xmax ymin ymax zmin zmax])
```

如果只给出前四个参数，则按照给出的 x、y 轴的最小值和最大值选择二维曲线坐标系范围。如果给出了全部参数，则绘制出三维图形的坐标轴范围。

axis 函数的功能丰富，其常用的用法有：

① axis equal：纵、横坐标轴采用等长刻度。

② axis square：产生正方形坐标系(默认为矩形)。

③ axis auto：使用默认设置。

④ axis on：显示坐标轴。

⑤ axis off：取消坐标轴。

⑥ axis tight：按紧凑方式显示坐标轴范围，即坐标轴范围为绘图数据的范围。

⑦ grid on：命令控制绘制网格线。

⑧ grid off：命令控制不绘制网格线。

2. 三维作图

(1) 基本 plot3 函数作图

最基本的三维图形函数为 plot3，它将二维绘图函数 plot 的有关功能扩展到三维空间，可用来绘制三维曲线。其调用格式为：

```
plot3(X1,Y1,Z1,option1,X2,Y2,Z2,option2,…)
```

其中每一组 X,Y,Z 组成一组曲线的坐标参数，选项的定义和 plot 的选项一样。当 X,Y,Z 是同维向量时，则 X,Y,Z 对应元素构成一条三维曲线。当 X,Y,Z 是同维矩阵时，则以 X,Y,Z 对应列元素绘制三维曲线，曲线条数等于矩阵的列数。

(2) 三维网格图

在 MATLAB 中，进行三维图形绘制时，常常需要首先创建三维网格，也就是先创建平面图的坐标系。在 MATLAB 中，常用 meshgrid 函数生成网格数据，其使用方法如下：

① [X,Y]=meshgrid(x, y)：用于生成向量 x 和 y 的网格数据，即变换为矩阵数据 X 和 Y，矩阵 X 中的行向量为向量 x，矩阵 Y 的列向量为向量 y。

② [X,Y]=meshgrid(x)：生成向量 x 的网格数据，函数等同于[X,Y]=meshgrid(x, x)。

③ [X,Y,Z]=meshgrid(x, y, z)：生成向量 x、y、z 的三维网格数据，生成的数据 X

和 Y 可分别表示三维绘图中的 x 和 y 坐标。

三维网格图形是指在三维空间内连接相邻的数据点，形成网格。在 MATLAB 中绘制三维网格图的函数主要有 mesh 函数、meshc 函数和 meshz 函数。其中，mesh 函数最常用，其使用方法如下：

① mesh(X, Y, Z)：绘制三维网格图分别表示三维网格图形在 x 轴、y 轴和 z 轴的坐标，图形的颜色由矩阵 Z 决定。

② mesh(Z)：绘制三维网格图，分别以矩阵 Z 的列下标、行下标作为三维网格图的 x 轴、y 轴的坐标，图形的颜色由矩阵 Z 决定。

③ mesh(…,C)：输入参数 C 用于控制绘制的三维网格图的颜色。

④ mesh(…,'PropertyName',PropertyValue,…)：设置三维网格图的指定属性的属性值。

函数 meshc 可绘制带有等值线的三维网格图，其调用格式与函数 mesh 基本相同，但函数 meshc 不支持对图形网格线或等高线指定属性的设置。

函数 meshz 可绘制带有图形底边的三维网格图，其调用格式与函数 mesh 基本相同，但函数 meshz 不支持对图形网格线指定属性的设置。

另外，函数 ezmesh、ezmeshc 和 ezmeshz 可根据函数表达式直接绘制相应的三维网格图。

由于网格线是不透明的，绘制的三维网格图有时只能显示前面的图形部分，而后面的部分可能被网格线遮住，无法显示。MATLAB 提供了命令 hidden 用于观察图形后面隐藏的网格，hidden 命令的调用格式如下：

① hidden on：设置网格隐藏部分不可见，默认情况下为此状态。

② hidden off：设置网格的隐藏部分可见。

③ hidden：该命令用于切换网格的隐藏部分是否可见。

(3) 三维表面图

三维表面图也可以用来表示三维空间内数据的变化规律，与之前讲述的三维网格图的不同之处在于对网格的区域填充了不同的色彩。在 MATLAB 中绘制三维表面图的函数为 surf 函数，其使用方法如下：

① surf(Z)：绘制数据 Z 的三维表面图，分别以矩阵 Z 的列下标、行下标作为三维表面图的 x 轴、y 轴的坐标，图形的颜色由矩阵 Z 决定。

② surf(X,Y,Z)：绘制三维表面图，X、Y、Z 分别表示三维网格图形在 x 轴、y 轴和 z 轴的坐标，图形的颜色由矩阵 Z 决定。

③ surf(X,Y,Z,C)：绘制三维表面图，输入参数 C 用于控制绘制的三维表面图的颜色。

④ surf(…,'PropertyName',PropertyValue)：绘制三维表面图，设置相应属性的属性值。

函数 surfc 用于绘制带等值线的三维表面图，其调用格式同函数 surf 基本相同，函数 surfl 可用于绘制带光照模式的三维表面图，与函数 surf 和 surfc 不同的使用方法如下：

① surfl(…,'light')：以光照对象 light 生成一个带颜色、带光照的曲面。

② surfl(…,'cdata')：输入参数 cdata 设置曲面颜色数据，使曲面成为可反光的曲面。

③ surfl(...,s)：输入参数 s 为一个二维向量[azimuth，elevation]，或者三维向量[x，y，z]，用于指定光源方向，默认情况下光源方位从当前视角开始，逆时针 45°。

(4) 三维切片图

在 MATLAB 中 slice 函数用于绘制三维切片图。三维切片图可形象地称为“四维图”，可以在三维空间内表达第四维的信息，用颜色来标识第四维数据的大小。slice 函数的使用方法如下：

① slice(v,sx,sy,sz)：输入参数 v 为三维矩阵(阶数为 m×n×p)，x、y、z 轴默认状态下分别为 1:m、1:n、1:p，v 中每个元素用于指定第四维的大小，在切片图上显示为不同的颜色，输入参数 sx、sy、sz 分别用于指定切片图在 x、y、z 轴所切的位置。

② slice(x, y,z,v,sx,sy,sz)：输入参数 x、y、z 用于指定绘制的三维切片图的 x、y、z 轴。

③ slice(...,'method')：输入参数 method 用于指定切片图绘制时的内插值法，'method' 可以设置的参数有：'linear'(三次线性内插值法，默认)、'cubic'(三次立方内插值法)、'nearest'(最近点内插值法)。

3. 作图案例

① 二维图举例(本例可扫描封底二维码获取相关资源)

```
x=linspace(0,2*pi,100);
subplot(1, 2,1);
plot(x,sin(x), x,2*sin(x), x,3*sin(x));
title('二维图作图举例 1');
xlabel('x 轴');
ylabel('y 轴');
x=0:pi/100:2*pi;
%
y1=0.002*exp(-0.5*x).*cos(4*pi*x);
y2=2*exp(-0.5*x).*cos(pi*x);
%
subplot(1, 2,2);
[AX,H1,H2]=plotyy(x, y1, x, y2);
title('二维图作图举例 2');
xlabel('x 轴');
set(get(AX(1),'Ylabel'),'String','y1');
set(get(AX(2),'Ylabel'),'String','y2');
```

程序执行结果如图 2-11 所示。

② 三维图举例(本例可扫描封底二维码获取相关资源)

```
% 数据准备
xi=-10:0.5:10;
yi=-10:0.5:10;
[x, y]=meshgrid(xi, yi);
```

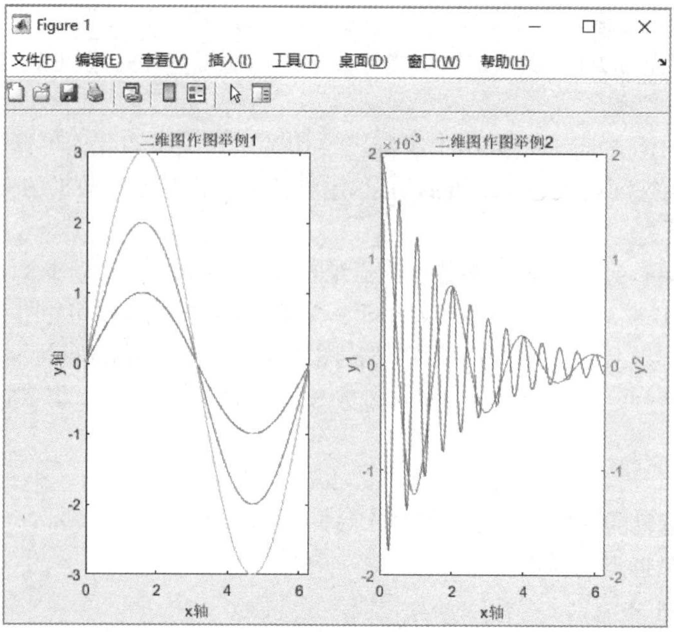

图 2-11　二维图作图示例

```
z=sin(sqrt(x.^2+y.^2))./sqrt(x.^2+y.^2);
% 绘图
surf(x, y,z);
title('三维图作图举例');
xlabel('x轴');
ylabel('y轴');
zlabel('z轴');
```

程序执行结果如图 2-12 所示。

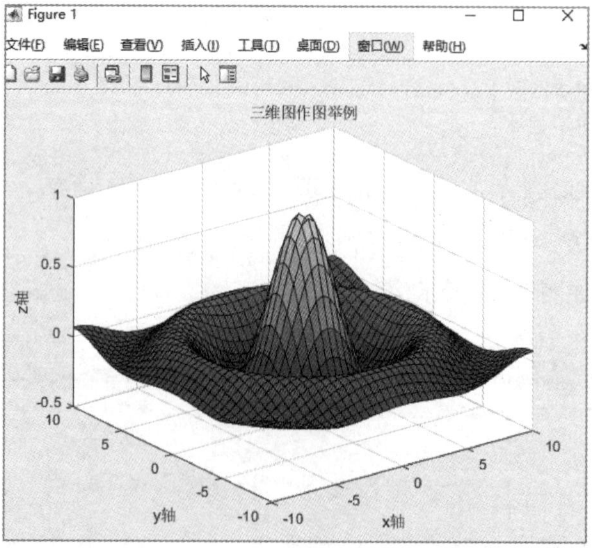

图 2-12　三维图作图示例

2.2　MATLAB 优化工具箱

2.2.1　MATLAB 优化工具箱简介

最优化计算在实际中有着广泛的应用，MATLAB 提供了强大的优化工具箱（Optimization Toolbox，有时也称为最优化工具箱），不仅包括进行优化计算的强大函数，而且还带有一个非常便于使用的图形用户界面（Graphic User Interface，GUI）形式的优化工具。MATLAB 的优化工具箱提供了大量优化方面的函数用于解决不同类型的优化问题。

优化工具箱主要可用于解决以下问题：

（1）求解无约束条件非线性极小值；

（2）求解有约束条件下非线性极小值，包括目标逼近问题、极大极小值问题以及半无限极小值问题；

（3）求解二次规划和线性规划问题；

（4）非线性最小二乘逼近和曲线拟合；

（5）非线性系统的方程求解；

（6）约束条件下的线性最小二乘优化；

（7）求解复杂结构的大规模优化问题等。

2.2.2　一元函数的优化函数

1. 一元函数极小值问题

在 MATLAB 中，一元函数极小值问题的模型如下：

$$\begin{aligned}&\min f(x)\\&\text{s.t.}\\&x_1 \leqslant x \leqslant x_2\end{aligned}$$

用于求解一元函数极小值问题的函数是 fminbnd，一般的调用格式如下：

```
[x,fval,exitflag] = fminbnd (fun, x1, x2,options)
```

fminbnd 函数的功能是按 options 结构指定的优化参数，求函数 fun 在区间（x1，x2）上的极小值及其对应的自变量值。

2. 一元函数无约束极小值问题

在 MATLAB 中，一元函数极小值问题的模型如下：

$$\min f(\boldsymbol{x})$$

用于求解一元函数无约束极小值问题的函数有 fminunc 和 fminsearch，调用格式如下：

```
[x,fval,exitflag,output,grad,hessian] = fminunc (fun, x0, options)
[x,fval,exitflag,output] = fminsearch (fun, x0, options)
```

其中，输出参数 grad 返回函数 fun 在极小点 x 处的梯度，梯度表达式如下：

$$\left[\frac{\partial f(\boldsymbol{x})}{\partial x_1}\ \frac{\partial f(\boldsymbol{x})}{\partial x_2}\cdots\ \frac{\partial f(\boldsymbol{x})}{\partial x_n}\right]$$

输出参数 hessian 返回函数 fun 在极小点 x 处的黑森（Hessian）矩阵，黑森矩阵的表达式如下：

$$\begin{bmatrix} \frac{\partial^2 f(\boldsymbol{x})}{\partial x_1^2} & \frac{\partial^2 f(\boldsymbol{x})}{\partial x_1 \partial x_2} & \cdots & \frac{\partial^2 f(\boldsymbol{x})}{\partial x_1 \partial x_n} \\ \frac{\partial^2 f(\boldsymbol{x})}{\partial x_2 \partial x_1} & \frac{\partial^2 f(\boldsymbol{x})}{\partial x_2^2} & \cdots & \frac{\partial^2 f(\boldsymbol{x})}{\partial x_2 \partial x_n} \\ \vdots & \vdots & \ddots & \vdots \\ \frac{\partial^2 f(\boldsymbol{x})}{\partial x_n \partial x_1} & \frac{\partial^2 f(\boldsymbol{x})}{\partial x_n \partial x_2} & \cdots & \frac{\partial^2 f(\boldsymbol{x})}{\partial x_n^2} \end{bmatrix}$$

fminunc 与 fminsearch 函数的功能是从起始点 x0 出发，按 options 结构指定的优化参数，求出 fun 的一个局部极小点，options 的结构参数可以通过函数 optimset 设置。

2.2.3 线性规划问题

在 MATLAB 中，线性规划（Linear Programming，LP）问题的模型如下：

$$\min f(\boldsymbol{x}) = \boldsymbol{cx}$$

$$\text{s.t.}$$

$$\begin{cases} \boldsymbol{Ax} \leqslant \boldsymbol{b} \\ \boldsymbol{A}_{\text{eq}}\boldsymbol{x} = \boldsymbol{b}_{\text{eq}} \\ \boldsymbol{lb} \leqslant \boldsymbol{x} \leqslant \boldsymbol{ub} \end{cases}$$

其中，$\boldsymbol{A}$ 是 $m \times n$ 维矩阵；$\boldsymbol{c}$ 是 n 维行向量；$\boldsymbol{b}$ 是 m 维列向量；$\boldsymbol{A}_{\text{eq}}$ 是 $n \times n$ 矩阵；$\boldsymbol{b}_{\text{eq}}$ 是 n 维向量。用于求解线性规划问题的函数为 linprog，调用格式如下：

```
[x,fval,exitflag,output,lambda]=linprog(f,A,b,Aeq,beq,lb,ub, x0,options)
```

linprog 函数的功能是按 options 结构指定的优化参数，在不等式约束、等式约束、自变量上下界约束下求函数 fun 的极小值。其中 x0 用于设置初始优化点，这个初始值只适应于中型问题。

2.2.4 二次规划问题

在 MATLAB 中，二次规划（Quadratic Programming，QP）问题的优化模型如下：

$$\min_{x} f(\boldsymbol{x}) = \frac{1}{2}\boldsymbol{x}^{\mathrm{T}}\boldsymbol{Hx} + \boldsymbol{c}^{\mathrm{T}}\boldsymbol{x}$$

$$\text{s.t.}$$

$$\begin{cases} \boldsymbol{Ax} \leqslant \boldsymbol{b} \\ \boldsymbol{A}_{\text{eq}}\boldsymbol{x} = \boldsymbol{b}_{\text{eq}} \\ \boldsymbol{lb} \leqslant \boldsymbol{x} \leqslant \boldsymbol{ub} \end{cases}$$

其中，$\boldsymbol{H}$ 为二次规划的黑森矩阵，若 $\boldsymbol{H}$ 为半正定矩阵，则称此为凸二次规划，否则为非凸二次规划。

用于求解二次规划问题的函数为 quadprog，调用格式如下：

```
[x,fval,exitflag,output,lambda]= quadprog (H,f,A,b,Aeq,beq,lb,ub, x0,options)
```

quadprog 函数的功能是求解目标函数为自变量 x 的二次函数，约束条件又全是线性的优化问题，按 options 结构指定的优化参数，在不等式约束、等式约束、自变量上下界约束下求函数 fun 的极小值。

2.2.5　非线性最小二乘问题

在 MATLAB 中，非线性最小二乘问题的模型如下：

$$\min F^2(\boldsymbol{x}) = \sum_{i=1}^{n} f_i^2(\boldsymbol{x})$$

用于求解非线性最小二乘（非线性数据拟合）问题的函数为 lsqnonlin，调用格式如下：

```
[x,resnorm,residual,exitflag,output,lambda,jacobian] = lsqnonlin (fun, x0,lb,ub,options)
```

lsqnonlin 函数用于求含参量 $\boldsymbol{x}$ 的向量值函数中的参量 $\boldsymbol{x}$，使得 $F^2(\boldsymbol{x})$ 最小，其原理与拟合的思想是一致的。参数 fun 应返回由值（而不是值的平方和）组成的向量（或数组），该算法隐式计算 fun($\boldsymbol{x}$) 的分量的平方和。

2.2.6　非线性无约束极小值问题

非线性无约束极小值问题的数学模型为：

$$\min_{x} f(\boldsymbol{x})$$

在 MATLAB 中，函数 fminsearch 和 fminunc 也可用于求解线性无约束多维极值问题，其调用格式详见 2.2.2 节。

2.2.7　非线性有约束极小值问题

在实际问题中有约束极小值（非线性规划）的问题比较普遍，该问题的模型如下：

$$\min_{x} f(\boldsymbol{x})$$

$$\text{s.t.}\quad \begin{cases} \boldsymbol{Ax} \leqslant \boldsymbol{b} \\ \boldsymbol{A}_{\text{eq}}\boldsymbol{x} = \boldsymbol{b}_{\text{eq}} \\ \boldsymbol{lb} \leqslant \boldsymbol{x} \leqslant \boldsymbol{ub} \\ c(\boldsymbol{x}) \leqslant \boldsymbol{0} \\ c_{\text{eq}}(\boldsymbol{x}) = \boldsymbol{0} \end{cases}$$

其中，$c(\boldsymbol{x}) \leqslant \boldsymbol{0}$ 表示非线性不等式约束，$c_{\text{eq}}(\boldsymbol{x}) = \boldsymbol{0}$ 表示非线性等式约束。

函数 fmincon 求解线性规划的格式如下：

```
[x,fval,exitflag,output]= fmincon(fun, x0,A,b,Aeq,beq,lb,ub,nonlcon,options,P1,P2)
```

其中，nonlcon 参数是一个包含函数名的字符串，该参数计算非线性不等式约束 $c(\boldsymbol{x})\leqslant\mathbf{0}$ 和非线性等式约束 $c_{eq}(\boldsymbol{x})=\mathbf{0}$；P1，P2 为问题参数，可直接传递给函数 fun 和参数 nonlcon。

注意：

(1) fmincon 函数提供了大型优化算法和中型优化算法。默认时，若在 fun 函数中提供了梯度(options 参数的 GradObj 设置为 'on')，并且只有上下界约束存在或只有等式约束，fmincon 函数将选择大型算法，当既有等式约束又有梯度约束时，使用中型算法。

(2) fmincon 函数的中型算法使用的是序列二次规划法。在每一步迭代中求解二次规划子问题，并用 BFGS 法更新拉格朗日(Lagrange)黑森矩阵。

(3) fmincon 函数可能会给出局部最优解，这与初值 x0 的选取有关。当结果为全局最优解时，exitflag 返回值为 1；当结果为局部最优解时，该值为 0。

2.2.8 极小极大问题

在 MATLAB 中，极小极大问题的模型如下：

$$\min_{x}\max_{\{f_i(x)\}}\{f_i(\boldsymbol{x})\}$$

$$\text{s.t.}\begin{cases}\boldsymbol{Ax}\leqslant\boldsymbol{b}\\ \boldsymbol{A}_{eq}\boldsymbol{x}=\boldsymbol{b}_{eq}\\ \boldsymbol{lb}\leqslant\boldsymbol{x}\leqslant\boldsymbol{ub}\\ c(\boldsymbol{x})\leqslant\mathbf{0}\\ c_{eq}(\boldsymbol{x})=\mathbf{0}\end{cases}$$

用于求解极小极大问题的函数为 fminimax，调用格式如下：

```
[x,fval,maxfaval,exitflag,output,lambda] = fminimax (fun, x0, A, b, Aeq, beq, lb, …
ub, nonlcon, options)
```

对每个定义域中的向量 $\boldsymbol{x}$，向量函数 $f^{\mathrm{T}}(\boldsymbol{x})$ 都存在一个值最大的分量，但是随着向量 $\boldsymbol{x}$ 数值的不同，值最大的分量也会发生变化，当把分量的值记录下来，找到最小值，就是 fminimax 的任务。

2.2.9 整数规划问题

在 MATLAB 中，线性整数规划(Linear Integer Programming，LIP)问题的模型如下：

$$\min_{x} f(\boldsymbol{x})$$

$$\text{s.t.}\begin{cases}\boldsymbol{Ax}\leqslant\boldsymbol{b}\\ \boldsymbol{A}_{eq}\boldsymbol{x}=\boldsymbol{b}_{eq}\\ x_i\geqslant 0\ \text{且为整数}\end{cases}$$

整数规划问题中根据 x_i 的取值范围不同，会进一步转换为混合整数规划(Mixed

Integer Programming，MIP)问题、0-1 整数规划问题等。用于求解线性整数规划问题的函数为 intlinprog，其调用格式如下：

```
[x,fval,exitflag] = intlinprog(f,intcon,A,b,Aeq,beq,lb,ub)
```

参数 intcon 代表了整数决策变量所在的位置。根据整数规划的类型，若为纯整数规划问题，则参数 intcon 中包含所有变量的位置；若为混合整数规划问题，则参数 intcon 中包含对应整数变量的位置；若为 0-1 整数规划问题，则在完成 intcon 参数设置后，将对应整数变量下界 lb 设置为 0，上限 ub 设置为 1，即可求解 0-1 整数规划问题。

2.2.10　输入变量和输出变量的描述汇总

使用优化工具箱中的优化函数时，输入变量如表 2-7 所示。

表 2-7　优化函数的输入变量

变量	描述	调用函数
f	线性规划的目标函数或二次规划的目标函数中线性项的系数向量	linprog，quadprog
fun	非线性优化的目标函数	fminbnd，fminsearch，fminunc，fmincon，lsqcurvefit，lsqnonlin，fgoalattain，fminimax
$\boldsymbol{H}$	二次规划的目标函数中二次项的系数矩阵	quadprog
$\boldsymbol{A}$，$\boldsymbol{b}$	$\boldsymbol{A}$，$\boldsymbol{b}$ 分别表示不等式约束的系数矩阵和右端列向量	linprog，quadprog，fgoalattain，fmincon，fminimax
$\boldsymbol{A}_{eq}$，$\boldsymbol{b}_{eq}$	$\boldsymbol{A}_{eq}$，$\boldsymbol{b}_{eq}$分别表示等式约束的系数矩阵和右端列向量	linprog，quadprog，fgoalattain，fmincon，fminimax
$\boldsymbol{lb}$，$\boldsymbol{ub}$	决策变量的上界和下界	linprog，quadprog，fgoalattain，fmincon，fminimax，lsqcurvefit，lsqnonlin
$\boldsymbol{x}_0$	迭代初始点	除 fminbnd 外的所有优化函数
$\boldsymbol{x}_1$，$\boldsymbol{x}_2$	函数最小化的区间	fminbnd
options	优化选项的参数结构，定义用于优化函数的参数	所有优化函数

options 参数中常用的几个参数如表 2-8 所示。

表 2-8　options 中常用的参数

字段	说明
Display	结果显示方式，取值为 'off' 时不显示任何结果；取值为 'iter' 时，显示每次迭代的信息；取值为 'final' 时，显示最终结果，默认值为 'final'；取值为 'notify' 时，只有当求解不收敛的时候才显示结果
MaxFunEvals	允许进行函数计算的最大次数，取值为正整数
Maxlter	允许进行迭代的最大次数，取值为正整数
TolFun	函数值(计算结果)的精度，取值为正数
TolX	自变量的精度，取值为正数

控制参数 options 可以通过函数 optimset 创建或修改，函数常用格式如下：

(1) options=optimset('optimfun')

创建一个含有所有参数名，并与优化函数 optimfun 相关的默认值的选项结构 options。

(2) options=optimset('param1',value1, 'param2',value2, …)

创建一个名称为 options 的优化选项参数，其中指定的参数具有指定值，所有未指定的参数取默认值。

(3) options=optimset(oldops, 'param1',value1, 'param2', value2,…)

创建名称为 oldops 的参数的拷贝，用指定的参数值修改 oldops 中相应的参数，该选项结构名为 options。

优化函数常见的输出变量如表 2-9 所示。

表 2-9 优化函数常见的输出变量

输出变量	描述	调用函数
x	由优化函数求得的值。若 exitflag>0，则 ***x*** 为解；否则 ***x*** 不是最终解，它只是迭代终止时优化过程的值	所有优化函数
fval	解 ***x*** 处的目标函数值	linprog, quadprog, fgoalattain, fmincon, fminimax, lsqcurvefit, lsqnonlin, fminbnd
exitflag	描述退出条件：若 exitflag>0，表示目标函数收敛于 ***x*** 处；若 exitflag=0，表示超过目标函数计算或循环迭代的最大次数；若 exitflag<0，则表示目标函数不收敛	所有优化函数
output	包含优化结果信息的输出结构：Iterations 为迭代次数；Algorithm 为所采用的算法；FuncCount 为函数计算次数	所有优化函数

2.2.11 启发式算法求解函数

针对基本粒子群优化，在 MATLAB 中编程实现的基本粒子群优化(Particle Swarm Optimization)函数为 PSO，该函数可用基本粒子群算法求解无约束优化问题。调用格式如下：(本例可扫描封底二维码获取相关资源)

```
[xm,fv]=PSO(fitness,N,c1,c2,w,M,D)
```

其中，fitness 为待优化目标函数；N 为粒子数目；c1 为学习因子 1，c2 为学习因子 2；w 为惯性权重，M 为最大迭代次数，D 为问题的维数；xm 为目标函数取最小值时的自变量值；fv 为目标函数的最小值。MATLAB 中函数 particleswarm 与本函数有相似功能。

针对遗传算法(Genetic Algorithm，GA)，在 MATLAB 中可利用优化工具中的求解器 ga 进行求解。

2.3　Matpower 潮流及最优潮流工具箱

Matpower 是一款基于 MATLAB 的 M 文件组件包，用来解决电力潮流（Power Flow，PF）和最优潮流（Optimal Power Flow，OPF）等问题。Matpower 由康纳尔大学电气学院电力系统工程研究中心开发，详细信息可访问官方主页。

Matpower 提供了 runpf 及 runopf 函数来分别对 Matpower 的潮流文件进行潮流计算和优化潮流计算。因此，应用 Matpower 计算潮流技巧的核心在于确定潮流文件中的参数与矩阵，它们表示着潮流计算/优化潮流计算的计算对象的所有特征。下面对测试系统拓扑文件（一般命名为“caseX.m”）中各矩阵的格式及内容进行说明。

2.3.1　文件头参数

（1）版本号

```
%% MATPOWER Case Format: Version 2
mpc.version = '2';
```

解释：目前普遍采用 2 形式的算法。

（2）系统基准功率

```
%% system MVA base
mpc.baseMVA = 100;
```

解释：采用有名值 mpc.baseMVA = 100（单位，MVA。Matpower 只能计算功率为有名值的网络）。

2.3.2　母线矩阵

（1）母线矩阵参数

```
%  bus_i  type  Pd  Qd  Gs  Bs  area  Vm  Va  baseKV  zone  Vmax  Vmin
```

（2）解释

母线参数（bus）矩阵也就是我们所说的节点参数矩阵，下面逐条进行注释：

① bus_i（正整数）：第一列表示节点的编号；

② bus type：第二列表示节点的类型，一般只用得到 1、2、3 三种节点类型，4 类型的节点为孤立节点；

PQ bus	用“1”表示
PV bus	用“2”表示
reference bus	用“3”表示
isolated bus	用“4”表示

③ Pd，real power demand（MW）：表示负荷所需要的有功功率（有名值）；

④ Qd，reactive power demand（MVAr）：表示负荷所需要的无功功率（有名值）；

⑤ Gs，shunt conductance：表示和节点并联的电导，非线路上的电导，一般该列为 0；

⑥ Bs，shunt susceptance：表示和节点并联的电纳，非线路上的电纳，一般该列为0；

⑦ area（正整数）：表示母线的断面号，一般设置为1；

⑧ Vm，voltage magnitude（p.u.）：表示该节点电压的初始幅值（设置成标幺值）；

⑨ Va，voltage angle（°）：表示该节点电压的初始相位角度；

⑩ baseKV，base voltage（kV）：表示该节点的基准电压（有名值）；

⑪ zone，loss zone（positive integer）：表示母线的省损耗区域，一般设置为1；

⑫ Vmax，maximum voltage magnitude（p.u.）：该节点所能接受的最大电压幅值（标幺值）；

⑬ Vmin，minimum voltage magnitude（p.u.）：该节点所能接受的最小电压幅值（标幺值）。

2.3.3 发电机矩阵

（1）发电机矩阵参数

```
%% generator data
%    bus Pg   Qg   Qmax     Qmin      Vg   mBase    status   Pmax      Pmin      Pc1 Pc2
%Qc1min   Qc1max   Qc2min   Qc2max   ramp_agc      ramp_10   ramp_30   ramp_q    apf
```

（2）解释

下面逐条解释发电机参数：

① bus：发电机节点的编号；

② Pg，real power output（MW）：发电机节点输出的有功功率，如果为平衡节点则可设置为0（有名值）；

③ Qg，reactive power output（MVar）：发电机节点输出的无功功率，如果为平衡节点则可设置为0（有名值）；

④ Qmax，maximum reactive power output（MVar）：该节点能输出的最大无功功率（有名值）；

⑤ Qmin，minimum reactive power output（MVar）：该节点能输出的最小无功功率（有名值）；

⑥ Vg，voltage magnitude setpoint（p.u.）：该节点电压的标幺值，PV节点的电压给定值；

⑦ mBase，total MVA base of this machine，defaults to baseMVA：该发电机节点的容量基准值（有名值）；

⑧ status：表示该发电机节点运行状态，正数（一般设为1）表示设备投入运行，非正数（一般设为0）表示退出运行状态；

⑨ Pmax，maximum real power output（MW）：发电机节点允许输出的最大有功功率（有名值）；

⑩ Pmin，minimum real power output（MW）：发电机节点允许输出的最小有功功率（有名值）。

2.3.4　线路矩阵

(1) 线路矩阵参数

```
%% branch data
%   fbus   tbus   r  x   b   rateA   rateB   rateC   ratio   angle   status
%   angmin   angmax
```

(2) 解释

下面逐条解释支路参数：

① fbus，from bus number：支路首端节点号；

② tbus，to bus number：支路末端节点号；

③ r，resistance (p.u.)：支路电阻的标幺值；

④ x，reactance (p.u.)：支路电抗的标幺值；

⑤ b，total line charging susceptance (p.u.)：支路电纳的标幺值(注意：是整条支路的电纳值)；

⑥ rateA，MVA rating A (long term rating)：长时间尺度输电支路所允许的容量(有名值)；

⑦ rateB，MVA rating B (short term rating)：短期输电支路所允许的容量(有名值)；

⑧ rateC，MVA rating C (emergency rating)：紧急工况下输电支路所允许的容量(有名值)；

⑨ ratio，transformer off nominal turns ratio (= 0 for lines)(taps at 'from' bus，impedance at 'to' bus，i.e. if r = x = 0，then ratio = Vf / Vt)：支路变比，不含变压器设置为 0；含有变压器变比为支路首端电压和末端电压之比，Matpower 中变压器的模型如图 2-13 所示；

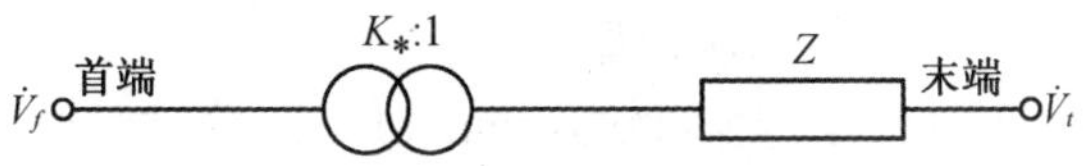

图 2-13　Matpower 变压器模型

⑩ angle，transformer phase shift angle (degrees)，positive => delay：该参数设置为 0；

⑪ status，initial branch status，1-in service，0-out of service：该支路是否投入运行；

⑫ angmin，minimum angle difference，angle(Vf)-angle(Vt) (degrees)：该支路所允许最小相位角度；

⑬ angmax，maximum angle difference，angle(Vf)-angle(Vt) (degrees)：该支路所允许最大相位角度。

2.3.5　runpf 与 runopf 使用简介

1. 潮流计算

以“case5.m”中存储的测试系统数据为例，进行潮流计算。

根据“case5. m”中设置的各节点类型，在命令行窗口输入 runpf(case5)，即基于“case5. m”中的数据进行潮流计算，执行结果显示如下：

Bus Data						
Bus	Voltage		Generation		Load	
#	Mag(pu)	Ang(deg)	P (MW)	Q (MVAr)	P (MW)	Q (MVAr)
1	1.000	3.273	210.00	30.73	-	-
2	0.989	-0.759	-	-	300.00	98.61
3	1.000	-0.492	323.49	194.65	300.00	98.61
4	1.000	0.000*	5.03	184.12	400.00	131.47
5	1.000	4.112	466.51	-38.21	-	-
		Total:	1005.03	371.29	1000.00	328.69

Branch Data								
Brnch	From	To	From Bus Injection		To Bus Injection		Loss (I^2 * Z)	
#	Bus	Bus	P (MW)	Q (MVAr)	P (MW)	Q (MVAr)	P (MW)	Q (MVAr)
1	1	2	249.77	21.60	-248.01	-4.64	1.767	17.67
2	1	4	186.50	-13.61	-185.44	23.58	1.063	10.63
3	1	5	-226.27	22.74	226.60	-22.55	0.331	3.31
4	2	3	-51.99	-93.97	52.12	93.39	0.125	1.25
5	3	4	-28.63	2.65	28.65	-3.08	0.025	0.25
6	4	5	-238.19	32.15	239.91	-15.66	1.716	17.16
						Total:	5.027	50.27

图 2-14　runpf(case5)的运行结果

2. 最优潮流计算

在命令行窗口输入 runopf(case5)，即基于“case5. m”中的拓扑数据进行最优潮流计算，截取部分结果如图 2-15 所示。

为进一步计算含高压直流线路的 AC/DC 潮流分析，鲁汶大学的 Jef Beerten 开发了基于 MATLAB 的免费开源程序包 MATACDC。

该程序使用 AC/DC 潮流算法，可用于仿真分析互连的 AC 系统和多端电压源转换器型高压直流（Voltage Source Converter based High Voltage Direct Current，VSC-HVDC）系统。对于交流系统的潮流，该程序完全依赖于 Matpower。AC/DC 潮流问题是按顺序交替求解，这意味着该程序通过在 AC 系统和 DC 系统之间进行迭代来解决 AC/DC 潮流计算。在交流系统潮流计算期间，直流系统数据保持不变，反之亦然。该软件包已与 Matpower 中开发的现有交流潮流例程完全集成，同时保持 Matpower 原始源代码不变。使用 MATACDC 之前，最好已经按 Matpower 的提示进行了安装（运行“install_matpower. m”文件）和添加路径。

为与 MATPOWER 的 version2 版本格式对应，建议注释“runacdcpf. m”文件中第 74～75 行“mpopt(31)＝0;”和“mpopt(32)＝0;”语句。运行 runacdcpf 将得到缺省交流系统拓扑为 caseac ＝ 'case5_stagg' 及直流系统拓扑为 casedc ＝ 'case5_stagg_MTDCslack' 的 AC/DC 潮流计算结果。

```
================================================================================
|     Voltage Constraints                                                      |
================================================================================
Bus #  Vmin mu    Vmin    |V|   Vmax    Vmax mu
-----  --------   -----  -----  -----   --------
    3     -       0.900  1.100  1.100   156.887

================================================================================
|     Generation Constraints                                                   |
================================================================================
 Gen   Bus                Active Power Limits
  #     #    Pmin mu    Pmin       Pg       Pmax    Pmax mu
----  -----  -------  --------  --------  --------  -------
   1    1       -       0.00     40.00     40.00     2.935
   2    1       -       0.00    170.00    170.00     1.935
   4    4     0.288     0.00      0.00    200.00       -

 Gen   Bus               Reactive Power Limits
  #     #    Qmin mu    Qmin       Qg       Qmax    Qmax mu
----  -----  -------  --------  --------  --------  -------
   1    1       -      -30.00     30.00     30.00     0.357
   2    1       -     -127.50    127.50    127.50     0.357
   3    3       -     -390.00    390.00    390.00     0.105

================================================================================
|     Branch Flow Constraints                        (S in MVA)                |
================================================================================
Brnch   From     "From" End        Limit       "To" End        To
  #     Bus    |Sf| mu    |Sf|     |Smax|     |St|    |St| mu   Bus
-----  -----  -------  --------  --------  --------  -------  -----
    6     4       -      238.87    240.00    240.00   61.311     5
```

图 2-15　runopf 的运行结果(部分)

2.4　MATLAB 与常见电力仿真软件的交互

2.4.1　MATLAB 与 PSD-BPA 的交互

PSD-BPA 是由中国电科院开发的本土化电力系统仿真软件，大量的实际电网模型均基于 BPA 的数据格式进行搭建。该软件广泛应用于电力行业的科研与生产部门。在研究中，经常需要通过外部调用来满足更加个性化的仿真需求，在优化中也常常需要进行这样的交互以实现优化目标。

BPA 中包含的主要功能是潮流计算和稳定计算，分别对应了两个可执行文件："pfnt.exe"和"swnt. exe"。这两个文件可以在安装目录下找到。常规使用 BPA 时，使用 PSDEdit 进入软件界面，执行潮流计算和稳定计算时调用相应的可执行文件进行计算。因此，通过 MATLAB 调用 BPA 也可以通过调用相应的可执行文件实现，具体实现方法如下：

(1) 创建一个 bat 文件，用于调用可执行文件，以下为调用"swnt.exe"的相关语句

① @echo off

② Start "" /b swnt.exe HD－2018XG HD－2018XG

③ ping －n 24 127.1>nul

④ taskkill /IM swnt.exe /F

bat 文件、dat 文件、swi 文件位于相同文件夹中，bat 文件②中第一个“HD-2018XG”为稳定数据文件（“.swi”）的文件名，第二个“HD-2018XG”为潮流计算结果文件（“.bse”）的文件名。③④用于仿真结束后关闭可执行程序。

（2）创建一个 M 文件，用于设置仿真参数并调用

由于 BPA 中潮流文件格式为 dat，可以在 MATLAB 中进行编辑，在初始 dat 文件中可添加特殊字符串，在 MATLAB 中查找后替换为仿真参数。

```
① clc;
② %
③ %******实现仿真参数设置修改********
④ %
⑤ ExeFileName='Win32CosoleW.exe';
⑥ ExeFilePath=fullfile('E:\ ',ExeFileName);
⑦ mypf = ['E: \pfnt.exe ','HD-2018XGR'];
⑧ system(mypf);
⑨ open('E:\pfnt.exe')
⑩ dos('a.bat');
```

其中，⑦中第二个字符串 'HD-2018XGR' 为潮流文件（“.dat”）的文件名，⑨执行了潮流计算，得到计算结果 bse 文件，在⑩中调用了暂稳仿真程序进行暂稳仿真计算。

2.4.2 MATLAB 与 PSASP 的交互

与 PSASP 主要通过文件的形式进行数据交互，包括修改 PSASP 文件格式的潮流、暂稳等参数文件，调用对应的计算程序生成结果文件，读取结果文件获取计算结果三个主要步骤。下面就与 PSASP 交互的文件格式、文件读写、计算程序调用进行介绍（基于 Python 环境）。

（1）PSASP 中文件格式的潮流参数文件、潮流结果文件、暂稳仿真参数文件、暂稳仿真结果文件

在 PSASP 工程运行完成后，会在工程文件所在目录下生成 Temp 文件夹，如图 2-16 所示。

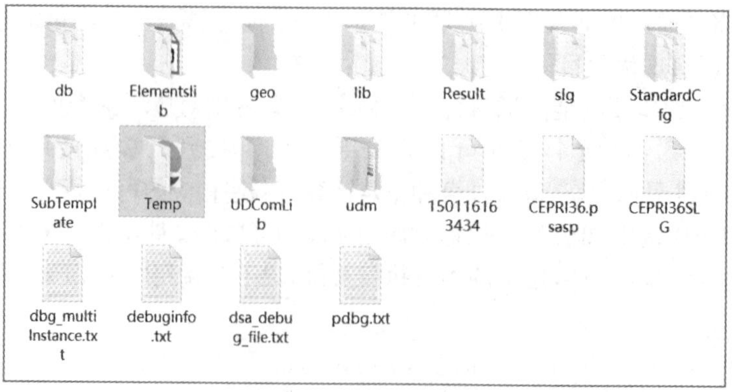

图 2-16　生成 Temp 文件夹

Temp 文件夹中以文件形式存储着 PSASP 进行潮流、暂稳等计算所需的各类对象的模型参数、设置参数以及计算结果，如图 2-17 所示。

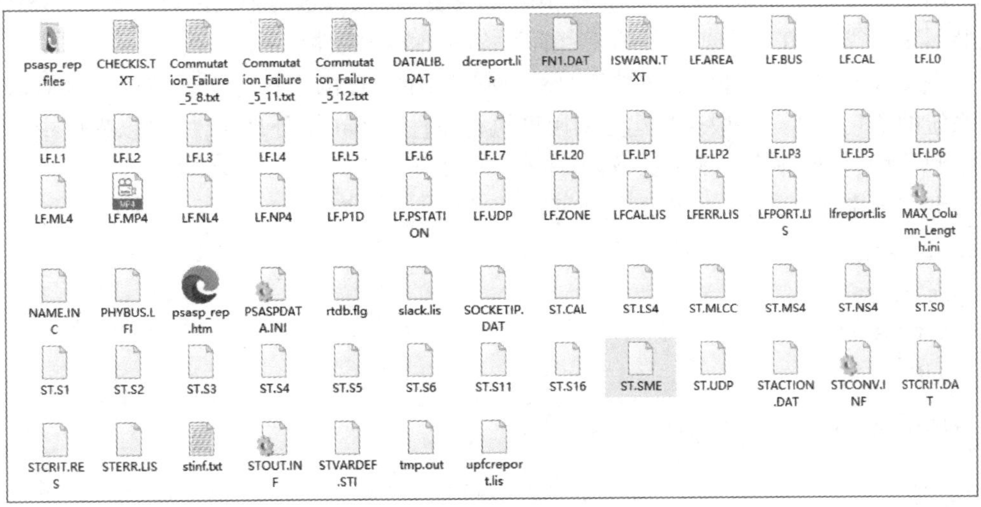

图 2-17　Temp 文件夹内容

其中，以“LF.L＊”命名的文件中存储着潮流计算所需的参数数据，以“LF.LP＊”命名的文件中存储着不同类型元件得到潮流计算结果，“ST.＊＊”命名的文件中存储着暂稳计算所需的参数数据(包括部分元件模型参数、暂稳设置、故障/扰动设置、输出设置等)，“DATALIB.DAT”文件中存储着不同类型元件的动态参数，“FN＊.DAT”中则存储着暂态稳定仿真输出的结果。

(2) PSASP 文件读写

上述各类文件均可在 Python 环境中通过与 txt 文件读写相同的方法进行读写，所读取的文件内容以字符串形式存在，若需对读取内容进行修改、计算，需按照文件格式对所读内容进行相应分割、类型转换等操作。

PSASP 文件读取语句如下：

```
    try:
        with codecs.open('PSASP 文件路径 ', 'r') as f:
            Data = f.read()
    finally:
        if f:
f.close()
```

PSASP 文件写入语句如下：

```
    try:
        with codecs.open('PSASP 文件路径 ', 'w+') as f:
f.write(Data)
    finally:
        if f:
f.close()
```

(3) PSASP 潮流与暂稳计算程序的调用

PSASP 的潮流计算与暂态稳定仿真功能分别由两个可执行文件实现:“WMLFRTMsg.exe”用于进行潮流计算,“wmudrt.exe”用于暂态稳定仿真,这两个文件可以在 PSASP 的安装目录下找到,在调用前需移动至当前系统的 Temp 文件夹中。

在完成 PSASP 文件中的参数修改后,通过调用上述的可执行文件即可完成对修改后系统的仿真计算。一般通过建立调用可执行文件的 bat 批处理文件,再以程序中调用 bat 批处理文件的方式实现潮流、暂稳计算。

调用潮流计算的 bat 文件语句如下:

```
@echo off
cd /d  %~dp0
WMLFRTMsg.exe
exit
```

调用暂稳计算的 bat 文件语句如下:

```
@echo off
cd /d  %~dp0
wmudrt.exe
exit
```

除此之外,PSASP 在调用暂稳计算完毕后,还需关闭暂稳计算窗口,才会进行数据写入,关闭暂稳计算窗口的 bat 文件语句如下:

```
Taskkill /f /im wmudrt.exe
```

2.5 CPLEX 和 Gurobi 简介

本节以电力系统机组组合问题为例,介绍 CPLEX 和 Gurobi 在电力系统中的应用。

问题描述:机组组合是指在一定的调度周期内,以最小的成本(耗量)安排发电计划,实现系统功率平衡并满足一定的约束条件。现有 3 台不同类型的发电机组,约束条件包括各自出力限制和系统功率平衡约束,目标函数为调度周期内发电机组出力总成本最低。

电力系统机组组合问题数学模型可简化表示如下:

$$\min_{P_{i,t}} \sum_{t=1}^{24} \sum_{i=1}^{3} (Q_i P_{i,t}^2 + C_i P_{i,t})$$

$$\text{s.t.} \quad \begin{cases} \sum_{i=1}^{3} P_{i,t} = D_{i,t} \\ \theta_{i,t} P_{i,\min} \leqslant P_{i,t} \leqslant \theta_{i,t} P_{i,\max} \end{cases}$$

其中,$P_{i,t}$ 表示机组 i 在 t 时段的出力;$P_{i,\min}$,$P_{i,\max}$ 分别为机组 i 的出力下限和上限;$\theta_{i,t}$ 表示机组 i 在 t 时段的启停状态(0 为停机,1 为开机);$D_{i,t}$ 为 t 时段的负荷;Q_i,C_i 为机组 i 的成本系数。

下面对 CPLEX 和 Gurobi 分别进行简要介绍，并给出针对本例的程序代码。

2.5.1 CPLEX 简介

1. 软件介绍

CPLEX 是 IBM 公司开发的一款商业版的优化引擎，同时提供了免费版，但免费版对求解规模有限制，无法求解规模过大的问题。该优化引擎是为能快速、最少用户干预地解决大型、复杂问题而设计的，可求解线性规划（Linear Programming，LP）问题、二次规划（Quadratic Programming，QP）问题（目标函数中含有二次项）、二次约束规划（Quadratically Constrained Programming，QCP）问题（约束条件中包含二次项）、混合整数规划（Mixed Integer Programming，MIP）问题等。CPLEX 还可求解二阶锥规划（Second Order Cone Programming，SOCP）、网络流问题等特殊问题。

在求解性能方面，CPLEX 优化引擎能够处理有数百万个约束和变量的问题，并且一直刷新数学规划的最高性能记录。在运行环境方面，CPLEX 优化引擎与众多编程语言和软件兼容，因此，可实现在 C++、Java、Python、Excel、MATLAB 等语言或软件下的调用。

CPLEX 的优势主要体现在以下几个方面。

① 编程语言简单易懂、使用方便；

② 求解速度较快，可以解决现实生活中许多规模庞大的问题，并利用现在的应用系统快速提交可靠的解决方案；

③ 提供了针对具有网络结构的特殊线性问题类型的网络优化器，可提高求解效率。

在 MATLAB 中使用 CPLEX 求解时，必须使用 MATLAB 的语法对模型进行改写，把模型约束条件中的系数等表示成系数矩阵的形式。为了简化模型的程序表征，方便使用者学习，因此常搭配 YALMIP 工具箱进行建模，即通过 YALMIP 来描述模型，然后再调用 CPLEX 求解器来求解模型。

YALMIP 是 Johan Löfberg 博士开发的一种语法统一、可解决各种优化规划问题的免费编程语言。它既包含基本的规划求解算法，也提供对于 CPLEX、Gurobi、Glpk 等工具箱的接口。YALMIP 实现了建模和算法二者的分离，它提供了一种统一的、简单的建模语言，针对所有的规划问题，都可用这种统一的方式建模。

下面简单介绍 YALMIP 建模的常用语法，以下也是实现 YALMIP 的五个步骤。

① 变量设置

(a) 实数变量：sdpvar(n,m, 'option')

(b) 0－1 变量：binvar(n,m, 'option')

(c) 整数变量：intvar(n,m, 'option')

以实数变量为例，P＝sdqvar(n,m,'symmetric')定义了一个对称的 n×m 实数变量矩阵，其简单形式为 P＝sdqvar(n,m)。

若需定义一个完全参数化（不一定是对称）的变量矩阵，第三个参数 'option' 需设置为 'full'，即 P ＝ sdpvar(n,m,'full')。

此外，option 参数还可以用来定义如 Toeplitz，Hankel，diagonal 和 skew-symmetric 矩阵。

② 约束条件设置

```
Constraints=[];% Constraints为自己定义的一个存储约束的矩阵
```

③ 参数设置

```
options = sdpsettings('field',value,'field',value,.....)
```

其中 filed 为参数名,value 为设置值。

例如:

```
options = sdpsetting('solver','cplex','verbose',0)
```

cplex 表示调用的工具箱名称,verbose 为显示冗余度,0 为只显示结果。

④ 模型求解

```
result = optimize(Constraints,F,options)
```

三个参数在之前已完成设定,其中,Constraints 为约束,F 为目标函数,options 为参数设置,可用来选择求解器等。

⑤ 查看变量或表达式的值

```
value(x); %查看变量x的值
value(f); %查看表达式f的值
```

2. 算例介绍

程序代码如下:(本例可扫描封底二维码获取相关资源)

```
%% 系统基本参数
N=3;%发电厂数目
T=24;%调度周期24小时
Pmax=[100;50;25];%发电机组出力上限/kW
Pmin=[20;40;1];%发电机组出力下限/kW
Q=diag([0.03 0.05 0.02]);%计算成本系数(元/kW²)
C=[1 1.5 2];%计算成本系数(元/kW)
Pload=100+50*sin((1:T)*2*pi/24);%周期函数模拟负荷数据/kW
%% 变量定义
of=binvar(N,T,'full');%定义0-1变量,用于模拟发电机组启停状态
P=sdpvar(N,T,'full');%定义实数变量,为发电机组每时段输出功率
st=[];%约束条件
%% 机组出力约束
for t=1:T
    st=[st,of(:,t).*Pmin<=P(:,t)<=of(:,t).*Pmax];
end
%% 机组功率平衡约束
for t=1:T
    st=[st,sum(P(:,t))==Pload(t)];
```

```
end
%% 目标函数
z=0;
for t=1:T
    z=z+P(:,t)'*Q*P(:,t)+C*P(:,t);
end
%% 设置求解器
ops=sdpsettings('solver','cplex'); %求解器调用 cplex
%% 求解
r=optimize(st,z,ops);%yalmip 求解命令
z=value(z);%查看求解结果
P=value(P);
of=value(of);
bar(value(P)','stack');%绘制机组出力的阶梯图
legend('机组 1','机组 2','机组 3');
xlabel('时间/h');
ylabel('输出功率/kW');
```

程序执行得到的机组出力阶梯图如图 2-18 所示。

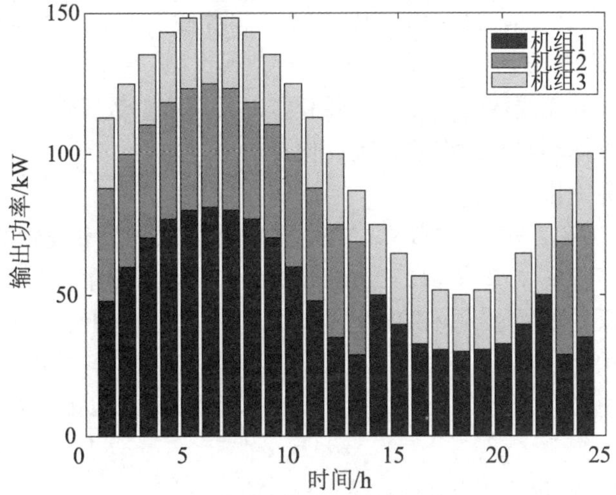

图 2-18　CPLEX 求解得到的机组出力安排

2.5.2　Gurobi 简介

1. 软件介绍

Gurobi 是由美国 Gurobi Optimization 公司开发的新一代大规模优化器。Gurobi 全球用户超过 2 600 家，广泛应用在金融、物流、制造、航空、石油石化、商业服务等多个领域，为智能化决策提供了坚实的基础，成为上千个成熟应用系统的核心优化引擎。图 2-19 为提供的优化器求解速度对比。

线性混合整数规划 MILP								
1 线程	CBC	CPLEX	GUROBI	SCIPC	SCIPS	XPRESS	MATLAB	SAS
速度比例	39	1.74	1	5.75	7.94	2	72.2	2.9
解决问题数量	53	87	87	83	76	86	32	84
4 线程	CBC	CPLEX	FSCIPC	FSCIPS	GUROBI	XPRESS	MIPCL	SAS
速度比例	34.8	1.5	9.9	12.1	1	1.66	7.29	3
解决问题数量	66	86	80	79	87	87	84	85
12 线程	CBC	CPLEX	FSCIPC	FSCIPS	GUROBI	XPRESS	MIPCL	SAS
速度比例	27	1.49	9.8	13	1	1.57	6.53	3.39
解决问题数量	69	87	78	76	87	87	82	82
速度比例为1是最快的速度，其他数值为该速度的倍数。								

图 2-19　优化器求解速度对比

Gurobi 是全局优化器，支持的模型类型包括：

① 连续和混合整数线性问题。

② 凸目标或约束连续和混合整数二次问题。

③ 非凸目标或约束连续和混合整数二次问题。

④ 含有对数、指数、三角函数、高阶多项式目标或约束，以及任何形式的分段约束的非线性问题。

⑤ 含有绝对值、最大值、最小值、逻辑与或非目标或约束的非线性问题。

Gurobi 的技术优势有：

① 可以求解大规模线性问题、二次型问题，以及混合整数线性和二次型问题。

② 支持非凸目标和非凸约束的二次优化。

③ 支持多目标优化。

④ 支持包括 SUM，MAX，MIN，AND，OR 等广义约束和逻辑约束。

⑤ 支持包括高阶多项式、指数、三角函数等的广义函数约束。

⑥ 问题尺度只受限制于计算机内存容量，不对变量数量和约束数量有限制。

⑦ 采用最新优化技术，充分利用多核处理器优势，支持并行计算。

⑧ 提供了方便轻巧的接口，支持 C++，Java，Python，.Net，MATLAB 和 R，内存消耗少。

⑨ 支持多种平台，包括 Windows，Linux，Mac OS X。

Gurobi 提供了完善的教程，可登录官网进行学习。

2. Gurobi 基础使用方法

Gurobi 本身是基于单纯形法的求解器，可以保证对线性问题和混合整数非线性问题的高速可靠求解，可以涉及部分凸二次的非线性（如二阶锥规划及混合整数二阶锥规划），但仍建议尽可能不用于非凸优化和非线性优化之中，尽可能避免应用于混合整数非线性规划（Mixex Integer Non-Linear Programming，MINLP）之中。

Gurobi 提供了面向 MATLAB、Python 等多个常用编程计算语言的接口，如在 MATLAB 中通过 YALMIP 调用 Gurobi，Python 中通过 pyomo 调用 Gurobi 等间接调用方式。相较之下，笔者认为 Gurobi 所提供的 gurobipy 接口安装最为方便、功能最全、使用最便捷。

在安装 license 后，直接使用 pip 安装即可，命令为：python -m pip install gurobipy，使用 Gurobipy 的建模基本都基于 Model 展开，以下对常用命令进行说明。

① m = Model('xxx')：创建一个名为“xxx”的优化模型，之后的添加变量和约束都是对 M 进行操作。

② X1 = m. addVar（lb = 0. 0，ub = float（'inf'），obj = 0. 0，vtype = GRB. CONTINUOUS，name=""，column=None）：添加变量 X1，vtype 可为连续，0－1，整数，半连续或半整数（后两者不常用）即 GRB.CONTINUOUS，GRB.BINARY，GRB. INTEGER，GRB.SEMICONT，或者 GRB.SEMIINT，默认类型为连续，最小值为 0。

③ X1 = m.addVars（ * indices，lb=0.0，ub=float('inf')，obj=0.0，vtype= GRB.CONTINUOUS，name="")：添加一个通过 X1 变量名索引的变量序列，如 X1 = m.addVars(T,K)，T=[1,3,4]，K=['e1','e2','e3']；则 X1 中包含的变量内容为：

```
In [7]: X1
Out[7]:
{(1, 'e1'): <gurobi.Var *Awaiting Model Update*>,
 (1, 'e2'): <gurobi.Var *Awaiting Model Update*>,
 (1, 'e3'): <gurobi.Var *Awaiting Model Update*>,
 (2, 'e1'): <gurobi.Var *Awaiting Model Update*>,
 (2, 'e2'): <gurobi.Var *Awaiting Model Update*>,
 (2, 'e3'): <gurobi.Var *Awaiting Model Update*>,
 (3, 'e1'): <gurobi.Var *Awaiting Model Update*>,
 (3, 'e2'): <gurobi.Var *Awaiting Model Update*>,
 (3, 'e3'): <gurobi.Var *Awaiting Model Update*>}
```

可以使用“X1[i,j] for i in T for j in K”语句对每个变量进行索引。

④ m.addConstr（ constr，name="")：添加单个约束，注意，其中除＋－ * /基本运算之外，不应出现其他变量间的运算关系，不应出现判断等语句。如果需要判断的话，应尽可能通过函数名调用，但所调用的函数中也不应该有变量参与判断。即最终的变量运算关系仍通过四则运算进行表示。如：

```
m.addConstr(x+fun()==0)
def fun()
return y
```

上式本质是添加了约束条件：x＋y == 0。而下者则是典型的错误：

```
m.addConstr(x+fun()==0)
def fun()
    if x>=0:
        return y+1
    else:
        return y-1
```

逻辑语句是无法输入 Gurobi 求解器中的，所以在使用时应尽可能优化数学语言，使用整数和连续变量及基本的数学函数来进行建模，对 if 等逻辑判断进行转化。

```
m.addConstrs ( generator, name = "" )
```

添加多个约束。举例：

```
m.addConstrs((x[i,j] == 0 for i in range(4)
                          for j in range(4)
                          if i != j), name = 'c')
```

⑤ m. setObjective（xxx）：添加目标函数，xxx 为表达式，默认求最小值，如 m. setObjective(x+y)。也可通过 setObjective(x + y, GRB.MAXIMIZE)换为最大值。

当以上变量、约束与目标函数添加完成后，就可以进行求解了，命令为：

```
m.optimize ( callback = None )
```

当需要涉及高级的动态添加约束时，需要用到 callback 函数，通常直接使用 m. optimize()即可。

获取变量值：简单的可使用“X1[i,j].x”语句其中 X1 为之前已定义的变量名，i,j 为相应的索引，加上.x 即可获取其优化的结果值；若需要获取目标函数值，则可通过以下程序获取：

```
obj = m.getObjective()  # obj 为目标函数表达式
print(obj.getValue())   #obj.getValue()为目标函数值
```

检查模型的可行性(feasibility)：由于编程中的错漏或者理论错误，经常会遇到模型不可行(infeasible)的问题，可使用以下命令生成最小不可行域，来辅助检查。

```
m.computeIIS()
m.write('model.ilp')
```

3. 算例介绍

采用 Gurobi 求解与 CPLEX 软件介绍部分相同的电力系统机组组合问题，程序代码如下：(本例可扫描封底二维码获取相关资源)

```
import gurobipy as gy
from gurobipy import GRB
import numpy as np
import math
import matplotlib.pyplot as plt
m = gy.Model()
N = np.arange(3) #发电机 索引
T = np.arange(1,24+1) #调度时段 索引
Pmax = [100,50,25]  #出力上限
Pmin = [20,40,1]    #出力下限
Q = [0.03,0.05,0.02] # 成本系数:二次项
C = [1,1.5,2]        # 成本系数:一次项
Pload = 100+ 50*np.sin(T*2*math.pi/24)  # 负荷
x = m.addVars(N,T,vtype = GRB.BINARY)
p = m.addVars(N,T)  # 注意:lb默认为0
```

```
    m.addConstrs((p[i,t] <= Pmax[i] * x[i,t] for i in N for t in T),name='power output
limitation1')
    m.addConstrs((p[i,t] >= Pmin[i] * x[i,t] for i in N for t in T),name='power output
limitation2')
    m.addConstrs((sum([p[i,t] for i in N]) == Pload[t - 1] for t in T),name='power
balance')
    m.setObjective(sum([Q[i] * p[i,t] ** 2 + C[i] * p[i,t] for i in N for t in T]))
    m.optimize()
    # 获取结果,作图
    result = np.zeros((len(N) + 1,len(T)))
    fig,ax = plt.subplots()
    for i in N:
        for t in T:
            result[i+1,t-1] = p[i,t].x
        ax.bar(T,result[i+1,:],bottom=result.sum(axis=0) - result[i+1,:],label='gen:'
+str(i))
    # ax.bar(T,result[1,:],label='gen:'+str(i))
    # ax.bar(T,result[2,:],bottom=result[1,:],label='gen:'+str(i))
    # ax.bar(T,result[3,:],bottom=result[2,:]+result[1,:],label='gen:'+str(i))
        # ax.bar(T,result[i+1,:],bottom=result[i,:],label='gen:'+str(i))

    ax.set_xlabel('time')
    ax.set_ylabel('power')
    ax.set_title('UC')
    ax.legend()
    fig.savefig(UC.png')
```

程序执行得到的机组出力阶梯图与图 2-18 一致。

第三章　线性规划在电力系统中的应用

线性规划(Linear Programming,LP)是运筹学的一个重要分支。1939 年苏联数学家康特洛维奇为解决生产组织中的一系列问题,如机器负荷分配、原材料的合理利用等,发表了《生产组织与计划中的数学方法》等论文,这是世界上最早研究线性规划的文章。从 20 世纪 40 年代到 50 年代中期,美国由于军事和生产的需要迅速地发展了这一分支,1947 年美国空军数学顾问 G. B. 丹齐克首次提出线性规划的概念,建立了线性规划的数学模型,并且提出了求解线性规划的单纯形法,从而奠定了其理论基础,也为用计算机求解线性规划问题提供了依据(世界上第一台计算机诞生于“二战”期间的 1946 年 2 月,名为 ENIAC(Electronic Numerical Integrator and Calculator,电子数字积分计算机),为美国军用数据计算服务)。线性规划的应用范围十分广阔,从解决技术问题的最优设计到工业、农业、商业、交通运输、军事、能源电力、经济、管理决策等众多领域都可以发挥作用。在简化的直流潮流下,本章对线性规划在电力系统中的应用举例有灵敏度分析、有功经济调度、无功功率最优分布、聚合需求响应潜力分析等。

3.1　什么是线性规划

3.1.1　线性规划的初步认识

在生产和管理经营活动中,经常会遇到这样的两类问题:一类是如何合理地使用有限的劳动力、设备、资金等资源,以得到最大的效益(如生产经营利润);另一类是为了达到一定的目标(生产指标或其他指标),应如何组织生产,或合理安排工艺流程,或调整产品的成分等,以使消耗资源(人力、设备台数、资金、原材料等)为最少。例如:

(1) 配载问题:某种交通工具(车、船、飞机等)的容积和载重量一定,运输几种物资,这些物资有不同的体积和重量,如何装载可以使这种运输工具所装运的物资最多。

(2) 下料问题:某厂使用某种圆钢下料,制造直径相同而长度不等的三种机轴,采用什么样的下料方案可以使废料为最少。

(3) 能源分配问题:某系统含多台发电机组,如何安排各发电机组出力,使系统在满足线路输电能力约束条件下,发电效益最大化。

(4) 燃料配比问题:某发电厂面临煤种选择的问题,选择哪种煤炭,比例多少,才能最大限度地降低发电成本,提高经济效益。

下面我们看两个例子。

例 3.1　系统发电最大效益问题建模。

假设一个两机系统，共有四条输电线路，线路最大输电能力为 $P_{L1}^{max}=12\ MW$，$P_{L2}^{max}=12\ MW$，$P_{L3}^{max}=18\ MW$，$P_{L4}^{max}=18\ MW$。线路与发电机之间存在如下关系：$P_{L1}=2P_{G1}+3P_{G2}$，$P_{L2}=3P_{G1}+2P_{G2}$，$P_{L3}=6P_{G1}+P_{G2}$，$P_{L4}=P_{G1}+6P_{G2}$。系统效益函数为 $F=P_{G1}+2P_{G2}$。问：如何安排发电机组出力使系统效益最大？

设该系统安排发电机组 G1，发电机组 G2 的出力分别为 x_1、x_2，则有

$$
\begin{aligned}
&\max z = x_1 + 2x_2 \\
&\text{s.t.} \\
&\begin{cases}
2x_1 + 3x_2 \leqslant 12 \\
3x_1 + 2x_2 \leqslant 12 \\
6x_1 + x_2 \leqslant 18 \\
x_1 + 6x_2 \leqslant 18 \\
x_1,\ x_2 \geqslant 0
\end{cases}
\end{aligned}
\tag{3.1.1}
$$

例 3.2　发电机组燃料优化管理问题建模。

每台发电机组对燃料的硫分、水分、灰分、热值、挥发分和可磨系数都有一定的要求。由于电煤价格持续上升，电煤成为稀缺资源，劣质煤炭充斥市场，因此利用多种煤混合出满足锅炉燃烧需要的煤种，是一种非常有效的方法。

以配煤成本最低为目标函数，以单煤的成本、煤质参数和锅炉的燃烧品质参数的临界值为约束条件，设第 j 种煤相对于锅炉设计煤种消耗量的比例为 x_j。构造线性规划模型如下：

$$
\begin{aligned}
&\min z = \sum_{j=1}^{m} C_j x_j \\
&\text{s.t.} \\
&\begin{cases}
b_i \leqslant \sum_{j=1}^{m} a_{ij} x_j \leqslant B_i, & i = 1,\ 2,\ \cdots,\ n \\
\sum_{j=1}^{m} x_j = 1, x_j \geqslant 0, & j = 1,\ 2,\ \cdots,\ m
\end{cases}
\end{aligned}
\tag{3.1.2}
$$

其中，C_j 为第 j 种单煤的成本；x_j 为第 j 种煤相对于锅炉设计煤种消耗量的比例；a_{ij} 为第 j 种煤第 i 个指标；b_i，B_i 为混煤第 i 种性能指标的限定值；n 为煤的性能指标的个数，包括硫分、水分、灰分、热值、挥发分等；m 为单煤的种类数量。

3.1.2　线性规划问题的数学模型

下面从数学的角度来归纳上述两个例子的共同点。

(1) 每个问题中都有一组变量——称为决策变量，一般记为 x_1，x_2，…，x_n。对决策变量的每一组值，$[x_1,\ x_2, \cdots,\ x_n]^T$ 代表了一种决策方案。通常要求决策变量取值非负，即 $x_j \geqslant 0\ (j=1,2,\ \cdots,\ n)$。

(2) 每个问题中都有决策变量需满足的一组线性约束条件——线性的等式或不等式。

(3) 每个问题中都有一个关于决策变量的线性函数——称为目标函数。要求这个目标函数在满足约束条件下实现最大化或最小化。

将约束条件及目标函数都是决策变量的线性函数的规划问题称为线性规划。线性规划的一般数学模型为:

$$\max\ (\min) z = c_1 x_1 + c_2 x_2 + \cdots + c_n x_n \tag{3.1.3}$$

s.t.

$$\begin{cases} a_{11} x_1 + a_{12} x_2 + \cdots + a_{1n} x_n \leqslant (= \text{或} \geqslant) b_1 \\ a_{21} x_1 + a_{22} x_2 + \cdots + a_{2n} x_n \leqslant (= \text{或} \geqslant) b_2 \\ \qquad \vdots \\ a_{m1} x_1 + a_{m2} x_2 + \cdots + a_{mn} x_n \leqslant (= \text{或} \geqslant) b_m \\ x_1,\ x_2,\ \cdots,\ x_n \geqslant 0 \end{cases} \tag{3.1.4}$$

在上述线性规划的数学模型中,式(3.1.3)称为目标函数,或实现最大化,或实现最小化。式(3.1.4)称为约束条件,它可以是≤或≥的不等式,也可以是严格的等式。式(3.1.4)中的最后一个式子称为非负约束条件。它既是通常实际问题中对决策变量的要求,也是用单纯形法求解过程中的需要。有时也将线性规划问题简称为 LP(Linear Programming)问题。

3.1.3 线性规划数学模型的标准形式

对于 3 个以上变量的线性规划问题,为了得到一种普遍适用的求解线性规划问题的方法,首先要将一般线性规划问题的数学模型化成统一的标准形式,以便于讨论。在标准形式中目标函数一律改为最大化,约束条件(非负约束条件除外)一律化成等式,且要求其右端项大于或等于零。

标准形式的数学表示方式有以下 4 种:

(1) 一般表达形式

$$\max z = c_1 x_1 + c_2 x_2 + \cdots + c_n x_n$$

s.t.

$$\begin{cases} a_{11} x_1 + a_{12} x_2 + \cdots + a_{1n} x_n = b_1 \\ a_{21} x_1 + a_{22} x_2 + \cdots + a_{2n} x_n = b_2 \\ \qquad \vdots \\ a_{m1} x_1 + a_{m2} x_2 + \cdots + a_{mn} x_n = b_m \\ x_1,\ x_2,\ \cdots,\ x_n \geqslant 0 \end{cases} \tag{3.1.5}$$

(2) $\sum$ 记号简写形式

$$\max z = \sum_{j=1}^{n} c_j x_j$$

s.t.

$$\begin{cases} \sum_{j=1}^{n} a_{ij} x_j = b_i, & i = 1,\ 2,\ \cdots,\ m \\ x_j \geqslant 0, & j = 1,\ 2,\ \cdots,\ n \end{cases} \tag{3.1.6}$$

（3）矩阵形式

$$\max z = \boldsymbol{c}^{\mathrm{T}}\boldsymbol{x} \\ \text{s.t.} \\ \begin{cases} \boldsymbol{Ax} = \boldsymbol{b} \\ \boldsymbol{x} \geqslant \boldsymbol{0} \end{cases} \tag{3.1.7}$$

式中，$\boldsymbol{c} = [c_1, c_2, \cdots, c_n]^{\mathrm{T}}$，$\boldsymbol{x} = [x_1, x_2, \cdots, x_n]^{\mathrm{T}}$，

$$\boldsymbol{A} = \begin{bmatrix} a_{11} & \cdots & a_{1n} \\ \vdots & \ddots & \vdots \\ a_{m1} & \cdots & a_{mn} \end{bmatrix}, \boldsymbol{b} = \begin{bmatrix} b_1 \\ b_2 \\ \vdots \\ b_m \end{bmatrix}, \boldsymbol{0} = \begin{bmatrix} 0 \\ 0 \\ \vdots \\ 0 \end{bmatrix}$$

（4）向量形式

$$\max z = \boldsymbol{c}^{\mathrm{T}}\boldsymbol{x} \\ \text{s.t.} \\ \begin{cases} \sum_{j=1}^{n} x_j \boldsymbol{p}_j = \boldsymbol{b} \\ \boldsymbol{x} \geqslant \boldsymbol{0} \end{cases}$$

式中，$\boldsymbol{c}$，$\boldsymbol{x}$，$\boldsymbol{b}$，$\boldsymbol{0}$ 的含义同矩阵形式，而

$$\boldsymbol{p}_j = \begin{bmatrix} a_{1j} \\ a_{2j} \\ \vdots \\ a_{mj} \end{bmatrix}, j = 1, 2, \cdots, n \tag{3.1.8}$$

即 $\boldsymbol{A} = [\boldsymbol{p}_1, \boldsymbol{p}_2, \cdots, \boldsymbol{p}_n]$。

以上 4 种形式相互等价，在本书中都会用到，请读者熟练掌握这 4 种形式之间的转换。

另外，必须说明的是，本节所提的标准化模型，是针对下文单纯形法求解问题的标准模型。当求解问题的工具变成其他方法时，需要建立对应的标准模型。因此，标准模型的表达形式需要与求解工具相对应。

3.1.4　将非标准形式化为标准形式

本小节介绍如何将由实际问题得到的线性规划非标准形式的数学模型化成标准形式的数学模型。

进行模型的标准化处理主要可以分为以下几种情况。

（1）若目标函数为求最小化：$\min z = \boldsymbol{c}^{\mathrm{T}}\boldsymbol{x}$，则作一个 $z' = -\boldsymbol{c}^{\mathrm{T}}\boldsymbol{x}$ 对 z' 实现最大化，即 $\max z' = -\boldsymbol{c}^{\mathrm{T}}\boldsymbol{x}$。若 $f(\boldsymbol{x})$ 在 $\boldsymbol{x}^*$ 处达到最小值，则 $-f(\boldsymbol{x})$ 在 $\boldsymbol{x}^*$ 达到最大值。因此对 $\min z = \boldsymbol{c}^{\mathrm{T}}\boldsymbol{x}$ 及 $\max z' = -\boldsymbol{c}^{\mathrm{T}}\boldsymbol{x}$ 来说，最优解 $\boldsymbol{x}^*$ 是不变的，但最优值 $z^* = -(z')^*$。

（2）若约束条件是小于等于型，则在该约束条件不等式左边加上一个新变量——称

为松弛变量，将不等式改为等式。例如：

$$x_1-2x_2+3x_3\leqslant 8\Rightarrow x_1-2x_2+3x_3+x_4=8 \tag{3.1.9}$$

一般地，

$$a_{i1}x_1+a_{i2}x_2+\cdots+a_{in}x_n\leqslant b_i\Rightarrow a_{i1}x_1+a_{i2}x_2+\cdots+a_{in}x_n+x_{n+i}=b_i \tag{3.1.10}$$

其中，$x_{n+i}\geqslant 0$。

(3) 若约束条件是大于等于型，则在该约束条件不等式左边减去一个新变量——称为剩余变量，将不等式改为等式。例如：

$$2x_1-3x_2-4x_3\geqslant 5\Rightarrow 2x_1-3x_2-4x_3-x_4=5 \tag{3.1.11}$$

一般地，

$$a_{i1}x_1+a_{i2}x_2+\cdots+a_{in}x_n\geqslant b_i\Rightarrow a_{i1}x_1+a_{i2}x_2+\cdots+a_{in}x_n-x_{n+i}=b_i \tag{3.1.12}$$

其中，$x_{n+i}\geqslant 0$。

(4) 若约束方程右端项 $b_i<0$，则在约束方程两端乘以 -1，不等号改变方向。一般地，$a_{i1}x_1+a_{i2}x_2+\cdots+a_{in}x_n\geqslant b_i$，其中 $b_i<0$。则改变为 $-a_{i1}x_1-a_{i2}x_2-\cdots-a_{in}x_n\leqslant -b_i$，然后再将不等式转化为等式(加上松弛变量或减去剩余变量)。

(5) 若决策变量 x_k 无非负要求，即 x_k 可正可负，则可引入两个新变量：$x'_k\geqslant 0$，$x''_k\geqslant 0$，令 $x_k=x'_k-x''_k$。在原有数学模型中，x_k 均用 $x'_k-x''_k$ 来替代，且在非负约束中增加 $x'_k\geqslant 0$，$x''_k\geqslant 0$。由此保证模型中所有变量均满足非负要求。当然，也可以对实际使用的变量，统一用 y 加下标的方式，构成一个下标连续的 $\boldsymbol{y}=[y_1, y_2, \cdots, y_m]^{\mathrm{T}}$ 变量向量。

用以上几种方法，一般都可将由实际问题得到的数学模型化为标准形式。

下面举一个例子。

例 3.3 将下列线性规划模型化为标准形式。

$$\begin{aligned}&\min z=x_1-2x_2+3x_3\\&\text{s.t.}\\&\begin{cases}x_1+x_2+x_3\leqslant 7\\x_1-x_2+x_3\geqslant 2\\-3x_1+x_2+2x_3=-5\\x_1,\ x_2\geqslant 0,\ x_3\text{ 无约束}\end{cases}\end{aligned} \tag{3.1.13}$$

求解过程如下：

首先令 $z'=-z=-x_1+2x_2-3x_3$。

其次，由于变量 x_3 没有非负约束，因此，令 $x_3=x_4-x_5$，代入目标函数及约束条件中。最后，将第一个约束条件左边加上松弛变量 x_6 后改为等式，第二个约束条件左边减去剩余变量 x_7 后改为等式，第三个约束等式两边乘以 -1，则得到标准形式：

$$\max z' = -x_1 + 2x_2 - 3(x_4 - x_5) + 0 \cdot x_6 + 0 \cdot x_7$$

$$\text{s.t.}\quad \begin{cases} x_1 + x_2 + x_4 - x_5 + x_6 = 7 \\ x_1 - x_2 + x_4 - x_5 - x_7 = 2 \\ 3x_1 - x_2 - 2x_4 + 2x_5 = 5 \\ x_1,\ x_2,\ x_4,\ x_5,\ x_6,\ x_7 \geqslant 0 \end{cases} \tag{3.1.14}$$

对原始模型进行标准化处理后，变量 x_3 由 x_4、x_5 联合表示和替换，另有新增变量 x_6、x_7，标准化模型中共有 6 个变量。优化完成后，可由 $x_3 = x_4 - x_5$ 求出 x_3 的最优值。

3.2　单纯形法

3.2.1　单纯形迭代原理

单纯形法为求解线性规划问题的通用方法。它是美国数学家 G. B. 丹齐克于 1947 年首先提出来的。它的理论根据是：线性规划问题的可行域是 n 维向量空间 $\mathbb{R}^n$ 中的多面凸集，其最优值如果存在则必在该凸集的某顶点处达到。顶点所对应的可行解称为基本可行解(Basic Feasible Solution, BFS，或叫基可行解)。单纯形法的基本思想是：先找出一个基本可行解，对它进行鉴别，看是否是最优解；若不是，则按照一定法则转换到另一改进的基本可行解，再鉴别；若仍不是，则再转换，按此重复进行。因基本可行解的个数有限，故经有限次转换必能得出问题的最优解。如果问题无最优解也可用此法判别。单纯形法的一般解题步骤可归纳如下：①把线性规划问题的约束方程组表达成典范型方程组，找出基本可行解作为初始基本可行解。②若基本可行解不存在，即约束条件有矛盾，则问题无解。③若基本可行解存在，从初始基本可行解作为起点，根据最优性条件和可行性条件，引入非基变量(non-basic variable)取代某一基变量(basic variable)，找出目标函数值更优的另一基本可行解。④按步骤③进行迭代，直到对应检验数满足最优性条件(这时目标函数值不能再改善)，即得到问题的最优解。⑤若迭代过程中发现问题的目标函数值无界，则终止迭代。

例 3.4　某制造企业生产甲、乙两种轻型小零件，生产这两种零件要消耗某种原料。生产每吨零件所需要的原料量及所占设备时间见表 3-1。该厂每周所能得到的原料量为 160 kg、每周设备最多能开 15 个台班，且根据市场需求，甲种产品每周产量不应超过 4 t。已知该厂生产每吨甲、乙两种产品的利润分别为 5 万元及 2 万元。该厂应该如何安排两种产品的产量才能使每周获得的利润最大？

表 3-1　生产两种小零件消耗原料量

项目	每吨产品的消耗		每种资源总量
	甲	乙	
原料/kg	30	20	160
设备/台班	5	1	15

设该厂每周安排生产甲零件的产量为 x_1t，乙种产量为 x_2t，则每周所能获得的利润总额为 $z=5x_1+2x_2$(万元)。但生产量的大小要受到原料量及设备的限制，以及市场最大需求量的制约。即 x_1，x_2 要满足以下一组不等式条件：

$$\begin{cases} 30x_1+20x_2\leqslant 160 \\ 5x_1+x_2\leqslant 15 \\ x_1\leqslant 4 \end{cases} \tag{3.2.1}$$

此外，x_1，x_2 还应是非负的数：

$$x_1\geqslant 0,\ x_2\geqslant 0 \tag{3.2.2}$$

因此从数学角度看，x_1，x_2 应在满足资源约束式(3.2.1)及非负约束条件式(3.2.2)下，使利润 z 取得最大值：

$$\max z=5x_1+2x_2 \tag{3.2.3}$$

经过以上分析，可将一个生产安排问题抽象为在满足一组约束条件下，寻求变量 x_1，x_2 使目标函数式(3.2.3)达到最大值的一个数学问题。

它的数学模型为：

$$\begin{aligned} &\max z=5x_1+2x_2 \\ &\text{s.t.} \\ &\begin{cases} 30x_1+20x_2\leqslant 160 \\ 5x_1+x_2\leqslant 15 \\ x_1\leqslant 4 \\ x_1,\ x_2\geqslant 0 \end{cases} \end{aligned} \tag{3.2.4}$$

化为标准形式：

$$\begin{aligned} &\max z=5x_1+2x_2+0\cdot x_3+0\cdot x_4+0\cdot x_5 \\ &\text{s.t.} \\ &\begin{cases} 30x_1+20x_2+x_3=160 \\ 5x_1+x_2+x_4=15 \\ x_1+x_5=4 \\ x_1,\ x_2,\ x_3,\ x_4,\ x_5\geqslant 0 \end{cases} \end{aligned} \tag{3.2.5}$$

第 1 步：确定一个初始基可行解。

基可行解就是满足非负约束条件的基本解，因此要在约束矩阵 $\boldsymbol{A}$ 中找出一个可逆的基矩阵，其中 $\boldsymbol{A}=\begin{bmatrix} 30 & 20 & 1 & 0 & 0 \\ 5 & 1 & 0 & 1 & 0 \\ 1 & 0 & 0 & 0 & 1 \end{bmatrix}$。

这里 $m=\text{rank}(\boldsymbol{A})=3$。可以看出 x_3，x_4，x_5 的系数列向量是线性独立的，这些向量构成一个基：$\boldsymbol{B}^{(0)}=\begin{bmatrix} 1 & 0 & 0 \\ 0 & 1 & 0 \\ 0 & 0 & 1 \end{bmatrix}=[\boldsymbol{p}_3,\ \boldsymbol{p}_4,\ \boldsymbol{p}_5]$。对应的基变量为 x_3，x_4，x_5；而 x_1，

x_2 为非基变量。

将基变量用非基变量表示，由式(3.2.5)得：

$$\begin{cases} x_3 \qquad\qquad = 160 - 30x_1 - 20x_2 \\ \qquad x_4 \qquad = 15 - 5x_1 - x_2 \\ \qquad\qquad x_5 = 4 - x_1 \end{cases} \tag{3.2.6}$$

将式(3.2.6)代入目标函数得 $z = 5x_1 + 2x_2 + 0$

令非基变量 $x_1 = x_2 = 0$，代入式(3.2.6)，得到一个基可行解 $\boldsymbol{X}^{(0)}$

$$\boldsymbol{X}^{(0)} = [0,\ 0,\ 160,\ 15,\ 4]^{\mathrm{T}}$$

第 2 步：将当前基可行解转换为更好的基可行解。

从数学角度看，x_1，x_2 的增加将会增加目标函数值，从目标函数值中 x_1，x_2 前的系数看，x_1 前的系数大于 x_2 前的系数，所以让 x_1 从非基变量转为基变量，称为进基变量(entering variable)，下面讨论怎样确定离基变量(从原基变量中移出，成为非基变量(departing variable))：

因为 x_2 仍为非基变量，故 $x_2 = 0$，则式(3.2.6)变为：

$$\begin{cases} x_3 = 160 - 30x_1 \\ x_4 = 15 - 5x_1 \\ x_5 = 4 - x_1 \end{cases} \quad \begin{matrix}\text{求解}\\\text{系数}\end{matrix} \begin{cases} 160/30 = 16/3 \\ 15/5 = 3 \\ 4/1 = 4 \end{cases} \tag{3.2.7}$$

正系数最小值为 3，所以当 $x_1 = 3$ 时，x_4 第一个减小到 0，所以 x_4 出基。

则 $\boldsymbol{X}^{(1)} = [3,\ 0,\ 70,\ 0,\ 1]^{\mathrm{T}}$，$\boldsymbol{B}^{(1)} = [\boldsymbol{p}_1,\ \boldsymbol{p}_3,\ \boldsymbol{p}_5]$，$z^{(1)} = 15$。

此时非基变量为 x_2，x_4，用非基变量表示基变量，代入式(3.2.6)得：

$$\begin{cases} x_3 = 70 - 14x_2 + 6x_4 \\ x_1 = 3 - 1/5x_2 - 1/5x_4 \\ x_5 = 1 + 1/5x_2 + 1/5x_4 \end{cases} \tag{3.2.8}$$

将式(3.2.8)代入目标函数得 $z^{(1)} = 15 + x_2 - x_4$。

第 3 步：继续迭代。

x_2 进基，x_4 仍为非基变量，令 $x_4 = 0$，则式(3.2.8)表示为

$$\begin{cases} x_3 = 70 - 14x_2 \\ x_1 = 3 - 1/5x_2 \\ x_5 = 1 + 1/5x_2 \end{cases} \quad \begin{matrix}\text{求解}\\\text{系数}\end{matrix} \begin{cases} 70/14 = 5 \\ 3/(1/5) = 15 \end{cases} \tag{3.2.9}$$

可见，正系数最小值为 5，所以当 $x_2=5$ 时，x_3 首先减小到 0，所以 x_3 出基，则 $\boldsymbol{X}^{(2)} = [2,5,0,0,2]^{\mathrm{T}}$，$\boldsymbol{B}^{(2)} = [\boldsymbol{p}_1,\ \boldsymbol{p}_3,\ \boldsymbol{p}_5]$，$z^{(2)} = 20$。

此时非基变量为 x_3，x_4，用非基变量表示基变量，代入式(3.2.8)得：

$$\begin{cases} x_2 = 5 - 1/14x_3 + 3/7x_4 \\ x_1 = 2 + 1/70x_3 - 2/7x_4 \\ x_5 = 2 - 1/70x_3 + 2/7x_4 \end{cases} \tag{3.2.10}$$

将式(3.2.10)代入目标函数得 $z=20-1/14x_3-4/7x_4$

此时若非基变量 x_3，x_4 的值增加，只能使 z 值下降，亦即目标函数 z 中所有非基变量的系数均非正。所以 $\boldsymbol{X}^{(2)}$ 为最优解，$z^*=20, \boldsymbol{X}^*=[2, 5, 0, 0, 2]^{\mathrm{T}}$。

3.2.2 单纯形基本步骤

单纯形基本步骤归纳如下：

第 1 步：构造一个初始基本可行解。

对已经标准化的线性模型，设法在约束矩阵 $\boldsymbol{A}_{m\times n}$ 中构造出一个 m 阶单位阵作为基矩阵，相应地就有一个初始可行基，相应地也就有一个初始基本可行解。

第 2 步：判断当前基本可行解是否为最优解。

求出用非基变量表示基变量及目标函数的表达式，称为线性规划问题的典式(或称为规范式)。在目标函数的典式中，若至少有一个非基变量前的系数为正数，则当前解就不是最优解；若所有的非基变量前的系数均为非正数，则当前解就是最优解(指最大化问题)。将目标函数的典式中非基变量前的系数称为检验数。故对于最大化问题，当所有的检验数≤0 时，当前解即为最优解。

第 3 步：若当前解不是最优解，则要进行基变换迭代到下一个基本可行解。

首先从当前解的非基变量中选一个作进基变量。选择的原则一般是：目标函数的典式中，最大的正检验数所属的非基变量作进基变量。

再从当前解的基变量中选一个作离基变量。选择的方法是：在用非基变量表示基变量的典式中，除了进基变量外，让其余非基变量取值为零，再按最小比值准则确定离基变量。这样就得到了一组新的基变量和非基变量，即已从上一个基本可行解迭代到下一个基本可行解(两个基本可行解之间只有一对决策变量进行了基变量和非基变量之间的交换)。然后求出关于新基矩阵的线性规划问题的典式，这就完成了基变换的全过程。在新的典式中可求出新基本可行解的取值及目标函数的取值。

再回到第 2 步判断当前新基本可行解是否已达到最优。若已达到最优，停止迭代。若没有达到最优，再进行第 3 步做新的基变换，再次进行迭代。如此往复，直到求得最优解或判断无(有界)最优解时停止。

3.2.3 单纯形表

本小节主要介绍一下单纯形表的使用。

例 3.5 用单纯形法解例 3.4 中的线性规划问题。

$$
\begin{aligned}
&\max z=5x_1+2x_2\\
&\text{s.t.}\\
&\begin{cases}
30x_1+20x_2\leqslant 160\\
5x_1+x_2\leqslant 15\\
x_1\leqslant 4\\
x_1\geqslant 0,\ x_2\geqslant 0
\end{cases}
\end{aligned}
\tag{3.2.11}
$$

求解过程如下：

第 1 步：将 LP 数学模型标准化，构造一个初始基可行解。

当线性规划的约束条件为“≤”时，在每个约束条件的左端加上一个松弛变量。

对约束条件为“≥”或“=”的情况，为便于找到初始基可行解，可以构造人工基，即对不等式约束减去一个非负的剩余变量后，再加上一个非负的人工变量；对于等式约束再加上一个非负的人工变量，总能得到一个单位矩阵。

$$\max z = 5x_1 + 2x_2 + 0 \cdot x_3 + 0 \cdot x_4 + 0 \cdot x_5$$
$$\text{s.t.}$$
$$\begin{cases} 30x_1 + 20x_2 + x_3 = 160 \\ 5x_1 + x_2 + x_4 = 15 \\ x_1 + x_5 = 4 \\ x_1,\ x_2,\ x_3,\ x_4,\ x_5 \geqslant 0 \end{cases} \tag{3.2.12}$$

反映到表上：

c_j			5	2	0	0	0
c_B	x_B	b	x_1	x_2	x_3	x_4	x_5
0	x_3	160	30	20	1	0	0
0	x_4	15	5	1	0	1	0
0	x_5	4	1	0	0	0	1
	$-z$		5	2	0	0	0

第 2 步：判断当前基本可行解是否为最优解。

根据上文所述，将基变量用非基变量表示，判断检验数。

为了书写上的便利及总结规律，我们将所得到的标准形式中的变量次序重新整理及编号：让基变量排在前 m 个变量的位置上。这对所讨论的结果没有影响。这样可得到以下的模型形式：

$$\max z = \sum_{j=1}^{n} c_j x_j$$
$$\text{s.t.}$$
$$\begin{cases} x_1 \qquad + a_{1,m+1}x_{m+1} + \cdots + a_{1n}x_n = b_1 \\ \quad x_2 \quad + a_{2,m+1}x_{m+1} + \cdots + a_{2n}x_n = b_2 \\ \qquad \vdots \\ \qquad x_m + a_{m,m+1}x_{m+1} + \cdots + a_{mn}x_n = b_m \\ \qquad x_j \geqslant 0, (j = 1,\ 2,\ \cdots,\ n) \end{cases} \tag{3.2.13}$$

这里，基变量为 $x_1,\ x_2,\ \cdots,\ x_m$，令非基变量 $x_{m+1} = x_{m+2} = \cdots = x_n = 0$，则

$$\boldsymbol{X}^{(0)} = [b_1,\ b_2,\ \cdots,\ b_m,\ 0,\ 0,\ \cdots,\ 0]^{\mathrm{T}}$$

一般情况下，经过若干次迭代后的当前解，其基变量用非基变量表示的典式的一般形式为

$$\begin{cases} x_1 \quad = b'_1 - a'_{1,\, m+1} x_{m+1} - \cdots - a'_{1n} x_n \\ \quad x_2 \quad = b'_2 - a'_{2,\, m+1} x_{m+1} - \cdots - a'_{2n} x_n \\ \qquad \vdots \\ \qquad x_m = b'_m - a'_{m,\, m+1} x_{m+1} - \cdots - a'_{mn} x_n \end{cases} \tag{3.2.14}$$

或简记为 $x_i = b'_i - \sum_{j=m+1}^{n} a'_{ij} x_j (i = 1, 2, \cdots, m)$

将其代入目标函数中，得到目标函数用非基变量表示的典式为：

$$\begin{aligned} z &= \sum_{j=1}^{m} c_j x_j + \sum_{j=m+1}^{n} c_j x_j = \sum_{i=1}^{m} c_i x_i + \sum_{j=m+1}^{n} c_j x_j = \sum_{i=1}^{m} c_i (b'_i - \sum_{j=m+1}^{n} a'_{ij} x_j) + \sum_{j=m+1}^{n} c_j x_j \\ &= \sum_{i=1}^{m} c_i b'_i - \sum_{i=1}^{m} \sum_{j=m+1}^{n} c_i a'_{ij} x_j + \sum_{j=m+1}^{n} c_j x_j = \sum_{i=1}^{m} c_i b'_i - \sum_{j=m+1}^{n} \sum_{i=1}^{m} c_i a'_{ij} x_j + \sum_{j=m+1}^{n} c_j x_j \\ &= \sum_{i=1}^{m} c_i b'_i + \sum_{j=m+1}^{n} (c_j - \sum_{i=1}^{m} c_i a'_{ij}) x_j \end{aligned} \tag{3.2.15}$$

记 $z_0 = \sum_{i=1}^{m} c_i b'_i$，$z_j = \sum_{i=1}^{m} c_i a'_{ij}$，$(j = m+1, \cdots, n)$

则有 $z = z_0 + \sum_{j=m+1}^{n} (c_j - z_j) x_j$，$\sigma_j = c_j - \sum_{i=1}^{m} c_i a'_{ij} = c_j - z_j$

得 $z = z_0 + \sum_{j=m+1}^{n} \sigma_j x_j$。

这就是目标函数用当前解得非基变量表示的典式。

$i = 1, 2, \cdots, m$ 是基变量的下标；

$j = m+1, m+2, \cdots, n$ 是非基变量的下标；

c_i 是基变量的价值系数；

c_j 是非基变量的价值系数；

σ_j 就是非基变量 x_j 的检验数。

反映到单纯形表中则为：

c_j			c_1	c_2	…	c_m	c_{m+1}	c_{m+2}	…	c_n
c_B	x_B	b	x_1	x_2	…	x_m	x_{m+1}	x_{m+2}	…	x_n
c_1	x_1	b_1	1	0	…	0	$a_{1,\, m+1}$	$a_{1,\, m+2}$	…	a_{1n}
c_2	x_2	b_2	0	1	…	0	$a_{2,\, m+1}$	$a_{2,\, m+2}$	…	a_{2n}
…	…	…	…	…	…	…	…	…	…	…
c_m	x_m	b_m	0	0	…	1	$a_{m,\, m+1}$	$a_{m,\, m+2}$	…	a_{mn}
	$-z$	$-z_0$	0	0	…	0	σ_{m+1}	σ_{m+2}	…	σ_n

$$\begin{aligned} -z + \sum_{j=m+1}^{n} (c_j - z_j) x_j &= -z_0 \\ -z_0 &= -\sum_{i=1}^{m} c_i b_i \\ \sigma_j = c_j - \sum_{i=1}^{m} c_i a_{ij} &= c_j - z_j \end{aligned} \tag{3.2.16}$$

第 3 步：基变换，求改善的基可行解，列出新的单纯形表。

(1) 进基变量：如前文所述，目标函数的典式中最大正检验数(非基变量前的系数)所对应的非基变量，记为 $\sigma_k=\max\{\sigma_j \mid \sigma_j>0\}$。

(2) 离基变量：

$$\max z=5x_1+2x_2$$

$$x_1\text{进基，令}x_2=0\qquad \begin{cases}x_3=160-30x_1\\ x_4=15-5x_1\\ x_5=4-x_1\end{cases}\quad \text{求解系数}\begin{cases}160/30=16/3\\ 15/5=3\\ 4/1=4\end{cases}$$

离基变量选择原则

$$\theta=\min\left\{\frac{b_i}{a_{ik}}\middle| a_{ik}>0\right\}=\frac{b_l}{a_{lk}} \tag{3.2.17}$$

(3) 基变换：用 x_k 替换基变量中的 x_l，得到新的基可行解，并得到新的单纯形表。以主元素所在行为基准进行行变换。

主元素：主行和主列交叉处的元素称为主元素。

c_j			5	2	0	0	0	
c_B	x_B	b	x_1	x_2	x_3	x_4	x_5	
0	x_3	160	30	20	1	0	0	16/3
0	x_4	15	[5]	1	0	1	0	15/5
0	x_5	4	1	0	0	0	1	4/1
	$-z$	0	5	2	0	0	0	
0	x_3	70	0	[14]	1	−6	0	5
5	x_1	3	1	1/5	0	1/5	0	15
0	x_5	1	0	−1/5	0	−1/5	1	
	$-z$	−15	0	1	0	−1	0	
2	x_2	5	0	1	1/14	−3/7	0	
5	x_1	2	1	0	−1/70	2/7	0	
0	x_5	2	0	0	1/70	−2/7	1	
	$-z$	−20	0	0	−1/4	−4/7	0	

$z^*=20,\quad \boldsymbol{X}^*=[2,5,0,0,2]^{\mathrm{T}}$

下面总结一下用单纯形表解题的步骤：

(1) 将 LP 数学模型标准化；

(2) 列出初始单纯形表，计算 σ_j；

(3) 若所有的 $\sigma_j\leqslant 0$，则此时的基可行解为最优解，计算停止，否则转(4)；

(4) 选择最大正检验数所对应的非基变量进基，$\sigma_k=\max\{\sigma_j \mid \sigma_j>0\}$；

(5) 计算 x_k 对应的系数列向量，若 $P_k \leqslant 0$，则计算停止，问题有无界解，否则继续(6)；

(6) 求最小比值，$\theta = \min\left\{\frac{b_i}{a_{ik}}\middle| a_{ik} > 0\right\} = \frac{b_l}{a_{lk}}$，确定 x_l 为出基变量；

(7) 修改单纯形表，得到新的基可行解，转(3)。

3.3 对偶理论

随着线性规划应用的逐步深入，人们发现一个线性规划问题往往伴随着与之配对的、两者有密切联系的另一个线性规划问题。人们通常将其中一个称为原问题，另一个称为对偶问题(Duality Programming, DP)。

3.3.1 三种形式的对偶关系

原问题(LP 问题)与其对偶问题(DP 问题)之间通常有 3 种不同的关系形式：

(1) 对称形式的对偶关系。

(2) 非对称形式的对偶关系。

(3) 混合形式的对偶关系。

表 3-2　对偶关系相互对照表

原问题		对偶问题	
目标函数形式	max	目标函数形式	min
变量	n 个变量	约束	n 个约束
	变量$\geqslant 0$		$\geqslant$
	变量$\leqslant 0$		$\leqslant$
	无正负限制		$=$
约束	m 个约束	变量	m 个变量
	$\leqslant$		变量$\geqslant 0$
	$\geqslant$		变量$\leqslant 0$
	$=$		无正负限制
约束方程右端项		目标函数中的价值系数	
目标函数中的价值系数		约束方程右端项	

3.3.2 对偶解(影子价格)的经济解释

当达到最优解时，原问题与对偶问题的目标函数值相等，即有

$$z^* = \boldsymbol{c}\boldsymbol{x}^* = \boldsymbol{w}^*\boldsymbol{b} = w_1^* b_1 + w_2^* b_2 + \cdots + w_m^* b_m \quad (3.3.1)$$

其中，$\boldsymbol{x}^*$，$\boldsymbol{w}^*$ 分别为原问题和对偶问题的最优解，且$\boldsymbol{w}^*=(w_1^*, w_2^*, \cdots, w_m^*)$。

现考虑在最优解处，右端项 b_i 的微小变动对目标函数值的影响(在不改变原最优基情况下)，则可由式(3.3.1)，将 z^* 对 b_i 求偏导数：

$$\frac{\partial z^*}{\partial b_i}=w_i^*,\ i=1,\ 2,\ \cdots,\ m \tag{3.3.2}$$

因为原问题的每一个约束都对应一个对偶变量，从而有一个对偶解。因此式(3.3.2)表明了若原问题的某一个约束条件的右端项 b_i 每增加一个单位，则由此引起的最优目标函数值的增加量就等于与该约束添加相对应的对偶变量的最优解值。

如果把原问题的约束条件看成是广义资源约束，则右端项的值表示每种资源的可用量。对偶解的经济含义就是资源的单位改变量引起目标函数值的增加量。在经济学中，通常用价值量来衡量目标函数值。因此对偶解也具有了价值内涵，通常称对偶解为影子价格。影子价格是对偶解的一个十分形象的名称，它既表明了对偶解是对系统内部资源的一种客观估价，又表明它是一种虚拟的价格，而不是真实的价格。

影子价格的大小客观地反映了资源在系统内的稀缺程度。如果第 i 种资源在系统内供大于求，即在达到最优解时，该资源并没有用完，因此反映在原问题第 i 个约束中，当用最优解值 $\boldsymbol{x}^*$ 代入时，该约束为严格的不等式，必有 $w_i^*=0$，即该资源的影子价格为 0。它表明了增加该资源的供应不会引起系统目标值的增加。如果第 i 种影子价格大于 0，就说明再增加这种资源的供应量，可使目标函数值增加，即可使系统的收益有所增加。资源的影子价格越高，说明资源在系统内越稀缺，而越增加该资源的供应量对系统目标函数值的贡献越大。因此企业管理者可以根据各种资源在企业内影子价格的大小决定企业的经营策略。

3.3.3　灵敏度分析

以上讨论线性规划时，把 c_j，a_{ij}，b_i 等均看成是常数。但实际上这些数据有的是统计数据，有的是测量值，有的是专家评估得到的数据，并非是绝对精确的，且也不是绝对不变的。因此有必要来分析一下当这些数据发生波动时，对目前的最优解与最优值会产生什么样的影响。这就是所谓的灵敏度分析。

灵敏度分析通常有两类问题：一是当 $\boldsymbol{c}$，$\boldsymbol{A}$，$\boldsymbol{b}$ 中某一部分数据发生给定的变化时，讨论最优解与最优值怎么变；二是研究 $\boldsymbol{c}$，$\boldsymbol{A}$，$\boldsymbol{b}$ 中数据在多大范围内波动时，使原有最优解仍为最优解，同时讨论此时最优值如何变动。灵敏度分析在 3.5.2 节中结合电力系统理论展开。

3.4　用 MATLAB 解决线性规划中的优化问题

3.4.1　软件包解决线性规划问题

有了单纯形法以后，对于简单的线性规划模型来说，用相应的方法凭着一支笔和一张纸就能进行求解。但是对于规模较大的模型来说，虽然手工列表进行计算从原理上讲并不困难，但是却非常烦琐、单调而且容易出错，这种办法就行不通了。从生产和管理以及科学研究中提出来的大量实际问题，其决策变量和约束条件多达十几个、几十个、几百个，甚至成千上万个，这些问题就不是人力所能及的了。随着电子计算机的发展和介入，以及计算技术的不断提高，线性规划的应用范围也就日益扩大，解决了大量人们以前可望而不可即的一些实际问题并建立模型，使人们获得了巨大的经济效益。正如 1982 年已年近七旬的丹捷格教授在第 11 届数学规划大会上所说："给 70 个人分配 70 项不同的任务，共有 70！种方案，是天文数字，要从中找出最优方案，即使用每秒能运算 10 亿次的大型计算机处理，也要从 150 年前开始直到太阳熄灭才会有结果。如果用单纯形法的软件，在电子计算机上计算，只需要几秒钟便可得出结果。"由此可见数学软件和计算机在求解大规模线性规划问题上的重要性。在 1951 年，国际水平只能求解约束条件为 10 个方程的线性规划问题，到了 1963 年，就能求解 1 000～10 000 个方程的线性规划问题；1956 年，解一个包含 67 个方程的线性规划问题要 1 h，而到 1963 年只需要 28 s。之后，在 1984 年，美国贝尔实验室的数学家卡玛卡把射影几何原理用于大规模线性规划问题的求解，取得重大突破，成功地用于美国电话电报公司改建太平洋沿岸 20 个国家的庞大电话网计划，求出了涉及 412 万个因素设计的最小投资数，曾引起轰动。而且由于电子计算机的普及，求解线性规划以及许许多多运筹学问题的软件包也应运而生，并走向市场，成为大型科研机构、厂矿企业、学校和普通用户都不可缺少的一种工具，MATLAB 就是其中比较常用的软件包。MATLAB 是一个通用数学软件包，除了可以用其中的优化工具箱来求解线性规划外，还有许多其他的强大功能。下面我们就讨论一下运用这个数学软件包来求解线性规划问题的方法及步骤。

3.4.2 MATLAB 求解步骤

线性规划是处理线性目标函数和线性约束的一种较为成熟的方法。已经广泛应用于军事、能源电力、经济、工业、农业、教育、商业和社会科学等许多方面。线性规划的算法主要是迭代算法，它从初始的基本可行解开始，通过多次迭代过程选出最优解。它的迭代过程一般可描述为：

(1) 将线性规划问题转化成典型的数学模型，即将实际问题转化成求目标函数最小值的问题；

(2) 从数学模型的初值得到一个初始基本可行解 $\boldsymbol{x}^{(1)}$(初始顶点)，将它作为迭代过程的出发点，目标值为 $z(\boldsymbol{x}^{(1)})$；

(3) 寻找第一个基本可行解，使 $z(\boldsymbol{x}^{(2)}) \leqslant z(\boldsymbol{x}^{(1)})$；

(4) 继续寻找较好的基本可行解 $\boldsymbol{x}^{(3)}$，使目标函数值不断改进，即 $z(\boldsymbol{x}^{(1)}) \geqslant z(\boldsymbol{x}^{(2)}) \geqslant z(\boldsymbol{x}^{(3)}) \cdots \geqslant z(\boldsymbol{x}^{(*)})$，当某个基本可行解不能被其他可行解改进时，它就是所求的基本可行解。

MATLAB 针对某些具体应用领域建立的程序库被称作"工具箱"，MATLAB 现有 30 多个工具箱，其中优化工具箱(Optimization Toolbox)是应用较为广泛、影响较大的一个工具箱。应用 MATLAB 优化工具箱求解线性规划时，常用 linprog 函数，使用这个函数需要首先把线性规划问题化为相应的标准形式，即：

$$
\begin{aligned}
&\min\ \boldsymbol{f}^{\mathrm{T}}\boldsymbol{x} \\
&\text{s.t.} \\
&\begin{cases}
\boldsymbol{A}\boldsymbol{x} \leqslant \boldsymbol{b} \\
\boldsymbol{A}_{\mathrm{eq}}\boldsymbol{x} = \boldsymbol{b}_{\mathrm{eq}} \\
\boldsymbol{lb} \leqslant \boldsymbol{x} \leqslant \boldsymbol{ub}
\end{cases}
\end{aligned}
\tag{3.4.1}
$$

其中，$\boldsymbol{f}$，$\boldsymbol{x}$，$\boldsymbol{b}$，$\boldsymbol{b}_{\mathrm{eq}}$，$\boldsymbol{lb}$，$\boldsymbol{ub}$ 为向量，$\boldsymbol{A}$，$\boldsymbol{A}_{\mathrm{eq}}$ 为矩阵。

它的特点是：

(1) 目标函数的标准形式是求最小值。原问题是求最大值的，要转化为求最小值；

(2) 目标函数的系数作为列矩阵 $\boldsymbol{f}$；

(3) 约束条件全部为"$\leqslant$ 常数"，若约束条件中有等式约束以及变量的非负约束也要全部改写或视为"$\leqslant$"的约束；

(4) 把不等式约束条件的系数作为矩阵 $\boldsymbol{A}$，把约束条件中的右端项作为列矩阵 $\boldsymbol{b}$；

(5) 把等式约束条件的系数作为矩阵 $\boldsymbol{A}_{\mathrm{eq}}$，把约束条件中的右端项作为列矩阵 $\boldsymbol{b}_{\mathrm{eq}}$；

(6) 向量 $\boldsymbol{x}$ 的下限、上限用向量 $\boldsymbol{lb}$、$\boldsymbol{ub}$ 存储。

具体求解时，首先是给矩阵 $\boldsymbol{f}$，$\boldsymbol{A}$，$\boldsymbol{b}$，$\boldsymbol{A}_{\mathrm{eq}}$，$\boldsymbol{b}_{\mathrm{eq}}$，$\boldsymbol{lb}$，$\boldsymbol{ub}$ 赋值，然后在命令行窗口中调用含以上参数的优化函数 linprog，即可得到问题的最优解。

3.4.3　计算举例

我们考虑如下的一个线性规划模型。

例 3.6　用 MATLAB 求解模型。

$$
\begin{aligned}
&\max z = 2x_1 + x_2 - 3x_3 + 5x_4 \\
&\text{s.t.} \\
&\begin{cases}
x_1 + 2x_2 + 4x_3 - x_4 \leqslant 6 \\
2x_1 + 3x_2 - x_3 + x_4 \leqslant 12 \\
x_1 + x_3 + x_4 \leqslant 4 \\
x_1,\ x_2,\ x_3,\ x_4 \geqslant 0
\end{cases}
\end{aligned}
\tag{3.4.2}
$$

求解过程如下：

先将该数学模型转化为标准模型的形式：

$$
\begin{aligned}
&\min z = -2x_1 - x_2 + 3x_3 - 5x_4 \\
&\text{s.t.} \\
&\begin{cases}
x_1 + 2x_2 + 4x_3 - x_4 \leqslant 6 \\
2x_1 + 3x_2 - x_3 + x_4 \leqslant 12 \\
x_1 + x_3 + x_4 \leqslant 4 \\
x_1,\ x_2,\ x_3,\ x_4 \geqslant 0
\end{cases}
\end{aligned}
\tag{3.4.3}
$$

(1) 给矩阵 $\boldsymbol{f}$，$\boldsymbol{A}$，$\boldsymbol{b}$，$\boldsymbol{A}_{\mathrm{eq}}$，$\boldsymbol{b}_{\mathrm{eq}}$，$\boldsymbol{lb}$，$\boldsymbol{ub}$ 赋值。

在此例中：

```
f=[ - 2, - 1, 3, - 5]';
A=[1, 2, 4, - 1 ; 2, 3, - 1, 1 ; 1, 0, 1, 1];
b=[6, 12, 4, 0, 0, 0, 0 ]';
lb=[0, 0, 0, 0]';
```

说明：

① 没有等式约束，则 $\boldsymbol{A}_{eq}$，$\boldsymbol{b}_{eq}$为空矩阵；

② 向量的转置用单引号'表示，紧挨着]，无空格；

③ 没有 ub、options 的设置，且 ub、options 在 x = linprog(f,A,b,Aeq,beq,lb,ub,options)的参数表中是最后的 2 个参数，故可以省略，不定义、不说明。

(2) 在命令行窗口调用优化程序：

```
x = linprog (f,A, b,[],[],lb)
```

回车，其结果输出（最优解）为：

```
x = 0,2.6667, 0, 4.0
```

(3) 在命令行窗口中接着键入"fval =f' * x"，不含分号，则可得到最优目标值为：fval = − 22.6667。或在第(2)步调用函数写为：[x,fval] = linprog (f,A,b,[],[],lb)；则输出结果同时给出 x,fval 的值。

3.5 线性规划在电力系统中的应用

线性规划在电力系统中的应用是很广泛的，例如经济调度、无功及电压最优控制、安全分析、紧急控制、规划及管理等。本节就基础运行方面的应用举例说明。

线性规划主要是建立线性的数学模型，即建立线性的目标函数和线性的等式及不等式约束条件。有了数学模型就可用线性规划方法求解。

3.5.1 电力系统直流潮流

直流潮流模型把非线性电力系统潮流问题简化为线性电路问题，简化了分析计算工作量。直流潮流模型的缺点是精确度差，只能校验过负荷，不能检验电压越界的情况。但直流潮流模型计算快，适合处理断线分析，而且便于形成用线性规划求解的优化问题。因此，得到了广泛的应用。

直流潮流基于如下假设产生：

(1) 高压输电线路电阻一般远小于其电抗，即 $r_{ij} \ll x_{ij}$，i，j 为节点编号。

(2) 输电线路两端电压相角差一般不大，即 $\cos\theta_{ij} \approx 1$，$\sin\theta_{ij} \approx \theta_{ij}$。

(3) 假定系统各节点电压幅值的标幺值都为 1，即 $U_i \approx 1.0$。

(4) 不考虑接地支路及变压器非标准变比的影响，即 $t_{ij} \approx 1$。

因此，对于原始的交流潮流平衡方程：

$$\begin{cases}\Delta P_i = U_i \sum\limits_{j \in i} U_j (G_{ij} \cos\theta_{ij} + B_{ij} \sin\theta_{ij}) \\ \Delta Q_i = U_i \sum\limits_{j \in i} U_j (G_{ij} \sin\theta_{ij} - B_{ij} \cos\theta_{ij})\end{cases} \tag{3.5.1}$$

舍去无功项，有功平衡方程数学模型改写为：

$$\boldsymbol{P} = \boldsymbol{B}'_0 \boldsymbol{\theta} \tag{3.5.2}$$

写成另一种形式：

$$\boldsymbol{\theta} = \boldsymbol{X} \boldsymbol{P} \tag{3.5.3}$$

其中，$\boldsymbol{X} = \boldsymbol{B}'^{-1}_0$。

交流潮流的线路有功潮流：

$$P_{ij} = U_i^2 G_{ij} - U_i U_j (G_{ij} \cos\theta_{ij} + B_{ij} \sin\theta_{ij}) \tag{3.5.4}$$

在简化直流潮流下表示为：

$$P_{ij} = -B_{ij}\theta_{ij} = (\theta_i - \theta_j)/x_{ij} \tag{3.5.5}$$

基于直流潮流的最优潮流可用于有功功率分配之中，如目标函数设为发电机有功调度成本：

$$\min \sum_{i \in \Omega} c_i P_i \tag{3.5.6}$$

其中，c_i 为发电机 i 的出力价格；P_i 为对应发电机的出力；Ω 为发电机集合。

3.5.2　灵敏度分析

一阶灵敏度在电力系统分析计算中具有广泛的用途。利用灵敏度关系，可以确定系统中不同控制变量的变化对系统状态产生不同程度的影响，并可计算这些控制变量变化影响的一阶近似值。灵敏度分析对于系统经济调度、无功电压控制以及有关的最优化问题都是非常重要的。

对于稳态运行的电力系统，表达参变量之间的平衡状态方程式一般是非线性的。如果运行状态可由测量值、估计值或以给定条件集合的解得知时，则非线性系统可在已知的运行点处予以线性化。于是控制变量与因变量（或函数）之间的一阶灵敏度关系，可以由这一线性化模型得到。经验表明，对于许多目的来说，一阶灵敏度是足够精确的。对任何特殊目的而言，灵敏度的有效性决定于隐含在非线性方程式中的假设以及线性近似。

对任何实际规模的电力系统，灵敏度的有效计算，可借助于三角因子和稀疏矩阵程序。

1. 线性模型

电力系统的稳态平衡条件可由一组非线性网络方程表示，在某一运行状态下，该非线性网络方程组的紧凑形式为

$$f(\boldsymbol{X}^{\circ}, \boldsymbol{U}^{\circ}, \boldsymbol{P}) = 0 \tag{3.5.7}$$

其中，$\boldsymbol{X}$ 是因变量的向量，$\boldsymbol{U}$ 是控制变量的向量，$\boldsymbol{P}$ 是扰动变量的向量。对于给定的系统运行状态，组成式(3.5.7)的方程数和形式，取决于选择 $\boldsymbol{X}$ 与 $\boldsymbol{U}$ 的变量集合，且有很大的不

同。为了分析简便起见，假定在给定的运行状态下 $\boldsymbol{P}$ 是一常量。如 $\boldsymbol{X}$ 不包含所有的因变量，而仅包含指定的系统必要的因变量，则 $\boldsymbol{X}$ 称为状态向量。方程式的形式和数目也随选择的坐标形式不同而有所变化。

假设向量 $\boldsymbol{X}$ 和 $\boldsymbol{U}$ 分别有一偏差量 $\Delta\boldsymbol{X}$ 和 $\Delta\boldsymbol{U}$，则系统的稳态平衡方程式应为

$$f(\boldsymbol{X}^{\circ}+\Delta\boldsymbol{X},\ \boldsymbol{U}^{\circ}+\Delta\boldsymbol{U},\ \boldsymbol{P})=0 \tag{3.5.8}$$

将式(3.5.8)在运行点 $\boldsymbol{X}^{\circ}$ 处展开成泰勒级数，并略去二阶及以上的高阶项，得：

$$f_i(\boldsymbol{X}^{\circ},\ \boldsymbol{U}^{\circ},\ \boldsymbol{P})+\frac{\partial f_j}{\partial X_1}\Delta X_1+\frac{\partial f_j}{\partial X_2}\Delta X_2+\cdots+\frac{\partial f_j}{\partial X_{2n}}\Delta X_{2n}+\frac{\partial f_j}{\partial U_1}\Delta U_1$$
$$+\frac{\partial f_j}{\partial U_2}\Delta U_2+\cdots+\frac{\partial f_j}{\partial U_{2n}}\Delta U_{2n}=0\quad j=1,\ 2,\ \cdots,\ 2n \tag{3.5.9}$$

上式可写成：

$$\left.\frac{\partial f_j}{\partial X_1}\right|_0\Delta X_1+\left.\frac{\partial f_j}{\partial X_2}\right|_0\Delta X_2+\cdots+\frac{\partial f_j}{\partial X_{2n}}\Delta X_{2n}+\frac{\partial f_j}{\partial U_1}\Delta U_1+\frac{\partial f_j}{\partial U_2}\Delta U_2+\cdots$$
$$+\frac{\partial f_j}{\partial U_{2n}}\Delta U_{2n}=0\quad j=1,\ 2,\ \cdots,\ 2n \tag{3.5.10}$$

写成矩阵形式有：

$$\begin{bmatrix}\frac{\partial f_1}{\partial X_1} & \frac{\partial f_1}{\partial X_2} & \cdots & \frac{\partial f_1}{\partial X_{2n}}\\ \frac{\partial f_2}{\partial X_1} & \frac{\partial f_2}{\partial X_2} & \cdots & \frac{\partial f_2}{\partial X_{2n}}\\ \vdots & \vdots & \cdots & \vdots\\ \frac{\partial f_{2n}}{\partial X_1} & \frac{\partial f_{2n}}{\partial X_2} & \cdots & \frac{\partial f_{2n}}{\partial X_{2n}}\end{bmatrix}\begin{bmatrix}\Delta X_1\\ \Delta X_2\\ \vdots\\ \Delta X_{2n}\end{bmatrix}+\begin{bmatrix}\frac{\partial f_1}{\partial U_1} & \frac{\partial f_1}{\partial U_2} & \cdots & \frac{\partial f_1}{\partial U_{2n}}\\ \frac{\partial f_2}{\partial U_1} & \frac{\partial f_2}{\partial U_2} & \cdots & \frac{\partial f_2}{\partial U_{2n}}\\ \vdots & \vdots & \cdots & \vdots\\ \frac{\partial f_{2n}}{\partial U_1} & \frac{\partial f_{2n}}{\partial U_2} & \cdots & \frac{\partial f_{2n}}{\partial U_{2n}}\end{bmatrix}\begin{bmatrix}\Delta U_1\\ \Delta U_2\\ \vdots\\ \Delta U_{2n}\end{bmatrix}=\begin{bmatrix}0\\ 0\\ \vdots\\ 0\end{bmatrix} \tag{3.5.11}$$

其紧凑式为：

$$\frac{\partial f}{\partial \boldsymbol{X}}\Delta\boldsymbol{X}+\frac{\partial f}{\partial \boldsymbol{U}}\Delta\boldsymbol{U}=\boldsymbol{0} \tag{3.5.12}$$

其中，$\frac{\partial f}{\partial \boldsymbol{X}}$、$\frac{\partial f}{\partial \boldsymbol{U}}$ 与牛顿-拉弗逊法中修正方程系数矩阵性质相同，统称为雅可比矩阵。而 $\frac{\partial f}{\partial \boldsymbol{U}}$ 取决于 $\boldsymbol{U}$ 中控制变量的不同选择而有不同的形式。

式(3.5.12)是一个线性模型，由这一模型可以计算出：当可控向量有 $\Delta\boldsymbol{U}$ 的变化时因变量向量有相应的变化 $\Delta\boldsymbol{X}$。变换式(3.5.12)得：

$$\Delta\boldsymbol{X}=-\frac{\partial f^{-1}}{\partial \boldsymbol{X}}\cdot\frac{\partial f}{\partial \boldsymbol{U}}\cdot\Delta\boldsymbol{U}=-\boldsymbol{S}\Delta\boldsymbol{U} \tag{3.5.13}$$

式中

$$S=\frac{\partial f^{-1}}{\partial \boldsymbol{X}}\cdot\frac{\partial f}{\partial \boldsymbol{U}} \tag{3.5.14}$$

称为灵敏度矩阵。式(3.5.13)称为灵敏度方程的基本形式。

2. 潮流计算的灵敏度分析

潮流计算的结果，有可能表明某些运行状态不能满足给定的要求，这时就要对某些控制变量做适当的调整。但是我们希望知道某些控制变量的调整对系统运行状态影响的程度，这就需要对系统潮流进行灵敏度分析。

潮流计算时，系统状态变量为各节点的电压相角与幅值。控制变量为各发电机节点的有功与无功注入，这时 $\frac{\partial f}{\partial \boldsymbol{X}}$ 为潮流计算的雅可比矩阵，而$\frac{\partial f}{\partial \boldsymbol{U}}$ 为一单位矩阵，即有

$$\frac{\partial f}{\partial \boldsymbol{X}}=\begin{bmatrix} H_{11} & H_{12} & \cdots & H_{1n} & N_{11} & N_{12} & \cdots & N_{1n} \\ H_{21} & H_{22} & \cdots & H_{2n} & N_{21} & N_{22} & \cdots & N_{2n} \\ \vdots & \vdots & \ddots & \vdots & \vdots & \vdots & \ddots & \vdots \\ H_{n1} & H_{n2} & \cdots & H_{nn} & N_{n1} & N_{n2} & \cdots & N_{nn} \\ J_{11} & J_{12} & \cdots & J_{1n} & L_{11} & L_{12} & \cdots & L_{1n} \\ \vdots & \vdots & \ddots & \vdots & \vdots & \vdots & \ddots & \vdots \\ J_{n1} & J_{n2} & \cdots & J_{nn} & L_{n1} & L_{n2} & \cdots & L_{nn} \end{bmatrix} \tag{3.5.15}$$

$$\frac{\partial f}{\partial \boldsymbol{U}}=\left[\begin{array}{cccc:cccc} 1 & & & & & & & \\ & 1 & & & & \boldsymbol{0} & & \\ & & \ddots & & & & & \\ & & & 1 & & & & \\ \hdashline & & & & 1 & & & \\ & & & & & 1 & & \\ & \boldsymbol{0} & & & & & \ddots & \\ & & & & & & & 1 \end{array}\right]=\boldsymbol{I} \tag{3.5.16}$$

由式(3.5.13)求得

$$\begin{bmatrix} \Delta\boldsymbol{\theta} \\ \Delta\boldsymbol{U}/\boldsymbol{U} \end{bmatrix}=-\begin{bmatrix} \boldsymbol{H} & \boldsymbol{N} \\ \boldsymbol{J} & \boldsymbol{L} \end{bmatrix}^{-1}\boldsymbol{I}\begin{bmatrix} \Delta\boldsymbol{P}_{\mathrm{G}} \\ \Delta\boldsymbol{Q}_{\mathrm{G}} \end{bmatrix} \tag{3.5.17}$$

3. 单一参量变化下的相对灵敏度

如果希望知道某一参量变化 ΔU_i 时函数系统响应的情况，可以计算相对灵敏度，通常以$\left(\frac{\Delta \boldsymbol{X}}{\Delta U_j}\right)$ 表示。

令向量

$$\boldsymbol{\gamma}\cong-\left(\frac{\partial f}{\partial U_j}\right) \tag{3.5.18}$$

由式(3.5.12)得

$$\left(\frac{\partial f}{\partial \boldsymbol{X}}\right)\left(\frac{\Delta \boldsymbol{X}}{\Delta U_j}\right)=-\left(\frac{\partial f}{\partial U_j}\right)=\boldsymbol{\gamma} \tag{3.5.19}$$

则相对灵敏度有：

$$\left(\frac{\Delta \boldsymbol{X}}{\Delta U_j}\right)=\left(\frac{\partial f}{\partial \boldsymbol{X}}\right)^{-1}\boldsymbol{\gamma} \tag{3.5.20}$$

如已知相对灵敏度系数，则由全微分的定义可得到任何所希望的函数 f 的变化，即

$$\Delta f=\frac{\partial f}{\partial U_j}\Delta U_j+\sum_i \frac{\partial f}{\partial X_i}\left(\frac{\Delta X_i}{\Delta U_j}\right)\Delta U_j \tag{3.5.21}$$

其相对的变化有：

$$\frac{\Delta f}{\Delta U_j}=\frac{\partial f}{\partial U_j}+\sum_i \frac{\partial f}{\partial X_i}\left(\frac{\Delta X_i}{\Delta U_j}\right) \tag{3.5.22}$$

式中，$\left(\frac{\Delta X_i}{\Delta U_j}\right)$ 为 $\left(\frac{\Delta \boldsymbol{X}}{\Delta U_j}\right)$ 中的第 i 个元素。

函数 f 可以是 $\boldsymbol{X}$ 和 $\boldsymbol{U}$ 的任何希望的函数，例如 f 是一 PV 节点的无功注入功率 Q_m，而 ΔU_j 是节点 j 的净注入无功的变化 ΔQ_{js}，则由式(3.5.21)有

$$\Delta Q_m=\frac{\partial Q_m}{\partial Q_{js}}\Delta Q_{js}+\sum_{i\in m}\frac{\partial Q_m}{\partial X_i}\frac{\Delta X_i}{\Delta Q_{js}}\Delta Q_{js} \tag{3.5.23}$$

由于 $\frac{\partial Q_m}{\partial Q_{js}}=0$　故有：

$$\Delta Q_m=\sum_{i\in m}\frac{\partial Q_m}{\partial X_i}\frac{\Delta X_i}{\Delta Q_{js}}\Delta Q_{js} \tag{3.5.24}$$

如将因变量的实际含义代入，得：

$$\Delta Q_m=\sum_{i\in m}\left(\frac{\partial Q_m}{\partial \theta_i}\frac{\Delta \theta_i}{\Delta Q_{js}}+\frac{\partial Q_m}{\partial U_i}\frac{\Delta U_i}{\Delta Q_{js}}\right)\Delta Q_{js} \tag{3.5.25}$$

4. 目标函数的灵敏度

目标函数的灵敏度是对特定的一组控制参变量的集合而确定的灵敏度。当规定的一组控制变量集合发生变化时，对目标函数影响的相对灵敏度，设目标函数为 $f(\boldsymbol{X},\boldsymbol{U})$，令目标函数的灵敏度向量的元素为 $\boldsymbol{S}_i$，则目标函数的变化 $\Delta f(\boldsymbol{X},\boldsymbol{U})$ 和控制变量 $[\Delta U_i]$ 变化之间的关系为：

$$\Delta f(\boldsymbol{X},\boldsymbol{U})=\boldsymbol{S}_1[\Delta U_1]+\boldsymbol{S}_2[\Delta U_2]+\cdots+\boldsymbol{S}_m[\Delta U_m] \tag{3.5.26}$$

调整 $[\Delta U_i]$ 的组合，以使目标函数达到一特定的值(例如最小值或最大值)。正常情况下在某种意义上来说是最好的选择。由于优化问题很多采用线性模型，因此，目标函数的灵敏度是许多最优方法的基础。例如调整一组控制变量的集合，即调整发电机电压幅值 U_i，变压器分接头 T 和无功补偿电源 Q_{C_j}，在满足约束条件下，以改善系统电压水平并使系统有功损耗 P_L 达到最小。这里目标函数为系统的有功损耗 P_L。控制变量集合的变化为 ΔU_i，ΔT 和 ΔQ_{C_j}。并假定各节点电压相角为常数。由式(3.5.26)得到 ΔP_L 与 ΔU_i 间的关系式：

$$\Delta P_{\mathrm{L}}=\sum_{i}\frac{\partial P_{\mathrm{L}}}{\partial U_i}\Delta U_i+\sum_{pq}\frac{\partial P_{\mathrm{L}}}{\partial T}\Delta T+\sum_{j}\frac{\partial P_{\mathrm{L}}}{\partial Q_{\mathrm{C}j}}\Delta Q_{\mathrm{C}j}\quad\begin{pmatrix}i\in\text{发电机节点集合}\\ j\in\text{无功补偿节点集合}\end{pmatrix}\tag{3.5.27}$$

式中，$\frac{\partial P_{\mathrm{L}}}{\partial U_i}$，$\frac{\partial P_{\mathrm{L}}}{\partial T}$ 和$\frac{\partial P_{\mathrm{L}}}{\partial Q_{\mathrm{C}j}}$ 为目标函数的相对灵敏度，或称为损耗灵敏度系数。

5. 综合调压灵敏度分析

系统中电压的调整总是利用各种手段进行，因此是综合性的、相互关联的。现在主要研究所有调压措施控制变量组合的综合效果，这就需要做综合调压灵敏度分析。研究综合调压时，控制变量集合一般由发电机电压幅值$\boldsymbol{U}_{\mathrm{G}}$、变压器分接头 $\boldsymbol{T}$ 和无功补偿电源 $\boldsymbol{Q}_{\mathrm{C}}$ 组合；状态变量集合为各负荷节点电压的幅值 U_j、发电机无功输出 $\boldsymbol{Q}_{\mathrm{G}}$；扰动向量集合仍然是负荷，并假定为常数。考虑到各节点电压相角不变。根据相对灵敏度的定义可写出下列方程：

$$\begin{bmatrix}\Delta\boldsymbol{U}\\ \Delta\boldsymbol{Q}_{\mathrm{G}}\end{bmatrix}=\begin{bmatrix}\frac{\partial\boldsymbol{U}}{\partial\boldsymbol{U}_{\mathrm{G}}} & \frac{\partial\boldsymbol{U}}{\partial\boldsymbol{T}} & \frac{\partial\boldsymbol{U}}{\partial\boldsymbol{Q}_{\mathrm{C}}}\\ \frac{\partial\boldsymbol{Q}_{\mathrm{G}}}{\partial\boldsymbol{U}_{\mathrm{G}}} & \frac{\partial\boldsymbol{Q}_{\mathrm{G}}}{\partial\boldsymbol{T}} & \frac{\partial\boldsymbol{Q}_{\mathrm{G}}}{\partial\boldsymbol{Q}_{\mathrm{C}}}\end{bmatrix}\begin{bmatrix}\Delta\boldsymbol{U}_{\mathrm{G}}\\ \Delta\boldsymbol{T}\\ \Delta\boldsymbol{Q}_{\mathrm{C}}\end{bmatrix}\tag{3.5.28}$$

式中，$\frac{\partial\boldsymbol{U}}{\partial\boldsymbol{U}_{\mathrm{G}}}$，$\frac{\partial\boldsymbol{U}}{\partial\boldsymbol{T}}$，$\frac{\partial\boldsymbol{U}}{\partial\boldsymbol{Q}_{\mathrm{C}}}$，$\frac{\partial\boldsymbol{Q}_{\mathrm{G}}}{\partial\boldsymbol{U}_{\mathrm{G}}}$，$\frac{\partial\boldsymbol{Q}_{\mathrm{G}}}{\partial\boldsymbol{T}}$，$\frac{\partial\boldsymbol{Q}_{\mathrm{G}}}{\partial\boldsymbol{Q}_{\mathrm{C}}}$ 为相应的相对灵敏度系数。

6. 网络灵敏度分析

在研究网络中潮流分布时，为防止支路过负荷，控制调节节点电压的相角和幅值就能改变潮流在网络中的分布，不仅可消除支路过负荷，且能使网损达到最小。在实际电力系统中，控制变量是发电机有功和无功输出，或者对无功潮流来说，控制变量是发电机的电压、变压器分接头位置和无功补偿电源。因此，根据相对灵敏度定义，总可以有下面的关系式：

$$\begin{bmatrix}\Delta\boldsymbol{p}\\ \hdashline \Delta\boldsymbol{q}\end{bmatrix}=\begin{bmatrix}\boldsymbol{S}_1 & \boldsymbol{S}_2\\ \boldsymbol{S}_3 & \boldsymbol{S}_4\end{bmatrix}\begin{bmatrix}\Delta\boldsymbol{P}_{\mathrm{G}}\\ \hdashline \Delta\boldsymbol{Q}_{\mathrm{G}}\end{bmatrix}\tag{3.5.29}$$

或

$$\begin{bmatrix}\Delta\boldsymbol{p}\\ \hdashline \Delta\boldsymbol{q}\end{bmatrix}=\begin{bmatrix}\boldsymbol{S}_1 & \boldsymbol{S}_2' & \boldsymbol{S}_2'' & \boldsymbol{S}_2'''\\ \boldsymbol{S}_3 & \boldsymbol{S}_4' & \boldsymbol{S}_4'' & \boldsymbol{S}_4'''\end{bmatrix}\begin{bmatrix}\Delta\boldsymbol{P}_{\mathrm{G}}\\ \hdashline \Delta\boldsymbol{U}_{\mathrm{G}}\\ \Delta\boldsymbol{T}\\ \Delta\boldsymbol{Q}_{\mathrm{C}}\end{bmatrix}\tag{3.5.30}$$

如果假设有功功率仅与电压相角有关，无功功率仅与电压幅值相关，即 $\boldsymbol{P}$ 与 $\boldsymbol{Q}$ 解耦，则有$\boldsymbol{S}_2=\boldsymbol{S}_3=\boldsymbol{0}$，因而有：

$$\Delta\boldsymbol{p}=\boldsymbol{S}_1\Delta\boldsymbol{P}_G\tag{3.5.31}$$

$$\Delta\boldsymbol{q}=\boldsymbol{S}_4\Delta\boldsymbol{Q}_{\mathrm{G}}\quad\text{或}\quad\Delta\boldsymbol{q}=\begin{bmatrix}\boldsymbol{S}_4' & \boldsymbol{S}_4'' & \boldsymbol{S}_4'''\end{bmatrix}\begin{bmatrix}\Delta\boldsymbol{U}_{\mathrm{G}}\\ \Delta\boldsymbol{T}\\ \Delta\boldsymbol{Q}_{\mathrm{C}}\end{bmatrix}\tag{3.5.32}$$

上两式中，$\boldsymbol{S}_1$，$\boldsymbol{S}_4$，$\boldsymbol{S}'_4$，$\boldsymbol{S}''_4$，$\boldsymbol{S}'''_4$称为网络灵敏度系数矩阵；$\Delta\boldsymbol{p}$ 为支路有功潮流列向量；$\Delta\boldsymbol{q}$ 为支路无功潮流列向量。

3.5.3 电力系统无功功率最优分布计算

电力系统无功功率最优控制分布计算中，状态变量向量为负荷节点电压幅值、发电机节点无功输出以及支路无功潮流的集合；控制变量向量为发电机端电压、变压器分接头位置以及无功电源补偿输出的容量的集合；扰动变量向量为有功与无功负荷的集合，现在暂不考虑它的变化，即为常数。

为了说明的方便，假定节点 1 为松弛节点，节点 2，3，…，m 为发电机节点，节点 $m+1$，$m+2$，…，$m+r$ 为无功电源补偿节点，系统共 n 个节点。

1. 网络线性模型

由于采用增量模型，因此，需要在某一给定的运行点附近进行线性化，得到线性模型。首先增广的包括松弛节点和具有变压器分接头的潮流偏差方程，以矩阵形式表示为：

$$\begin{bmatrix} \Delta P_1 \\ \Delta P_2 \\ \vdots \\ \Delta P_n \\ \hdashline \Delta q \\ \hdashline \Delta Q_1 \\ \Delta Q_2 \\ \vdots \\ \Delta Q_n \end{bmatrix} = \begin{bmatrix} \dfrac{\partial \boldsymbol{P}}{\partial \boldsymbol{\theta}} & \dfrac{\partial \boldsymbol{P}}{\partial \boldsymbol{T}} & \dfrac{\partial \boldsymbol{P}}{\partial \boldsymbol{U}} \\ \dfrac{\partial \boldsymbol{q}}{\partial \boldsymbol{\theta}} & \dfrac{\partial \boldsymbol{q}}{\partial \boldsymbol{T}} & \dfrac{\partial \boldsymbol{q}}{\partial \boldsymbol{U}} \\ \dfrac{\partial \boldsymbol{Q}}{\partial \boldsymbol{\theta}} & \dfrac{\partial \boldsymbol{Q}}{\partial \boldsymbol{T}} & \dfrac{\partial \boldsymbol{Q}}{\partial \boldsymbol{U}} \end{bmatrix} \cdot \begin{bmatrix} \Delta\theta_1 \\ \Delta\theta_2 \\ \vdots \\ \Delta\theta_n \\ \hdashline \Delta T \\ \hdashline \Delta U_1 \\ \Delta U_2 \\ \vdots \\ \Delta U_n \end{bmatrix} \tag{3.5.33}$$

式中，方阵称为增广的雅可比矩阵 $\boldsymbol{J}$。

将上式写成：

$$\begin{bmatrix} \Delta\theta_1 \\ \Delta\theta_2 \\ \vdots \\ \Delta\theta_n \\ \hdashline \Delta T \\ \hdashline \Delta U_1 \\ \Delta U_2 \\ \vdots \\ \Delta U_n \end{bmatrix} = \begin{bmatrix} \boldsymbol{S} \end{bmatrix} \cdot \begin{bmatrix} \Delta P_1 \\ \Delta P_2 \\ \vdots \\ \Delta P_n \\ \hdashline \Delta q \\ \hdashline \Delta Q_1 \\ \Delta Q_2 \\ \vdots \\ \Delta Q_n \end{bmatrix} \tag{3.5.34}$$

式中，$\boldsymbol{S}$ 为增广的雅可比矩阵 $\boldsymbol{J}$ 的逆阵，我们选 $\boldsymbol{S}$ 阵中包括控制变量和状态变量的一部分，则式(3.5.34)可化为：

$$\begin{bmatrix}\Delta T\\ \hdashline \Delta U_1\\ \Delta U_2\\ \vdots\\ \Delta U_n\end{bmatrix}=\begin{bmatrix}\boldsymbol{S}'\end{bmatrix}\begin{bmatrix}\Delta q\\ \hdashline \Delta Q_1\\ \Delta Q_2\\ \vdots\\ \Delta Q_n\end{bmatrix}\tag{3.5.35}$$

式中，$\boldsymbol{S}'$ 为 $\boldsymbol{S}$ 的一部分，称为灵敏度矩阵，这部分可由增广雅可比矩阵 $\boldsymbol{J}$ 的三角子分解而求得。

对式(3.5.35)进行变量交换，即将所有状态变量转移至左边、所有的控制变量转移至右边，则有下面的关系式：

$$\begin{bmatrix}\Delta q\\ \hdashline \Delta Q_1\\ \Delta Q_2\\ \vdots\\ \Delta Q_m\\ \hdashline \Delta U_{m+1}\\ \vdots\\ \Delta U_n\end{bmatrix}=\begin{bmatrix}\boldsymbol{S}''\end{bmatrix}\begin{bmatrix}\Delta T\\ \hdashline \Delta U_1\\ \Delta U_2\\ \vdots\\ \Delta U_m\\ \hdashline \Delta Q_{m+1}\\ \vdots\\ \Delta Q_{m+r}\end{bmatrix}\tag{3.5.36}$$

式中，$\boldsymbol{S}''$ 由 $\boldsymbol{S}'$ 进行变量交换求得，其各元素为：

$$\boldsymbol{S}''=\begin{bmatrix}\dfrac{\partial \boldsymbol{q}}{\partial \boldsymbol{T}} & \dfrac{\partial \boldsymbol{q}}{\partial \boldsymbol{U}_{\mathrm{G}}} & \dfrac{\partial \boldsymbol{q}}{\partial \boldsymbol{Q}_{\mathrm{C}}}\\ \dfrac{\partial \boldsymbol{Q}_{\mathrm{G}}}{\partial \boldsymbol{T}} & \dfrac{\partial \boldsymbol{Q}_{\mathrm{G}}}{\partial \boldsymbol{U}_{\mathrm{G}}} & \dfrac{\partial \boldsymbol{Q}_{\mathrm{G}}}{\partial \boldsymbol{Q}_{\mathrm{C}}}\\ \dfrac{\partial \boldsymbol{U}_{\mathrm{D}}}{\partial \boldsymbol{T}} & \dfrac{\partial \boldsymbol{U}_{\mathrm{D}}}{\partial \boldsymbol{U}_{\mathrm{G}}} & \dfrac{\partial \boldsymbol{U}_{\mathrm{D}}}{\partial \boldsymbol{Q}_{\mathrm{C}}}\end{bmatrix}\tag{3.5.37}$$

即相对灵敏度系数。式(3.5.36)即为网络线性方程。

2. 约束条件

由式(3.5.36)表示的网络方程式，实际上是无功电压最优控制的主约束方程组。

系统稳态运行时，为了保证电能的质量，各负荷节点的电压大小必须维持在额定电压附近，为了安全，发电机无功输出也有一定的限制，线路功率潮流不允许超过其过载能力。将这些限制用不等式表示：

$$\begin{cases}\boldsymbol{Q}_{\mathrm{G}}^{\min}\leqslant \boldsymbol{Q}_{\mathrm{G}}\leqslant \boldsymbol{Q}_{\mathrm{G}}^{\max}\\ \boldsymbol{U}_{\mathrm{D}}^{\min}\leqslant \boldsymbol{U}_{\mathrm{D}}\leqslant \boldsymbol{U}_{\mathrm{D}}^{\max}\\ \boldsymbol{q}^{\min}\leqslant \boldsymbol{q}\leqslant \boldsymbol{q}^{\max}\end{cases}\tag{3.5.38}$$

将上式表示成偏差量的形式：

$$\begin{cases}\Delta\boldsymbol{Q}_{\mathrm{G}}^{\min}\leqslant \Delta\boldsymbol{Q}_{\mathrm{G}}\leqslant \Delta\boldsymbol{Q}_{\mathrm{G}}^{\max}\\ \Delta\boldsymbol{U}_{\mathrm{D}}^{\min}\leqslant \Delta\boldsymbol{U}_{\mathrm{D}}\leqslant \Delta\boldsymbol{U}_{\mathrm{D}}^{\max}\\ \Delta\boldsymbol{q}^{\min}\leqslant \Delta\boldsymbol{q}\leqslant \Delta\boldsymbol{q}^{\max}\end{cases}\tag{3.5.39}$$

式中，

$$\Delta \boldsymbol{Q}_{\mathrm{G}}^{\max}=\boldsymbol{Q}_{\mathrm{G}}^{\max}-\boldsymbol{Q}_{\mathrm{G}};\qquad \Delta \boldsymbol{Q}_{\mathrm{G}}^{\min}=\boldsymbol{Q}_{\mathrm{G}}^{\min}-\boldsymbol{Q}_{\mathrm{G}}$$

$$\Delta \boldsymbol{U}_{\mathrm{D}}^{\max}=\boldsymbol{U}_{\mathrm{D}}^{\max}-\boldsymbol{U}_{\mathrm{D}};\qquad \Delta \boldsymbol{U}_{\mathrm{D}}^{\min}=\boldsymbol{U}_{\mathrm{D}}^{\min}-\boldsymbol{U}_{\mathrm{D}}$$

$$\Delta \boldsymbol{q}^{\max}=\boldsymbol{q}^{\max}-\boldsymbol{q};\qquad \Delta \boldsymbol{q}^{\min}=\boldsymbol{q}^{\min}-\boldsymbol{q}$$

$$\boldsymbol{q}^{\max}=\sqrt{\boldsymbol{W}_s^2-\boldsymbol{p}^2};\qquad \boldsymbol{q}^{\min}=-\sqrt{\boldsymbol{W}_s^2-\boldsymbol{p}^2}$$

其中，W_s 为支路最大容许负荷；p 为支路有功潮流。

将式(3.5.36)代入式(3.5.39)中得到新的约束方程：

$$\begin{bmatrix}\Delta \boldsymbol{q}^{\min}\\ \Delta \boldsymbol{Q}_{\mathrm{G}}^{\min}\\ \Delta \boldsymbol{U}_{\mathrm{D}}^{\min}\end{bmatrix}\leqslant\begin{bmatrix}\dfrac{\partial \boldsymbol{q}}{\partial \boldsymbol{T}} & \dfrac{\partial \boldsymbol{q}}{\partial \boldsymbol{U}_{\mathrm{G}}} & \dfrac{\partial \boldsymbol{q}}{\partial \boldsymbol{Q}_{\mathrm{C}}}\\ \dfrac{\partial \boldsymbol{Q}_{\mathrm{G}}}{\partial \boldsymbol{T}} & \dfrac{\partial \boldsymbol{Q}_{\mathrm{G}}}{\partial \boldsymbol{U}_{\mathrm{G}}} & \dfrac{\partial \boldsymbol{Q}_{\mathrm{G}}}{\partial \boldsymbol{Q}_{\mathrm{C}}}\\ \dfrac{\partial \boldsymbol{U}_{\mathrm{D}}}{\partial \boldsymbol{T}} & \dfrac{\partial \boldsymbol{U}_{\mathrm{D}}}{\partial \boldsymbol{U}_{\mathrm{G}}} & \dfrac{\partial \boldsymbol{U}_{\mathrm{D}}}{\partial \boldsymbol{Q}_{\mathrm{C}}}\end{bmatrix}\begin{bmatrix}\Delta \boldsymbol{T}\\ \Delta \boldsymbol{U}_{\mathrm{G}}\\ \Delta \boldsymbol{Q}_{\mathrm{C}}\end{bmatrix}\leqslant\begin{bmatrix}\Delta \boldsymbol{q}^{\max}\\ \Delta \boldsymbol{Q}_{\mathrm{G}}^{\max}\\ \Delta \boldsymbol{U}_{\mathrm{D}}^{\max}\end{bmatrix}\tag{3.5.40}$$

式(3.5.40)称为网络性能约束方程。

除上面主约束方程外还有变量约束方程。这是因为调整发电机端电压、变压器分接头位置和无功电源补偿容量时，都受到运行条件和设备本身条件的限制。换句话说都有上下限的限制，用偏差量表示：

$$\begin{cases}\Delta \boldsymbol{T}^{\min}\leqslant \Delta \boldsymbol{T}\leqslant \Delta \boldsymbol{T}^{\max}\\ \Delta \boldsymbol{U}_{\mathrm{G}}^{\min}\leqslant \Delta \boldsymbol{U}_{\mathrm{G}}\leqslant \Delta \boldsymbol{U}_{\mathrm{G}}^{\max}\\ \Delta \boldsymbol{Q}_{\mathrm{C}}^{\min}\leqslant \Delta \boldsymbol{Q}_{\mathrm{C}}\leqslant \Delta \boldsymbol{Q}_{\mathrm{C}}^{\max}\end{cases}\tag{3.5.41}$$

式中，$\Delta \boldsymbol{U}_{\mathrm{G}}^{\max}=\boldsymbol{U}_{\mathrm{G}}^{\max}-\boldsymbol{U}_{\mathrm{G}}$；$\Delta \boldsymbol{U}_{\mathrm{G}}^{\min}=\boldsymbol{U}_{\mathrm{G}}^{\min}-\boldsymbol{U}_{\mathrm{G}}$；$\Delta \boldsymbol{T}^{\max}=\boldsymbol{T}^{\max}-\boldsymbol{T}$；$\Delta \boldsymbol{T}^{\min}=\boldsymbol{T}^{\min}-\boldsymbol{T}$，$\Delta \boldsymbol{Q}_{\mathrm{C}}^{\max}=\boldsymbol{Q}_{\mathrm{C}}^{\max}-\boldsymbol{Q}_{\mathrm{C}}$；$\Delta \boldsymbol{Q}_{\mathrm{C}}^{\min}=\boldsymbol{Q}_{\mathrm{C}}^{\min}-\boldsymbol{Q}_{\mathrm{C}}$。

实际上，当控制变量变化而引起状态变量变化的关系，一般是非线性的，为了保持线性关系，对控制变量最大的步长即 $\Delta \boldsymbol{T}$，$\Delta \boldsymbol{U}_{\mathrm{G}}$，$\Delta \boldsymbol{Q}_{\mathrm{C}}$ 加以限制，因此，对式(3.5.41)要加以修正。

$$\begin{cases}\max(\Delta \boldsymbol{T}^{\min},\ -\boldsymbol{T}_{st})\leqslant \Delta \boldsymbol{T}\leqslant \min(\Delta \boldsymbol{T}^{\max},\ \boldsymbol{T}_{st})\\ \max(\Delta \boldsymbol{U}_{\mathrm{G}}^{\min},\ -\boldsymbol{U}_{\mathrm{G}st})\leqslant \Delta \boldsymbol{U}_{\mathrm{G}}\leqslant \min(\Delta \boldsymbol{U}_{\mathrm{G}}^{\max},\ \boldsymbol{U}_{\mathrm{G}st})\\ \max(\Delta \boldsymbol{Q}_{\mathrm{C}}^{\min},\ -\boldsymbol{Q}_{\mathrm{C}st})\leqslant \Delta \boldsymbol{Q}_{C}\leqslant \min(\Delta \boldsymbol{Q}_{\mathrm{C}}^{\max},\ \boldsymbol{Q}_{\mathrm{C}st})\end{cases}\tag{3.5.42}$$

式(3.5.42)即为控制变量约束方程，或称为变量约束方程。其中带下标“st”的变量为相应的步长限制量。

3. 目标函数

在用线性规划求有约束最优化问题时，目标函数必须是线性表达式。电力系统稳态运行时，如调整发电机的端电压、变压器分接头位置和无功补偿电源输出，将引起系统中无功功率重新分配，这将造成系统总的有功损耗的变化，此时可通过无功功率的重新分配使系统有功损耗达到最小。这就是系统无功功率优化控制的目的：即在控制变量调整集合中，寻找一组最佳值，使系统损耗最小。

系统有功损耗可用控制变量来描述：

$$P_{\mathrm{L}}=F(\boldsymbol{U}_{\mathrm{G}},\boldsymbol{T},\boldsymbol{Q}_{\mathrm{C}}) \tag{3.5.43}$$

当控制变量有 ΔU_i 的变化，则有

$$P_{\mathrm{L}}=P_{\mathrm{L0}}+\Delta P_{\mathrm{L}}=F(\boldsymbol{U}_{\mathrm{G0}}+\Delta\boldsymbol{U}_{\mathrm{G}},\boldsymbol{T}_0+\Delta\boldsymbol{T},\boldsymbol{Q}_{\mathrm{C0}}+\Delta\boldsymbol{Q}_{\mathrm{C}}) \tag{3.5.44}$$

其一阶近似值为

$$P_{\mathrm{L}}\approx P_{\mathrm{L0}}+\left(\frac{\partial P_{\mathrm{L}}}{\partial \boldsymbol{U}_{\mathrm{G}}}\right)_0\Delta\boldsymbol{U}_{\mathrm{G}}+\left(\frac{\partial P_{\mathrm{L}}}{\partial \boldsymbol{T}}\right)_0\Delta\boldsymbol{T}+\left(\frac{\partial P_{\mathrm{L}}}{\partial \boldsymbol{Q}_{\mathrm{C}}}\right)_0\Delta\boldsymbol{Q}_{\mathrm{C}} \tag{3.5.45}$$

则系统损耗的变化量为：

$$\Delta P_{\mathrm{L}}=P_{\mathrm{L}}-P_{\mathrm{L0}}=\left(\frac{\partial P_{\mathrm{L}}}{\partial \boldsymbol{U}_{\mathrm{G}}}\right)_0\Delta\boldsymbol{U}_{\mathrm{G}}+\left(\frac{\partial P_{\mathrm{L}}}{\partial \boldsymbol{T}}\right)_0\Delta\boldsymbol{T}+\left(\frac{\partial P_{\mathrm{L}}}{\partial \boldsymbol{Q}_{\mathrm{C}}}\right)_0\Delta\boldsymbol{Q}_{\mathrm{C}} \tag{3.5.46}$$

另一方面有：

$$P_{\mathrm{L}}=\sum_{i=1}^{n}P_i \tag{3.5.47}$$

如果考虑到：$G_{ij}=G_{ji}$，$B_{ij}=B_{ji}$ 及 $\sin\theta_{ij}=-\sin\theta_{ji}$，$\cos\theta_{ij}=\cos\theta_{ji}$，则上式可写为：

$$P_{\mathrm{L}}=\sum_{i=1}^{n}U_i\sum_{j\in i}U_jG_{ij}\cos\theta_{ij}\triangleq f_{\mathrm{L}}(U,\theta) \tag{3.5.48}$$

对于 $\dfrac{\partial P_{\mathrm{L}}}{\partial \boldsymbol{\theta}}$，$\dfrac{\partial P_{\mathrm{L}}}{\partial \boldsymbol{U}}\boldsymbol{U}$ 有：

$$\begin{bmatrix}\dfrac{\partial P_{\mathrm{L}}}{\partial \boldsymbol{\theta}}\\ \dfrac{\partial P_{\mathrm{L}}}{\partial \boldsymbol{U}}\boldsymbol{U}\end{bmatrix}=\boldsymbol{J}^{\mathrm{T}}\begin{bmatrix}\dfrac{\partial P_{\mathrm{L}}}{\partial \boldsymbol{P}}\\ \dfrac{\partial P_{\mathrm{L}}}{\partial \boldsymbol{Q}}\end{bmatrix} \tag{3.5.49}$$

同时由式(3.5.47)又可得：

$$\begin{bmatrix}\dfrac{\partial P_{\mathrm{L}}}{\partial \boldsymbol{\theta}}\\ \dfrac{\partial P_{\mathrm{L}}}{\partial \boldsymbol{U}}\boldsymbol{U}\end{bmatrix}=\begin{bmatrix}\dfrac{\partial P_2}{\partial \boldsymbol{\theta}}\\ \dfrac{\partial P_2}{\partial \boldsymbol{U}}\boldsymbol{U}\end{bmatrix}+\begin{bmatrix}\dfrac{\partial P_3}{\partial \boldsymbol{\theta}}\\ \dfrac{\partial P_3}{\partial \boldsymbol{U}}\boldsymbol{U}\end{bmatrix}+\cdots+\begin{bmatrix}\dfrac{\partial P_n}{\partial \boldsymbol{\theta}}\\ \dfrac{\partial P_n}{\partial \boldsymbol{U}}\boldsymbol{U}\end{bmatrix} \tag{3.5.50}$$

1 号为松弛节点，对 $\dfrac{\partial P_{\mathrm{L}}}{\partial \theta_i}$ 和 $\dfrac{\partial P_{\mathrm{L}}}{\partial U_i}U_i$ 有：

$$\begin{cases}\dfrac{\partial P_{\mathrm{L}}}{\partial \theta_i}=-2U_i\displaystyle\sum_{j\in i}U_jG_{ij}\sin\theta_{ij}\\ \dfrac{\partial P_{\mathrm{L}}}{\partial U_i}U_i=2U_i\displaystyle\sum_{j\in i}U_jG_{ij}\cos\theta_{ij}\end{cases} \tag{3.5.51}$$

由式(3.5.49)和式(3.5.50)可求得：

$$\begin{bmatrix}\dfrac{\partial P_{\mathrm{L}}}{\partial \boldsymbol{P}}\\ \dfrac{\partial P_{\mathrm{L}}}{\partial \boldsymbol{Q}}\end{bmatrix}=[\boldsymbol{J}^{\mathrm{T}}]^{-1}\begin{bmatrix}\dfrac{\partial P_{\mathrm{L}}}{\partial \boldsymbol{\theta}}\\ \dfrac{\partial P_{\mathrm{L}}}{\partial \boldsymbol{U}}\boldsymbol{U}\end{bmatrix} \tag{3.5.52}$$

由此,可求得 $\dfrac{\partial P_{\mathrm{L}}}{\partial \boldsymbol{P}}$ 和$\dfrac{\partial P_{\mathrm{L}}}{\partial \boldsymbol{Q}}$。

同样我们可求得:

$$\frac{\partial P_{\mathrm{L}}}{\partial \boldsymbol{T}}=\frac{\Delta P_{\mathrm{L}}}{\Delta \boldsymbol{T}}=\left[\frac{\partial P_{\mathrm{L}}}{\partial P_i}\left(-\frac{\partial P_{ij}}{\partial \boldsymbol{T}}\right)+\frac{\partial P_{\mathrm{L}}}{\partial Q_i}\left(-\frac{\partial Q_{ij}}{\partial \boldsymbol{T}}\right)+\frac{\partial P_{\mathrm{L}}}{\partial P_j}\left(-\frac{\partial P_{ji}}{\partial \boldsymbol{T}}\right)+\frac{\partial P_{\mathrm{L}}}{\partial Q_j}\left(-\frac{\partial Q_{ji}}{\partial \boldsymbol{T}}\right)\right] \tag{3.5.53}$$

式中 $\dfrac{\partial P_{ij}}{\partial \boldsymbol{T}}$, $\dfrac{\partial P_{ji}}{\partial \boldsymbol{T}}$, $\dfrac{\partial Q_{ij}}{\partial \boldsymbol{T}}$ 和$\dfrac{\partial Q_{ji}}{\partial \boldsymbol{T}}$ 可由式(3.5.54)得到。

假设分接头位置在 j 侧,有:

$$\begin{cases}\dfrac{\partial P_{ij}}{\partial \boldsymbol{T}}=-1/\boldsymbol{T}U_iU_j(G_{ij}\cos\theta_{ij}+B_{ij}\sin\theta_{ij})\\ \dfrac{\partial P_{ji}}{\partial \boldsymbol{T}}=2/\boldsymbol{T}^2U_i^2G_{ij}-U_iU_j/\boldsymbol{T}(G_{ij}\cos\theta_{ij}-B_{ij}\sin\theta_{ij})\\ \dfrac{\partial Q_{ij}}{\partial \boldsymbol{T}}=U_iU_j/\boldsymbol{T}(B_{ij}\cos\theta_{ij}-G_{ij}\sin\theta_{ij})\\ \dfrac{\partial Q_{ji}}{\partial \boldsymbol{T}}=-2/\boldsymbol{T}^2U_i^2B_{ij}+U_iU_j/\boldsymbol{T}(G_{ij}\sin\theta_{ij}+B_{ij}\cos\theta_{ij})\end{cases} \tag{3.5.54}$$

4. 求解步骤

由上面的分析,可得线性规划的标准列式:

$$\min\ f=\Delta P_{\mathrm{L}}=\left[\frac{\partial P_{\mathrm{L}}}{\partial \boldsymbol{U}_{\mathrm{G}}},\frac{\partial P_{\mathrm{L}}}{\partial \boldsymbol{T}},\frac{\partial P_{\mathrm{L}}}{\partial \boldsymbol{Q}_{\mathrm{C}}}\right][\Delta\boldsymbol{U}_{\mathrm{G}},\Delta\boldsymbol{T},\Delta\boldsymbol{Q}_{\mathrm{C}}]^{\mathrm{T}}$$

s.t.

$$\begin{cases}\begin{bmatrix}\Delta\boldsymbol{q}^{\min}\\ \Delta\boldsymbol{Q}_{\mathrm{G}}^{\min}\\ \Delta\boldsymbol{U}_{\mathrm{D}}^{\min}\end{bmatrix}\leqslant\begin{bmatrix}\dfrac{\partial\boldsymbol{q}}{\partial\boldsymbol{T}} & \dfrac{\partial\boldsymbol{q}}{\partial\boldsymbol{U}_{\mathrm{G}}} & \dfrac{\partial\boldsymbol{q}}{\partial\boldsymbol{Q}_{\mathrm{C}}}\\ \dfrac{\partial\boldsymbol{Q}_{\mathrm{G}}}{\partial\boldsymbol{T}} & \dfrac{\partial\boldsymbol{Q}_{\mathrm{G}}}{\partial\boldsymbol{U}_{\mathrm{G}}} & \dfrac{\partial\boldsymbol{Q}_{\mathrm{G}}}{\partial\boldsymbol{Q}_{\mathrm{C}}}\\ \dfrac{\partial\boldsymbol{U}_{\mathrm{D}}}{\partial\boldsymbol{T}} & \dfrac{\partial\boldsymbol{U}_{\mathrm{D}}}{\partial\boldsymbol{U}_{\mathrm{G}}} & \dfrac{\partial\boldsymbol{U}_{\mathrm{D}}}{\partial\boldsymbol{Q}_{\mathrm{C}}}\end{bmatrix}\begin{bmatrix}\Delta\boldsymbol{T}\\ \Delta\boldsymbol{U}_{\mathrm{G}}\\ \Delta\boldsymbol{Q}_{\mathrm{C}}\end{bmatrix}\leqslant\begin{bmatrix}\Delta\boldsymbol{q}^{\max}\\ \Delta\boldsymbol{Q}_{\mathrm{G}}^{\max}\\ \Delta\boldsymbol{U}_{\mathrm{D}}^{\max}\end{bmatrix}\\ \Delta\boldsymbol{U}_{\mathrm{G}}^{\min}\leqslant\Delta\boldsymbol{U}_{\mathrm{G}}\leqslant\Delta\boldsymbol{U}_{\mathrm{G}}^{\max},\ \Delta\boldsymbol{T}^{\min}\leqslant\Delta\boldsymbol{T}\leqslant\Delta\boldsymbol{T}^{\max},\ \Delta\boldsymbol{Q}_{\mathrm{C}}^{\min}\leqslant\Delta\boldsymbol{Q}_{\mathrm{C}}\leqslant\Delta\boldsymbol{Q}_{\mathrm{C}}^{\max}\end{cases} \tag{3.5.55}$$

上述约束方程数等于节点数加支路数和控制变量数,所需求解变量数等于控制变量数。

对于上面的列式,原则上是可以用单纯形法等解出,当求得一次线性规划解后,还要对控制变量进行修正,然后再进行潮流计算,这就完成了一次系统无功电压最优控制问题的迭代。反复进行上述步骤直至满足所有约束和系统有功损耗不可能再减小为止。其具体步骤如下：

步骤 1：求解系统潮流。

步骤 2：检验系统特性，判别各节点电压与发电机无功输出及无功补偿电源输出是否在允许范围内，整个系统有功损耗是否为最小。如果有一个状态变量不在允许范围内或有功损耗不是最小，则转入步骤 3，否则输出最优解，停机。

步骤 3：求目标函数相对灵敏度系数 $\frac{\partial P_{\mathrm{L}}}{\partial U_{\mathrm{G}}}, \frac{\partial P_{\mathrm{L}}}{\partial T}, \frac{\partial P_{\mathrm{L}}}{\partial Q_{\mathrm{C}}}$。

步骤 4：求约束方程中相对灵敏度系数：$\frac{\partial Q_{\mathrm{G}}}{\partial U_{\mathrm{G}}}, \cdots, \frac{\partial q}{\partial T}, \cdots$

步骤 5：求约束方程的上下限 $\Delta \boldsymbol{q}^{\min}$，$\Delta \boldsymbol{Q}_{\mathrm{G}}^{\min}$，$\Delta \boldsymbol{U}_{\mathrm{G}}^{\min}$，$\Delta \boldsymbol{q}^{\max}$，… 及控制变量的步长大小 $\Delta \boldsymbol{U}_{\mathrm{G}}^{\min}$，$\Delta \boldsymbol{T}^{\min}$，$\Delta \boldsymbol{Q}_{\mathrm{C}}^{\min}$，$\Delta \boldsymbol{U}_{\mathrm{G}}^{\max}$，…

步骤 6：化标准形，用线性规划求解法求控制变量的差量（可用具有上下界单纯形法）。

步骤 7：修正系统控制变量，网络参数，回到步骤 1，完成一次迭代。

3.5.4　电力系统有功经济调度

电力系统经济调度的目的是在满足系统安全约束、电能质量的条件下尽可能提高运行的经济性，使电力系统的总能源消耗量最小。经济调度内容包括电力系统的有功优化和无功优化。有功优化的目标是使电力系统的总能源消耗量最小；无功优化的目标是使系统的网损最小。这里仅介绍有功功率经济调度问题，即利用发电机节点有功注入的调节来消除线路的过负荷。

由网络灵敏度分析得到式(3.5.31)，现重写如下：

$$\Delta \boldsymbol{p} = \boldsymbol{S}_1 \Delta \boldsymbol{P} \tag{3.5.56}$$

式中，$\Delta \boldsymbol{p}$ 为支路有功潮流增量列向量；$\Delta \boldsymbol{P}$ 为节点有功注入增量列向量；$\boldsymbol{S}_1$ 为网络灵敏度系数矩阵。

1. 直流潮流、GSF 和 $\boldsymbol{S}_1$ 的推导

已知线路 i-j 的交流潮流方程式为：

$$\begin{cases} P_{ij} = U_i U_j (G_{ij} \cos\theta_{ij} + B_{ij} \sin\theta_{ij}) - U_i^2 G_{ij} + U_i^2 G_{i0} \\ Q_{ij} = U_i U_j (G_{ij} \sin\theta_{ij} - B_{ij} \cos\theta_{ij}) + U_i^2 B_{ij} - U_i^2 B_{i0} \end{cases} \tag{3.5.57}$$

式中，U_i，U_j 分别为节点 i 和 j 的电压幅值；G，B 分别为导纳阵中相应元素。

在高压电网中，由于 $|G| \ll |B|$，所以有功和无功潮流可以解耦，同时考虑到支路有功潮流仅与两端电压相角有关，因此，对于 Δp_{ij} 则有：

$$\Delta p_{ij} \triangleq p_{ij} - p_{ij}^0 = \frac{\partial p_{ij}}{\partial \theta_i}\Big|_0 \Delta\theta_i + \frac{\partial p_{ij}}{\partial \theta_j}\Big|_0 \Delta\theta_j \tag{3.5.58}$$

式中，

$$\begin{cases}\dfrac{\partial p_{ij}}{\partial\theta_i}=\dfrac{\partial p_{ij}}{\partial\theta_{ij}}=U_iU_j(-G_{ij}\sin\theta_{ij}+B_{ij}\cos\theta_{ij})\\ \dfrac{\partial p_{ij}}{\partial\theta_j}=\dfrac{\partial p_{ij}}{\partial\theta_{ij}}=\dfrac{-\partial p_{ij}}{\partial\theta_{ij}}=\dfrac{-\partial p_{ij}}{\partial\theta_i}\end{cases}\tag{3.5.59}$$

如设 $|G_{ij}\sin\theta_{ij}|\ll|B_{ij}\cos\theta_{ij}|$；$\cos\theta_{ij}\simeq 1.0$；$U_i\approx U_j\simeq 1.0$。则式(3.5.58)和式(3.5.59)可分别简化为：

$$\Delta p_{ij}=B_{ij}\Delta\theta_i-B_{ij}\Delta\theta_j\tag{3.5.60}$$

$$\begin{cases}\dfrac{\partial p_{ij}}{\partial\theta_i}=B_{ij}\\ \dfrac{\partial p_{ij}}{\partial\theta_j}=-B_{ij}\end{cases}\tag{3.5.61}$$

在忽略线路电阻后，有：

$$B_{ij}=-b_{ij}=\frac{1}{X_{ij}}\tag{3.5.62}$$

上面关系式可写成矩阵形式：

$$\Delta\boldsymbol{p}=\boldsymbol{H}\cdot\Delta\boldsymbol{\theta}\tag{3.5.63}$$

式中，$\Delta\boldsymbol{\theta}=[\Delta\theta_1,\ \Delta\theta_2,\ \cdots,\ \Delta\theta_m]^{\mathrm{T}}$ 是节点相角增量列向量；$\boldsymbol{H}$ 是 $n\times m$ 维常数矩阵，每行只有两个非零元，第 ij 行的第 i 列和第 j 列元素分别为：

$$\begin{cases}H_{ij,\,i}=B_{ij}\\ H_{ij,\,j}=-B_{ij}\end{cases}\tag{3.5.64}$$

我们知道 PQ 解耦潮流偏差方程有：

$$\Delta\boldsymbol{P}/\boldsymbol{U}=\boldsymbol{B}\cdot\Delta\boldsymbol{\theta}\tag{3.5.65a}$$

考虑到前面假设并前乘 $\boldsymbol{B}'^{-1}$，则有：

$$\Delta\boldsymbol{\theta}=\boldsymbol{B}'^{-1}\Delta\boldsymbol{P}\tag{3.5.65b}$$

将式(3.5.65b)代入式(3.5.63)得：

$$\Delta\boldsymbol{p}=(\boldsymbol{H}\cdot\boldsymbol{B}'^{-1})\Delta\boldsymbol{P}\tag{3.5.66a}$$

由式(3.5.56)与式(3.5.66a)相比较，就可得：

$$\boldsymbol{S}_1=\boldsymbol{H}\cdot\boldsymbol{B}'^{-1}\tag{3.5.66b}$$

这可利用常规潮流因子表求得。

2. 约束条件

(1) 有功功率等式约束条件

当各机组出力有 $\Delta P_i(i=1,\ 2,\ \cdots,\ g)$ 的增量变化时，而负荷注入不变和不计网损增量变化情况下，有：

$$\Delta\boldsymbol{P}=\boldsymbol{0}\tag{3.5.67}$$

或写作：

$$\sum_{i=2}^{g}\Delta P_i+\Delta P_1=0 \tag{3.5.68}$$

其中 ΔP_1 为平衡机组功率增量。

式(3.5.68)表明，所有控制措施是相当于各母线的发电量与平衡母线间的功率转移。

如计网损增量变化，则式(3.5.67)可改写为：

$$\sum_{i=1}^{g}\Delta P_i+\left(\frac{\partial P_L}{\partial P_1}\right)\Delta P_1+\cdots+\left(\frac{\partial P_L}{\partial P_g}\right)\Delta P_g=0$$

或

$$\boldsymbol{\beta}\cdot\Delta\boldsymbol{P}=\boldsymbol{0} \tag{3.5.69}$$

式中，$\beta_i=\left(1+\frac{\partial P_L}{\partial P_i}\right)$称为增量的传输损耗系数。其中$\frac{\partial P_L}{\partial P_i}$已在式(3.5.58)求得，因为$\boldsymbol{B}'$是对称阵，所以$(\boldsymbol{B}'^{T})^{-1}=(\boldsymbol{B}')^{-1}$，简化为

$$\frac{\partial P_L}{\partial \boldsymbol{P}}=\boldsymbol{B}'^{-1}\left(\frac{\partial P_L}{\partial \boldsymbol{\theta}}\right) \tag{3.5.70}$$

(2) 机组出力的不等式约束条件

各发电机有功输出必须满足下列约束条件：

$$P_{Gi}^{\min}\leqslant P_{Gi}\leqslant P_{Gi}^{\max} \tag{3.5.71}$$

式中，$P_{Gi}^{\max}$，$P_{Gi}^{\min}$ 分别为相应机组 i 出力的上限和下限。

用增量形式表示为：

$$\Delta\boldsymbol{P}_G^{\min}\leqslant\Delta\boldsymbol{P}_G\leqslant\Delta\boldsymbol{P}_G^{\max} \tag{3.5.72}$$

式中，$\Delta\boldsymbol{P}_G^{\max}=\boldsymbol{P}_G^{\max}-\boldsymbol{P}_{G0}$；$\Delta\boldsymbol{P}_G^{\min}=\boldsymbol{P}_G^{\min}-\boldsymbol{P}_{G0}$。

(3) 支路潮流不等式约束条件

假定在有功调整时，无功潮流不变，因此，只需考虑支路有功潮流约束条件。

$$P_{ij}^{\min}\leqslant P_{ij}\leqslant P_{ij}^{\max} \tag{3.5.73}$$

式中

$$\begin{cases}P_{ij}^{\max}=\sqrt{(U_{i0}I_{ij}^{\max})^2-q_{ij0}^2}\\P_{ij}^{\min}=-P_{ij}^{\max}\end{cases} \tag{3.5.74}$$

其中，U_{i0}，q_{ij0} 分别为调整前i-j 支路i 侧的电压和无功功率值；$I_{ij}^{\max}$ 为i-j 支路的最大允许电流。

将式(3.5.73)改成增量形式，则有：

$$\Delta\boldsymbol{P}_b^{\min}\leqslant\Delta\boldsymbol{P}_b\leqslant\Delta\boldsymbol{P}_b^{\max} \tag{3.5.75}$$

将式(3.5.56)代入得：

$$\Delta\boldsymbol{P}_b^{\min}\leqslant\boldsymbol{S}_1\Delta\boldsymbol{P}\leqslant\Delta\boldsymbol{P}_b^{\max} \tag{3.5.76a}$$

式中

$$\Delta \boldsymbol{P}_b^{\max} = \boldsymbol{P}_b^{\max} - \boldsymbol{P}_{b0}\text{；}\boldsymbol{\Delta} \boldsymbol{P}_b^{\min} = \boldsymbol{P}_b^{\min} - \boldsymbol{P}_{b0} \tag{3.5.76b}$$

其中 $\boldsymbol{P}_{b0}$ 为调整前支路有功潮流矩阵形式。

3. 目标函数

由于经济调度的目标是发电成本曲线并非是直线，为此，需要采用分段线性逼近。其具体表示如下：

当 ΔP_i 在 a 线段范围内时，等值机的有功功率变化量 ΔP_{ia} 具有下限 $\Delta P_i^{\min}$ 和上限 ΔP_{Gi1}，而成本曲线的增量形式有 $\Delta f_{ia} = f_i - f_i^{\min}$，此时增量成本函数为：

$$\Delta f_{ia} = C_{ia} \Delta P_{ia} \tag{3.5.77a}$$

如 ΔP_i 在 b 线段范围内时，等值机的有功功率变化量 ΔP_{ib}（$\triangleq \Delta P_i - \Delta P_{Gi1}$）具有下限 0 和上限（$\Delta P_{Gi2} - \Delta P_{Gi1}$）。此时增量成本函数为：

$$\Delta f_{ib} = C_{ib} \Delta P_{ib} \tag{3.5.77b}$$

如当 ΔP_i 在 C 线段范围内时，等值机的 ΔP_{iC}（$\triangleq \Delta P_i - \Delta P_{Gi2}$）具有下限 0 和上限（$\Delta P_i^{\max} - \Delta P_{Gi2}$），此时增量成本函数为：

$$\Delta f_{iC} = C_{iC} \Delta P_{iC} \tag{3.5.77c}$$

则机组 i 的目标函数增量式可写成：

$$\Delta f_i = C_{ia} \Delta P_{ia} + C_{ib} \Delta P_{ib} + C_{iC} \Delta P_{iC} \triangleq C_i \Delta P_i \tag{3.5.78}$$

而整个系统有 g 台机组，其目标函数为：

$$F = \sum_{i=1}^{g} \Delta f_i = \sum_{i=1}^{g} C_i \Delta P_i = C^{\mathrm{T}} \Delta \boldsymbol{P}_{\mathrm{G}} \tag{3.5.79}$$

求得了目标函数式(3.5.79)和约束条件后，经济调度问题可表达为：

$$\begin{aligned}
&\min F = C^{\mathrm{T}} \Delta \boldsymbol{P}_{\mathrm{G}} \\
&\mathrm{s.t.} \\
&\begin{cases}
\boldsymbol{\beta} \Delta \boldsymbol{P}_{\mathrm{G}} = \boldsymbol{0} \\
\Delta \boldsymbol{P}_b^{\min} \leqslant \boldsymbol{S}_1 \Delta \boldsymbol{P}_{\mathrm{G}} \leqslant \Delta \boldsymbol{P}_b^{\max} \\
\Delta \boldsymbol{P}_{\mathrm{G}}^{\min} \leqslant \Delta \boldsymbol{P}_{\mathrm{G}} \leqslant \Delta \boldsymbol{P}_{\mathrm{G}}^{\max}
\end{cases}
\end{aligned} \tag{3.5.80}$$

实际上支路潮流只有一个违限方式，即如果越上限，就不会同时越下限，因此可以分别选用。如果发电机出力在未调整前，i-j 支路潮流已经违限，则可出现两种情况：

① p_{ij}^0 越上限，此时 $\Delta p_{ij}^{\max}$ 为负值，则满足：

$$-\boldsymbol{S}_1 \Delta \boldsymbol{P} \geqslant |\Delta \boldsymbol{P}^{\max}| \tag{3.5.81}$$

② p_{ij}^0 越下限，此时 $\Delta p_{ij}^{\min}$ 为正值，则满足：

$$\boldsymbol{S}_1 \Delta \boldsymbol{P} \geqslant \Delta \boldsymbol{p} \tag{3.5.82}$$

于是式(3.5.80)可写成：

$$\begin{aligned}&\min \quad F=C\Delta \boldsymbol{P}\\&\text{s.t.}\\&\begin{cases}\boldsymbol{S}_1\Delta\boldsymbol{P}\geqslant \Delta \boldsymbol{P}^{\min}\\-\boldsymbol{S}_1\Delta\boldsymbol{P}\geqslant |\Delta \boldsymbol{P}^{\max}|\\\Delta \boldsymbol{P}^{\min}\leqslant \Delta\boldsymbol{P}\leqslant \Delta \boldsymbol{P}^{\max}\end{cases}\end{aligned} \tag{3.5.83}$$

事实上，支路约束的违反不会是全部，因此，为了降低基底矩阵阶数，仅将一组违限的或接近违限的支路约束(称 ε 有效约束)引入 LP 问题列式中。

式(3.5.83)为具有上下限的 LP 标准形式，从而可用具有上下限的单纯形求解。

3.5.5　负荷侧聚合需求响应潜力分析

例 3.7　负荷侧聚合需求响应潜力分析案例。

随着电力系统规模不断增大及节能减排等诸多新需求的出现，电力系统面临着控制资源不足的问题，需求响应的研究应运而生。需求响应可以抑制市场力，优化资源配置，实现市场的良性、稳定运行。

1. 问题描述

需求响应的核心思想是在电力系统负荷高峰期或产生较大电力波动时，利用负荷侧资源来辅助发电侧实现电力的实时动态平衡。然而，如何评估需求响应可利用的负荷规模(即聚合需求响应潜力)是需求响应走向实用面临的难题之一。本算例给出了一个基于优化，考虑了空调、热水器、电动汽车等多种负荷侧设备的聚合需求响应潜力评估方法。

2. 优化模型

(1) 多负荷聚合需求响应模型

目标：计算每个时刻 t 的最大响应潜力

$$\begin{aligned}\max_t DRP_{\text{total}}(t+1)&=\sum_{i=1}^{N_1}P_{\text{AC}}^i\cdot D_{\text{AC}}^i(t)+\sum_{j=1}^{N_2}P_{\text{WH}}^j\cdot D_{\text{WH}}^j(t)+\sum_{k=1}^{N_3}P_{\text{EV}}^k\cdot D_{\text{EV}}^k(t)\\&=\sum_{i=1}^{N_1}P_{\text{AC}}^i(t)+\sum_{j=1}^{N_2}P_{\text{WH}}^j(t)+\sum_{k=1}^{N_3}P_{\text{EV}}^k(t)\end{aligned} \tag{3.5.84}$$

式中，P_{AC} 为空调功率，$D_{\text{AC}}(t)$ 为空调 t 时刻的需求响应潜力；P_{WH} 为热水器功率，$D_{\text{WH}}(t)$ 为热水器 t 时刻的需求响应潜力；P_{EV} 为电动汽车充电功率，$D_{\text{EV}}(t)$ 为电动汽车 t 时刻的需求响应潜力；DRP_{total} 为需求响应聚合功率；N_1 为空调数量；N_2 为热水器数量；N_3 为电动汽车数量。

约束条件如下：

$$p_{\text{AC}}(t)=\begin{cases}P_{\text{AC}}, & T_{\text{AC}}(t)\geqslant T_{\text{AC}}^{\text{s}}(t)+T_{\text{AC}}^{\text{d}}/2\\0, & T_{\text{AC}}(t)\leqslant T_{\text{AC}}^{\text{s}}(t)-T_{\text{AC}}^{\text{d}}/2\\p_{\text{AC}}(t-1), & T_{\text{AC}}^{\text{s}}(t)-T_{\text{AC}}^{\text{d}}/2\leqslant T_{\text{AC}}(t)\leqslant T_{\text{AC}}^{\text{s}}(t)+T_{\text{AC}}^{\text{d}}/2\end{cases} \tag{3.5.85}$$

式中，$p_{\text{AC}}(t)$ 为 t 时刻的运行功率(kW)；P_{AC} 为空调的额定功率(kW)；$T_{\text{AC}}(t)$ 为 t 时刻的室内温度(℃)；$T_{\text{AC}}^{\text{s}}(t)$ 为 t 时刻的温度设定值(℃)；T_{AC}^{d} 为温度死区(℃)。

$$T_{AC}(t+1)=T_{AC}(t)-\Delta t\cdot\frac{G(t)}{\Delta c}+\Delta t\cdot\frac{C_{AC}}{\Delta c}\cdot\frac{p_{AC}(t)}{P_{AC}}\tag{3.5.86}$$

式中，Δt 为时间间隔(h)；$G(t)$ 为 t 时刻房屋的热量增加率，正数表示热量增加，负数表示热量流失(Bth/h)；C_{AC} 为供冷量(Bth/h)；Δc 为室内温度变化 1 ℃ 需要的能量(Bth/℃)。

$$p_{WH}(t)=\begin{cases}0, & T_{WH}(t)\geqslant T_{WH}^{s}+T_{WH}^{d}/2\\ P_{WH}, & T_{WH}(t)\leqslant T_{WH}^{s}-T_{WH}^{d}/2\\ p_{WH}(t-1), & T_{WH}^{s}-T_{WH}^{d}/2\leqslant T_{WH}(t)\leqslant T_{WH}^{s}+T_{WH}^{d}/2\end{cases}\tag{3.5.87}$$

式中，$p_{WH}(t)$ 为 t 时刻的运行功率(kW)；P_{WH} 为热水器的额定功率(kW)；$T_{WH}(t)$ 为 t 时刻的水温(℃)；$T_{WH}^{s}(t)$ 为 t 时刻的水温设定值(℃)；T_{WH}^{d} 为水温死区(℃)。

$$T_{WH}(t+1)=\frac{T_{WH}(t)\cdot(V_{tank}-fr(t)\cdot\Delta t)}{V_{tank}}+\frac{T_{inlet}\cdot fr(t)\cdot\Delta t}{V_{tank}}+\alpha\cdot p_{WH}(t)+\xi\tag{3.5.88}$$

式中，$fr(t)$ 为 t 时刻热水的流速(g/m)；V_{tank} 为水箱的容积(g)；T_{inlet} 为进水口的注入水温度(℃)；Δt 为时间间隔(min)；α 为热水器加热温度系数，即单位时间内热水器单位功率运行下水温增加量；ξ 为热水器水温单位时间内下降的速度，与热水器体积、表面积、室温等参数有关。

$$p_{EV}(t)=P_{EV}\cdot N_{EV}(t)\cdot w_{EV}(t)\cdot s_{EV}(t)\tag{3.5.89}$$

式中，$p_{EV}(t)$ 为电动汽车 t 时刻的充电功率(kW)；P_{EV} 为电动汽车额定功率(kW)；$N_{EV}(t)$ 为电动汽车 t 时刻的连接状态，“1”表示电动汽车连接上充电桩，“0”表示电动汽车未连接上充电桩；$w_{EV}(t)$ 为 t 时刻电动汽车未受控制情况下的充电状态，公式如式(3.5.90)所示，“1”表示电动汽车在充电，“0”表示电动汽车未充电；$s_{EV}(t)$ 为 t 时刻的 DR 指令，“1”表示电动汽车开始工作，“0”表示电动汽车停止工作。

$$w_{EV}(t)=\begin{cases}0, & SOC(t)\geqslant SOC_{min}\\ 1, & SOC(t)<SOC_{min}\end{cases}\tag{3.5.90}$$

式中，$SOC(t)$ 为 t 时刻的荷电状态(State of Charge)；SOC_{min} 为预计充电结束时要求达到的最小荷电状态。

$$\begin{gathered}SOC_0\geqslant 1-\frac{L}{E_{EV}\cdot Q_{EV}}\\ SOC(t+1)=SOC(t)+\frac{p_{EV}(t)\cdot\Delta t}{Q_{EV}}\cdot\eta\end{gathered}\tag{3.5.91}$$

式中，SOC_0 为电动汽车的初始荷电状态；L 为电动汽车的出行距离(mile)；E_{EV} 为行驶效率(mile/kWh)；Q_{EV} 为电动汽车电池的总容量(kWh)。

(2) 基于聚合需求响应潜力的双层优化调度

当发生连锁故障或者大面积停电事故时，可以采用 DR 手段选择性地指导负荷动作来解决电力系统中出现的大功率不平衡现象。为了保证分配至各负荷聚合商下智能家电响应负荷量大小的公平性和合理性，评估负荷聚合商能够提供的最大响应功率是非常有必要的。针对这一问题，本例题提出了基于时变 DR 潜力的双层协调优化控制策略。图 3-1 为所提双层优化策略的控制框架。上层包括调度中心和能够提供DR服务的负荷聚合商，下层包括聚合商、用户和包括空调、热水器和电动汽车的智能家电。虚线箭头表示上传数据，实线箭头表示下发控制指令。用户提前设置好每个智能家电的参数，包括室内温度的设定值 T_{AC}^{set}、热水器水温度的设定值 T_{WH}^{set}、空调和热水器的温度上下限（$T_{comfort\_upper}^{AC}$，$T_{comfort\_lower}^{AC}$，$T_{comfort\_upper}^{WH}$，$T_{comfort\_lower}^{WH}$）、用户出行距离 L、电动汽车充电结束时间 T 和响应次数系数 α。各个用户将每一个时间段室温 T_{room}、空调的运行功率 p_{AC}、热水器水温 T_{water}、热水器运行功率 p_{WH} 和电动汽车的运行功率 p_{EV} 上传给所归属的负荷聚合商，负荷聚合商根据这些信息将实时计算得到的聚合 DR 潜力上传给调度中心，调度中心计算确定各负荷聚合商的功率限值 P_{limit}，最后负荷聚合商将调度指令（s_{AC}，s_{WH}，s_{EV}）下发至每个智能家电。

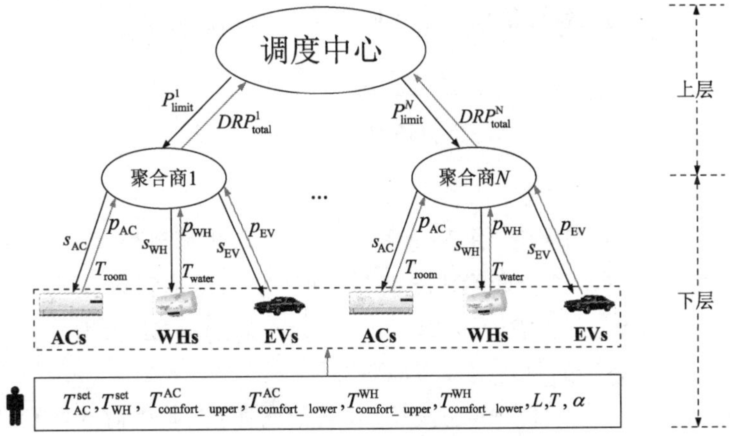

图 3-1　双层优化策略的控制框架

本算例基于智能家电的动态运行特性，考虑用户舒适度和 DR 潜力的时变性，建立双层优化模型，解决了系统功率不平衡问题。图 3-2 为双层协调优化方法的流程图。首先是采集用户的智能家电状态、舒适度区间设定值、水温、室内温度和电动汽车充电结束时间，上层策略中各负荷聚合商基于智能家电的动态运行特性和舒适度设定值计算 DR 潜

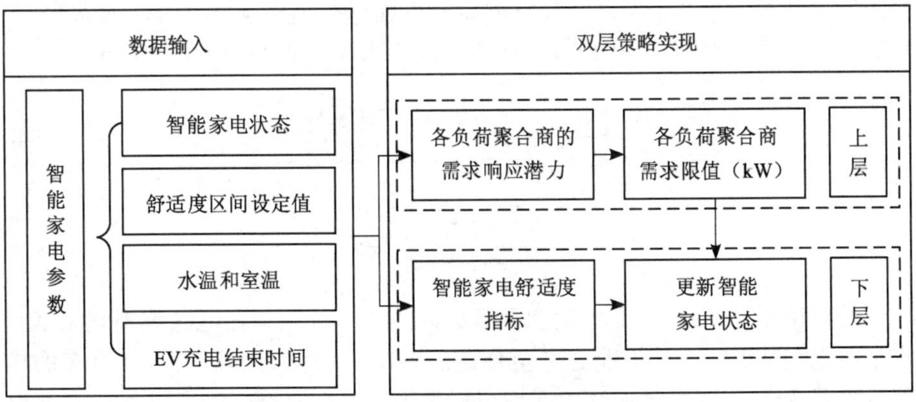

图 3-2　双层协调优化方法的流程图

力，并根据各负荷聚合商响应潜力占总响应潜力的比例来确定第 l 个负荷聚合商的功率限值 P^{l}_{limit}，下层策略中基于提出的智能家电舒适度指标，指导智能家电响应动作，最终实现系统功率的平衡。

图 3-3 为上层策略的流程图。基于智能家电的动态运行特性和用户提前设定的舒适度参数，在线计算所有智能家电的 DR 潜力状态。对于每一个负荷聚合商，根据所有智能家电 DR 潜力状态和额定功率可以确定各负荷聚合商的 DR 潜力，进而计算出各自占总 DR 潜力的比例，已知系统的总需求限值，最后确定各负荷聚合商的功率限值。

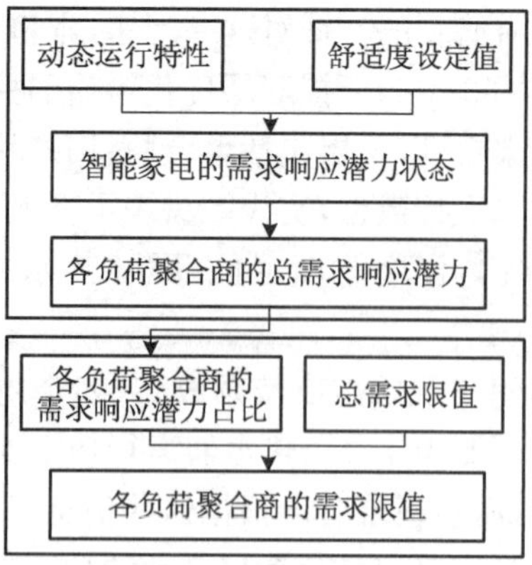

图 3-3　上层策略的流程图

每个负荷聚合商的功率限值计算公式如式(3.5.92)所示：

$$P^{l}_{\text{limit}} = p^{l}_{\text{AC}} + p^{l}_{\text{WH}} + p^{l}_{\text{EV}} + p^{l}_{\text{load}} - \frac{DRP^{l}_{\text{total}}}{\sum\limits_{l=1}^{L} DRP^{l}_{\text{total}}}\left[\sum_{l=1}^{L}(p^{l}_{\text{AC}} + p^{l}_{\text{WH}} + p^{l}_{\text{EV}} + p^{l}_{\text{load}}) - P_{\text{limit}}\right] \tag{3.5.92}$$

式中，p^{l}_{AC}，p^{l}_{WH}，p^{l}_{EV} 分别为第 l 个负荷聚合商的空调、热水器和电动汽车的总运行功率(kW)；p^{l}_{load} 为第 l 个负荷聚合商除智能家电以外的负荷总量(kW)；P^{l}_{limit} 为第 l 个负荷聚合商的功率限额(kW)；DRP^{l}_{total} 为第 l 个负荷聚合商的总 DR 潜力(kW)；L 为负荷聚合商的个数；P_{limit} 为系统的总功率限值(kW)。

智能家电(如空调、热水器和电动汽车)和其他商业、工业负荷的区别在于前者与用户行为和主观意愿更相关。为了满足上层策略计算得到的功率限值需求，本算例提出了衡量用户参加 DR 主观意愿的舒适度指标。用户对智能家电使用满意度越高时，相应的舒适度指标越高。这意味着在参与 DR 过程中，拥有高舒适度指标的智能家电有较高的响应优先级。用户对空调和热水器的满意程度分别与室内温度和水温有关，当室内温度较低或者水温较高时，空调和热水器给用户带来的舒适度越高。为了定量评估用户使用空调和热水器的满意度，提出了基于用户事先设定的温度舒适区间的舒适度指标数学模型。舒适度指标介于 0 和 1 之间。空调舒适度指标随着室内温度的升高而变小，而热水器舒适度指标随着水温的升高而变大，具体的公式如式(3.5.93)和式(3.5.94)所示。

$$C_{\text{AC}}(t) = \frac{T^{\text{AC}}_{\text{comfort\_upper}} - T_{\text{AC}}(t)}{T^{\text{AC}}_{\text{comfort\_upper}} - T^{\text{AC}}_{\text{comfort\_lower}}} \tag{3.5.93}$$

$$C_{\text{WH}}(t) = \frac{T_{\text{WH}}(t) - T^{\text{WH}}_{\text{comfort\_lower}}}{T^{\text{WH}}_{\text{comfort\_upper}} - T^{\text{WH}}_{\text{comfort\_lower}}} \tag{3.5.94}$$

对电动汽车而言，用户关心电量能否满足一整天的行程和充电次数不宜太多。如果电动汽车在规定结束时间前不能充电至预期的 SOC，则认为用户对电动汽车的满意程度最低且不愿意参与 DR，因此舒适度指标设置为 0。电动汽车舒适度指标与充电次数 $N(t)$ 和其对应的系数 α 有关，具体的表达式为：

$$C_{\mathrm{EV}}(t)=\begin{cases}1-\alpha N(t) & SOC(t)\geqslant SOC_{\min}\\ 0 & SOC(t)<SOC_{\min}\end{cases} \tag{3.5.95}$$

式(3.5.93)～式(3.5.95)中，$C_{\mathrm{AC}}(t)$，$C_{\mathrm{WH}}(t)$ 和 $C_{\mathrm{EV}}(t)$ 分别为 t 时刻空调、热水器和电动汽车的舒适度指标；$T_{\mathrm{comfort\_upper}}^{\mathrm{AC}}$ 和 $T_{\mathrm{comfort\_lower}}^{\mathrm{AC}}$ 分别为用户能接受的室内温度上下限；$T_{\mathrm{comfort\_upper}}^{\mathrm{WH}}$ 和 $T_{\mathrm{comfort\_lower}}^{\mathrm{WH}}$ 分别为用户能接受的水温上下限；$T_{\mathrm{AC}}(t)$ 为 t 时刻的室内温度；$T_{\mathrm{WH}}(t)$ 为 t 时刻的水温；$N(t)$ 为 t 时段内的总充电次数；$SOC(t)$ 为电动汽车 t 时刻的 SOC；$SOC_{\min}$ 为电动汽车在预期结束时间之前希望达到的最小 SOC。

由上文可知，空调拥有越高的舒适度指标意味着室内的温度越接近下限，这会导致用户消耗更多的电量。同理可知，拥有较高舒适度指标的热水器和电动汽车也需要更多的电量。因此，在调度过程中优先采用舒适度指标高的智能家电。为了保证用户对空调、热水器和电动汽车这三类智能家电的满意度，舒适度指标要介于 0 和 1 之间，即空调室内温度和热水器水温要介于用户提前设定的舒适度区间内，公式如下：

$$T_{\mathrm{comfort\_lower}}^{\mathrm{AC},\,i}\leqslant T_{\mathrm{AC}}^{i}(t)\leqslant T_{\mathrm{comfort\_upper}}^{\mathrm{AC},\,i},\ \forall i\in[1,N_1] \tag{3.5.96}$$

$$T_{\mathrm{comfort\_lower}}^{\mathrm{WH},\,j}\leqslant T_{\mathrm{WH}}^{j}(t)\leqslant T_{\mathrm{comfort\_upper}}^{\mathrm{WH},\,j},\ \forall j\in[1,N_2] \tag{3.5.97}$$

上述两式中，N_1 为空调的个数；$T_{\mathrm{AC}}^{i}(t)$ 为第 i 个空调 t 时刻的室内温度；$T_{\mathrm{comfort\_upper}}^{\mathrm{AC},\,i}$ 和 $T_{\mathrm{comfort\_lower}}^{\mathrm{AC},\,i}$ 分别为第 i 个空调室内温度的上下限；N_2 为热水器的个数；$T_{\mathrm{WH}}^{j}(t)$ 为第 j 个热水器 t 时刻的水温；$T_{\mathrm{comfort\_upper}}^{\mathrm{WH},\,j}$ 和 $T_{\mathrm{comfort\_lower}}^{\mathrm{WH},\,j}$ 分别为第 j 个热水器水温的上下限。

电动汽车的 SOC 在预期结束时间之前要充电至不低于 $SOC_{\min}$，并且要限制充电次数，公式如式(3.5.98)所示：

$$SOC(t)+\frac{P_{\mathrm{EV}}^{k}\cdot(T-t)}{Q_{\mathrm{EV}}^{k}}\cdot\eta\geqslant\frac{L_k}{E_{\mathrm{EV}}^{k}\cdot Q_{\mathrm{EV}}^{k}}, \tag{3.5.98}$$
$$N^{k}\leqslant N_{\mathrm{limit}}^{k},\ \forall k\in[1,N_3]$$

式中，N_3 为电动汽车的个数；P_{EV}^{k} 为第 k 个电动汽车的额定功率(kW)；Q_{EV}^{k} 为第 k 个电动汽车的电池容量(kWh)；T 为预期结束时间；t 为当前时刻；η 为充电效率；L_k 为用户出行距离(mile)；E_{EV}^{k} 为用户的出行用电率(mile/kWh)；N^{k} 为第 k 个电动汽车的总充电次数；N_{limit}^{k} 为第 k 个电动汽车的充电次数限值。

对于每一个负荷聚合商，总的负荷用电功率要小于上层策略计算得到的相应功率限额，公式如式(3.5.99)所示：

$$\sum_{i=1}^{N_1}p_{\mathrm{AC}}^{i}+\sum_{j=1}^{N_2}p_{\mathrm{WH}}^{j}+\sum_{k=1}^{N_3}p_{\mathrm{EV}}^{k}+p_{\mathrm{load}}^{l}\leqslant P_{\mathrm{limit}}^{l},\ \forall l\in[1,L] \tag{3.5.99}$$

式中，p_{AC}^{i} 为第 i 个空调的运行功率；p_{WH}^{j} 为第 j 个热水器的运行功率；p_{EV}^{k} 为第 k 个电动汽车的运行功率；N_1、N_2 和 N_3 分别为空调、热水器和电动汽车的个数。

为了避免空调和热水器频繁响应动作，设置智能家电最少响应时间，即智能家电一旦参与响应能够维持至少 t_{limit}。在 t_{limit} 时间内，相应的智能家电不参与调度，其他智能家电仍然参与响应。这一控制策略在软件平台 MATLAB 中实现。图 3-4 为下层优化策略的流程图。

流程图中 n 为可控的智能家电总个数。首先计算 n 个智能家电的舒适度指标并按照降序对其排序，判断总负荷功率 P_{total} 与功率限额 P_{limit} 的大小，如果 P_{total} 比 P_{limit} 小（或相等），则更新智能家电的状态并继续下一个时间段；反之则判断第 i 个智能家电的运行状态 S_i 是否为 1（1 表示智能家电正在运行，0 表示智能家电没有工作），并且舒适度指标大于 0，如果同时满足这两个要求，第 i 个智能家电参与响应，即运行状态从 1 变为 0，直至更新后的总负荷 P_{total} 小于等于 P_{limit}。

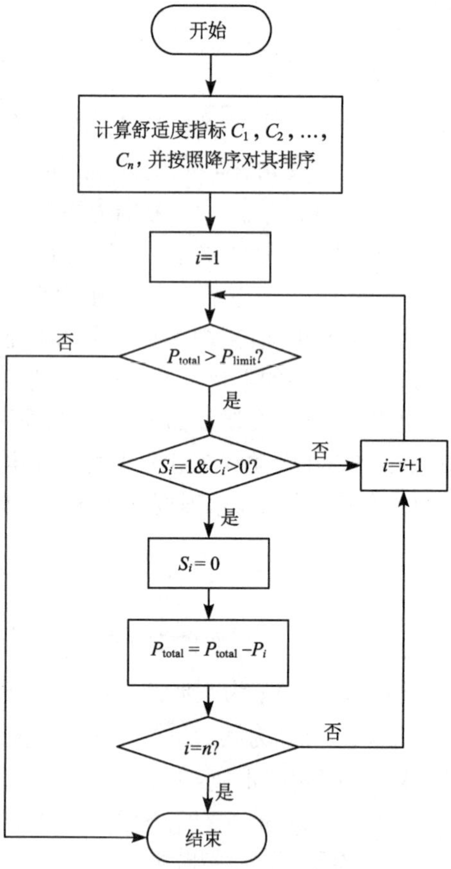

图 3-4　下层优化策略流程图

3. 模型求解

以居民区用户使用的智能家电为研究对象，假设小区分属于 10 个负荷聚合商，包括 1 000 个住户，每户家庭都拥有智能家电，小区的总光伏功率为 3.3 MW。智能家电包括空调、热水器和电动汽车，它们的额定功率分别为 3 kW、4 kW 和 3.3 kW，电动汽车的电池容量为 33 kWh。针对用户对各智能家电的舒适度设定，室温舒适度范围设定为 19～24℃，水温舒适度范围设定为 44～50℃，电动汽车设定为第二天 6:00am 之前充电到满足 SOC 不小于 0.95。

假设 6:00 pm 时光伏电站发电突然停止，电力需求急剧上升，使得系统 6:00 pm 至 11:00 pm出现大的功率缺额。电力系统的功率限额通常为每 15 min 或者 1 h 更新一次，但是为了算例的效果显著性，设定调度中心每分钟更新一次功率限额和爬坡率，并且保持高峰功率限额恒定不变。在 DR 控制过程中，时间间隔设置为 1 min，在这期间认为负荷功率和发电侧出力保持恒定。对于下层的 DR 潜力是每 15 min 计算一次。

为了分析智能家电的 DR 潜力和相应的影响因素，表 3-3 针对 10 个负荷聚合商设定了不同的参数。负荷聚合商 2 和 3 分别扩大了空调和热水器的舒适度区间，负荷聚合商 4 和 5 分别改变了电动汽车和空调/热水器的响应时间，负荷聚合商 6 和 7 具有相同的智能家电总功率。但三类智能负荷所占比例不一样，负荷聚合商 8、9 和 10 具有相同的智能家电数量但可响应量不同。

表 3-3　各负荷聚合商的参数设定

序号	数量（AC-WH-EV）	可响应量①（AC-WH-EV）	舒适度区间	α②	T③
1	100-100-100	100-100-100	$T_{AC} \in [19℃, 24℃]$ $T_{WH} \in [44℃, 50℃]$ $SOC_{min} = 0.95$	0.1	10
2	100-100-100	100-100-100	$T_{AC} \in [19℃, 26℃]$ $T_{WH} \in [42.5℃, 50℃]$ $SOC_{min} = 0.95$	0.1	10
3	100-100-100	100-100-100	$T_{AC} \in [19℃, 24℃]$ $T_{WH} \in [44℃, 50℃]$ $SOC_{min} = 0.5$	0.1	10
4	100-100-100	100-100-100	$T_{AC} \in [19℃, 24℃]$ $T_{WH} \in [44℃, 50℃]$ $SOC_{min} = 0.95$	0.4	10
5	100-100-100	100-100-100	$T_{AC} \in [19℃, 24℃]$ $T_{WH} \in [44℃, 50℃]$ $SOC_{min} = 0.95$	0.1	0

(续表)

序号	数量(AC-WH-EV)	可响应量[1](AC-WH-EV)	舒适度区间	α[2]	T[3]
6	90-50-100	90-50-100	$T_{AC}\in[19℃, 24℃]$ $T_{WH}\in[44℃, 50℃]$ $SOC_{min}=0.95$	0.1	10
7	50-80-100	50-80-100	$T_{AC}\in[19℃, 24℃]$ $T_{WH}\in[44℃, 50℃]$ $SOC_{min}=0.95$	0.1	10
8	100-100-100	70-70-70	$T_{AC}\in[19℃, 24℃]$ $T_{WH}\in[44℃, 50℃]$ $SOC_{min}=0.95$	0.1	10
9	100-100-100	50-50-50	$T_{AC}\in[19℃, 24℃]$ $T_{WH}\in[44℃, 50℃]$ $SOC_{min}=0.95$	0.1	10
10	100-100-100	30-30-30	$T_{AC}\in[19℃, 24℃]$ $T_{WH}\in[44℃, 50℃]$ $SOC_{min}=0.95$	0.1	10

① 可以参与响应的智能家电数量；② 电动汽车的响应次数系数；③ 空调和热水器的最少响应时间。

图 3-5 为采用所提双层协调控制策略之前和之后的负荷曲线。从图 3-5 可知，采用所提双层 DR 控制策略之前，总负荷的功率曲线 6:00 pm 之后的爬坡率很大，单纯依靠发电机调整已经很难满足负荷需求了，通过智能家电响应系统调度指令，可以有效降低爬坡率和峰值负荷量。虽然 4:00 am—6:00 am 出现了一个新的负荷波峰，但是仍维持在功率限额以下，对电力系统影响不大。

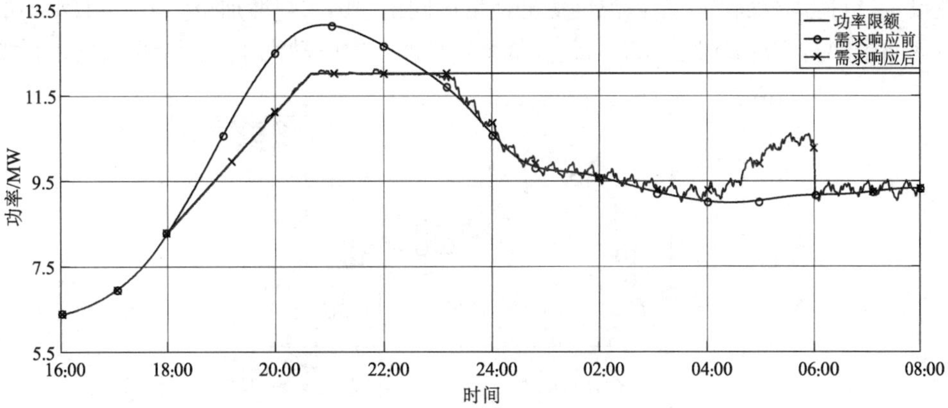

图 3-5　采用双层协调控制策略前后负荷曲线对比

表 3-4 列出了上层控制策略的仿真结果。从表中可以明显看出，随着时间的改变，不同负荷聚合商的 DR 潜力不一样，但是实际响应负荷总量占各自 DR 潜力的比例是相等的。18:00 之前及 18:00 因总负荷量和功率限额相等，智能家电不参与 DR，即实际响应功率 DP 为 0。负荷聚合商 1-5 拥有相同数量的智能家电和初始运行状态，因此 DR 潜力 18:00 时均为 344.4 kW。18:00 之后各个负荷聚合商参与 DR 且影响参数设定不一样，使得 DR 潜力在时间和空间(不同负荷聚合商)上均发生了变化。接下来对不同参数设定下 DR 潜力变化进行分析验证。

表 3-4　上层策略的仿真结果

序号	18:00 (β[2]=0%)		19:00 (β=23.89%)		20:00 (β=35.45%)		21:00 (β=33.19%)		22:00 (β=19.83%)	
	DRP	DP[1]	DRP	DP	DRP	DP	DRP	DP	DRP	DP
1	344.4	0	421.4	100.7	529	187.5	494	163.9	506.7	100.5
2	344.4	0	455.4	108.8	577	204.6	522	173.2	504.3	100.0
3	344.4	0	421.4	100.7	529	187.5	494	163.9	508	100.7

（续表）

序号	18:00 (β②$=0\%$)		19:00 ($\beta=23.89\%$)		20:00 ($\beta=35.45\%$)		21:00 ($\beta=33.19\%$)		22:00 ($\beta=19.83\%$)	
	DRP	DP①	DRP	DP	DRP	DP	DRP	DP	DRP	DP
4	344.4	0	361.4	86.3	115.7	41.0	54.9	18.2	41	8.1
5	344.4	0	421.4	100.7	531	188.3	362	120.1	359.7	71.3
6	295.4	0	401.4	95.9	462	163.8	453	150.3	460.7	91.4
7	262.4	0	334.4	79.9	431	152.8	432	143.4	429.3	85.1
8	229.5	0	317.8	75.9	429	152.1	376	124.8	370.2	73.4
9	165.4	0	192.3	45.9	276	97.9	135.8	45.1	17	3.4
10	81.4	0	106.8	25.5	156	55.3	142	47.1	152.8	30.3
总和	2 756.1	0	3 433.7	820.2	4 035.7	1 430.8	3 465.7	1 150.2	3 349.7	664.2

① 智能家电的实际响应功率(kW)；② DP(实际响应功率)与DRP(需求响应潜力)的比值。

(1) 舒适度区间：为了说明舒适度区间设定对DR潜力的影响，相比负荷聚合商1的参数设定，负荷聚合商2中室内温度的舒适度区间由[19，24]增加至[19，26]，水温的舒适度区间由[44，50]增加至[42.5，50]，负荷聚合商3中电动汽车预期结束时间前需要达

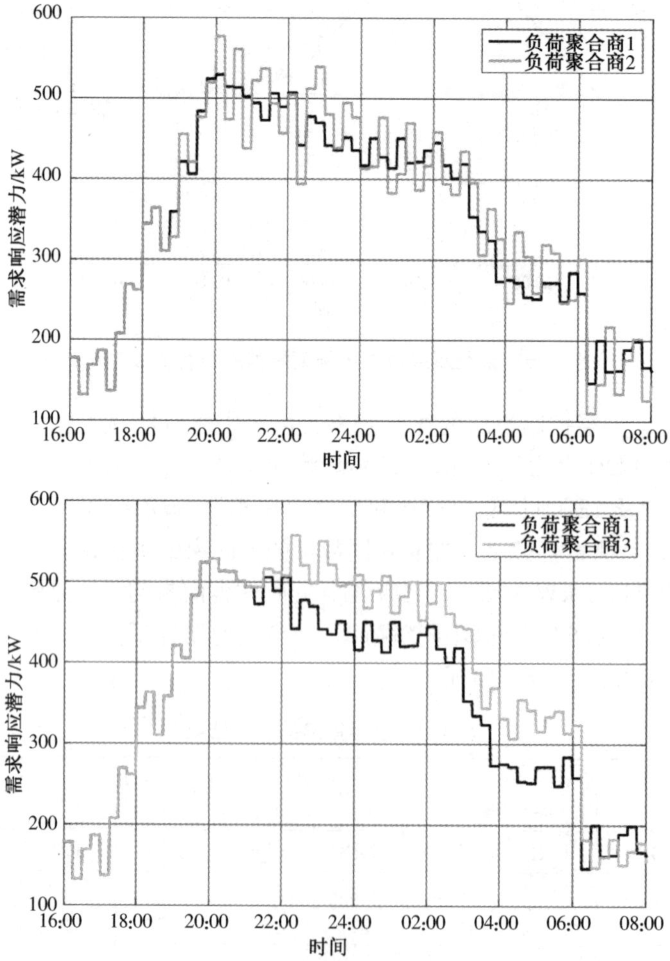

图3-6　不同舒适度区间下的DR潜力

到的最小 *SOC* 由 0.95 降低至 0.5。图 3-6 为负荷聚合商 1～3 的结果对比图。由图可以看出负荷聚合商 2 的 DR 潜力变化量大于负荷聚合商 1 的，因为负荷聚合商 2 中的室内温度和水温的舒适度区间变大了，导致相应的智能家电在超出的那部分区间内仍参与响应。由图可见负荷聚合商 3 的 DR 潜力大于负荷聚合商 1，因为负荷聚合商 3 的预期达到最小 *SOC* 从 0.95 降到了 0.5，导致电动汽车需要的充电时间缩短，即响应时间延长。由此可知，扩大用户使用智能家电的舒适度区间能提高负荷的 DR 潜力大小和波动量。

（2）响应次数限制：图 3-7 为负荷聚合商 4、5 分别和 1 的结果对比图。与负荷聚合商 1 相比，负荷聚合商 4 内的电动汽车充电系数 α 由 0.1 增加至 0.4，说明电动汽车允许的响应次数更少，导致 DR 潜力更低，如图 3-7(a)所示。负荷聚合商 5 的空调和热水器的最少响应时间由 10 min 降为 0，使得空调和热水器会频繁动作，DR 潜力的波动变大，如图 3-7(b)所示。如图 3-8 所示为负荷聚合商 4、5 和 1 的平均响应次数对比，负荷聚合商 4 中电动汽车的响应次数减少，导致空调和热水器响应次数明显增加了。而对负荷聚合商 5 而言，空调和热水器最少响应时间不受限以至于响应次数增加，而电动汽车的响应次数也稍有增加。由此可知，减少智能家电的响应次数会降低 DR 潜力的大小和波动量。

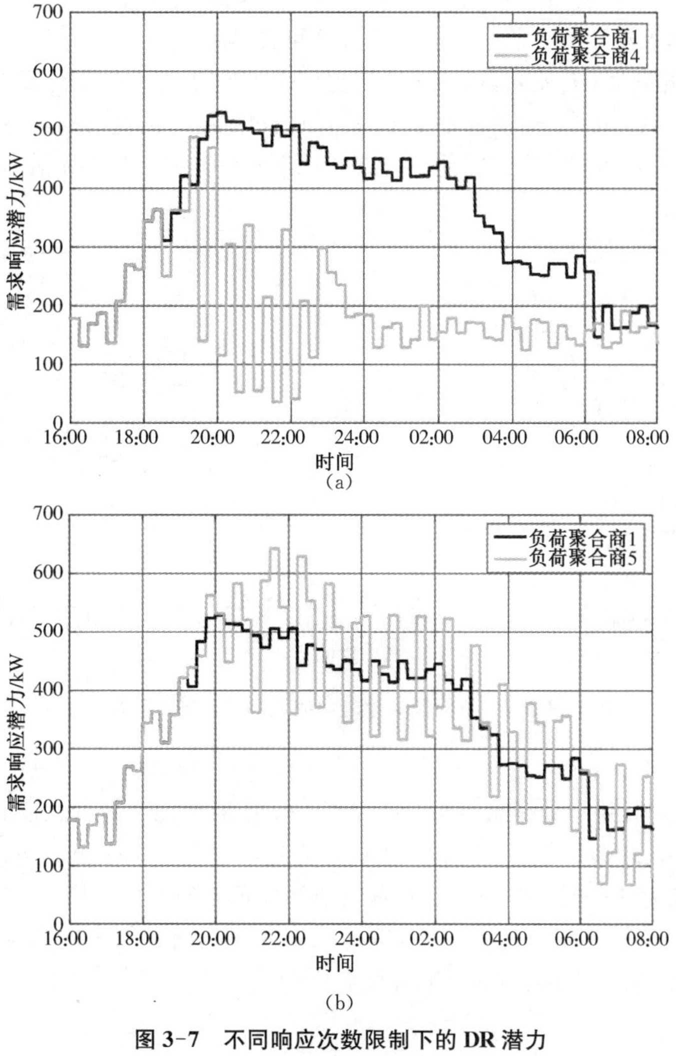

图 3-7　不同响应次数限制下的 DR 潜力

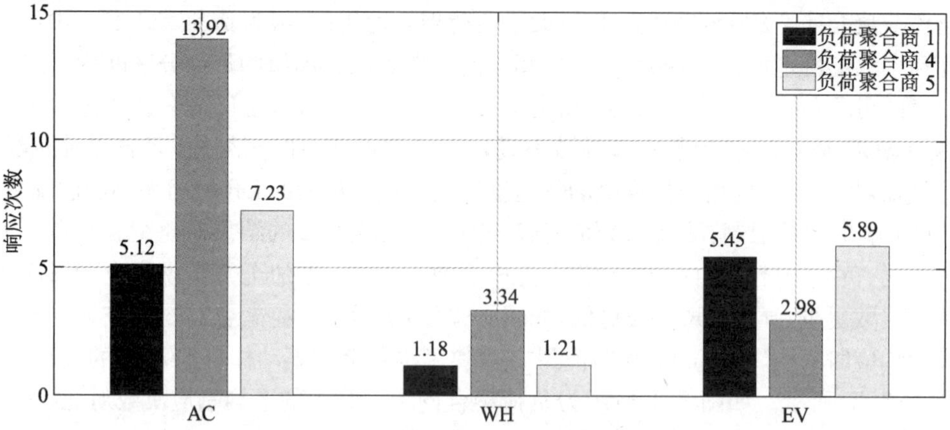

图 3-8　不同响应次数限制下各类智能家电的平均响应次数

(3) 智能家电组成比例：不同的智能家电组成比例会影响 DR 潜力。负荷聚合商 6 包括 90 台空调(3 kW)、50 个热水器(4 kW)和 100 辆电动汽车。负荷聚合商 7 包括 50 台空调、80 个热水器和 100 辆电动汽车。计算可知两者的智能负荷总功率相等，由于空调工作的循环频率大于热水器的，所以含有更多台数空调的负荷聚合商 6 的 DR 潜力比负荷聚合商 7 的大，如图 3-9 所示的 DR 潜力曲线对比图。由此可知，虽然智能家电的总额定功率相等，但是不同类别的智能家电组成比例不一样会影响 DR 潜力的大小。

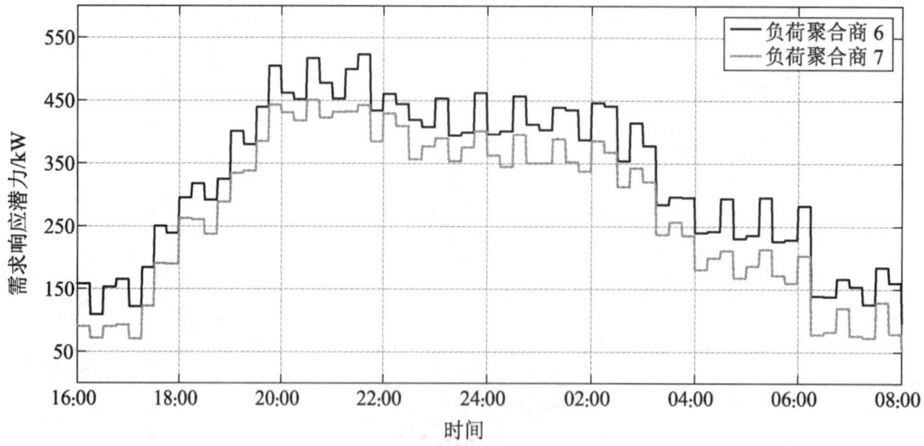

图 3-9　不同智能家电组成比例下的 DR 潜力

(4) 可响应负荷比例：负荷聚合商 8～10 均含有与负荷聚合商 1 相同的智能负荷数量和类型，但是它们并不是都能参与 DR，能参与 DR 的智能负荷占总智能负荷的百分比分别为 70%、50%和 30%。如图 3-10 所示为负荷聚合商 1、8、9 和 10 的 DR 潜力，它们的整体变化趋势基本一样。随着智能负荷占总智能负荷的百分比增大，DR 潜力更大，但是 22:00 附近负荷聚合商 9 是个例外，这是因为在这之前智能家电参与了 DR，改变了 DR 潜力的变化趋势。由此可知，可响应负荷比例越大，DR 潜力越大。

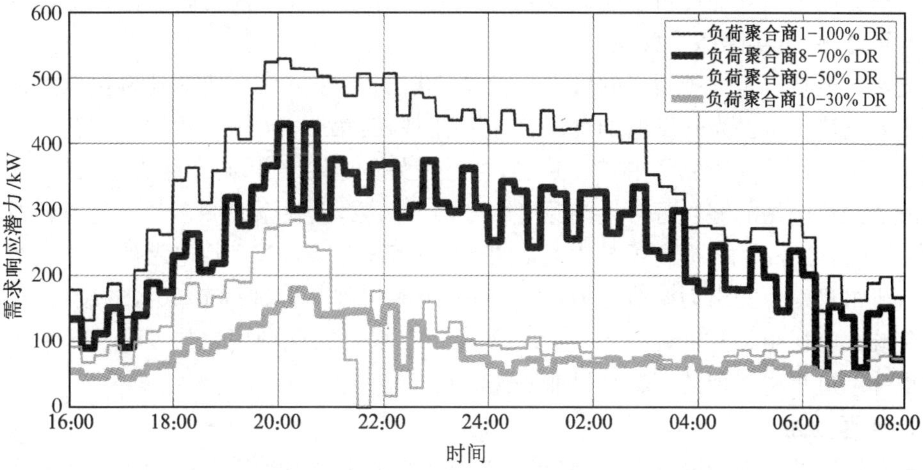

图 3-10　不同可响应负荷比例下的 DR 潜力

对每个负荷聚合商而言，通过控制智能家电参与 DR 并且响应动作，最终实现了总的负荷功率小于调度的功率限额。如图 3-11 所示为负荷聚合商 1 中各类智能家电的功率和用电量。

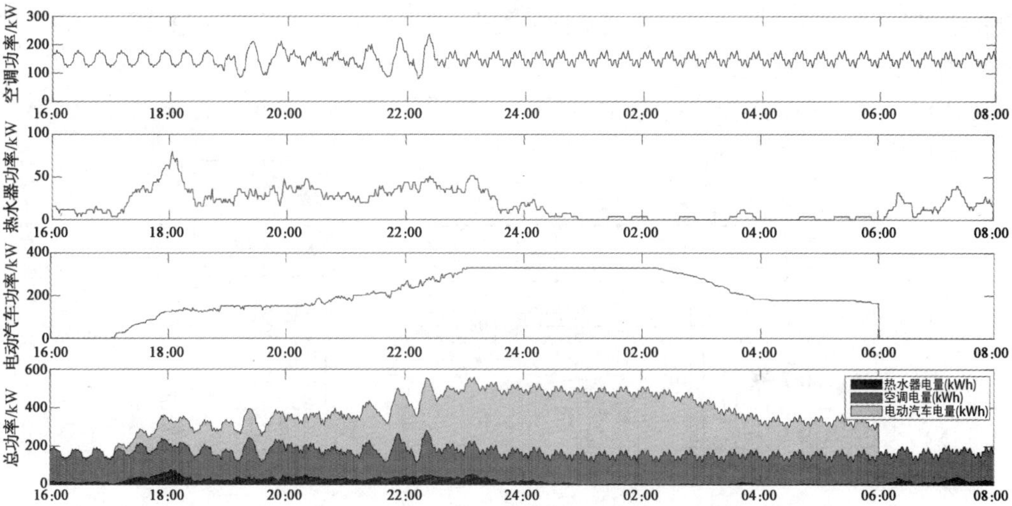

图 3-11　空调功率、热水器功率、电动汽车功率及总功率曲线

3.5.6　光热优化调度

例 3.8　电力系统光伏优化调度案例。

近年来，为了践行国家“节约、清洁、安全”的能源发展方针，推动高比例可再生能源接入电网，以风电为代表的可再生能源迅猛发展。但随着风电渗透率的增加，弃风现象严重，风电消纳问题亟须解决。同时，风电具有强波动性，易在短时间内快速减少或增加风电功率，会发生风电功率爬坡事件。以火电机组为主的电力系统，由于机组爬坡率的限制，系统的调节能力不足以应对风电功率爬坡事件，对电力系统的安全稳定运行造成严重威胁。风电与其他可再生能源发电方式的联合运行可以提高高比例风电并网的经济性与可靠性，近年来备受关注。

光热发电技术是一种新兴的可再生能源发电方式，未来将成为高比例可再生能源并网的重要支撑技术。光热发电的优越性主要体现在：第一，光热电站常常配置了大容量的蓄热系统。蓄热系统能够平移光热能，拥有较好的可控性和调度能力。第二，含电加热装置的光热电站能够以可再生能源消纳可再生能源，吸收系统中多余电能并转换成热能，存储在蓄热系统中，提高了光热电站的运行灵活性。第三，光热电站的汽轮机组拥有与燃气机组相媲美的出力调节能力，爬坡率最快能达到每分钟调节 20%的装机容量，远高于传统火电机组每分钟调节 2%～5%的装机容量。因此利用光热发电技术解决高比例风电并网过程中出现的问题是目前研究的热点之一。

1. 问题描述

针对风电并网消纳困难问题，并同时考虑到风电出力波动性会引起风电功率爬坡事件，本算例利用光热电站中蓄热系统的可调度性和电加热装置自身的消纳能力，提出一种光热电站促进风电消纳的电力系统优化调度方法。该方法以一种光热-风电系统结构为基础，分析光热电站的内部简化模型和风电功率爬坡事件的短时间尺度辨识方法。然后以计及系统弃风惩罚的综合成本最低为目标，考虑各种机组的运行特性和约束条件，建立光热-风电优化模型，对系统进行优化调度。在保证系统运行经济性的同时，改善系统的调节能力，减少弃风电量和爬坡事件的发生，促进风电并网消纳，并在 IEEE-RTS 24 节点测试系统上进行了仿真对比验证。

IEEE-RTS 24 节点测试系统结构如图 3-12 所示，对测试系统进行修改，在 16 节点

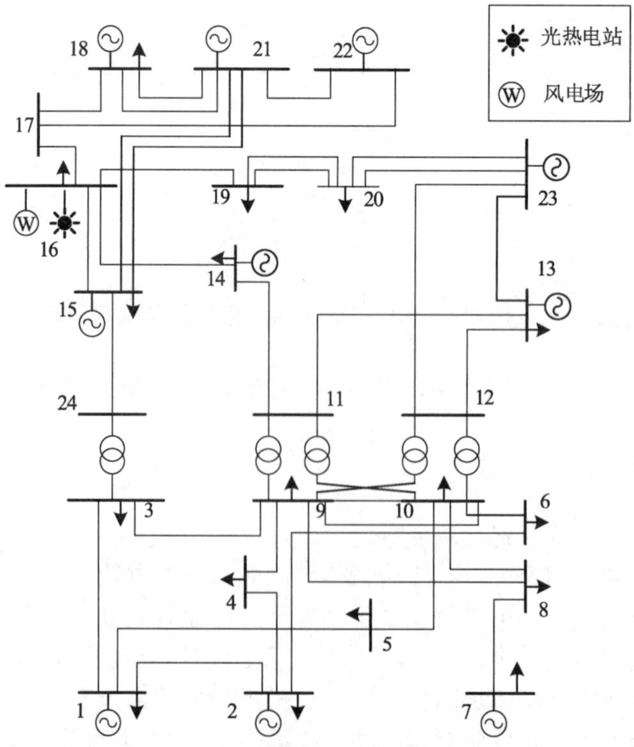

图 3-12　IEEE-RTS 24 节点测试系统

接入风电场,接入的风电场发电功率如图 3-13 所示,风电场平均发电功率占总负荷的比例约为 22%。根据仿真系统,采用对比分析。算例 1:只在节点 16 加入风电场;算例 2:在节点 16 加入风电场后,将 16 节点所接的火力发电机变为光热电站。

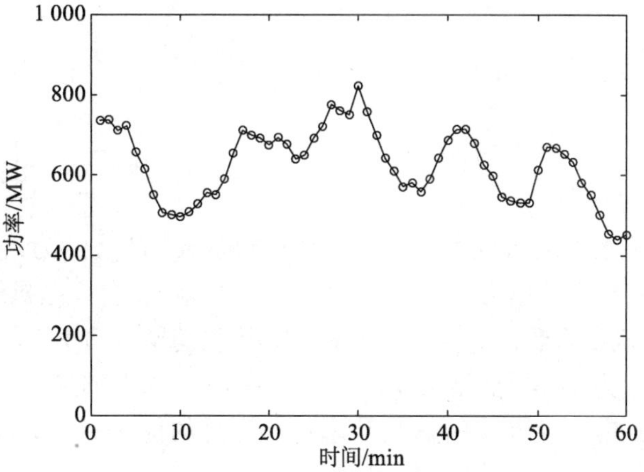

图 3-13 风电场发电功率

各台机组的出力成本系数和最小、最大出力功率如表 3-5 所示,假设机组爬坡率每分钟调节 2%的装机容量。当 16 节点接光热电站时,16 节点的机组出力成本系数将变为 21.13 $/MWh,爬坡率界限变为 20 MW/min。节点 14 所接的发电机为无功电源,所以它的成本系数和最小、最大出力功率均为 0。节点 18、21 所接的发电机为核电机组,出力功率不变。其他节点所接的发电机均为火电机组。弃风惩罚系数为 35 $/MWh,蓄热系统运行成本系数为 5 $/MWh,蓄热系统容量的上、下限分别取为 100%和 10%的额定容量,电加热装置的运行效益系数为 5 $/MWh。

表 3-5 机组的出力成本系数和最小、最大出力功率

节点编号	成本系数/($/MWh)	最小出力/MW	最大出力/MW
1	19.1	62.4	192
2	19.1	62.4	192
7	31	75	300
13	32	207	591
14	0	0	0
15	16.13	66.3	215
16	16.13	54.3	155
18	8.45	400	400
21	8.45	400	400
22	15.2	60	300
23	16.4	248.2	660

2. 优化模型

(1) 目标函数

光热-风电系统的优化目标是使系统的运行成本最低，需要综合考虑系统中弃风惩罚、火电机组的运行成本和光热电站的运行成本及效益，则目标函数为：

$$C=\min\Big[\sum_{t=1}^{T}a_{\mathrm{w}}P_{\mathrm{wloss},t}+\sum_{t=1}^{T}\sum_{i=1}^{N}a_{i}P_{i,t}+\sum_{t=1}^{T}(a_{\mathrm{csp}}P_{\mathrm{csp},t}+a_{\mathrm{TES}}P_{\mathrm{TES},t}-a_{\mathrm{EH}}P_{\mathrm{EH},t})\Big] \tag{3.5.100}$$

式中，C 表示联合系统的运行成本；a_{w} 为弃风惩罚系数；$P_{\mathrm{wloss},t}$ 为 t 时刻风电的弃风功率；a_i 为第 i 台火电机组的出力成本系数；$P_{i,t}$ 为 t 时刻第 i 台火电机组的发电功率；a_{csp} 为光热机组的出力成本系数；$P_{\mathrm{csp},t}$ 为 t 时刻光热机组的发电功率；a_{TES} 为蓄热系统的运行成本系数；$P_{\mathrm{TES},t}$ 为 t 时刻蓄热系统的发电功率；a_{EH} 为电加热装置的运行效益系数；$P_{\mathrm{EH},t}$ 为 t 时刻电加热装置吸收的盈余功率；T 为总的优化时间；N 为总的火电机组台数。

(2) 约束条件

光热-风电系统的约束条件主要考虑系统的网络安全约束、各种机组的运行约束、爬坡约束和风电场的弃风约束。其中网络安全约束本算例考虑了系统的有功平衡约束、线路传输极限约束和节点相角约束。

① 有功平衡约束

有功平衡约束即当不考虑网络损耗时，t 时刻的火电机组、光热机组和风电场的输出功率与系统的负荷相等：

$$\sum_{i=1}^{N}P_{i,t}+P_{\mathrm{csp},t}+P_{\mathrm{wind},t}-\sum_{i=1}^{N_L}P_{\mathrm{load},i,t}=0 \tag{3.5.101}$$

式中，$P_{\mathrm{load},i,t}$ 为 t 时刻第 i 个节点的负荷功率；N_L 为总的负荷节点数。

② 线路传输极限约束

线路传输极限约束即传输线路 l 有最大正向、反向的传输极限：

$$-P_{fl,\max}\leqslant P_{l,t}\leqslant P_{zl,\max} \tag{3.5.102}$$

式中，$P_{l,t}$ 是 t 时刻线路 l 的传输功率；$P_{fl,\max}$、$P_{zl,\max}$ 分别是线路 l 最大反向、正向的传输极限。

③ 节点相角约束

节点相角约束可表示为：

$$-\pi\leqslant\theta_{n,t}\leqslant\pi \tag{3.5.103}$$

式中，$\theta_{n,t}$ 为 t 时刻 n 节点的相角。

④ 机组约束

火电机组的运行约束和爬坡约束可表示为：

$$P_{i,\min} \leqslant P_{i,t} \leqslant P_{i,\max} \tag{3.5.104}$$

$$-R_{i,\mathrm{d}} \leqslant P_{i,t} - P_{i,t-1} \leqslant R_{i,\mathrm{u}} \tag{3.5.105}$$

式中，$P_{i,\min}$、$P_{i,\max}$ 分别为火电机组的出力下限、上限；$R_{i,\mathrm{d}}$、$R_{i,\mathrm{u}}$ 分别为火电机组的最大下爬坡率、上爬坡率。

⑤ 弃风约束

弃风约束即弃风功率不能超过风电场的发电功率：

$$0 \leqslant P_{\mathrm{wloss},t} \leqslant P_{\mathrm{wind},t} \tag{3.5.106}$$

⑥ 光热电站内部各系统的简化模型需要满足以下约束条件：

a. 聚光集热系统

聚光集热系统中接收到的太阳能热功率为：

$$P_{\mathrm{solar},t} = \eta_{\mathrm{SF}} S_{\mathrm{SF}} D_t \tag{3.5.107}$$

式中，η_{SF} 为聚光集热系统的光热转换效率；S_{SF} 为光场面积；D_t 为 t 时刻的光照直接辐射指数。

b. 传热工质

将传热工质视为一个节点，从而可得光热电站的功率平衡关系为：

$$P_{\mathrm{S-H},t} + P_{\mathrm{E-H},t} + P_{\mathrm{T-H},t} = P_{\mathrm{H-T},t} + P_{\mathrm{H-P},t} \tag{3.5.108}$$

c. 蓄热系统

蓄热系统的充、放热功率可在限制范围内连续调节，但充、放热不能同时进行，同时蓄热系统具有容量约束。因此，蓄热系统的约束可归结为：

$$\begin{cases} E_t - P_{\mathrm{TES},t}\Delta t/\eta_1 \geqslant E_{\mathrm{down}} \\ E_t - P_{\mathrm{TES},t}\Delta t\eta_2 \leqslant E_{\mathrm{up}} \end{cases} \tag{3.5.109}$$

式中，E_t 为 t 时刻蓄热系统的容量状态；E_{up}、E_{down} 分别为蓄热系统容量的上、下限；$P_{\mathrm{TES},t}$ 为 t 时刻蓄热系统的吸热或放热功率；$P_{\mathrm{TES},t}$ 为正表示放热，为负表示吸热；Δt 为时间间隔；η_1、η_2 分别为蓄热系统放热、吸热的效率。

d. 电加热装置

电加热装置的电-热转换关系为：

$$P_{\mathrm{E-H},t} = \eta_{\mathrm{EH}} P_{\mathrm{surplus},t} \tag{3.5.110}$$

式中，η_{EH} 为电加热装置的电-热转换效率。

e. 发电系统

光热电站的发电功率可表示为输入发电系统热功率的函数关系，即：

$$P_{\mathrm{csp},t} = f(P_{\mathrm{H-P},t}) \tag{3.5.111}$$

光热机组的运行约束和爬坡约束可表示为：

$$P_{\mathrm{csp},\min} \leqslant P_{\mathrm{csp},t} \leqslant P_{\mathrm{csp},\max} \tag{3.5.112}$$

$$-R_{csp,d} \leqslant P_{csp,t} - P_{csp,t-1} \leqslant R_{csp,u} \tag{3.5.113}$$

式中，$P_{csp,min}$、$P_{csp,max}$ 分别为光热机组的出力上限、下限；$R_{csp,d}$、$R_{csp,u}$ 分别为光热机组的最大下爬坡率、上爬坡率。

⑦ 风电爬坡约束

本算例所采用的风电功率爬坡事件辨识方法为通过两个时间点的风力出力差值的绝对值与时间间隔之比，与系统实际所能承受的爬坡阈值进行比较，判断是否会发生爬坡事件。其中实时风电爬坡率的计算方法为：

$$P_{wconsume,t} = P_{wind,t} - P_{wloss,t} \tag{3.5.114}$$

$$\lambda_t = | P_{wconsume,t+1} - P_{wconsume,t} | / \Delta t \tag{3.5.115}$$

式中，$P_{wconsume,t}$ 为 t 时刻实际消纳的风电功率；λ_t 为 t 时刻实际所需的风电爬坡率。

系统实际所能承受的爬坡率阈值计算方法为：

$$\lambda_{lim,t}^{down} = \sum_{i=1,\, i \notin N_t}^{N} R_{i,d} \Delta t \tag{3.5.116}$$

$$\lambda_{lim,t}^{up} = \sum_{i=1,\, i \notin N_t}^{N} R_{i,u} \Delta t \tag{3.5.117}$$

式中，$\lambda_{lim,t}^{up}$、$\lambda_{lim,t}^{down}$ 分别为 t 时刻系统爬坡率阈值的上限与下限；$R_{i,u}$、$R_{i,d}$ 分别为第 i 台发电机的上爬坡率与下爬坡率；N 为系统中总的发电机数；N_t 为 t 时刻系统中不具备调节能力或者已经达到调节极限的发电机集合。

风电功率爬坡事件的辨识方法即为：

$$\lambda_{lim,t}^{down} \leqslant \lambda_t \leqslant \lambda_{lim,t}^{up} \tag{3.5.118}$$

当某一时间间隔 Δt 内的 λ_t 满足式(3.5.118)时，则该时间间隔内不会发生风电功率爬坡事件；反之，该时间间隔内会发生风电功率爬坡事件。

3. 模型求解

针对该问题，由于目标函数为线性函数，约束条件包含线性等式约束、线性不等式约束和自变量上下限约束，因此属于线性有约束问题，并可利用 MATLAB 中 linprog 函数进行求解，其中算法选择利用内点法(默认算法)。

(1) 机组调节特性分析

算例 1、2 分别优化求解后，系统中节点 16 的机组出力曲线变化情况如图 3-14(a)所示，图例中 1 表示算例 1,2 表示算例 2。

由图 3-14(a)可知，当节点 16 所接的发电机由火电机组变为光热机组之后，机组的调节特性变好了，能够更加快速地调节出力以应对风电功率的波动；同时，算例 2 情况下，1 号节点发电机出力曲线更平缓，即接火电机组的节点不需要再频繁地调节出力，因为调节的压力大部分转到了节点 16 所接的光热机组上，如图 3-14(b)所示为节点 1 所接的火电机组出力曲线对比图，反映了火电机组出力曲线的变化情况。

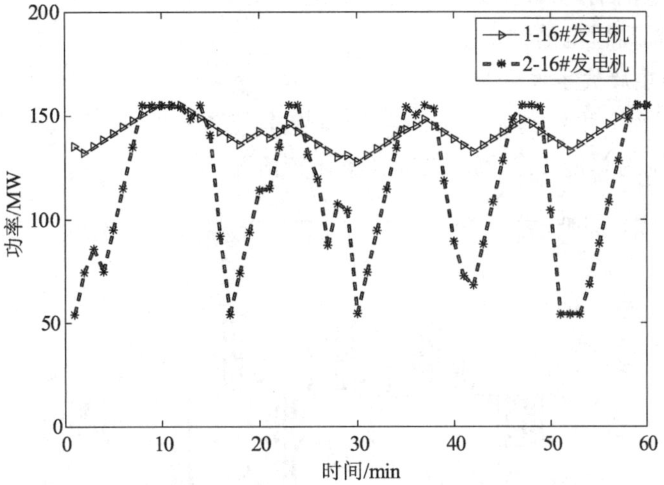

(a) 节点 16 出力曲线

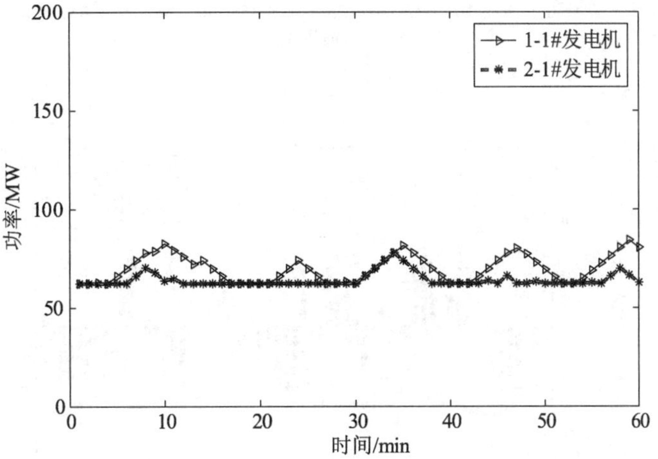

(b) 节点 1 出力曲线

图 3-14 节点 16 和节点 1 的机组出力曲线对比图

(2) 风电消纳分析

根据算例 1 和算例 2 的优化求解结果，分析系统的总成本和弃风量的对比情况，如表 3-6 所示。

表 3-6 算例 1 和算例 2 的总成本、弃风量对比

算例	总成本/ $	弃风量/MW
1	21 205	257
2	20 962	7.95

由表 3-6 可知，节点 16 所接的火力发电机变为光热电站后，降低了系统的总成本和弃风量，增加了风电功率的消纳。因为电加热装置的应用具有一定的运行效益，能减少

弃风量,促进风电消纳,所以虽然光热机组的运行成本较火电机组高,但可以在不增加系统成本的同时,提高风电消纳水平。

(3) 风电功率爬坡事件分析

分别算出算例1和算例2实际所需的爬坡率与系统爬坡率上限、下限,如图3-15(a)、(b)所示分别为算例1、算例2的爬坡率比较情况。

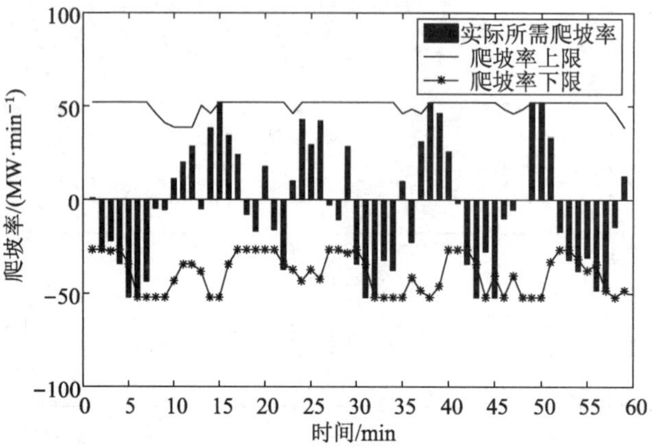

(a) 算例1

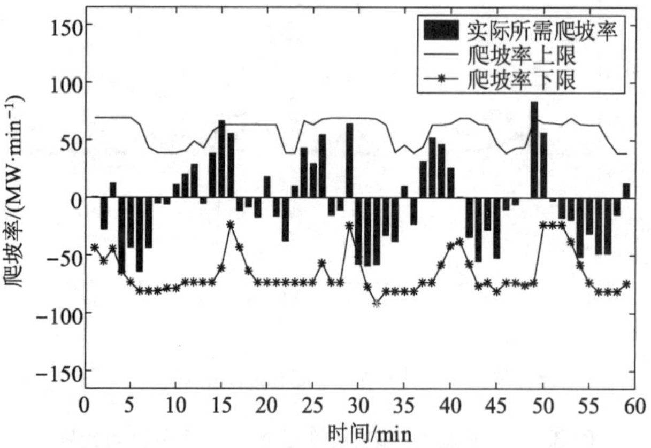

(b) 算例2

图3-15 算例1、算例2的爬坡率比较图

由图3-15(a)知算例1中共有9个时间段发生风电功率爬坡事件,分别为:2～3 min,4～5 min,15～16 min,22～23 min,42～43 min,49～50 min,50～51 min,53～54 min,54～55 min。而图3-15(b)中算例2共有4个时间段发生风电功率爬坡事件,分别为:4～5min、15～16 min、30～31 min、49～50 min。算例2相较于算例1,发生爬坡事件的次数减少了,但仍有发生。因为蓄热系统的可控性和调节能力,能够支持光热机组快速地调节出力,为系统提供更高的爬坡率上下限,所以减少了爬坡事件的发生。但又因为目标函数中有弃风惩罚,所以即使风电功率波动引发了爬坡事件,但以促进风电消纳为先,算例2中功率爬坡事件仍然会发生。

本算例对包含光热电站及风电场的电力系统优化调度方法进行了研究。考虑了多种电源的运行成本和弃风惩罚成本，建立了光热-风电优化模型，并对光热电站参与调度前后的两种算例场景进行求解，得到了系统中机组调节特性、风电消纳水平和风电功率爬坡事件的变化情况，为含大规模风电的电力系统选取经济最优的调度方法提供参考。得出的结论为：光热电站中蓄热系统的可调度性可以改善机组的调节能力，能够更加快速地应对风电功率的波动，减少了风电功率爬坡事件的发生次数；电加热装置则消纳了一部分的弃风量，降低了弃风成本，保证了系统运行的经济性，有效解决了风电场弃风问题。

第四章　一维搜索

一维搜索作为非线性规划的一种单变量函数最优化算法，是多变量函数最优化的基础，也是后面各章将要介绍的各种计算过程的重要组成部分。在实际应用中，一维搜索常在运筹学、管理科学、系统控制等多领域中求解非线性问题的极值，其选择是否恰当对一些算法的计算效果有重要影响。

一维搜索的方法有很多，大体分为两类：一类是区间收缩法，本章主要介绍其中的黄金分割法、加步探索法；另一类是函数逼近法，本章主要介绍其中的牛顿法、抛物线法。最后，本章介绍了一维搜索在电力系统中的简单应用，并用算例验证了该方法的实用性和可操作性。

4.1　一维搜索问题

求解非线性规划迭代算法中最关键的两步：一步是由 $x^{(k)}$ 出发，按算法规则构造出搜索方向 $p^{(k)}$；另一步是在已知 $x^{(k)}$ 及 $p^{(k)}$ 后，由 $x^{(k)}$ 出发，沿着 $p^{(k)}$ 的半直线(射线)上求出步长因子 λ_k，要求 λ_k 满足：

$$f(x^{(k)}+\lambda_k p^{(k)})=\min_{\lambda} f(x^{(k)}+\lambda p^{(k)}) \tag{4.1.1}$$

因为 $f(x^{(k)}+\lambda p^{(k)})$ 只是 λ 的一元函数，因此对于这样的求极小值问题称为一维搜索。

由图 4-1 可看出，当 $\lambda \in (\lambda_0, \lambda_{\max})$ 时，其中任一个 λ 的值都有：$f(x^{(k)}+\lambda p^{(k)}) < f(x^{(k)})$，即都可使函数值下降。即 $p^{(k)}$ 是下降方向，这里 $\lambda_0=0$，$\lambda_{\max}=\delta$。当 $\lambda \in (\lambda_0 \lambda_k)$ 时，函数 $f(x^{(k)}+\lambda p^{(k)})$ 是下降的；当 $\lambda \in (\lambda_k, \lambda_{\max})$ 时，函数 $f(x^{(k)}+\lambda p^{(k)})$ 是上升的，称这样的函数为单谷函数。因此若记 $\varphi(\lambda)=f(x^{(k)}+\lambda p^{(k)})$，则 λ_k 是一元函数 $\varphi(\lambda)$ 的极小点。从理论上讲，λ_k 应满足：

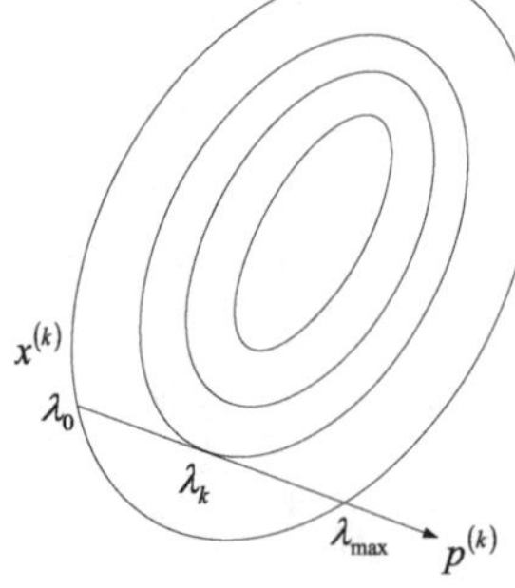

图 4-1　$f(x)$的等值线

$$\frac{\mathrm{d}\phi(\lambda)}{\mathrm{d}\lambda}\Big|_{\lambda=\lambda_k}=0 \tag{4.1.2}$$

但是对许多问题来讲，求导计算并不容易，且不便于用计算机来解决。因此除了极少数问题外，一般不是用求导办法求 λ_k 的精确值，而是求出其近似值。求解 λ_k 近似值的方法主要可分为两类：一类为区间收缩法；另一类为函数逼近法。

因为一维搜索是所有非线性规划迭代算法都会遇到的共同问题，而且相对比构造搜索方向问题更简单，所以本章主要讨论求解一维搜索的方向。

本章 4.2 节、4.3 节介绍的黄金分割法及加步探索法属于区间收缩法；4.4.节、4.5 节介绍的牛顿法及抛物线法属于函数逼近法。

显然，一维搜索法不仅可用在求步长因子上，而且也是单变量函数在求极小点时的一种方法。因此一维搜索法又称为单变量函数寻优法。

4.2 黄金分割法

黄金分割法也称 0.618 法，属于区间收缩法。首先找到包含极小点的初始搜索区间，然后按黄金分割点通过对函数值的比较不断缩小搜索区间。当然要保证极小点始终在搜索区间内，当区间长度小到精度范围之内时，可以粗略地认为区间端点的平均值即为极小点的近似值。黄金分割法适用于单谷函数。

4.2.1 单谷函数及其性质

定义 4.2.1 设函数 $\varphi(\lambda)$：$\mathbb{R}^1 \to \mathbb{R}^2$，闭区间 $[a_0, b_0] \subset \mathbb{R}^1$，若存在点 $\lambda^* \in [a_0, b_0]$，使 $\varphi(\lambda)$ 在 $[a_0, \lambda^*]$ 上严格递减，在 $[\lambda^*, b_0]$ 上严格递增，则称 $\varphi(\lambda)$ 为 $[a_0, b_0]$ 上的单谷函数，$[a_0, b_0]$ 为 $\varphi(\lambda)$ 的单谷区间，见图 4-2。

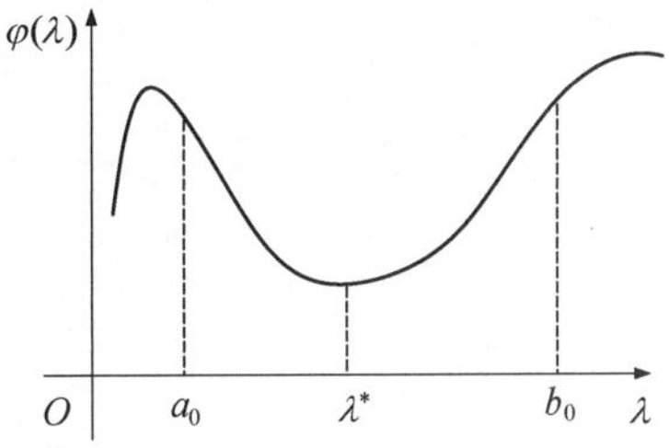

图 4-2　单谷区间示意图

一个区间是某函数的单谷区间，意味着在该区间中函数只有一个“凹谷”(从而也只有一个极小值)。显然凸函数在所给的区间上是单谷函数。

单谷区间与单谷函数有如下的性质：

若 $\varphi(\lambda)$ 是单谷区间 $[a_0, b_0]$ 上的单谷函数，极小点为 λ^*，在 $[a_0, b_0]$ 中任取两点 a_1 和 b_1，且 $a_1 < b_1$，则：① 当 $\varphi(a_1) < \varphi(b_1)$ 时，$\lambda^* \in [a_0, b_1]$；② 当 $\varphi(a_1) > \varphi(b_1)$ 时，$\lambda^* \in [a_1, b_0]$。

上述性质说明了经过函数值的比较后，可把单谷函数的单谷区间 $[a_0, b_0]$ 进行缩小：或为 $[a_0, b_1]$，或为 $[a_1, b_0]$，而 λ^* 仍在区间内。

4.2.2 基本原理

如上所述，在单谷区间 $[a_0, b_0]$ 中找出两个试点 x_1 和 x_1' 后，比较 $\varphi(x_1)$ 及 $\varphi(x_1')$ 的大小，就可把搜索区间缩小，记作 $[a_1, b_1]$。在 $[a_1, b_1]$ 中继续找试点 x_2 和 x_2'，比较 $\varphi(x_2)$ 和 $\varphi(x_2')$ 后，又可把搜索区间从 $[a_1, b_1]$ 缩小为 $[a_2, b_2]$，如此继续下去，直到 $[a_k, b_k]$ 的区间长度足够小，认为达到了事先规定的精度时，可令 $\lambda^* \approx \frac{1}{2}[a_k + b_k]$。那么现在的问题是：这一系列试点 x_k 和 x_k' 应如何确定？希望确定 x_k 和 x_k' 的方法既要有规律可循，又要为计算提供方便。

比如：在 $[a_0, b_0]$ 中两个试点 x_1 及 x'_1，且 $x'_1 < x_1$，若记 $|a_0b_0| = l$，$|a_0x_1| = c$，则 $|x_1b_0| = l - c$，若希望：

$$\frac{|a_0x_1|}{|a_0b_0|} = \frac{|x_1b_0|}{|a_0x_1|}, \text{即有} \quad \frac{c}{l} = \frac{l-c}{c} \tag{4.2.1}$$

即希望 x_1 点把线段 a_0b_0 分为两段，长的一段为 c，短的一段为 $(l-c)$，且满足$\frac{短}{长} = \frac{长}{全长}$，则 x_1 点就是把线段做黄金分割的点。

式(4.2.1)可化为：

$$\left(\frac{c}{l}\right)^2 + \left(\frac{c}{l}\right) - 1 = 0 \tag{4.2.2}$$

解式(4.2.2)且舍去负根得：

$$\left(\frac{c}{l}\right) = \frac{\sqrt{5}-1}{2} \approx 0.618 \tag{4.2.3}$$

因此 x_1 所在位置应是 $|a_0b_0|$ 的 0.618 倍。则相应的与 x_1 对称的点取作另一个试点 x'_1，应是 $|a_0b_0|$ 的 0.382 倍(见图 4-3)，即有黄金分割点：

$$x_1 = a_0 + 0.618(b_0 - a_0) \tag{4.2.4}$$

及其对称点：

$$x'_1 = a_0 + 0.382(b_0 - a_0) \tag{4.2.5}$$

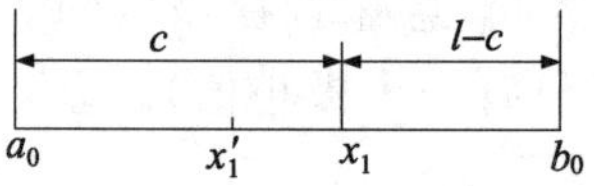

图 4-3　黄金分割点及其对称点位置

取第一对试点 x_1，x'_1 为黄金分割点及其对称点的优势如下：若 $\varphi(x'_1) < \varphi(x_1)$，搜索区间被保留下来的是 $[a_0, x_1]$，则其中的 x'_1 是区间 $[a_0, x_1]$ 的黄金分割点。因为

$$\frac{|a_0x'_1|}{|a_0x_1|} = \frac{|x_1b_0|}{|a_0x_1|} = \frac{l-c}{c}$$

由式(4.2.1)及式(4.2.3)得：

$$\frac{l-c}{c} = \frac{c}{l} = \frac{\sqrt{5}-1}{2} \approx 0.618$$

因此 x'_1 在区间 $[a_0, x_1]$ 中是黄金分割点。

同理，若通过比较函数值 $\varphi(x'_1) > \varphi(x_1)$，则保留下的搜索区间为 $[x'_1, b_0]$，而留在其中的 x_1 点是新搜索区间 $[x'_1, b_0]$ 的黄金分割点的对称点。因为对称点 x'_1 与区间长度的比值应为(见图 4-3)：

$$\frac{|a_0x'_1|}{|a_0b_0|}=\frac{l-c}{l}=1-\left(\frac{c}{l}\right)=1-\frac{\sqrt{5}-1}{2}=\frac{3-\sqrt{5}}{2}\approx 0.382 \tag{4.2.6}$$

而

$$\frac{|x'_1x_1|}{|x_1b_0|}=\frac{2c-l}{c}=2-\frac{l}{c}=2-\frac{2}{\sqrt{5}-1}=\frac{3-\sqrt{5}}{2}\approx 0.382 \tag{4.2.7}$$

因此保留下来的 x_1 是新搜索区间的黄金分割点的对称点。这样通过函数值比较后，不论新搜索区间是哪一段区间，总有上一对试点中一个被保留下来作新的试点用，这样就可大大节省了计算工作量。

4.2.3 算法步骤

第 1 步：选取初始数据。确定初始搜索区间 $[a_0, b_0]$，给出最后区间精度 $\delta > 0$。

第 2 步：计算初始的两个试点：x_1 及 x'_1（规定在区间$[a_k, b_k]$上。黄金分割点用 x_{k+1} 来记，黄金分割点的对称点用 x'_{k+1} 来记）。计算：

$$x_1 = a_0 + 0.618(b_0 - a_0) \tag{4.2.8}$$

$$x'_1 = a_0 + 0.382(b_0 - a_0) \tag{4.2.9}$$

且计算 $\varphi(x_1)$ 及 $\varphi(x'_1)$，并令 $k=0$。

第 3 步：比较目标函数值。若 $\varphi(x'_{k+1}) \leqslant \varphi(x_{k+1})$ 则转第 4 步；若 $\varphi(x'_{k+1}) > \varphi(x_{k+1})$ 则转第 5 步。

第 4 步：缩小搜索区间。令：

$$a_{k+1} = a_k,\ b_{k+1} = x_{k+1} \tag{4.2.10}$$

计算精度：若 $\frac{b_{k+1}-a_{k+1}}{b_0-a_0} < \delta$，则停止计算，可取 $\lambda^* = \frac{1}{2}(a_{k+1}+b_{k+1})$ 为近似极小点，$\varphi(\lambda^*)$ 为近似极小值，否则计算新的一对试点：

① 保留试点的计算，令：

$$x_{k+2} = x'_{k+1},\ \varphi(x_{k+2}) = \varphi(x'_{k+1}) \tag{4.2.11}$$

式中，x_{k+2} 是新搜索区间的黄金分割点。

② 计算保留试点的对称点——新搜索区间黄金分割点的对称点：

$$x'_{k+2} = a_{k+1} + 0.382(b_{k+1} - a_{k+1}) \tag{4.2.12}$$

及计算 $\varphi(x'_{k+2})$，并令 $k=k+1$，转第 3 步。

第 5 步：缩小搜索区间。令：

$$a_{k+1} = x'_{k+1},\ b_{k+1} = b_k \tag{4.2.13}$$

计算精度：若 $\frac{b_{k+1}-a_{k+1}}{b_0-a_0} < \delta$，则停止计算，取 $\lambda^* = \frac{1}{2}(a_{k+1}+b_{k+1})$ 为近似极小点，$\varphi(\lambda^*)$ 为近似极小值，否则计算新的一对试点：

① 保留试点的计算，令

$$x'_{k+2}=x_{k+1},\ \varphi(x'_{k+2})=\varphi(x_{k+1}) \tag{4.2.14}$$

x'_{k+2}是新搜索区间$[a_{k+1},\ b_{k+1}]$的黄金分割点的对称点。

② 计算保留试点的对称点，即新搜索区间的黄金分割点：

$$x_{k+2}=a_{k+1}+0.618(b_{k+1}-a_{k+1}) \tag{4.2.15}$$

计算$\varphi(x^{k+2})$。令$k=k+1$，返回第3步。

4.2.4 计算举例

例 4.1 用0.618法求解$\min\limits_{\lambda\geqslant 0}\varphi(\lambda)=\lambda^3-2\lambda+1$的近似最优解。设初始搜索区间(单谷区间)为$[0,\ 3]$，精度$\delta=0.15\left(\delta\geqslant\dfrac{b_k-a_k}{b_0-a_0}\right)$。

求解过程如下：

因$a_0=0,\ b_0=3$。

第1次迭代：

由式(4.2.8)及式(4.2.9)有：

$$x_1=0+0.618(3-0)=1.854$$
$$x'_1=0+0.382(3-0)=1.146$$

计算$\varphi(x_1)=3.664\,8,\ \varphi(x'_1)=0.213\,1$。

比较函数值大小：因$\varphi(x'_1)\leqslant\varphi(x_1)$，由式(4.2.10)有：

$$a_1=a_0=0,\ b_1=x_1=1.854$$

因为$\dfrac{b_1-a_1}{b_0-a_0}=\dfrac{1.854}{3}=0.618>\delta$，故继续找试点，由式(4.2.11)有：

$$x_2=x'_1=1.146,\ \varphi(x_2)=0.213\,1$$

求新搜索区间$[a_1,\ b_1]$的黄金分割对称点，由式(4.2.12)有：

$$x'_2=a_1+0.382(b_1-a_1)=0.708$$

计算$\varphi(x'_2)=-0.061\,1$。

第2次迭代：

因为$\varphi(x'_2)<\varphi(x_2)$，由式(4.2.10)有：

$$a_2=a_1=0,\ b_2=x_2=1.146$$

计算精度：

$$\frac{b_2-a_2}{b_0-a_0}=\frac{1.146}{3}=0.382>0.15$$

故继续找试点，由式(4.2.11)有：

$$x_3 = x'_2 = 0.708, \ \varphi(x_3) = -0.0611$$

由式(4.2.12)有：

$$x'_3 = a_2 + 0.382(b_2 - a_2) = 0.438$$

计算：

$$\varphi(x'_3) = 0.208\,0$$

第 3 次迭代：

比较函数值：$\varphi(x'_3) > \varphi(x_3)$，由式(4.2.13)有：

$$a_3 = x'_3 = 0.438, \ b_3 = b_2 = 1.146$$

计算精度：

$$\frac{b_3 - a_3}{b_0 - a_0} = \frac{1.146 - 0.438}{3} = \frac{0.708}{3} = 0.236 > 0.15$$

故继续找试点，由式(4.2.14)有：

$$x'_4 = x_3 = 0.708, \ \varphi(x'_4) = \varphi(0.708) = -0.061\,1$$

由式(4.2.15)有：

$$x_4 = a_3 + 0.618(b_3 - a_3) = 0.876$$

计算：$\varphi(x_4) = \varphi(0.876) = -0.079\,8$。

第 4 次迭代：

比较函数值：$\varphi(x'_4) > \varphi(x_4)$，由式(4.2.13)有：

$$a_4 = x'_4 = 0.708, \ b_4 = b_3 = 1.146$$

计算精度：

$$\frac{b_4 - a_4}{b_0 - a_0} = \frac{1.146 - 0.708}{3} = \frac{0.438}{3} = 0.146 < 0.15$$

故满足精度要求，输出近似最优解为：

$$\lambda^* = \frac{1}{2}(b_4 + a_4) = 0.927$$

近似极小值为 $\varphi(\lambda^*) = -0.057\,4$。

由前面分析可知，用 0.618 法每迭代一次，搜索区间就缩短为初始区间长度的 0.618 倍。因此若做了 k 次迭代，则第 k 次迭代区间长为：

$$(b_k - a_k) = 0.618^k (b_0 - a_0)$$

此时共计算试点个数为 $(k+1)$ 个。

值得注意的是 0.618 法是一种近似黄金分割法，由式(4.2.3)可知，0.618 只是黄金分割比$\frac{\sqrt{5}-1}{2}$的一个近似值。现在已从理论上证明，当取黄金分割比$\frac{\sqrt{5}-1}{2} \approx 0.618$ 时，试点最大个数为 10，即不超过 10 个试点才有意义，即 0.618 法最多做 9 次迭代，或说 0.618 法的最小精度 $\delta_{\min}=\dfrac{b_9-a_9}{b_0-a_0}=0.618^9\approx 0.013$。

好在对大多数问题做 9 次（或 9 次以内）迭代都能满足原先给出的要求。如果一旦不满足要求，只能将黄金分割比的近似值取得比 0.618 更接近精确值的数。因为

$$\frac{\sqrt{5}-1}{2}=0.618\,033\,988\,7\cdots$$

如果此时取 0.618 033 9 作为近似值，则试点个数可增加到 15 个（即可做 14 次迭代）。

4.3 加步探索法

4.3.1 基本原理

0.618 法及其他一维搜索方法都要事先给定一个包含极小点的初始搜索区间，加步探索法能解决这个问题。加步探索法本身就是一种区间试探法，其主要思路是从一点出发，按一定的步长，试图确定出函数值呈现"高—低—高"的 3 点。首先从一个方向去找，若不成功就退回来，再沿相反方向寻找，若方向正确则加大步长进行探索，最终找到 x_1，x_2，x_3 这 3 点，直至满足

$$\begin{gathered}x_1<x_2<x_3\\ f(x_1)>f(x_2),f(x_2)<f(x_3)\end{gathered}\tag{4.3.1}$$

为止。

4.3.2 算法步骤

第 1 步：给定初始点 x_1，初始步长 $h_0>0$。

第 2 步：用加倍步长的外推法找出初始区间。

由初始点 x_1 向某个方向，比如 x 向增大方向走一步，步长为 h_0，得 $x_2=x_1+h_0$，计算 $f(x_1)$，$f(x_2)$，并比较函数值大小。

① 若 $f(x_2)<f(x_1)$，说明方向选对，则步长加倍，继续往前走，有 $x_3=x_2+2h_0$。若仍有 $f(x_3)<f(x_2)$，则将步长再加倍，有 $x_4=x_3+4h_0$…… 直到 x_k 点函数值刚刚变为增加为止。

这样就得到了 3 个点：

$$x_{k-2}<x_{k-1}<x_k$$

且其函数值为两头大、中间小，即呈现"高—低—高"的形式：

$$f(x_{k-2})>f(x_{k-1}),\ f(x_{k-1})<f(x_k)$$

故极小点必在区间 $[x_{k-2},\ x_k]$ 上，上述过程见图 4-4(a)。

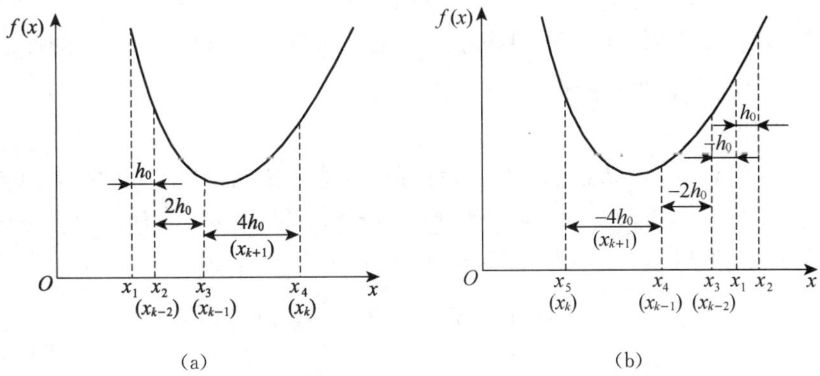

图 4-4　加步探索法示例

② 若 $f(x_2) > f(x_1)$，说明方向选错了，因此仍由 x_1 点出发向相反方向（x 减小方向）走一步，有 $x_3 = x_2 - h_0$。若此时有 $f(x_3) < f(x_2)$，说明方向对，仍需在此方向上加步迈出，取 $x_4 = x_3 - 2h_0$；若仍有 $f(x_4) < f(x_3)$，再加倍步长继续同方向迈出，继续往前走，直到函数值刚刚变为增加时为止，这样也可得到 3 个点：

$$x_k < x_{k-1} < x_{k-2}$$

且

$$f(x_k) > f(x_{k-1}),\ f(x_{k-1}) < f(x_{k-2})$$

函数值同样呈现"高 — 低 — 高"的形式：则极小点必落在区间 $[x_k,\ x_{k-2}]$ 上，上述过程见图 4-4(b)。

第 3 步：进一步缩小搜索区间。

在上述 3 个点 x_{k-2}，x_{k-1}，x_k 之间，步长是逐次加倍的，故有 $x_k - x_{k-1} = 2(x_{k-1} - x_{k-2})$。

若在 x_{k-1} 与 x_k 之间再插入 x_{k+1}，令：

$$x_{k+1} = \frac{1}{2}(x_{k-1} + x_k)$$

这样得到等间距的 4 个点：x_{k-2}，x_{k-1}，x_{k+1}，x_k。比较 $f(x_{k-2})$，$f(x_{k-1})$，$f(x_{k+1})$，$f(x_k)$，令其中函数值最小的点为 x_2，x_2 的左右邻点分别称作 x_1 与 x_3，则得到了比由步骤 2 中 ① 或 ② 得到的区间更小的搜索区间 $[x_1,\ x_3]$。这 3 个点有：

$$x_1 < x_2 < x_3$$

且其函数值呈现"高—低—高"的形式：

$$f(x_1) > f(x_2), f(x_2) < f(x_3)$$

4.3.3　计算举例

在加步探索法中，初始点 x_1 要尽量取接近函数 $f(x)$ 最优解的值——若能估计最优解大体位置的话。步长为 h_0，加步一般取两倍。

例 4.2 用加步探索法确定一维极小化问题 $\min\limits_{x\geqslant 0} f(x)=x^3-2x+1$ 的搜索区间，要求选取 $x_1=0$，$h_0=1$，步长的倍数 $\alpha=2$。

求解过程如下：

取 $x_1=0$，令 $x_2=x_1+h_0=0+1=1$，计算函数值并做比较：$f(x_1)=1$，$f(x_2)=0$。故有 $f(x_2)<f(x_1)$，方向对。故取步长 $h_1=\alpha\cdot h_0=2h_0=2$。即有 $x_3=x_2+2h_0=1+2=3$。计算函数值 $f(x_3)=f(3)=22$，即 $f(x_3)>f(x_2)$，即对 x_1，x_2，x_3 这 3 点，有：

$$x_1<x_2<x_3,\text{且有 } f(x_1)>f(x_2),\ f(x_2)<f(x_3)$$

在 x_2 与 x_3 之间再插入 x_4 点：

$$x_4=\frac{1}{2}(x_2+x_3)=\frac{1}{2}(1+3)=2$$

$f(x_4)=5$。比较 $f(x_1)$，$f(x_2)$，$f(x_4)$，$f(x_3)$ 可见，$f(x_2)=0$ 为最小值。故 $[x_1,\ x_4]$ 为初始搜索区间，极小点位于区间 $[0,\ 2]$ 之中。

4.4 牛顿法

4.4.1 牛顿法原理

牛顿法是一种函数逼近法。其基本思想是：在极小点附近用二阶泰勒多项式近似代替目标函数 $f(x)$，从而求出 $f(x)$ 极小点的估计值。

例如：$\min f(x)$，$x\in\mathbb{R}^1$。

现已有 $f(x)$ 极小点的第 k 级估计值 $x^{(k)}$，在 $x^{(k)}$ 点将 $f(x)$ 做二阶泰勒展开：

$$f(x)=f(x^{(k)})+f'(x^{(k)})(x-x^{(k)})+\frac{1}{2}f''(x^{(k)})(x-x^{(k)})^2+O(|x-x^{(k)}|^2) \tag{4.4.1}$$

式中，$O(|x-x^{(k)}|^2)$ 是比 $|x-x^{(k)}|^2$ 阶数高的无穷小量，若记式(4.4.1)的前 3 项为

$$\varphi(x)=f(x^{(k)})+f'(x^{(k)})(x-x^{(k)})+\frac{1}{2}f''(x^{(k)})(x-x^{(k)})^2 \tag{4.4.2}$$

则在 $x^{(k)}$ 附近可用 $\varphi(x)$ 来近似代替 $f(x)$：

$$\varphi(x)\approx f(x) \tag{4.4.3}$$

因为有：

$$\varphi(x^{(k)})\approx f(x^{(k)})$$
$$\varphi'(x^{(k)})\approx f'(x^{(k)})$$
$$\varphi''(x^{(k)})\approx f''(x^{(k)})$$

因此可以用 $\varphi(x)$ 的极小点来近似 $f(x)$ 的极小点(假定 $f(x)$ 的极小点在 $x^{(k)}$ 附

近)。故求 $\varphi(x)$ 的驻点 $x^{(k+1)}$，由式(4.4.2)：

$$\varphi'(x)=f'(x^{(k)})+f''(x^{(k)})(x-x^{(k)})$$

令 $\varphi'(x)=0$,得 $\varphi(x)$ 的驻点为：

$$x^{(k+1)}=x^{(k)}-\frac{f'(x^{(k)})}{f''(x^{(k)})} \tag{4.4.4}$$

以 $\varphi(x)$ 的驻点 $x^{(k+1)}$ 作为 $f(x)$ 在 $x^{(k)}$ 附近的极小点的第 $k+1$ 级估计值。

同理,如果在 $x^{(k+1)}$ 点将 $f(x)$ 做二阶泰勒展开。在 $x^{(k+1)}$ 点附近用二阶泰勒多项式 $\varphi_1(x)$ 的驻点作为 $f(x)$ 的极小点的第 $k+2$ 级估计值。因此式(4.4.4)可作为一个迭代公式,利用这个迭代公式可以得到一个点列 $\{x^{(k)}\}$。可以证明,这个点列 $\{x^{(k)}\}$ 在一定条件下收敛于 $f(x)$ 的极小点,且至少是二阶收敛的。

4.4.2 算法步骤

第 1 步:给定初始点 $x^{(1)}$,给出精度 $\varepsilon>0$,令 $k=0$。

第 2 步:计算 $f'(x^{(k)})$ 及 $f''(x^{(k)})$,若 $|f'(x^{(k)})|<\varepsilon$,则停止迭代,输出近似极小点 $x^{(k)}$，否则转第 3 步。

第 3 步:用式(4.4.4)计算 $x^{(k+1)}$,令 $k=k+1$ 返回第 2 步。

4.4.3 计算举例

例 4.3 用牛顿法求下述函数极小点:

$$\min f(x)=\int_0^x \arctan t\,\mathrm{d}t$$

给定初值 $x^{(1)}=1$，$\varepsilon=0.01$。

求解过程如下：

因 $f'(x)=\arctan x$，$f''(x)=\dfrac{1}{1+x^2}$。

取 $x^{(1)}=1$,计算：$f'(x^{(1)})=0.785\,4$，$\dfrac{1}{f''(x^{(1)})}=2$。

故有 $x^{(2)}=x^{(1)}-f'(x^{(1)})\dfrac{1}{f''(x^{(1)})}=-0.570\,8$。

同理有

$$\begin{aligned}x^{(3)}&=x^{(2)}-f'(x^{(2)})\frac{1}{f''(x^{(2)})}\\&=-0.570\,8-(-0.518\,7)\times 1.325\,8\\&=0.116\,9\end{aligned}$$

$$\begin{aligned}x^{(4)}&=x^{(3)}-f'(x^{(3)})\frac{1}{f''(x^{(3)})}\\&=0.116\,9-0.116\,4\times 1.013\,7=-0.001\,06\end{aligned}$$

而 $|f'(x^{(4)})|\approx 0.001\,0<0.01$,故迭代停止,输出近似极小解：$x^*\approx -0.001\,06$。本题精确解应是 $x^*=0$，因此牛顿法经过 3 次迭代已非常接近最优解。

要注意的是，牛顿法的初始点 $x^{(1)}$ 选择非常重要，要求 $x^{(1)}$ 充分接近 x^*，否则点列 $\{x^{(k)}\}$ 就有可能不收敛于极小点。为了保证牛顿法收敛到极小点，应要求当 k 足够大后，$f''(x^{(k)})>0$。

顺便提一下，牛顿法的思想可以直接推广到求多元函数 $f(\boldsymbol{x})=f(x_1, x_2, \cdots, x_n)$ 的无约束极值问题。只是式(4.4.4)中的 $f'(x^{(k)})$ 应为 $\nabla f(\boldsymbol{x}^{(k)})$，$f''(x^{(k)})$ 应为 $[\nabla^2 f(\boldsymbol{x}^{(k)})]^{-1}$。

4.5 抛物线法

4.5.1 抛物线法原理

如上所述，牛顿法是在 $x^{(k)}$ 附近用泰勒多项式近似代替目标函数 $f(x)$，而抛物线法的基本思想是在极小点附近，用二次三项式 $\varphi(x)$ 逼近目标函数 $f(x)$。若 $f(x)$ 有 $x_1<x_2<x_3$ 这 3 个点，且满足 $f(x_1)>f(x_2)$，$f(x_2)<f(x_3)$，则令二次三项式

$$\varphi(x)=ax^2+bx+c \tag{4.5.1}$$

且设

$$\begin{aligned}\varphi(x_1)&=ax_1^2+bx_1+c=f(x_1)\\ \varphi(x_2)&=ax_2^2+bx_2+c=f(x_2)\\ \varphi(x_3)&=ax_3^2+bx_3+c=f(x_3)\end{aligned} \tag{4.5.2}$$

由线性代数知识可知，当方程组(4.5.2)的系数行列式不为零时，可求得 a，b，c 的唯一解。这样就得到了用 $f(x)$ 上 3 个点 x_1，x_2，x_3 的函数值拟合的抛物线 $\varphi(x)$。

得到了抛物线方程 $\varphi(x)$ 后，用抛物线 $\varphi(x)$ 的极小点来近似 $f(x)$ 的极小点。先求 $\varphi(x)$ 的驻点，由式(4.5.1)得：

$$\varphi'(x)=2ax+b \tag{4.5.3a}$$

令 $\varphi'(x)=0$，得到 $\varphi(x)$ 的极小点 $\bar{x}$ 为：

$$\bar{x}=-\frac{b}{2a} \tag{4.5.3b}$$

下面推导用 x_1，x_2，x_3 及 $f(x_1)$，$f(x_2)$，$f(x_3)$ 来表达 $\bar{x}$ 的公式。

解方程组(4.5.2)，且消去 c，得到：

$$b=\frac{(x_2^2-x_3^2)f(x_1)+(x_3^2-x_1^2)f(x_2)+(x_1^2-x_2^2)f(x_3)}{(x_1-x_2)(x_2-x_3)(x_3-x_1)}$$

$$a=-\frac{(x_2-x_3)f(x_1)+(x_3-x_1)f(x_2)+(x_1-x_2)f(x_3)}{(x_1-x_2)(x_2-x_3)(x_3-x_1)}$$

故有：

$$\bar{x}=\frac{1}{2}\frac{(x_2^2-x_3^2)f(x_1)+(x_3^2-x_1^2)f(x_2)+(x_1^2-x_2^2)f(x_3)}{(x_2-x_3)f(x_1)+(x_3-x_1)f(x_2)+(x_1-x_2)f(x_3)}$$

用抛物线 $\varphi(x)$ 的极小点 $\bar{x}$ 来近似 $f(x)$ 的极小点 $x^{(k)}$，即记：

$$\begin{aligned}x^{(k)}&=\bar{x}\\&=\frac{1}{2}\frac{(x_2^2-x_3^2)f(x_1)+(x_3^2-x_1^2)f(x_2)+(x_1^2-x_2^2)f(x_3)}{(x_2-x_3)f(x_1)+(x_3-x_1)f(x_2)+(x_1-x_2)f(x_3)}\end{aligned}\tag{4.5.4}$$

求出 $x^{(k)}$ 后，从 x_1，x_2，x_3，$x^{(k)}$ 这 4 个点中选出 3 个点，选择原则是以目标函数值最小的点作为新的 x_2 点，其左右两个邻点分别作为新的 x_1 及 x_3 点。将新得的 x_1，x_2，x_3 点及其新的函数值 $f(x_1)$，$f(x_2)$，$f(x_3)$ 代入式(4.5.4)，可求出极小点新的估计值 $x^{(k+1)}$(将新的 x_1，x_2，x_3 及其函数值代入式(4.5.4)进行计算，其实质就是以这新 3 点作一个抛物线 $\varphi_1(x)$ 来逼近 $f(x)$)。继续做下去，可以得到一个点列 $\{x^{(k)}\}$，在一定条件下，这个点列可收敛于原问题 $f(x)$ 的极小点。

要注意的是，3 个初始点 x_1，x_2，x_3 的选择必须满足：

$$x_1<x_2<x_3$$

且

$$f(x_1)>f(x_2),f(x_2)<f(x_3)$$

即 x_1，x_2，x_3 这 3 点的函数值满足"高 — 低 — 高"的形式。这样才能保证二次三项式 $\varphi(x)$ 的二次项系数 $a>0$，且 $f(x)$ 及 $\varphi(x)$ 的极小点都在区间 $[x_1, x_3]$ 之内。而寻找初始的这 3 点，可以用 4.3 节的加步探索法。

4.5.2　算法步骤

第 1 步：给定初始点 x_1，利用加步探索法寻找初始搜索区间，寻找初始的 x_1，x_2，x_3 这 3 点满足 $x_1<x_2<x_3$ 且 $f(x_1)>f(x_2)$，$f(x_2)<f(x_3)$，得到初始搜索区间 $[x_1, x_3]$，给出精度 $\varepsilon>0$。

第 2 步：将 x_1，x_2，x_3 和 $f(x_1)$，$f(x_2)$，$f(x_3)$ 代入式(4.5.4)求得新的近似极小点 $x^{(k)}$ 及其函数值 $f(x^{(k)})$。

第 3 步：在 x_1，x_2，x_3，$x^{(k)}$ 这 4 点中，选择目标函数最小的点作为新的 x_2，其左右两邻点作为新的 x_1，x_3，并求得新的近似极小点 $x^{(k+1)}$ 及其函数值 $f(x^{(k+1)})$。

第 4 步：若 $|f(x^{(k+1)})-f(x^{(k)})|<\varepsilon$ 则停止，输出近似极小点 $x^{(k+1)}$，否则继续搜索。

4.5.3　计算举例

例 4.4　用抛物线法求 $f(x)=x^2-6x+2$ 的近似极小点。给定初始点 $x_1=1$，初始步长 $h_0=0.1$。

求解过程如下：

先用加步探索法寻找初始搜索区间。因 $x_1=1$，$f(x_1)=-3$。令 $x_2=x_1+h_0=1.1$，计算：$f(x_2)=1.1^2-6\times1.1+2=-3.39$。因 $f(x_2)<f(x_1)$，故方向选对，加倍步长：

令 $x_3=x_2+2h_0=1.1+2\times0.1=1.3$，计算 $f(x_3)$：

$$f(x_3)=1.3^2-6\times1.3+2=-4.11<f(x_2)$$

故再令 $x_4=x_3+4h_0=1.7$，计算 $f(x_4)=-5.31<f(x_3)$；

再令 $x_5=x_4+8h_0=2.5$，计算 $f(x_5)=-6.75<f(x_4)$；

再令 $x_6=x_5+16h_0=4.1$，计算 $f(x_6)=-5.79>f(x_5)$；

故有 $x_4<x_5<x_6$ 这 3 点，其函数值呈现“高—低—高”的形式。即：

$$f(x_4)>f(x_5),\ f(x_5)<f(x_6)$$

因此其极小点必落在区间 $[x_4,\ x_6]=[1.7,\ 4.1]$ 中。

可再进一步缩小初始搜索区间，在 x_5 与 x_6 之间再插入一点 x_7：

$$x_7=\frac{1}{2}(x_5+x_6)=3.3$$

计算 $f(x_7)=-6.91$，比较 $f(x_4)$，$f(x_5)$，$f(x_7)$，$f(x_6)$，可见 $f(x_7)$ 最小，取 x_7 作为新的 x_2，其左右两邻点 x_1，x_3。故有：

$$x_1=x_5=2.5$$
$$x_2=x_7=3.3$$
$$x_3=x_6=4.1$$

则有：

$$f(x_1)=-6.75$$
$$f(x_2)=-6.91$$
$$f(x_3)=-5.79$$

以下再用抛物线法计算，将上述数据代入式(4.5.4)，可求得新的近似极小点：

$$x^{(k)}=3,\ f(x^{(k)})=-7$$

在 x_1，$x^{(k)}$，x_2，x_3 这 4 点中，以 $f(x^{(k)})$ 为最小。故以 $x^{(k)}$ 作为新的 x_2，其左右两邻点 x_1，x_3。故有：

$$x_1=x_5=2.5$$
$$x_2=x^{(k)}=3.0$$
$$x_3=x_2=3.3$$

且有：

$$f(x_1)=-6.75$$
$$f(x_2)=-7$$
$$f(x_3)=-6.91$$

再代入式(4.5.4)，求下一轮的极小点估计值：

$$x^{(k+1)}=3,\ f(x^{(k+1)})=-7$$

因为两次迭代结果相同，所以认为已达到了极小点：$x^*=3$，$f(x^*)=-7$。

4.6　高压交直流通道功率优化分配

例 4.5　电力系统高压交直流通道功率优化分配案例。

纯交流电网主要通过合理配置系统无功补偿装置来降低网损，而对于交直流并联电网，则需要对直流输电通道的功率分配及交流、直流输电通道的最优功率分配进行优化来降低输电损耗。在总输电功率水平不变的情况下，随着直流通道输送功率水平的上升和相应的交流通道送电功率的下降，直流通道的输电网损呈上升趋势，交流通道网损趋于下降，系统整体网损下降；当直流通道功率水平提高到一定程度，交流通道因送电功率较轻出现局部潮流迂回情况时，交流通道网损下降趋势逐渐减弱，直流通道送电功率进一步提升将引起整个网络损耗的上升。由此可见，在直流通道送电功率水平逐步上升过程中，交直流系统损耗呈现“下降-最低-上升”的趋势，即系统输电损耗曲线是呈单谷的、向下凸的形状。因此，对于此类非线性、单变量、单峰函数类型的曲线，可通过一维搜索寻优方法求取最小值。

1. 问题描述

由于西电东送输电距离远、功率大，输电损耗不容忽视。2018 年南方西电东送通道的总损耗电量约 114 亿 kWh，基本相当于贵广直流工程一年的送电量水平，对电网的经济运行具有重要影响。在实际运行过程中，直流系统运行方式、送电量规模、送电曲线、电压运行水平、输电通道的功率分配等对输电损耗均有影响。南方西电东送通道包括多回直流和交流输电通道，不同输电通道的损耗特性有所不同，理论上存在综合输电损耗最小的最优功率分配方案。

针对电力系统中交直流通道功率优化分配问题，本节算例使用一维搜索法，以直流通道总送电功率为变量，构造了以西电东送通道网损最小为目标的非线性单变量目标函数，介绍了应用加步探索法和黄金分割法结合进行求解的方法，并验证了该方法的实用性和可操作性。

2. 优化模型

基于损耗最小化的交直流通道功率优化分配方法步骤如下：

第 1 步：直流输电通道的功率分配。

首先基于等网损微增率原则优化不同直流输电通道间的功率分配关系，确定各直流输电通道的最优功率占比。

对于含 N 条直流的直流输电通道，在总输电功率 P 给定的情况下，各回直流通道送电功率 $P_{\mathrm{DC}i}$ 最优分配的目标函数和约束条件可表示为：

$$
\begin{aligned}
&\min \sum_{i=1}^{N} Loss_{\mathrm{DC}i} \\
&\text{s.t.} \\
&\begin{cases} \sum_{i=1}^{N} P_{\mathrm{DC}i} - P = 0 \\ P_{\mathrm{DC}i\min} \leqslant P_{\mathrm{DC}i} \leqslant P_{\mathrm{DC}i\max} \end{cases}
\end{aligned}
\tag{4.6.1}
$$

式中，$Loss_{DCi}$ 为第 i 回直流工程的输电损耗。

按照双极运行考虑，$Loss_{DCi}$ 表达式为：

$$Loss_{DCi} = \frac{R_{DCi}P_{DCi}^2}{2U_{DCi}^2} + kP_{DCi} \tag{4.6.2}$$

式中，R_{DCi}、U_{DCi} 分别为第 i 回直流工程的直流线路单极电阻和电压幅值；k 为换流站功率损耗系数。

针对上述目标函数和约束条件，引入拉格朗日函数：

$$C^* = \sum_{i=1}^{N} Loss_{DCi} - \lambda\left(\sum_{i=1}^{N} P_{DCi} - P\right) \tag{4.6.3}$$

式中，λ为拉格朗日乘子(或称为拉格朗日乘数)。

拉格朗日函数的变量包括 P_{DCi} 和λ，则其取最小值时应满足的条件为：

$$\begin{cases} \dfrac{\partial C^*}{\partial P_{DCi}} = 0 \quad i = 1,\ 2,\ \cdots,\ N \\ \dfrac{\partial C^*}{\partial \lambda} = 0 \end{cases} \tag{4.6.4}$$

式(4.6.4)可改写为：

$$\frac{\partial Loss_{DC1}}{\partial P_{DC1}} = \frac{\partial Loss_{DC2}}{\partial P_{DC2}} = \cdots = \frac{\partial Loss_{DCN}}{\partial P_{DCN}} = \lambda \tag{4.6.5}$$

式中，$\dfrac{\partial Loss_{DCi}}{\partial P_{DCi}}$ 为第 i 条直流输电通道的网损微增率。

由式(4.6.5)可见，当各回直流输电通道的网损微增率均相等时，整个直流通道的损耗最小。

由式(4.6.2)可推得第 i 条直流输电通道的网损微增率表示式为：

$$\frac{\partial Loss_{DCi}}{\partial P_{DCi}} = \frac{R_{DCi}}{U_{DCi}^2}P_{DCi} + k \tag{4.6.6}$$

结合式(4.6.5)和式(4.6.6)可见，当各回直流通道的输送功率水平在整个直流通道功率占比与自身的 $\dfrac{R_{DCi}}{U_{DCi}^2}$ 系数成反比时，整个直流通道的损耗最低。

按照上述数学模型，对2019年云南电网送出各直流工程输送功率的最优占比关系进行测算，各回直流工程以楚穗直流和普侨直流工程送电功率的占比最大，约24%和23%，金中直流工程送电功率占比最小，约11%。因此，在云南电网送出直流通道总送电功率给定的情况下，各回直流通道的送电功率按上述比例分配时直流输电通道的总损耗最低。

第2步：交流、直流输电通道的最优功率分配。

基于各直流通道功率最优分配占比，建立分步寻优策略，首先基于加步探索法确定直流功率搜索区间，然后通过黄金分割法确定交流、直流通道最优功率分配。

对于西电东送交流通道和直流通道的功率分配问题，具体搜索过程如下。

(1) 加步探索法确定直流功率搜索区间

① 试探搜索:假设西电东送通道总输电功率为 P,其中直流、交流通道初始送电功率分别为 P_{DC1} 和 $P-P_{DC1}$,对应的输电通道网损为 ϕ_1。在给定直流通道输电功率初始值的基础上,考虑直流通道功率增加步长 h,即 $P_{DC2}=P_{DC1}+h$,交流通道功率相应减少 h,通过潮流计算得到西电东送通道损耗 ϕ_2。若 $\phi_2<\phi_1$,进入第 ② 步前进搜索;若 $\phi_2>\phi_1$,则进入第 ③ 步后退搜索。

② 前进搜索:加大步长为 $2h$,直流通道、交流通道功率分别为 $P_{DC3进}=P_{DC2}+2h$ 和 $P-P_{DC3进}$,计算相应潮流分布的输电网损 $\phi_{3进}$。若 $\phi_{3进}\geqslant\phi_2$,则在直流功率$[P_{DC1},P_{DC3进}]$内必有最小值点;若 $\phi_{3进}<\phi_2$,则直流功率进一步增加步长为 $2h$,重复上述步骤,直到对应直流功率 $P_{DCi进}$ 的网损 $\phi_{i进}\geqslant\phi_{i-1进}$,可得到最小值所在的区间$[P_{DCi-2进},P_{DCi进}]$。

③ 后退搜索:考虑直流通道功率下降 h,为 $P_{DC3退}=P_{DC1}-h$,计算相应潮流分布的网损 $\phi_{3退}$。若 $\phi_{3退}>\phi_1$,则在直流功率$[P_{DC3退},P_{DC1}]$内必有最小值点;否则,继续按步长 $2h$ 减少直流功率,重复上述步骤,直至对应直流功率 $P_{DCi退}$ 的网损 $\phi_{i退}>\phi_{i-1退}$,可得到最小值所在的区间$[P_{DCi退},P_{DCi-2退}]$。

(2) 黄金分割法确定交流和直流通道最优功率分配

在通过进退法确定直流功率搜索区间$[P_a,P_b]$的基础上,采取黄金分割法确定损耗最小时交流和直流功率的搜索步骤如下。

① 取左试点直流功率 $P_{DC1}=P_b-0.618(P_b-P_a)$,相应交流通道输电功率水平为 $P-P_{DC1}$,求取该功率分布下的网损 ϕ_1。

② 取右试点直流功率 $P_{DC2}=P_a+0.618(P_b-P_a)$,相应交流通道输电功率水平为 $P-P_{DC2}$,求取该功率分布下的网损 ϕ_2。

③ 比较 ϕ_1 与 ϕ_2 大小。若 $\phi_1\leqslant\phi_2$,则最优值所在区间缩减为$[P_a,P_{DC2}]$,如图 4-5(a)所示。则取 $P_b=P_{DC2}$,$P_{DC2}=P_{DC1}$,$\phi_2=\phi_1$,判断迭代终止条件,若满足,停止迭代,否则返回步骤 ① 求取 P_{DC1};若 $\phi_1>\phi_2$,最优值所在区间缩减为$[P_{DC1},P_b]$,如图 4-5(b)所示。则取 $P_a=P_{DC1}$,$P_{DC1}=P_{DC2}$,$\phi_1=\phi_2$,判断迭代终止条件,若满足,停止迭代,否则返回第 ② 步求取 P_{DC2};

④ 迭代终止条件。当缩短后的区间$[P_a,P_b]$小于事先规定的精度值 ε 时,终止迭代,并以缩短后区间的中点作为最优值,即 $P_{DC优}=(P_a+P_b)/2$,则相应的交流通道送电功率水平为 $P-P_{DC优}$。

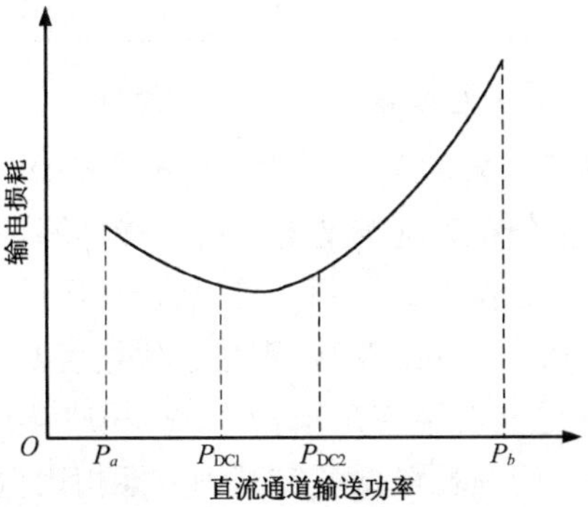

(a) $\phi_1\leqslant\phi_2$,最优值所在区间缩减为$[P_a,P_{DC2}]$

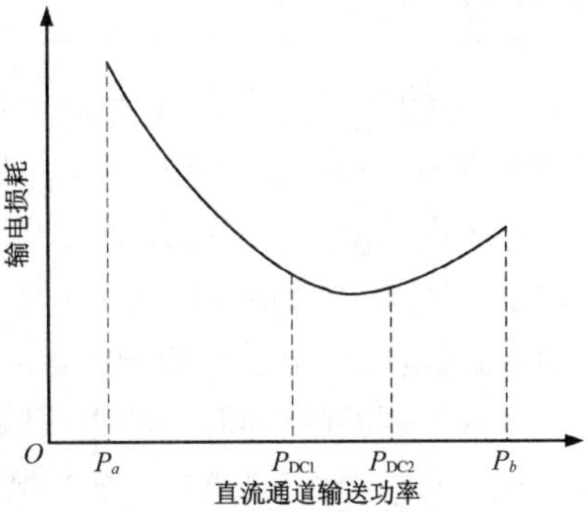

(b) $\phi_1>\phi_2$,最优值所在区间缩减为$[P_{DC1},P_b]$

图 4-5　黄金分割法缩短直流功率搜索区间示意图

3. 模型求解

基于南方电网2019年度大调度运行方式数据，云南电网交流通道送出约3 460 MW，直流通道总送电规模16 400 MW，按照直流输电道路的功率分配方法，其中楚穗、普侨、牛从、新东、金中直流送电功率的占比分别为24.4%、18.3%、24.4%、18.3%和14.6%左右，云南电网送出直流通道总输电能力24 600 MW。通过电力系统分析计算软件（BPA），该基础方案下西电东送通道损耗约1 262 MW。

（1）加步探索法确定直流通道输电功率搜索区间

由于云南电网送出直流通道总输电能力有较大裕度，因此设置直流功率增加初始步长为500 MW，即$h_0=500$。用加倍步长的外推法来增加直流通道输电功率，则交流通道功率相应减少，进行潮流和网损分析。直流输电通道给定功率下，各回直流工程的送电功率占比按最优分配比例进行分配。基于加步探索对直流通道输电功率的搜索区间结果见表4-1。需注意，考虑交流通道送电过轻可能引起功率反转的因素，前进探索2方案中直流通道功率增加的步长重新调整为500 MW。

由搜索结果可见，输电通道损耗在前进探索2方案下损耗变化的符号发生了改变，使输电通道损耗值呈现“高—低—高”的形式，故在云南电网直流送出功率区间[16 400，18 400]内，必定出现整个西电东送通道输电损耗极小点。

表4-1　加步探索法确定直流通道输电功率搜索区间结果

项目		基础方案（初值）	试探搜索	前进探索1	前进探索2
云南电网直流送出/MW	楚穗	4 000	4 038	4 277	4 396
	普侨	3 000	3 839	4 066	4 180
	牛从	4 000	3 467	3 672	3 775
	新东	3 000	3 729	3 950	4 060
	金中	2 400	1 827	1 935	1 989
云南电网交流送出/MW		3 460	2 960	1 960	1 460
输电通道损耗/MW		1 262	1 232	1 216	1 228
损耗变化/MW		0	−30	−16	12

（2）黄金分割法搜索交流和直流输电通道最优功率分配

考虑各直流工程送电功率按最优比例进行分配，采取黄金分割法对整个云南电网送出直流通道送电功率在[16 400，18 400]内的潮流分布和网损情况进行寻优计算，考虑精度值ε取200 MW，则通道最优功率分配搜索结果如表4-2所列。可以看出，经过4次迭代计算后，直流输电通道送电功率搜索区间长度减少至112 MW，满足迭代精度要求。

最终取搜索区间的中间值，即直流输电通道送电功率在17 872 MW、相应交流通道送电功率在1 988 MW左右时，整个西电东送通道的损耗最低。与基础方案相比，基于一维搜索的优化方案通过对各输电通道送电功率的优化分配，使得整个西电东送通道的损耗降低约50 MW，效益可观。

表 4-2　黄金分割法确定直流和交流通道最优功率分配结果

项目	迭代次数				
	1	2	3	4	5
搜索区间下限/MW	16 400	17 164	17 164	17 636	17 816
搜索区间上限/MW	18 400	18 400	17 928	17 928	17 928
搜索区间长度/MW	2 000	1 236	764	292	112
左试点/MW	17 164	17 636	17 456	17 748	
右试点/MW	17 636	17 928	17 636	17 816	
左试点损耗值/MW	1 231.2	1 213.1	1 211.8	1 212.8	
右试点损耗值/MW	1 213.1	1 216.9	1 213.1	1 213.1	

综上，本算例采取加步探索法确定直流输电通道功率的搜索区间，之后采取黄金分割法逐步缩小搜索区间，直至获得最优解。所提出的方法可通过较少的寻优次数确定最优的交直流输电通道功率分配方案。算例分析表明，所提出的输电通道功率优化策略可为电网运行方式安排和经济运行提供重要参考。

第五章 非线性规划在电力系统中的应用

非线性规划是运筹学的一个重要分支，是 20 世纪 50 年代才开始形成的一门新兴学科。1951 年 H. W. 库恩和 A. W. 塔克发表的关于最优性条件(后来称为库恩-塔克(Kuhn-Tucker, KT)条件)的论文是非线性规划正式诞生的一个重要标志。在 50 年代还得出了可分离规划和二次规划的 n 种解法，它们大都是以 G. B. 丹齐克提出的解线性规划的单纯形法为基础的。50 年代末到 60 年代末出现了许多解非线性规划问题的有效算法，70 年代又得到进一步的发展。非线性规划在工程、管理、能源电力、经济、科研、军事等方面都有广泛的应用，为最优设计提供了有力的工具。

求解非线性规划问题比求解线性规划问题要困难得多，也不像线性规划那样有统一的数学模型及如单纯形法这一通用解法。

非线性规划的各种算法大都有自己特定的适用范围，具有一定的局限性。到目前为止还没有适合于各种非线性规划问题的一般解法。

非线性规划在电力系统中的应用是非常广泛的，例如最优潮流问题，就是当系统的结构参数及负荷情况给定时，通过对某些控制变量的优选，并在满足所有约束条件下，使得描述系统运行效益的某个给定目标函数取极值时的潮流分布。本章将详细讲解一些非线性规划方法及其在电力系统中的应用。

5.1 非线性规划的初步认识

5.1.1 非线性规划的数学问题

1. 非线性规划问题举例

例 5.1 选址问题。

设有 n 个市场，第 j 个市场位置为 (p_j, q_j)，它对某种货物的需要量为 $b_j (j=1, 2, \cdots, n)$。现计划建立 m 个仓库，第 i 个仓库的存储容量为 $a_i (i=1, 2, \cdots, m)$。试确定仓库的位置，使各仓库对市场的运输量与路程乘积之和为最小。

求解过程如下：

设第 i 个仓库的位置为 $(x_i, y_i) (i=1, 2, \cdots, m)$，第 i 个仓库到第 j 个市场的货物供应量为 $z_{ij} (i=1, 2, \cdots, m; j=1, 2, \cdots, n)$，则第 i 个仓库到第 j 个市场的距离为：

$$d_{ij}=\sqrt{(x_i-p_j)^2+(y_i-q_j)^2}$$

目标函数为：

$$\sum_{i=1}^{m}\sum_{j=1}^{n} z_{ij} d_{ij} = \sum_{i=1}^{m}\sum_{j=1}^{n} z_{ij}\sqrt{(x_i - p_j)^2 + (y_i - q_j)^2}$$

约束条件包括：

① 每个仓库向各市场提供的货物量之和不能超过它的存储容量。

② 每个市场从各仓库得到的货物量之和应等于它的需要量。

③ 运输量不能为负数。

因此，该问题的数学模型为：

$$\min \sum_{i=1}^{m}\sum_{j=1}^{n} z_{ij}\sqrt{(x_i - p_j)^2 + (y_i - q_j)^2}$$

$$\text{s.t.}\quad \begin{cases} \sum_{j=1}^{n} z_{ij} \leqslant a_i, \quad i = 1, 2, \cdots, m \\ \sum_{i=1}^{m} z_{ij} = b_j, \quad j = 1, 2, \cdots, n \\ z_{ij} \geqslant 0, \quad i = 1, 2, \cdots, m;\ j = 1, 2, \cdots, n \end{cases} \tag{5.1.1}$$

例 5.2　构件的表面积问题。

一个半球形与圆柱形相接的构件，要求在构件体积一定的条件下，确定构件的尺寸使其表面积最小。

求解过程如下：

设该圆柱形底半径为 x_1，高为 x_2，则其表面积 S 为：

$$S = 2\pi x_1^2 + 2\pi x_1 x_2 + \pi x_1^2 = 3\pi x_1^2 + 2\pi x_1 x_2$$

设其体积为 V_0，有：

$$V_0 = \frac{2}{3}\pi x_1^3 + \pi x_1^2 x_2$$

故其数学模型为：

$$\min S = 2\pi x_1^2 + 2\pi x_1 x_2 + \pi x_1^2 = 3\pi x_1^2 + 2\pi x_1 x_2$$

$$\text{s.t.}\quad \begin{cases} \frac{2}{3}\pi x_1^3 + \pi x_1^2 x_2 = V_0 \\ x_1 \geqslant 0,\ x_2 \geqslant 0 \end{cases} \tag{5.1.2}$$

例 5.3　电厂投资分配问题。

水电部门打算将一笔资金分配去建设 n 个水电厂，各库容量为 $k_i (i = 1, 2, \cdots, n)$，各电厂水库径流输入量分布为 $F_i(Q)$，发电量随库容与径流量而变化，以 $E_i(k_i, Q)$ 表示。计划部门构造一个模型，即在一定条件下，使总发电量年平均值最大，用数学语言来说，即使其期望值最大。对每个电厂 i，其年发电量的期望值为 $\int E_i(k_i, Q)\mathrm{d}F_i(Q)$。设 V 为总投资额，V_i 为各水电厂的投资，都是 k_i 的非线性函数，构造非线性规划模型如下：

$$\begin{aligned}&\max \sum_{i=1}^{n}\int E_i(k_i, Q)\mathrm{d}F_i(Q)\\&\text{s.t.}\\&\begin{cases}V_1(k_1)+V_2(k_2)+\cdots+V_n(k_n)=V\\V_1(k_1), V_2(k_2), \cdots, V_n(k_n)\geqslant 0\end{cases}\end{aligned}\tag{5.1.3}$$

数学模型式(5.1.1)、式(5.1.2)、式(5.1.3)中都含有决策变量的非线性函数，因此都属于非线性规划问题。

综上，非线性规划是研究一个 N 元实函数在一组等式或(和)不等式的约束条件下的极值问题，且目标函数和约束条件至少有一个是未知量的非线性函数。

2. 非线性规划问题的一般数学模型

一般非线性规划的数学模型可表示为：

$$\begin{aligned}&\min f(\boldsymbol{x})\\&\text{s.t.}\\&\begin{cases}g_i(\boldsymbol{x})\geqslant 0, & i=1, 2, \cdots, m\\h_j(\boldsymbol{x})=0, & j=1, 2, \cdots, l\end{cases}\end{aligned}\tag{5.1.4}$$

式中 $\boldsymbol{x}=[x_1, x_2, \cdots, x_n]^{\mathrm{T}}\in\mathbb{R}^n$ 是 n 维列向量；f, $g_i(i=1, 2, \cdots, m)$, $h_j(j=1, 2, \cdots, l)$ 都是 $\mathbb{R}^n\rightarrow\mathbb{R}$ 的映射(即自变量是 n 维向量，因变量是实数的函数关系)。

与线性规划类似，把满足约束条件的解称为可行解。若记：

$$\xi=\{\boldsymbol{x}\mid g_i(\boldsymbol{x})\geqslant 0, i=1, 2, \cdots, m,\quad h_j(\boldsymbol{x})=0, j=1, 2, \cdots, l\}\tag{5.1.5}$$

则称 ξ 为可行域。因此数学模型式(5.1.4)有时可简记为：

$$\min_{x\in\xi} f(\boldsymbol{x})\tag{5.1.6}$$

当一个非线性规划问题的自变量没有任何约束，或说可行域即是整个 n 维向量空间：$\xi=\mathbb{R}^n$，则称这样的非线性规划问题为无约束问题：

$$\min f(\boldsymbol{x})\quad\text{或}\quad\min_{x\in\mathbb{R}^n} f(\boldsymbol{x})\tag{5.1.7}$$

有约束问题式(5.1.6)与无约束问题式(5.1.7)是非线性规划的两大类问题，但是它们在处理方法上有明显的不同。

非线性规划式(5.1.4)中引入不等式约束这一点，从数学上讲是一个进步。因为在微积分中也讨论过极值问题，那时主要是无约束极值问题。即使有约束，也是等式约束，利用拉格朗日乘子法，将等式约束极值问题化为无约束极值问题来求解。这种极值问题统称为经典极值问题。而在极值问题中引入不等式约束，标志现代数学规划理论的开始。不等式约束的引入使极值问题的处理更复杂，但也使部分经典极值处理不了的问题得到解决，从而扩大了极值问题的应用范围。

对于不等式约束 $g_i(\boldsymbol{x})\geqslant 0$，也可写成 $-g_i(\boldsymbol{x})\leqslant 0$。因为令 $g_i(\boldsymbol{x})=-g_i'(\boldsymbol{x})$，则 $g_i(\boldsymbol{x})\geqslant 0$ 与是 $-g_i(\boldsymbol{x})=g_i'(\boldsymbol{x})\leqslant 0$ 等价的。因此有的书上将非线性规划的数学模型表示为：

$$\begin{aligned}&\min f(\boldsymbol{x})\\&\text{s.t.}\\&\begin{cases}g_i(\boldsymbol{x})\leqslant 0, & i=1,\ 2,\ \cdots,\ m\\ h_j(\boldsymbol{x})=0, & j=1,\ 2,\ \cdots,\ l\end{cases}\end{aligned}\tag{5.1.8}$$

因为 $h_j(\boldsymbol{x})=0$，等价于 $\begin{cases}h_j(\boldsymbol{x})\geqslant 0\\ -h_j(\boldsymbol{x})\geqslant 0\end{cases}$ $(j=1,\ 2,\ \cdots,\ l)$。因此也可将等式约束含在不等式约束之中。

这里我们主要用式(5.1.4)及式(5.1.6)的形式作为非线性规划的数学模型。

我们知道，几何直观，常常对理解与分析问题有一定的帮助。与线性规划类似，二维非线性规划问题也可做出直观的几何解释，并且可把这种解释通过思维上的抽象推广到 N 维问题中去。这对于理解有关的理论与方法是有益的。

3. 局部最优解与全局最优解

如前所述，若线性规划问题有最优解，则其最优解必可在可行域的极点上达到。若只有唯一最优解，则必在极点上达到。但非线性规划的最优解却可能在可行域的任何一点。此外，线性规划的最优解一定是全局最优解；而非线性规划有全局最优解和局部最优解之分，一般的非线性规划算法往往求出的是局部最优解。

因为局部最优解与全局最优解对非线性规划来说是一个基本概念，现定义如下。

定义 5.1.1　若 $\boldsymbol{x}^*\in\xi$，且满足 $\min\limits_{\boldsymbol{x}\in\xi}f(\boldsymbol{x})=f(\boldsymbol{x}^*)$，即对 $\forall\boldsymbol{x}\in\xi$ 都有 $f(\boldsymbol{x}^*)\leqslant f(\boldsymbol{x})$，则称 x^* 为非线性规划式(5.1.4)的全局(整体)最优解。

定义 5.1.2　若 $\boldsymbol{x}^*\in\xi$，且存在一个 $\delta>0$，对于 $\forall\boldsymbol{x}\in N(\boldsymbol{x}^*,\ \delta)\cap\xi$，使得 $\min\limits_{\boldsymbol{x}\in N(\boldsymbol{x}^*,\ \delta)\cap\xi}f(\boldsymbol{x})=f(\boldsymbol{x}^*)$ 成立。即 $\forall\boldsymbol{x}\in N(\boldsymbol{x}^*,\ \delta)\cap\xi$，都有 $f(\boldsymbol{x}^*)\leqslant f(\boldsymbol{x})$，则称 $\boldsymbol{x}^*$ 为非线性规划式(5.1.4)的一个局部最优解。

将定义 5.1.1 及定义 5.1.2 中的不等式 $f(\boldsymbol{x}^*)\leqslant f(\boldsymbol{x})$，改为严格不等式，$f(\boldsymbol{x}^*)<f(\boldsymbol{x})$，$(\boldsymbol{x}\neq\boldsymbol{x}^*)$，则可得到相应的严格全局最优解与严格局部最优解的定义。

值得注意的是，当可行域 ξ 为有界闭集，且 $f(\boldsymbol{x})$ 连续时，它在 ξ 内有最小值，此时最小值往往(但不总是)位于 ξ 的边界上。

4. 凸函数与凸规划

设 S 为 $\mathbb{R}^n$ 中的非空凸集，f 是定义在 S 上的实函数。如果对任意的 $\boldsymbol{x}^{(1)}$，$\boldsymbol{x}^{(2)}\in S$ 及每个数 $\lambda\in(0,\ 1)$，都有：

$$f[\lambda\boldsymbol{x}^{(1)}+(1-\lambda)\boldsymbol{x}^{(2)}]\leqslant\lambda f(\boldsymbol{x}^{(1)})+(1-\lambda)f(\boldsymbol{x}^{(2)})$$

则称 f 为 S 上的凸函数。

如果对任意不相同的 $\boldsymbol{x}^{(1)}$，$\boldsymbol{x}^{(2)}\in S$，及每一个数 $\lambda\in(0,\ 1)$，都有：

$$f(\lambda\boldsymbol{x}^{(1)}+(1-\lambda)\boldsymbol{x}^{(2)})<\lambda f(\boldsymbol{x}^{(1)})+(1-\lambda)f(\boldsymbol{x}^{(2)})$$

则称 f 为 S 上的严格凸函数。

若 $-f$ 为 S 上的凸函数，则称 f 为 S 上的凹函数。

我们考虑下列极小化问题：

$$\begin{aligned}&\min f(\boldsymbol{x})\\&\text{s.t.}\\&\begin{cases}g_i(\boldsymbol{x})\leqslant 0, & i=1,2,\cdots,m\\ h_j(\boldsymbol{x})=0, & j=1,2,\cdots,l\end{cases}\end{aligned}\tag{5.1.9}$$

记 $X=\{\boldsymbol{x}\in\mathbb{R}^n \mid g_i(\boldsymbol{x})\leqslant 0,\ i=1,2,\cdots,m;h_j(\boldsymbol{x})=0,\ j=1,2,\cdots,l\}$，若 X 是凸集，f 为 S 上的凸函数，则称为非线性凸规划，简称凸规划。

5.1.2 无约束问题的最优性条件

所谓非线性规划的最优性条件，是指非线性规划模型的最优解要满足的必要条件或充分条件。为了使读者能较好地掌握，在阐述最优性条件前，先回顾一下多元函数的一阶导数（梯度）、二阶导数（黑森矩阵，Hessian 矩阵）、泰勒公式及多元函数的极值等概念。

1. 多元函数的导数与极值

（1）多元函数的一阶导数——梯度

对于多元函数 $u=f(\boldsymbol{x})$，$\boldsymbol{x}=[x_1, x_2, \cdots, x_n]^{\mathrm{T}}\in S\subseteq\mathbb{R}^n$，有如下的定义。

定义 5.1.3 设 $u=f(\boldsymbol{x})$，$\boldsymbol{x}\in S\subseteq\mathbb{R}^n$，若在点 $\boldsymbol{x}_0=[x_1^{(0)}, x_2^{(0)}, \cdots, x_n^{(0)}]^{\mathrm{T}}$ 处对自变量 $\boldsymbol{x}=[x_1, x_2, \cdots, x_n]^{\mathrm{T}}$ 的各分量的偏导数 $\dfrac{\partial f(\boldsymbol{x}_0)}{\partial x_i}(i=1, 2, \cdots, n)$ 都存在，则称函数 $u=f(\boldsymbol{x})$ 在点 $\boldsymbol{x}_0$ 处一阶可导，并称向量 $\nabla f(\boldsymbol{x}_0)=\left[\dfrac{\partial f(\boldsymbol{x}_0)}{\partial x_1}, \dfrac{\partial f(\boldsymbol{x}_0)}{\partial x_2}, \cdots, \dfrac{\partial f(\boldsymbol{x}_0)}{\partial x_n}\right]^{\mathrm{T}}$ 是 $u=f(\boldsymbol{x})$ 在点 $\boldsymbol{x}_0$ 处的梯度或一阶导数。

上述定义中 $\boldsymbol{x}\in S\subseteq\mathbb{R}^n$，指的是 $\boldsymbol{x}\in S$，而 S 是 n 维欧式空间中的一个子集。

下面的定理给出了微分和梯度之间的关系。

定理 5.1.1 设 $u=f(\boldsymbol{x})$，$\boldsymbol{x}\in S\subseteq\mathbb{R}^n$，若 f 在点 $\boldsymbol{x}_0$ 处可微，则 f 在点 $\boldsymbol{x}_0$ 处的梯度存在，并且有

$$\mathrm{d}f(\boldsymbol{x}_0)=\nabla f(\boldsymbol{x}_0)^{\mathrm{T}}\Delta\boldsymbol{x}$$

此处 $\Delta\boldsymbol{x}$ 为 $\boldsymbol{x}_0$ 处的增量，$\Delta\boldsymbol{x}\in\mathbb{R}^n$，$\Delta\boldsymbol{x}=[x_1-x_1^{(0)}, x_2-x_2^{(0)}, \cdots, x_n-x_n^{(0)}]^{\mathrm{T}}$。

若 $u=f(\boldsymbol{x})$ 是二元函数，则 f 在点 $\boldsymbol{x}_0$ 处的梯度的几何意义是：$\nabla f(\boldsymbol{x}_0)$ 是过点 $\boldsymbol{x}_0$ 的 $f(\boldsymbol{x})$ 等值线在点 $\boldsymbol{x}_0$ 处的法向量。

若 $u=f(\boldsymbol{x})$ 是三元函数，即 $\boldsymbol{x}\in S\subseteq\mathbb{R}^3$，则 f 在点 $\boldsymbol{x}_0$ 处的梯度的几何意义是：$\nabla f(\boldsymbol{x}_0)$ 表示过点 $\boldsymbol{x}_0$ 的 $f(\boldsymbol{x})$ 等值面的法向量，它与过点在该等值面上任何一条曲线 L 上的切线相垂直。函数在点 $\boldsymbol{x}_0$ 处的梯度正方向，即函数在该点增加最快的方向。

在非线性规划中常用到的一个函数：$f(\boldsymbol{x})=\frac{1}{2}\boldsymbol{x}^{\mathrm{T}}\boldsymbol{A}\boldsymbol{x}+\boldsymbol{b}^{\mathrm{T}}\boldsymbol{x}+C$。其中 $\boldsymbol{A}^{\mathrm{T}}=\boldsymbol{A}$，$C$ 为常数，则其梯度向量为：$\nabla f(\boldsymbol{x})=\boldsymbol{A}\boldsymbol{x}+\boldsymbol{b}$。

(2) 多元函数的二阶导数

定义 5.1.4 设 $u=f(\boldsymbol{x})$，$\boldsymbol{x}\in S\subseteq\mathbb{R}^n$，若 f 在点 $\boldsymbol{x}_0\in S$ 处对于自变量 $\boldsymbol{x}\in S$ 的各分量的二阶偏导数 $\frac{\partial^2 f(\boldsymbol{x}_0)}{\partial x_i\partial x_j}(i,\ j=1,\ 2,\ \cdots,\ n)$ 都存在，则称函数 $f(\boldsymbol{x})$ 在点 $\boldsymbol{x}_0$ 处二阶可导，且称矩阵

$$\nabla^2 f(\boldsymbol{x})=\begin{bmatrix}\frac{\partial^2 f(\boldsymbol{x}_0)}{\partial x_1^2} & \frac{\partial^2 f(\boldsymbol{x}_0)}{\partial x_1\partial x_2} & \cdots & \frac{\partial^2 f(\boldsymbol{x}_0)}{\partial x_1\partial x_n}\\ \frac{\partial^2 f(\boldsymbol{x}_0)}{\partial x_2\partial x_1} & \frac{\partial^2 f(\boldsymbol{x}_0)}{\partial x_2^2} & \cdots & \frac{\partial^2 f(\boldsymbol{x}_0)}{\partial x_2\partial x_n}\\ \vdots & \vdots & & \vdots\\ \frac{\partial^2 f(\boldsymbol{x}_0)}{\partial x_n\partial x_1} & \frac{\partial^2 f(\boldsymbol{x}_0)}{\partial x_n\partial x_2} & \cdots & \frac{\partial^2 f(\boldsymbol{x}_0)}{\partial x_n^2}\end{bmatrix}$$

为 $f(\boldsymbol{x})$ 在点 $\boldsymbol{x}_0$ 处的二阶导数或黑森矩阵。

当 $f(\boldsymbol{x})$ 在点 $\boldsymbol{x}_0$ 处的所有二阶偏导数连续时，有：

$$\frac{\partial^2 f(\boldsymbol{x}_0)}{\partial x_i\partial x_j}=\frac{\partial^2 f(\boldsymbol{x}_0)}{\partial x_j\partial x_i}(i,\ j=1,\ 2,\ \cdots,\ n)$$

故黑森矩阵 $\nabla^2 f(\boldsymbol{x}_0)$ 是一个对称矩阵。黑森矩阵有时候记作 $\boldsymbol{H}(\boldsymbol{x})$($\nabla^2 f(\boldsymbol{x})$ 是梯度函数 $\nabla f(\boldsymbol{x})$ 的一阶导数)。

(3) 多元函数的泰勒展开

与一元函数的泰勒公式类似，多元函数也有两种泰勒展开。

若 $u=f(\boldsymbol{x})$，$\boldsymbol{x}\in S\subseteq\mathbb{R}^n$，$f(\boldsymbol{x})$ 在点 $\boldsymbol{x}_0$ 的某个邻域具有二阶连续偏导数，则 $f(\boldsymbol{x})$ 在点 $\boldsymbol{x}_0$ 处有一阶泰勒公式：

$$f(\boldsymbol{x}_0+\Delta\boldsymbol{x})=f(\boldsymbol{x}_0)+\nabla f(\boldsymbol{x}_0)^{\mathrm{T}}\Delta\boldsymbol{x}+\frac{1}{2}\Delta\boldsymbol{x}^{\mathrm{T}}\nabla^2 f(\boldsymbol{x}_0+\theta\Delta\boldsymbol{x})\Delta\boldsymbol{x} \quad (5.1.10)$$

式中，$0<\theta<1$。

当 $\|\Delta\boldsymbol{x}\|$ 充分小时，式(5.1.10)右边最后一项是 $\|\Delta\boldsymbol{x}\|$ 的高阶无穷小量，可记为 $O(\|\Delta\boldsymbol{x}\|)$。因此，式(5.1.10)也可写作：

$$f(\boldsymbol{x}_0+\Delta\boldsymbol{x})=f(\boldsymbol{x}_0)+\nabla f(\boldsymbol{x}_0)^{\mathrm{T}}\Delta\boldsymbol{x}+O(\|\Delta\boldsymbol{x}\|) \quad (5.1.11)$$

式(5.1.10)和式(5.1.11)是多元函数 $u=f(\boldsymbol{x})$ 在点 $\boldsymbol{x}_0$ 处的一阶泰勒公式的两种类型。在形式上与一元函数的泰勒公式一致。

若 $u=f(\boldsymbol{x})$，$\boldsymbol{x}\in S\subseteq\mathbb{R}^n$，$f$ 在点 $\boldsymbol{x}_0$ 处具有二阶连续偏导数，则 $f(\boldsymbol{x})$ 的二阶泰勒展开式为：

$$f(\boldsymbol{x}_0+\Delta\boldsymbol{x})=f(\boldsymbol{x}_0)+\nabla f(\boldsymbol{x}_0)^{\mathrm{T}}\Delta\boldsymbol{x}+\frac{1}{2}\Delta\boldsymbol{x}^{\mathrm{T}}\nabla^2 f(\boldsymbol{x}_0)\Delta\boldsymbol{x}+O(\|\Delta\boldsymbol{x}\|^2) \tag{5.1.12}$$

或记为：

$$f(\boldsymbol{x}_0+\Delta\boldsymbol{x})=f(\boldsymbol{x}_0)+\nabla f(\boldsymbol{x}_0)^{\mathrm{T}}\Delta\boldsymbol{x}+\frac{1}{2}\Delta\boldsymbol{x}^{\mathrm{T}}H(\boldsymbol{x}_0)\Delta\boldsymbol{x}+O(\|\Delta\boldsymbol{x}\|^2) \tag{5.1.13}$$

式中，$O(\|\Delta\boldsymbol{x}\|^2)$ 是当 $\Delta\boldsymbol{x}\to 0$ 时，比 $O(\|\Delta\boldsymbol{x}\|^2)$ 高阶的无穷小量。
其中

$$\|\Delta\boldsymbol{x}\|^2=\sum_{i=1}^{n}\Delta x_i^2$$

若记 $\boldsymbol{x}=\boldsymbol{x}_0+\Delta\boldsymbol{x}$，则在式(5.1.11)和式(5.1.13)中略去高阶无穷小量后，相应地有近似关系式：

$$f(\boldsymbol{x})\approx f(\boldsymbol{x}_0)+\nabla f(\boldsymbol{x}_0)^{\mathrm{T}}(\boldsymbol{x}-\boldsymbol{x}_0) \tag{5.1.14}$$

及

$$f(\boldsymbol{x})\approx f(\boldsymbol{x}_0)+\nabla f(\boldsymbol{x}_0)^{\mathrm{T}}(\boldsymbol{x}-\boldsymbol{x}_0)+\frac{1}{2}(\boldsymbol{x}-\boldsymbol{x}_0)^{\mathrm{T}}H(\boldsymbol{x}_0)(\boldsymbol{x}-\boldsymbol{x}_0) \tag{5.1.15}$$

通常，将式(5.1.14)的右端及式(5.1.15)的右端分别称为函数 $f(\boldsymbol{x})$ 在点 $\boldsymbol{x}_0$ 处的线性逼近(函数)及二次逼近(函数)。

(4) 多元函数的极值

定义 5.1.5 对于任意给定的实数 $\delta>0$，满足不等式 $\|\boldsymbol{x}-\boldsymbol{x}_0\|<\delta$ 的 $\boldsymbol{x}$ 集合，称为点 $\boldsymbol{x}_0$ 的邻域，记作 $N(\boldsymbol{x}_0,\delta)=\{\boldsymbol{x}\mid \|\boldsymbol{x}-\boldsymbol{x}_0\|<\delta\}$。

若 $\boldsymbol{x}$ 为一维，即 $\boldsymbol{x}\in\mathbb{R}^1$，则 $N(\boldsymbol{x}_0,\delta)$ 是一个区间；若 $\boldsymbol{x}\in\mathbb{R}^2$，$N(\boldsymbol{x}_0,\delta)$ 是一个以 $\boldsymbol{x}_0$ 为圆心、δ 为半径的开圆；若 $\boldsymbol{x}\in\mathbb{R}^3$，$N(\boldsymbol{x}_0,\delta)$ 是一个以 $\boldsymbol{x}_0$ 为球心、δ 为半径的开球。

定义 5.1.6 设 $u=f(\boldsymbol{x})$ 是一个多元函数，$\boldsymbol{x}\in S\subseteq\mathbb{R}^n$，若 $\exists\boldsymbol{x}^*\in S$，且存在一个数 $\delta>0$，对于 $\forall\boldsymbol{x}\in N(\boldsymbol{x}^*,\delta)\cap S$，都有 $f(\boldsymbol{x}^*)\leqslant f(\boldsymbol{x})$，则称 $\boldsymbol{x}^*$ 是 $f(\boldsymbol{x})$ 的局部极小点，称 $f(\boldsymbol{x}^*)$ 是局部极小值。如果有 $\forall\boldsymbol{x}\in N(\boldsymbol{x}^*,\delta)\cap S$，$\boldsymbol{x}\neq\boldsymbol{x}^*$，都有 $f(\boldsymbol{x}^*)<f(\boldsymbol{x})$，则称 $\boldsymbol{x}^*$ 为 $f(\boldsymbol{x})$ 的严格局部极小点，$f(\boldsymbol{x}^*)$ 为严格局部极小值。

定义 5.1.7 设 $u=f(\boldsymbol{x})$ 是一个多元函数，$\boldsymbol{x}\in S\subseteq\mathbb{R}^n$，若 $\exists\boldsymbol{x}^*\in S$，且对于 $\forall\boldsymbol{x}\in S$，都有 $f(\boldsymbol{x}^*)\leqslant f(\boldsymbol{x})$，则称 $\boldsymbol{x}^*$ 是函数 $f(\boldsymbol{x})$ 的整体极小点(或全局极小点)，$f(\boldsymbol{x}^*)$ 称为整体极小值(或全局极小值)。如果对于 $\forall\boldsymbol{x}\in S$，$\boldsymbol{x}\neq\boldsymbol{x}^*$ 时都有 $f(\boldsymbol{x}^*)<f(\boldsymbol{x})$，则称 $\boldsymbol{x}^*$ 是函数 $f(\boldsymbol{x})$ 的严格整体极小点(或严格全局极小点)，$f(\boldsymbol{x}^*)$ 称为严格整体极小值(或严格全局极小值)。

局部极小点是指在某个邻域 $N(\boldsymbol{x}^*,\delta)$ 中 $f(\boldsymbol{x})$ 所取得的最小值点。而整体(全局)极小点是指在定义域 S 中 $f(\boldsymbol{x})$ 所取得的最小值点。它可能在某个局部极小点处达到，也可能在 S 的边界上达到。

可以类似地定义严格或非严格的局部极大点、严格或非严格的整体(全局)极大点。读者可自行写出定义,这里不再赘述。

与一元函数相似,也有多元函数局部极小点(极大点)的判定条件:

定理 5.1.2(一阶必要条件)　设 $f(\boldsymbol{x})(\boldsymbol{x} \in S \subseteq \mathbb{R}^n)$ 在点 $\boldsymbol{x}^* \in S$ 处可微,若 $\boldsymbol{x}^*$ 是 $f(\boldsymbol{x})$ 的局部极值点,则 $\nabla f(\boldsymbol{x}^*)=0$。

要注意是的,$\nabla f(\boldsymbol{x}^*)=0$ 只是函数取得极值的必要条件。将满足 $\nabla f(\boldsymbol{x})=0$ 的点称为函数的平稳点。函数的一个平稳点可以是它的极小点,也可以是它的极大点,也可以两者都不是。此时的平稳点又称为函数的鞍点。

定理 5.1.3(二阶必要条件)　设 $f(\boldsymbol{x})(\boldsymbol{x} \in S \subseteq \mathbb{R}^n)$ 在点 $\boldsymbol{x}^* \in S$ 处二阶可微,若 $\boldsymbol{x}^*$ 是 $f(\boldsymbol{x})$ 的局部极小点,则 $\nabla f(\boldsymbol{x}^*)=0$,且 $\nabla^2 f(\boldsymbol{x}^*)$ 半正定。

定理 5.1.3 要求 $f(\boldsymbol{x})$ 在点 $\boldsymbol{x}^*$ 处存在二阶偏导数且连续,即存在黑森矩阵,则当 $\boldsymbol{x}^*$ 是 $f(\boldsymbol{x})$ 的局部极小点时,不仅满足 $\nabla f(\boldsymbol{x}^*)=0$,而且在 $\boldsymbol{x}^*$ 点处的黑森矩阵 $\nabla^2 f(\boldsymbol{x}^*)=H(\boldsymbol{x}^*)$ 是一个半正定矩阵。

下面给出极值的二阶充分条件:

定理 5.1.4　设 $f(\boldsymbol{x})(\boldsymbol{x} \in S \subseteq \mathbb{R}^n)$ 在点 $\boldsymbol{x}^* \in S$ 处二阶可微,若 $\nabla f(\boldsymbol{x}^*)=0$,且 $\nabla^2 f(\boldsymbol{x}^*)$ 正定,则 $\boldsymbol{x}^*$ 是函数 $f(\boldsymbol{x})$ 的严格局部极小点。

定理 5.1.5　设 $f(\boldsymbol{x})(\boldsymbol{x} \in S \subseteq \mathbb{R}^n)$ 在点 $\boldsymbol{x}^* \in S$ 的一个邻域 $N(\boldsymbol{x}^*, \delta)$ 内二阶可微,若在点 $\boldsymbol{x}^*$ 处满足 $\nabla f(\boldsymbol{x}^*)=0$,且 $\forall \boldsymbol{x} \in N(\boldsymbol{x}^*, \delta)$,都有 $\nabla^2 f(\boldsymbol{x})$ 半正定,则 $\boldsymbol{x}^*$ 是函数 $f(\boldsymbol{x})$ 的局部极小点。

上述两个充分条件对点 $\boldsymbol{x}^*$ 的要求是不同的:定理 5.1.4 要求 $f(\boldsymbol{x})$ 在点 $\boldsymbol{x}^*$ 处二阶可微,$\nabla f(\boldsymbol{x}^*)=0$(即 $\boldsymbol{x}^*$ 是一个平稳点),且 $\boldsymbol{x}^*$ 点的黑森矩阵正定,则点 $\boldsymbol{x}^*$ 是一个严格局部极小点。而定理 5.1.5 要求 $\boldsymbol{x}^*$ 是一个平稳点,而且要求以 $\boldsymbol{x}^*$ 为中心的一个邻域内每点的黑森矩阵都是半正定的,则 $\boldsymbol{x}^*$ 是 $f(\boldsymbol{x})$ 的一个局部极小点。

2. 无约束问题的最优性条件

为了研究无约束问题最优解要满足的必要条件,首先介绍一个定理。

定理 5.1.6　设实值函数 $f(\boldsymbol{x}) \in \mathbb{R}$,$\boldsymbol{x} \in \mathbb{R}^n$,在点 $\boldsymbol{x}^*$ 处可微,若存在向量 $\boldsymbol{p}=\boldsymbol{x}-\boldsymbol{x}^* \in \mathbb{R}^n$,使 $\nabla f(\boldsymbol{x}^*)^{\mathrm{T}}\boldsymbol{p}<0$,则存在数 $\delta>0$,使得对每个 $\lambda \in (0, \delta)$,有 $f(\boldsymbol{x}^*+\lambda \boldsymbol{p}) < f(\boldsymbol{x}^*)$。

利用定理 5.1.6,即可得到无约束非线性规划问题的最优解要满足的一阶必要条件。

定理 5.1.7　设实值函数 $f(\boldsymbol{x}) \in \mathbb{R}$,$\boldsymbol{x} \in \mathbb{R}^n$,在点 $\boldsymbol{x}^*$ 处可微,若 $\boldsymbol{x}^*$ 是无约束问题 $\min f(\boldsymbol{x})$ 的局部最优解,则:

$$\nabla f(\boldsymbol{x}^*)=0$$

与一元函数类似,条件 $\nabla f(\boldsymbol{x}^*)=0$,它是可微函数 $f(\boldsymbol{x})$ 在点 $\boldsymbol{x}^*$ 处取得局部极值点的必要条件,而不是充分条件。如前面所述,将满足 $\nabla f(\boldsymbol{x})=0$ 的点 $\boldsymbol{x}^*$ 称为 $f(\boldsymbol{x})$ 的平稳点。平稳点有可能是局部极大点,也有可能是局部极小点,也有可能什么也不是(此时的平稳点又称为鞍点)。

下面,利用函数的函数矩阵,给出局部最优解的二阶必要条件:

定理 5.1.8　设实值函数 $f(\boldsymbol{x}) \in \mathbb{R}$,$\boldsymbol{x} \in \mathbb{R}^n$,在点 $\boldsymbol{x}^* \in \mathbb{R}^n$ 处二次可微。若 $\boldsymbol{x}^*$

是无约束问题 $\min f(\boldsymbol{x})$ 的局部最优解，则 $\nabla f(\boldsymbol{x}^*)=0$，且 $\nabla^2 f(\boldsymbol{x}^*)=H(\boldsymbol{x}^*)$ 半正定。

以下给出无约束问题局部最优解的充分条件：

定理 5.1.9 设 $f(\boldsymbol{x})$ 在点 $\boldsymbol{x}^*$ 处二次可微，若在 $\boldsymbol{x}^*$ 处满足 $\nabla f(\boldsymbol{x}^*)=0$，且 $\nabla^2 f(\boldsymbol{x}^*)$ 正定，则点 $\boldsymbol{x}^*$ 是无约束问题 $\min f(\boldsymbol{x})$ 的严格局部最优解。

利用定理 5.1.9 可得到关于正定二次函数极小点的性质：

定理 5.1.10 对于正定二次函数 $f(\boldsymbol{x})=\frac{1}{2}\boldsymbol{x}^{\mathrm{T}}\boldsymbol{A}\boldsymbol{x}+\boldsymbol{b}^{\mathrm{T}}\boldsymbol{x}+C$（$\boldsymbol{A}$ 为 n 阶对称正定矩阵）有唯一极小点：$\boldsymbol{x}^*=-\boldsymbol{A}^{-1}\boldsymbol{b}$。

之所以给出定理 5.1.10，不仅仅因为正定二次函数的极小化问题比较简单，其极小点可由公式 $\boldsymbol{x}^*=-\boldsymbol{A}^{-1}\boldsymbol{b}$ 直接求出，而且还基于以下情形：若一个非二次函数 $f(\boldsymbol{x})$ 在极小点 $\boldsymbol{x}^*$ 附近处的黑森矩阵 $\nabla^2 f(\boldsymbol{x}^*)$ 是正定的，则这个函数在极小点附近近似于一个正定二次函数。因为可将这个函数在点 $\boldsymbol{x}^*$ 附近展开成二阶泰勒公式：

$$f(\boldsymbol{x}^*+\Delta\boldsymbol{x})=f(\boldsymbol{x}^*)+\nabla f(\boldsymbol{x}^*)^{\mathrm{T}}\Delta\boldsymbol{x}+\frac{1}{2}\Delta\boldsymbol{x}^{\mathrm{T}}\nabla^2 f(\boldsymbol{x}^*)\Delta\boldsymbol{x}+O(\|\boldsymbol{x}\|^2)$$

式中有：$\nabla f(\boldsymbol{x}^*)=0$。略去高阶无穷小量，故当 $\|\Delta\boldsymbol{x}\|$ 较小时有：

$$f(\boldsymbol{x})=f(\boldsymbol{x}^*+\Delta\boldsymbol{x})\approx f(\boldsymbol{x}^*)+\frac{1}{2}\Delta\boldsymbol{x}^{\mathrm{T}}\nabla^2 f(\boldsymbol{x}^*)\Delta\boldsymbol{x}$$

即在 $\boldsymbol{x}^*$ 附近 $f(\boldsymbol{x})$ 可近似看作一个正定二次函数。这一点在以后的讨论中常常会用到。

以下给出判断局部最优解的另一个充分条件：

定理 5.1.11 设函数 $f(\boldsymbol{x})$ 在点 $\boldsymbol{x}^*\in\mathbb{R}^n$ 的一个 δ 邻域 $N(\boldsymbol{x}^*,\delta)$ 内二次可微。若 $f(\boldsymbol{x})$ 在点 $\boldsymbol{x}^*$ 处满足 $\nabla f(\boldsymbol{x}^*)=0$，且对于 $\forall\boldsymbol{x}\in N(\boldsymbol{x}^*,\delta)$，都有矩阵 $\nabla^2 f(\boldsymbol{x})$ 半正定，则 $\boldsymbol{x}^*$ 是无约束问题 $\min f(\boldsymbol{x})$ 的局部最优解。

要注意的是，定理 5.1.9 与定理 5.1.11 的条件是不相同的。定理 5.1.9 除要求 $\boldsymbol{x}^*$ 是平稳点外，还要求 $\boldsymbol{x}^*$ 这一点的黑森矩阵是正定矩阵，则 $\boldsymbol{x}^*$ 是严格局部极小点。而定理 5.1.11 除了要求 $\boldsymbol{x}^*$ 是平稳点外，还要求存在一个以 $\boldsymbol{x}^*$ 为中心的 δ 邻域 $N(\boldsymbol{x}^*,\delta)$，在此邻域内每一点 $\boldsymbol{x}$，其黑森矩阵都是半正定的，即：$\nabla^2 f(\boldsymbol{x})$ 半正定，对 $\forall\boldsymbol{x}\in N(\boldsymbol{x}^*,\delta)$，则 $\boldsymbol{x}^*$ 是 $f(\boldsymbol{x})$ 的一个局部极小点。

利用无约束问题的最优性条件，可求解某些可微函数的极值问题。

5.1.3 有约束问题的最优性条件

考虑只含不等式约束条件下求极小值问题的数学模型：

$$\begin{aligned}&\min f(\boldsymbol{x})\\&\text{s.t.}\\&g_i(\boldsymbol{x})\geqslant 0,\quad i=1,2,\cdots,m\end{aligned}\tag{5.1.16}$$

或写成：

$$\min_{\boldsymbol{x}\in\xi} f(\boldsymbol{x})\tag{5.1.17}$$

其中可行域

$$\xi=\{\boldsymbol{x} \mid \boldsymbol{x} \in \mathbb{R}^n, \text{且 } g_i(\boldsymbol{x}) \geqslant 0, i=1, 2, \cdots, m\}$$

1. 起作用约束与可行下降方向

设多元函数 $f(\boldsymbol{x})$ 及一点 $\bar{\boldsymbol{x}} \in \mathbb{R}^n$，另有一向量 $\boldsymbol{p} \in \mathbb{R}^n(\boldsymbol{p} \neq 0)$，若存在一个数 $\delta > 0$，使 $\forall \lambda \in (0, \delta)$ 都有：

$$f(\bar{\boldsymbol{x}}+\lambda \boldsymbol{p})<f(\bar{\boldsymbol{x}})$$

成立，则称向量 $\boldsymbol{p}$ 是 $f(\boldsymbol{x})$ 在点 $\bar{\boldsymbol{x}}$ 处的一个下降方向。

由此定义可知，若向量 $\boldsymbol{p}$ 是 $f(\boldsymbol{x})$ 在点 $\bar{\boldsymbol{x}}$ 处的下降方向，即是说，从 $\bar{\boldsymbol{x}}$ 点出发，沿方向 $\boldsymbol{p}$ 进行搜索，只要 λ 在一定范围内，$\bar{\boldsymbol{x}}+\lambda \boldsymbol{p}$ 的函数值总比 $\bar{\boldsymbol{x}}$ 的函数值来得小。下面给出 $\boldsymbol{p}$ 为下降方向的代数条件。

若 $f(\boldsymbol{x})$ 在点 $\bar{\boldsymbol{x}}$ 处可微，则由定理 5.1.6 可知，当向量 $\boldsymbol{p}$ 满足如下条件：

$$\nabla f(\bar{\boldsymbol{x}})^{\mathrm{T}} \boldsymbol{p}<0 \tag{5.1.18}$$

则 $\boldsymbol{p}$ 就是 $f(\boldsymbol{x})$ 在点 $\bar{\boldsymbol{x}}$ 处的下降方向。

式(5.1.18)便是向量 $\boldsymbol{p}$ 为 $f(\boldsymbol{x})$ 在点 $\bar{\boldsymbol{x}}$ 处下降方向的代数判别条件。

对于问题式(5.1.16)或式(5.1.17)，可行域为 ξ，设 $\bar{\boldsymbol{x}} \in \xi$，向量 $\boldsymbol{p} \in \mathbb{R}^n(\boldsymbol{p} \neq 0)$。若存在 $\delta>0$，当 $\lambda \in (0, \delta)$ 时使 $\bar{\boldsymbol{x}}+\lambda \boldsymbol{p} \in \xi$ 仍成立，则称向量 $\boldsymbol{p}$ 是在点 $\bar{\boldsymbol{x}}$ 处关于可行域 ξ 的可行方向。

设 $\bar{\boldsymbol{x}} \in \xi$，显然 $\bar{\boldsymbol{x}}$ 应满足所有的约束条件。现在考虑某一个不等式约束条件 $g_i(\boldsymbol{x}) \geqslant 0$。$\bar{\boldsymbol{x}}$ 满足这一不等式有两种情况：一种是 $g_i(\bar{\boldsymbol{x}})>0$，这时，点 $\bar{\boldsymbol{x}}$ 不在由这一约束条件所形成的可行域边界上，因此当点不论沿着什么方向稍微离开点 $\bar{\boldsymbol{x}}$ 时，都不会违背这一约束条件，也就是说这一约束条件，对点 $\bar{\boldsymbol{x}}$ 在选择可行方向时不起约束作用。因此称这样的 $g_i(\boldsymbol{x}) \geqslant 0$ 为点 $\bar{\boldsymbol{x}}$ 处的不起作用约束。相反，另一种情况是 $g_i(\boldsymbol{x})=0$，此时点 $\bar{\boldsymbol{x}}$ 位于由该约束条件形成的可行域的边界上，当点沿着某些方向稍微离开 $\bar{\boldsymbol{x}}$ 时，仍能满足这个约束条件，而沿着另一个方向离开 $\bar{\boldsymbol{x}}$ 时，不论步长多么小，都将不满足这个约束条件。也就是说，这个约束条件对 $\bar{\boldsymbol{x}}$ 选择可行方向是有约束作用的。将这样的约束条件称为点 $\bar{\boldsymbol{x}}$ 处的起作用约束。

定义 5.1.8 对于问题式(5.1.17)，设 $\bar{\boldsymbol{x}} \in \xi$，若有 $g_i(\bar{\boldsymbol{x}})=0\ (1 \leqslant i \leqslant m)$，则称不等式约束 $g_i(\boldsymbol{x}) \geqslant 0$ 为点 $\bar{\boldsymbol{x}}$ 处的起作用约束。且将下标集

$$I(\bar{\boldsymbol{x}})=\{i \mid g_i(\bar{\boldsymbol{x}})=0, 1 \leqslant i \leqslant m\}$$

称为点 $\bar{\boldsymbol{x}}$ 的起作用下标集。

若有 $g_i(\bar{\boldsymbol{x}})>0\ (1 \leqslant i \leqslant m)$，则称不等式约束 $g_i(\boldsymbol{x}) \geqslant 0$ 为点 $\bar{\boldsymbol{x}}$ 的不起作用约束。

显然 $g_j(\boldsymbol{x})=0$ 等式约束都是起作用约束。

定义 5.1.9 对于非线性规划问题式(5.1.17)，如果可行点 $\bar{\boldsymbol{x}}$ 处，各起作用约束的梯度向量线性无关，则称 $\bar{\boldsymbol{x}}$ 是约束条件的一个正则点。

下面给出 $\boldsymbol{p}$ 是可行方向的代数条件。

设 $\bar{\boldsymbol{x}}$ 是问题式(5.1.17)可行域 ξ 中一个点，$I(\bar{\boldsymbol{x}})$ 是点 $\bar{\boldsymbol{x}}$ 的起作用下标集，$g_i(\boldsymbol{x})(i \in$

$I(\bar{\boldsymbol{x}})$) 在点 $\bar{\boldsymbol{x}}$ 处连续可微，而 $g_i(\boldsymbol{x})(i \notin I(\bar{\boldsymbol{x}}))$ 在点 $\bar{\boldsymbol{x}}$ 处连续。向量 $\boldsymbol{p} \in \mathbb{R}^n(\boldsymbol{p} \neq \boldsymbol{0})$。

设 $\boldsymbol{p}$ 是点 $\bar{\boldsymbol{x}}$ 处的一个可行方向，则存在实数 $\delta > 0$，使 $\forall \lambda \in (0, \delta)$ 都有：

$$\bar{\boldsymbol{x}} + \lambda \boldsymbol{p} \in \xi$$

即有：

$$g_i(\bar{\boldsymbol{x}} + \lambda \boldsymbol{p}) \geqslant 0, \quad i = 1, 2, \cdots, m$$

对于起作用约束有：

$$g_i(\bar{\boldsymbol{x}} + \lambda \boldsymbol{p}) \geqslant g_i(\bar{\boldsymbol{x}}) = 0$$

或

$$g_i(\bar{\boldsymbol{x}} + \lambda \boldsymbol{p}) \geqslant 0 \tag{5.1.19}$$

将起作用约束在点 $\bar{\boldsymbol{x}}$ 处做泰勒展开：

$$g_i(\bar{\boldsymbol{x}} + \lambda \boldsymbol{p}) = g_i(\bar{\boldsymbol{x}}) + \nabla g_i(\bar{\boldsymbol{x}})^{\mathrm{T}} \lambda \boldsymbol{p} + O(\| \lambda \boldsymbol{p} \|)$$

或

$$g_i(\bar{\boldsymbol{x}} + \lambda \boldsymbol{p}) = \lambda \nabla g_i(\bar{\boldsymbol{x}})^{\mathrm{T}} \boldsymbol{p} + O(\| \lambda \boldsymbol{p} \|), \quad i \in I(\bar{\boldsymbol{x}}) \tag{5.1.20}$$

式中，$O(\| \lambda \boldsymbol{p} \|)$ 是比 $\lambda \boldsymbol{p}$ 的模高阶的无穷小量，当 $\lambda > 0$ 足够小时，考虑到式(5.1.19)，有：

$$\nabla g_i(\bar{\boldsymbol{x}})^{\mathrm{T}} \boldsymbol{p} \geqslant 0, \quad i \in I(\bar{\boldsymbol{x}})$$

反之，若 $\boldsymbol{p}$ 是可行点 $\bar{\boldsymbol{x}}$ 处的某一方向，由泰勒公式有：

$$g_i(\bar{\boldsymbol{x}} + \lambda \boldsymbol{p}) = g_i(\bar{\boldsymbol{x}}) + \lambda \nabla g_i(\bar{\boldsymbol{x}})^{\mathrm{T}} \boldsymbol{p} + O(\| \lambda \boldsymbol{p} \|)$$

对于起作用约束，因为 $g_i(\bar{\boldsymbol{x}}) = 0$，故当 λ 足够小（$\lambda > 0$），只要 $\boldsymbol{p}$ 满足：

$$\nabla g_i(\bar{\boldsymbol{x}})^{\mathrm{T}} \boldsymbol{p} > 0, \quad i \in I(\bar{\boldsymbol{x}}) \tag{5.1.21}$$

就有：

$$g_i(\bar{\boldsymbol{x}} + \lambda \boldsymbol{p}) \geqslant 0, \quad i \in I(\bar{\boldsymbol{x}}) \tag{5.1.22}$$

对于不起作用约束，因为 $g_i(\bar{\boldsymbol{x}}) > 0$，故当 $\lambda > 0$ 足够小时，即在 $\boldsymbol{p}$ 方向上稍微离开点 $\bar{\boldsymbol{x}}$ 时，由于函数 $g_i(\bar{\boldsymbol{x}})(i \notin I(\bar{\boldsymbol{x}}))$ 的连续性，仍有：

$$g_i(\bar{\boldsymbol{x}} + \lambda \boldsymbol{p}) \geqslant 0, \quad i \in I(\bar{\boldsymbol{x}})$$

即点 $\bar{\boldsymbol{x}} + \lambda \boldsymbol{p} \in \xi$，故 $\boldsymbol{p}$ 是一个可行方向。

综上所述，条件式(5.1.21)可作为判别方向 $\boldsymbol{p}$ 是否是点 $\bar{\boldsymbol{x}}$ 处的可行方向的代数条件：只有方向 $\boldsymbol{p}$ 满足式(5.1.21)，必是点 $\bar{\boldsymbol{x}}$ 处的可行方向。

式(5.1.21)的几何意义也很明显：可行方向 $\boldsymbol{p}$ 与点 $\bar{\boldsymbol{x}}$ 所有的起作用约束的梯度向量之间的夹角都为锐角。

将既是 $\bar{\boldsymbol{x}}$ 点的下降方向又是 $\bar{\boldsymbol{x}}$ 点处可行方向的向量 $\boldsymbol{p}$ 称为点 $\bar{\boldsymbol{x}}$ 处的可行下降方向。

因此既满足条件式(5.1.18)又满足条件式(5.1.21)的方向 $\boldsymbol{p}$ 必是可行下降方向,即有

$$\begin{cases}\nabla f(\bar{\boldsymbol{x}})^{\mathrm{T}}\boldsymbol{p}<0\\ \nabla g_i(\bar{\boldsymbol{x}})^{\mathrm{T}}\boldsymbol{p}>0, \quad i\in I(\bar{\boldsymbol{x}})\end{cases} \tag{5.1.23}$$

式(5.1.23)的几何意义是:点 $\bar{\boldsymbol{x}}$ 处的可行下降方向 $\boldsymbol{p}$ 与该点处目标函数负梯度向量之间夹角成锐角,与该点处所有起作用约束的梯度向量之间夹角也都成锐角。

若 $\boldsymbol{x}^{(k)}$ 点不是极小点,则继续寻优时的搜索方向就应从该点的可行下降方向中去找。因此,若某点存在可行下降方向,它就不会是极小点;若某点是极小点,则在该点处必不存在可行下降方向。

定理 5.1.12　考虑问题式(5.1.17),设 $\boldsymbol{x}^*\in\xi$, $f(\boldsymbol{x})$ 在 $\boldsymbol{x}^*$ 处可微,若 $\boldsymbol{x}^*$ 是局部最优解,则 $\boldsymbol{x}^*$ 点处必不存在可行下降方向。

2. 库恩-塔克条件

库恩-塔克条件是非线性规划领域中的重要理论成果之一,是确定某点为局部最优解的一阶必要条件。只要是最优点就必满足这个条件。但一般来说它不是充分条件,即满足这个条件的点不一定是最优点。

(1) 只含有不等式约束

考虑问题式(5.1.16)或式(5.1.17)。设 $\boldsymbol{x}^*$ 是它的极小点,那么 $\boldsymbol{x}^*$ 可能在可行域 ξ 内部,也可能在可行域的边界上。若 $\boldsymbol{x}^*$ 在 ξ 的内部,实际上是个无约束问题。$\boldsymbol{x}^*$ 必满足条件:$\nabla f(\boldsymbol{x}^*)=0$;若 $\boldsymbol{x}^*$ 位于可行域的边界上,可分为几种情形来讨论:

① 设 $\boldsymbol{x}^*$ 位于一个约束条件形成的边界上,即 $\boldsymbol{x}^*$ 只有一个起作用约束,不失一般性,设 $\boldsymbol{x}^*$ 位于第一个约束条件形成的边界上,即 $g_1(\boldsymbol{x})\geqslant 0$ 是点 $\boldsymbol{x}^*$ 处的起作用约束。故有 $g_1(\boldsymbol{x}^*)=0$。若 $\boldsymbol{x}^*$ 是局部最优解,则必有 $-\nabla f(\boldsymbol{x}^*)$ 与 $\nabla g_1(\boldsymbol{x}^*)$ 同处在一条直线上,且方向相反。若 $-\nabla f(\boldsymbol{x}^*)$ 与 $\nabla g_1(\boldsymbol{x}^*)$ 不在同一条直线上且方向相反,则必可在点 $\boldsymbol{x}^*$ 处找到一个方向 $\boldsymbol{p}$,它与 $-\nabla f(\boldsymbol{x}^*)$ 及 $\nabla g_1(\boldsymbol{x}^*)$ 的夹角都为锐角,即 $\boldsymbol{p}$ 是 $\boldsymbol{x}^*$ 点处的可行下降方向,这与定理 5.1.12 相矛盾。如 $\bar{\boldsymbol{x}}$,由于 $-\nabla f(\bar{\boldsymbol{x}})$ 与 $\nabla g_1(\bar{\boldsymbol{x}})$ 不在同一条直线上,因此位于 β 角内的方向都是可行下降方向。而 $\boldsymbol{x}^*$ 是局部最优解,因而 $-\nabla f(\boldsymbol{x}^*)$ 与 $\nabla g_1(\boldsymbol{x}^*)$ 必处在同一条直线上且方向相反,故点 $\boldsymbol{x}^*$ 处不存在可行下降方向。用向量语言来描述上述几何问题,即:若 $\boldsymbol{x}^*$ 是局部最优解,$f(\boldsymbol{x})$ 与 $g_1(\boldsymbol{x})$(起作用约束)在点 $\boldsymbol{x}^*$ 处一阶可微,则必存在实数 $\gamma_1\geqslant 0$,使

$$\begin{cases}\nabla f(\boldsymbol{x}^*)-\gamma_1\nabla g_1(\boldsymbol{x}^*)=0\\ \gamma_1\geqslant 0\end{cases} \tag{5.1.24}$$

成立。或者说梯度向量 $\nabla f(\boldsymbol{x}^*)$ 可由梯度向量 $\nabla g_1(\boldsymbol{x}^*)$ 做正线性表出。

② 设 $\boldsymbol{x}^*$ 同时位于两个边界条件形成的边界面上,即 $g_1(\boldsymbol{x}^*)=0$, $g_2(\boldsymbol{x}^*)=0$,或者说 $\boldsymbol{x}^*$ 有两个起作用约束,此时,$\nabla f(\boldsymbol{x}^*)$ 必位于 $\nabla g_1(\boldsymbol{x}^*)$ 与 $\nabla g_2(\boldsymbol{x}^*)$ 所形成的夹角内;否则,$\boldsymbol{x}^*$ 点处必可找到一个可行下降方向。用代数语言来描述:若 $\boldsymbol{x}^*$ 是局部最优解,且 $\nabla g_1(\boldsymbol{x}^*)$ 与 $\nabla g_2(\boldsymbol{x}^*)$ 线性无关,则 $\nabla f(\boldsymbol{x}^*)$ 必可由 $\nabla g_1(\boldsymbol{x}^*)$ 与 $\nabla g_2(\boldsymbol{x}^*)$ 的正线性组合表出。即:必存在 $\gamma_1\geqslant 0$, $\gamma_2\geqslant 0$,使

$$\nabla f(\boldsymbol{x}^*)-\gamma_1\nabla g_1(\boldsymbol{x}^*)-\gamma_2\nabla g_2(\boldsymbol{x}^*)=0 \tag{5.1.25}$$

成立。

将上述分析做进一步类推，有：

$$\begin{cases}\nabla f(\boldsymbol{x}^*)-\sum\limits_{i\in I(\boldsymbol{x}^*)}\gamma_i\nabla g_i(\boldsymbol{x}^*)=0\\ \gamma_i\geqslant 0\end{cases} \tag{5.1.26}$$

在式(5.1.26)中，$I(\boldsymbol{x}^*)$ 是点 $\boldsymbol{x}^*$ 处的起作用下标集，且它们的起作用约束梯度向量组线性无关，即 $\boldsymbol{x}^*$ 同时也是一个正则点。

为了把不起作用约束也包括到式(5.1.26)中，可以增加一个松弛条件：

$$\gamma_i g_i(\boldsymbol{x}^*)=0,\quad i=1,\ 2,\ \cdots,\ m \tag{5.1.27}$$

则式(5.1.26)就可改写为：

$$\begin{cases}\nabla f(\boldsymbol{x}^*)-\sum\limits_{i=1}^{m}\gamma_i\nabla g_i(\boldsymbol{x}^*)=0\\ \gamma_i g_i(\boldsymbol{x}^*)=0,\quad i=1,\ 2,\ \cdots,\ m\\ \gamma_i\geqslant 0,\quad i=1,\ 2,\ \cdots,\ m\end{cases} \tag{5.1.28}$$

当 $i\notin I(\boldsymbol{x}^*)$ 时，即 $g_i(\boldsymbol{x})\geqslant 0$ 是 $\boldsymbol{x}^*$ 的不起作用约束，故有 $g_i(\boldsymbol{x})>0$。则有松弛条件：$\gamma_i=0(i\notin I(\boldsymbol{x}^*))$。因此式(5.1.28)第一组方程与式(5.1.26)中第一组方程实际上是相同的。

式(5.1.28)就是著名的库恩-塔克条件，简称为 K－T 条件，满足 K－T 条件的点称为 K－T 点。把以上分析归纳为下述定理。

定理 5.1.13 考虑问题式(5.1.17)。设 $\boldsymbol{x}^*\in\xi$，f，$g_i(i\in I(\boldsymbol{x}^*))$ 在 $\boldsymbol{x}^*$ 处可微，$g_i(i\notin I(\boldsymbol{x}^*))$ 在点 $\boldsymbol{x}^*$ 处连续。$\{\nabla g_i(\boldsymbol{x}^*)\mid i\in I(\boldsymbol{x}^*)\}$ 线性无关(即 $\boldsymbol{x}^*$ 是一个正则点)。若 $\boldsymbol{x}^*$ 是局部最优解，则存在向量 $\boldsymbol{\Gamma}^*=(\gamma_1^*,\ \gamma_2^*,\ \cdots,\ \gamma_m^*)$，使下述条件成立：

$$\begin{cases}\nabla f(\boldsymbol{x}^*)-\sum\limits_{i=1}^{m}\gamma_i^*\nabla g_i(\boldsymbol{x}^*)=0\\ \gamma_i^* g_i(\boldsymbol{x}^*)=0,\quad i=1,\ 2,\ \cdots,\ m\\ \gamma_i^*\geqslant 0,\quad i=1,\ 2,\ \cdots,\ m\end{cases} \tag{5.1.29}$$

(2) 同时含有等式与不等式约束

考虑问题：

$$\begin{aligned}&\min f(\boldsymbol{x})\\ &\text{s.t.}\\ &\begin{cases}g_i(\boldsymbol{x})\geqslant 0,\quad i=1,\ 2,\ \cdots,\ m\\ h_j(\boldsymbol{x})=0,\quad j=1,\ 2,\ \cdots,\ l\end{cases}\end{aligned} \tag{5.1.30}$$

为了利用式(5.1.28)，将等式约束 $h_j(\boldsymbol{x})=0$，用

$$\begin{cases}h_j(\boldsymbol{x})\geqslant 0\\ -h_j(\boldsymbol{x})\geqslant 0\end{cases}$$

来代替。这样就可利用式(5.1.28),得到同时含有等式与不等式约束条件的库恩-塔克条件。叙述如下。

定理 5.1.14　考虑问题式(5.1.30)。设 $\boldsymbol{x}^*\in\xi$, $I(\boldsymbol{x}^*)=\{i\mid g_i(\boldsymbol{x}^*)=0,\ 1\leqslant i\leqslant m\}$, $f(\boldsymbol{x})$ 与 $g_i(\boldsymbol{x})(i\in I(\boldsymbol{x}^*))$ 在点 $\boldsymbol{x}^*$ 处可微, $g_i(\boldsymbol{x})(i\notin I(\boldsymbol{x}^*))$ 在点 $\boldsymbol{x}^*$ 处连续, $h_j(\boldsymbol{x})(j=1,2,\cdots,l)$ 在点 $\boldsymbol{x}^*$ 处连续可微,且向量集

$$\{\nabla g_i(\boldsymbol{x}^*),\ \nabla h_j(\boldsymbol{x}^*)\mid i\in I(\boldsymbol{x}^*),\ j=1,2,\cdots,l\}$$

线性无关。若 $\boldsymbol{x}^*$ 是问题式(5.1.30)的局部最优解,则必存在 $\boldsymbol{\Gamma}^*=(\gamma_1^*,\gamma_2^*,\cdots,\gamma_m^*)^{\mathrm{T}}$ 和向量 $\boldsymbol{\Lambda}^*=(\lambda_1^*,\lambda_2^*,\cdots,\lambda_l^*)^{\mathrm{T}}$,使下述条件成立:

$$\begin{cases}\nabla f(\boldsymbol{x}^*)-\sum\limits_{i=1}^{m}\gamma_i^*\ \nabla g_i(\boldsymbol{x}^*)-\sum\limits_{j=1}^{l}\lambda_j^*\ \nabla h_j(\boldsymbol{x}^*)=0\\ \gamma_i^* g_i(\boldsymbol{x}^*)=0,\quad i=1,2,\cdots,m\\ \gamma_i^*\geqslant 0,\quad i=1,2,\cdots,m\end{cases}\tag{5.1.31}$$

式(5.1.31)就是含有等式与不等式约束条件的库恩-塔克条件。

通常称函数 $\left[f(\boldsymbol{x})-\sum\limits_{i=1}^{m}\gamma_i g_i(\boldsymbol{x})-\sum\limits_{j=1}^{l}\lambda_j h_j(\boldsymbol{x})\right]$ 为问题式(5.1.30)的广义拉格朗日函数,称乘子 $\gamma_1^*,\gamma_2^*,\cdots,\gamma_m^*$ 和 $\lambda_1^*,\lambda_2^*,\cdots,\lambda_l^*$ 为广义拉格朗日乘子,称向量 $\boldsymbol{\Gamma}^*$ 及 $\boldsymbol{\Lambda}^*$ 为乘子向量。

在利用式(5.1.28)或式(5.1.31)求解 K-T 点时,还要把约束条件都加上。

5.2　二次规划

二次规划(Quadratic Programming, QP)是指目标函数为决策变量 $\boldsymbol{x}$ 的二次函数,而约束是线性函数的非线性规划。其一般模型为:

$$\begin{aligned}&\min f(\boldsymbol{x})=\frac{1}{2}\boldsymbol{x}^{\mathrm{T}}\boldsymbol{H}\boldsymbol{x}+\boldsymbol{c}^{\mathrm{T}}\boldsymbol{x}\\ &\text{s.t.}\\ &\begin{cases}\boldsymbol{A}_1\boldsymbol{x}=\boldsymbol{b}_1\\ \boldsymbol{A}_2\boldsymbol{x}\geqslant\boldsymbol{b}_2\end{cases}\end{aligned}\tag{5.2.1}$$

式中, $\boldsymbol{H}$ 为 n 阶对称矩阵; $\boldsymbol{c}$ 与 $\boldsymbol{x}$ 为 n 维列向量; $\boldsymbol{A}_1$ 为 $m_1\times n$ 矩阵; $\boldsymbol{A}_2$ 为 $m_2\times n$ 矩阵; $\boldsymbol{b}_1$, $\boldsymbol{b}_2$ 分别为 m_1, m_2 维列向量。

二次规划问题是被最早研究的一类非线性规划,也是最简单的一类非线性约束优化问题。特别是 $\boldsymbol{H}$ 为正定矩阵的正定二次规划,问题比较简单,便于求解。而且某些非线性规划可以转化为求解一系列二次规划问题。因此正定二次规划的求解方法也是求解

非线性规划的基础之一。

5.2.1 正定二次规划的起作用集方法

1. 正定二次规划的概念与性质

二次规划式(5.2.1)可能没有有限最小值。这时式(5.2.1)问题无解。若 $\boldsymbol{H}$ 是一个对称正定矩阵,由于约束是线性的,因此此时正定二次规划是一个凸规划,它的任何局部最优解也是全局最优解。若问题式(5.2.1)是一个严格凸规划问题(即 $\boldsymbol{H}$ 是一严格正定矩阵,不是半正定矩阵),则问题式(5.2.1)只要存在全局解,则必是唯一解。

为了讨论方便,将正定二次规划的约束条件做如下形式上的改动:

$$\begin{aligned}&\min f(\boldsymbol{x})=\frac{1}{2}\boldsymbol{x}^{\mathrm{T}}\boldsymbol{H}\boldsymbol{x}+\boldsymbol{c}^{\mathrm{T}}\boldsymbol{x}\\&\text{s.t.}\\&\begin{cases}\boldsymbol{a}_i\boldsymbol{x}=b_i, & i=1,\ 2,\ \cdots,\ m\\ \boldsymbol{a}_j\boldsymbol{x}\geqslant b_j, & j=m+1,\ m+2,\ \cdots,\ L\end{cases}\end{aligned}\tag{5.2.2}$$

式中,$\boldsymbol{H}$ 为 n 阶对称正定矩阵,$\boldsymbol{c}$,$\boldsymbol{x}$ 均为 n 维列向量;$\boldsymbol{a}_i(i=1,\ 2,\ \cdots,\ m)$,$\boldsymbol{a}_j(j=m+1,\ m+2,\ \cdots,\ L)$ 均为 n 维行向量。这里 $\boldsymbol{a}_i$,$\boldsymbol{a}_j$ 与问题式(5.2.1)中的 $\boldsymbol{A}_1$,$\boldsymbol{A}_2$ 的关系是

$$\boldsymbol{A}_1=\begin{bmatrix}\boldsymbol{a}_1\\ \boldsymbol{a}_2\\ \vdots\\ \boldsymbol{a}_m\end{bmatrix},\ \boldsymbol{A}_2=\begin{bmatrix}\boldsymbol{a}_{m+1}\\ \boldsymbol{a}_{m+2}\\ \vdots\\ \boldsymbol{a}_L\end{bmatrix}$$

即式(5.2.2)中等式约束中的 $\boldsymbol{a}_i$、不等式约束中的 $\boldsymbol{a}_j$,分别是问题式(5.2.1)中等式约束矩阵 $\boldsymbol{A}_1$、不等式约束矩阵 $\boldsymbol{A}_2$ 中的行向量。

同时式(5.2.2)中 $b_1,b_2,\cdots,b_m,b_{m+1},b_{m+2},\cdots,b_L$ 都是已知实数,且 $m\leqslant n(L\geqslant m)$。

将库恩-塔克条件的定理运用到正定二次规划式(5.2.2)上。且注意到:

$$\nabla f(\boldsymbol{x})=\nabla\left(\frac{1}{2}\boldsymbol{x}^{\mathrm{T}}\boldsymbol{H}\boldsymbol{x}+\boldsymbol{c}^{\mathrm{T}}\boldsymbol{x}\right)=\boldsymbol{H}\boldsymbol{x}+\boldsymbol{c}$$

$$\nabla(\boldsymbol{a}_i\boldsymbol{x}-b_i)=\boldsymbol{a}_i^{\mathrm{T}},\quad \nabla(\boldsymbol{a}_j\boldsymbol{x}-b_j)=\boldsymbol{a}_j^{\mathrm{T}}$$

式中,$\boldsymbol{a}_i$,$\boldsymbol{a}_j$ 均为行向量。

则有如下定理:

定理 5.2.1 点 $\boldsymbol{x}^*$ 是正定二次规划问题式(5.2.2)的全局最优解的充要条件是:$\boldsymbol{x}^*$ 为库恩-塔克点。即乘子向量 $\boldsymbol{\Lambda}^*=(\lambda_1^*,\ \lambda_2^*,\ \cdots,\ \lambda_m^*)^{\mathrm{T}}$ 和向量 $\boldsymbol{\Gamma}^*=(\gamma_{m+1}^*,\ \gamma_{m+2}^*,\ \cdots,\ \gamma_L^*)$ 使得:

$$\begin{cases}\boldsymbol{H}\boldsymbol{x}^*+\boldsymbol{c}-\sum\limits_{i=1}^{m}\lambda_i^*\boldsymbol{a}_i^{\mathrm{T}}-\sum\limits_{j=m+1}^{L}\gamma_j^*\boldsymbol{a}_j^{\mathrm{T}}=\boldsymbol{0}\\ \boldsymbol{a}_i\boldsymbol{x}^*-b_i=0, \quad i=1,\ 2,\ \cdots,\ m\\ \boldsymbol{a}_j\boldsymbol{x}^*-b_j=0, \quad j=m+1,\ m+2,\ \cdots,\ p\\ \gamma_j^*\geqslant 0, \quad j=m+1,\ m+2,\ \cdots,\ L;\ \gamma_j^*=0 \quad j\in\{m+1,\ m+2,\ \cdots,\ L\backslash J^*\}\end{cases}\tag{5.2.3}$$

成立。其中 J^* 为点 $\boldsymbol{x}^*$ 的起约束作用集。最后一个等式：$\gamma_j^*=0$，$j\in\{m+1,\cdots,L\backslash J^*\}$ 表示对于不等式约束 $\boldsymbol{a}_j\boldsymbol{x}\geqslant b_j$ 中在点 $\boldsymbol{x}^*$ 处为不起作用约束的对应乘子 $\gamma_j^*=0$。

定理 5.2.2　若正定二次规划式(5.2.2)有可行解，则它必有最优解，且最优解是唯一的。

定理 5.2.3　设 $\boldsymbol{x}^*$ 是正定二次规划式(5.2.2)的最优解，且在点 $\boldsymbol{x}^*$ 处的起作用约束集为 J^*，则 $\boldsymbol{x}^*$ 是下述等式约束问题的唯一解：

$$\begin{aligned}&\min Q(\boldsymbol{x})=\frac{1}{2}\boldsymbol{x}^{\mathrm{T}}\boldsymbol{H}\boldsymbol{x}+\boldsymbol{c}^{\mathrm{T}}\boldsymbol{x}\\&\text{s.t.}\\&\boldsymbol{a}_i\boldsymbol{x}=b_i,\quad i\in J^*\end{aligned}\tag{5.2.4}$$

2. 只含有等式约束的正定二次规划

设只含有等式约束的正定二次规划问题：

$$\begin{aligned}&\min f(\boldsymbol{x})=\frac{1}{2}\boldsymbol{x}^{\mathrm{T}}\boldsymbol{H}\boldsymbol{x}+\boldsymbol{c}^{\mathrm{T}}\boldsymbol{x}\\&\text{s.t.}\\&\boldsymbol{a}_i\boldsymbol{x}=b_i,\quad i=1,2,\cdots,m\end{aligned}\tag{5.2.5}$$

式中，$\boldsymbol{H}$ 为 n 阶对称正定阵；$\boldsymbol{c}$，$\boldsymbol{x}$ 均为 n 维列向量；$\boldsymbol{a}_i(i=1,2,\cdots,m)$ 为 n 维行向量，假设 $\boldsymbol{a}_1^{\mathrm{T}}$，$\boldsymbol{a}_2^{\mathrm{T}}$，$\cdots$，$\boldsymbol{a}_m^{\mathrm{T}}$ 线性无关，$m\leqslant n$。将规划式(5.2.5)的库恩-塔克点 $\boldsymbol{x}^*$ 及对应的乘子向量 $\boldsymbol{\Lambda}^*$——$(\boldsymbol{x}^*,\boldsymbol{\Lambda}^*)$ 称作 K－T 对，其中 $\boldsymbol{\Lambda}^*=(\lambda_1^*,\lambda_2^*,\cdots,\lambda_m^*)^{\mathrm{T}}$。又记：

$$\boldsymbol{A}=\begin{bmatrix}\boldsymbol{a}_1\\\boldsymbol{a}_2\\\vdots\\\boldsymbol{a}_m\end{bmatrix},\ \boldsymbol{b}=(b_1,b_2,\cdots,b_m)^{\mathrm{T}}$$

则有以下定理。

定理 5.2.4　规划式(5.2.5)的 K－T 对 $(\boldsymbol{x}^*,\boldsymbol{\Lambda}^*)$ 是唯一存在的，且 $(\boldsymbol{x}^*,\boldsymbol{\Lambda}^*)$ 为式(5.2.5)的 K－T 的充要条件是它们满足方程组：

$$\begin{bmatrix}\boldsymbol{H}&-\boldsymbol{A}^{\mathrm{T}}\\-\boldsymbol{A}&\boldsymbol{0}\end{bmatrix}\begin{bmatrix}\boldsymbol{x}\\\boldsymbol{\Lambda}\end{bmatrix}=\begin{bmatrix}-\boldsymbol{c}\\-\boldsymbol{b}\end{bmatrix}\tag{5.2.6}$$

由定理 5.2.4 可知，可以通过求解方程组式(5.2.6)来得到问题式(5.2.5)的解。

现在给出方程组式(5.2.6)的另一种表达形式。称方程组式(5.2.6)中的系数矩阵

$$\begin{bmatrix}\boldsymbol{H}&-\boldsymbol{A}^{\mathrm{T}}\\-\boldsymbol{A}&\boldsymbol{0}\end{bmatrix}$$

为拉格朗日矩阵。假设该拉格朗日矩阵可逆，记：

$$\begin{bmatrix} \boldsymbol{H} & -\boldsymbol{A}^{\mathrm{T}} \\ -\boldsymbol{A} & \boldsymbol{0} \end{bmatrix}^{-1} = \begin{bmatrix} \boldsymbol{Q} & -\boldsymbol{R}^{\mathrm{T}} \\ -\boldsymbol{R} & \boldsymbol{S} \end{bmatrix}$$

又因为：

$$\begin{bmatrix} \boldsymbol{H} & -\boldsymbol{A}^{\mathrm{T}} \\ -\boldsymbol{A} & \boldsymbol{0} \end{bmatrix} \begin{bmatrix} \boldsymbol{Q} & -\boldsymbol{R}^{\mathrm{T}} \\ -\boldsymbol{R} & \boldsymbol{S} \end{bmatrix} = \begin{bmatrix} \boldsymbol{I}_n & \boldsymbol{0} \\ \boldsymbol{0} & \boldsymbol{I}_m \end{bmatrix} = \boldsymbol{I}_{m+n}$$

因此有：

$$\boldsymbol{HQ} + \boldsymbol{A}^{\mathrm{T}}\boldsymbol{R} = \boldsymbol{I}_n \tag{①}$$

$$-\boldsymbol{HR}^{\mathrm{T}} - \boldsymbol{A}^{\mathrm{T}}\boldsymbol{S} = \boldsymbol{0}_{n\times m} \tag{②}$$

$$-\boldsymbol{AQ} = \boldsymbol{0}_{m\times n} \tag{③}$$

$$\boldsymbol{AR}^{\mathrm{T}} = \boldsymbol{I}_m \tag{④}$$

因为 $\boldsymbol{H}$ 为对称正定阵，$\boldsymbol{H}$ 可逆。

由式②得：

$$\boldsymbol{R}^{\mathrm{T}} = -\boldsymbol{H}^{-1}\boldsymbol{A}^{\mathrm{T}}\boldsymbol{S} \tag{⑤}$$

在式⑤两边左乘 $\boldsymbol{A}$，且由式④得：

$$\boldsymbol{AR}^{\mathrm{T}} = -\boldsymbol{AH}^{-1}\boldsymbol{A}^{\mathrm{T}}\boldsymbol{S} = \boldsymbol{I}_m$$

故有：

$$\boldsymbol{S} = -(\boldsymbol{AH}^{-1}\boldsymbol{A}^{\mathrm{T}})^{-1} \tag{⑥}$$

由⑤得：

$$\boldsymbol{R} = (-\boldsymbol{H}^{-1}\boldsymbol{A}^{\mathrm{T}}\boldsymbol{S})^{\mathrm{T}} = -\boldsymbol{S}^{\mathrm{T}}\boldsymbol{A}(\boldsymbol{H}^{-1})^{\mathrm{T}} \tag{⑦}$$

因为 $\boldsymbol{H}$ 为对称正定阵，故 $(\boldsymbol{H}^{-1})^{\mathrm{T}} = (\boldsymbol{H}^{\mathrm{T}})^{-1} = \boldsymbol{H}^{-1}$

又由式⑥得：

$$\boldsymbol{S}^{\mathrm{T}} = -[(\boldsymbol{AH}^{-1}\boldsymbol{A}^{\mathrm{T}})^{-1}]^{\mathrm{T}} = -[(\boldsymbol{AH}^{-1}\boldsymbol{A}^{\mathrm{T}})^{\mathrm{T}}]^{-1} = -(\boldsymbol{AH}^{-1}\boldsymbol{A}^{\mathrm{T}})^{-1} = \boldsymbol{S}$$

将上式及式⑥代入式⑦有：

$$\boldsymbol{R} = -\boldsymbol{SAH}^{-1} = (\boldsymbol{AH}^{-1}\boldsymbol{A}^{\mathrm{T}})^{-1}\boldsymbol{AH}^{-1} \tag{⑧}$$

由式①得：

$$\boldsymbol{Q} = \boldsymbol{H}^{-1} - \boldsymbol{H}^{-1}\boldsymbol{A}^{\mathrm{T}}\boldsymbol{R} = \boldsymbol{H}^{-1} - \boldsymbol{H}^{-1}\boldsymbol{A}^{\mathrm{T}}(\boldsymbol{AH}^{-1}\boldsymbol{A}^{\mathrm{T}})^{-1}\boldsymbol{AH}^{-1}$$

因此可归纳为：

$$\begin{cases} \boldsymbol{Q} = \boldsymbol{H}^{-1} - \boldsymbol{H}^{-1}\boldsymbol{A}^{\mathrm{T}}(\boldsymbol{AH}^{-1}\boldsymbol{A}^{\mathrm{T}})^{-1}\boldsymbol{AH}^{-1} \\ \boldsymbol{R} = (\boldsymbol{AH}^{-1}\boldsymbol{A}^{\mathrm{T}})^{-1}\boldsymbol{AH}^{-1} \\ \boldsymbol{S} = -(\boldsymbol{AH}^{-1}\boldsymbol{A}^{\mathrm{T}})^{-1} \end{cases} \tag{5.2.7}$$

将式(5.2.7)两端左乘拉格朗日矩阵的逆，可得：

$$\begin{bmatrix} \boldsymbol{x}^* \\ \boldsymbol{\Lambda}^* \end{bmatrix} = \begin{bmatrix} -\boldsymbol{Qc} + \boldsymbol{R}^{\mathrm{T}}\boldsymbol{b} \\ \boldsymbol{Rc} - \boldsymbol{Sb} \end{bmatrix} \tag{5.2.8}$$

设 $\boldsymbol{x}^{(k)}$ 是规划式(5.2.5)的任一可行解。现给出 $\boldsymbol{x}^{(k)}$ 与 $\boldsymbol{x}^*$ 及 $\boldsymbol{\Lambda}^*$ 之间的关系式，以后的算法中会用到。设 $\boldsymbol{x}^{(k)}$ 是规划式(5.2.5)任一可行解，则有 $\boldsymbol{Ax}^{(k)}=\boldsymbol{b}$。同时在该点的目标函数的梯度 $\nabla f(\boldsymbol{x}^{(k)})=\boldsymbol{Hx}^{(k)}+\boldsymbol{c}$。

根据这两个公式及式(5.2.7)，可将式(5.2.8)化为：

$$\begin{cases} \boldsymbol{x}^* = \boldsymbol{x}^{(k)} - \boldsymbol{Qg}_k \\ \boldsymbol{\Lambda}^* = \boldsymbol{Rg}_k \end{cases} \tag{5.2.9}$$

3. 一般正定二次规划的起作用集方法

对于一般正定二次规划式(5.2.1)和式(5.2.2)，由定理 5.2.3 可知，只要能找到 $\boldsymbol{x}^*$ 所满足的起作用约束指标集 J^*，就可以通过求解等式约束式(5.2.4)二次规划问题得到 $\boldsymbol{x}^*$。但是 $\boldsymbol{x}^*$ 尚未求出，J^* 不可能立刻就求出来。可以采用逐步改进的方法：先求出式(5.2.1)和式(5.2.2)的一个可行点 $\boldsymbol{x}^{(k)}$，计算点 $\boldsymbol{x}^{(k)}$ 处有起作用约束指标集 J_k，并求解相应的等式约束的二次规划问题式(5.2.4)。设其最优解为 $\hat{\boldsymbol{x}}^{(k)}$，乘子向量为 $\boldsymbol{\Lambda}_k$。设 $\hat{\boldsymbol{x}}^{(k)}$ 的起作用约束指标集为 J_{k+1}，则根据 $\hat{\boldsymbol{x}}^{(k)}$ 与 $\boldsymbol{x}^{(k)}$ 之间不同关系来调整 J_k（当然使目标函数值不断减少）。按照这种思路继续，就有可能得到 J^*，从而求得式(5.2.2)的最优解 $\boldsymbol{x}^*$。下面就根据 $\hat{\boldsymbol{x}}^{(k)}$ 与 $\boldsymbol{x}^{(k)}$ 之间不同情况来分析讨论。

现有一个一般正定二次规划问题：

$$\begin{aligned} &\min f(\boldsymbol{x}) = \frac{1}{2}\boldsymbol{x}^{\mathrm{T}}\boldsymbol{Hx} + \boldsymbol{c}^{\mathrm{T}}\boldsymbol{x} \\ &\mathrm{s.t.} \\ &\begin{cases} \boldsymbol{a}_i\boldsymbol{x} = b_i, & i=1,\ 2,\ \cdots,\ m \\ \boldsymbol{a}_j\boldsymbol{x} \geqslant b_j, & j=m+1,\ m+2,\ \cdots,\ L \end{cases} \end{aligned} \tag{5.2.10}$$

式中，$\boldsymbol{H}$ 为 n 阶对称正定阵；$\boldsymbol{x}$，$\boldsymbol{c} \in \mathbb{R}^n$；$\boldsymbol{a}_i (i=1,\ 2,\ \cdots,\ L)$ 为 n 维行向量，$\boldsymbol{a}_1$，$\boldsymbol{a}_2$，…，$\boldsymbol{a}_m$ 线性无关。b_1，b_2，…，b_L 为已知常数，$m \leqslant n$，用 χ 表示问题的可行域。

设 $\boldsymbol{x}^{(k)}$ 问题是式(5.2.10)的一个可行解，其起作用约束指标集为 J_k。设 J_k 中有七个元素，为了方便，记 $J_k=\{1,\ 2,\ \cdots,\ m,\ m+1,\ \cdots,\ t\}$，且 $\boldsymbol{a}_i (i \in J_k)$ 线性无关。由定理 5.2.3 可知，只要求解相应的等式约束的 QP 问题：

$$\begin{aligned} &\min f(\boldsymbol{x}) = \frac{1}{2}\boldsymbol{x}^{\mathrm{T}}\boldsymbol{Hx} + \boldsymbol{c}^{\mathrm{T}}\boldsymbol{x} \\ &\mathrm{s.t.} \\ &\boldsymbol{a}_i\boldsymbol{x} = b_i, \quad i \in J_k \end{aligned} \tag{5.2.11}$$

设式(5.2.11)的最优解为 $\hat{\boldsymbol{x}}^{(k)}$，相应的乘子向量为 $\boldsymbol{\Lambda}_k$，为了能进一步理解 $\hat{\boldsymbol{x}}^{(k)}$ 与 $\boldsymbol{x}^{(k)}$ 之间的关系，以及以后将正定二次规划的解法推广到一般非线性规划中去，我们对式

(5.2.11)的解法做些变动。设 $\boldsymbol{x}^{(k)}$ 是式(5.2.10)(同时也是式(5.2.11))的可行解,而 $\hat{\boldsymbol{x}}^{(k)}$ 是式(5.2.11)的最优解。令 $\boldsymbol{P}_k=\hat{\boldsymbol{x}}^{(k)}-\boldsymbol{x}^{(k)}$,即认为 $\boldsymbol{P}_k$ 是从点 $\boldsymbol{x}^{(k)}$ 出发至 $\hat{\boldsymbol{x}}^{(k)}$ 的方向。如果求出了 $\boldsymbol{P}_k$,也就找出了 $\hat{\boldsymbol{x}}^{(k)}$,记 $\hat{\boldsymbol{x}}^{(k)}=\boldsymbol{x}^{(k)}+\boldsymbol{P}_k$,有:

$$
\begin{aligned}
f(\hat{\boldsymbol{x}}^{(k)}) &= \frac{1}{2}(\hat{\boldsymbol{x}}^{(k)})^{\mathrm{T}}\boldsymbol{H}(\hat{\boldsymbol{x}}^{(k)})+\boldsymbol{c}^{T}\hat{\boldsymbol{x}}^{(k)} \\
&= \frac{1}{2}(\boldsymbol{x}^{(k)}+\boldsymbol{P}_k)^{\mathrm{T}}\boldsymbol{H}(\boldsymbol{x}^{(k)}+\boldsymbol{P}_k)+\boldsymbol{c}^{\mathrm{T}}(\boldsymbol{x}^{(k)}+\boldsymbol{P}_k) \\
&= \frac{1}{2}\boldsymbol{P}_k^{\mathrm{T}}\boldsymbol{H}\boldsymbol{P}_k+(\boldsymbol{H}\boldsymbol{x}^{(k)}+\boldsymbol{c})^{\mathrm{T}}\boldsymbol{P}_k+f(\boldsymbol{x}^{(k)})
\end{aligned}
$$

又因为 $\nabla f(\boldsymbol{x}^{(k)})=\boldsymbol{H}\boldsymbol{x}^{(k)}+\boldsymbol{c}$,因此上式也可写成:

$$
f(\hat{\boldsymbol{x}}^{(k)})=\frac{1}{2}\boldsymbol{P}_k^{\mathrm{T}}\boldsymbol{H}\boldsymbol{P}_k+\nabla f(\boldsymbol{x}^{(k)})^{\mathrm{T}}\boldsymbol{P}_k+f(\boldsymbol{x}^{(k)})
$$

$f(\boldsymbol{x}^{(k)})$ 是常数,因此求解式(5.2.11)就可化为求解:

$$
\begin{aligned}
\min f_1(\boldsymbol{x}) &= \frac{1}{2}\boldsymbol{P}_k^{\mathrm{T}}\boldsymbol{H}\boldsymbol{P}_k+(\boldsymbol{H}\boldsymbol{x}^{(k)}+\boldsymbol{c})^{\mathrm{T}}\boldsymbol{P}_k \\
&= \frac{1}{2}\boldsymbol{P}_k^{\mathrm{T}}\boldsymbol{H}\boldsymbol{P}_k+\nabla f(\boldsymbol{x}^{(k)})^{\mathrm{T}}\boldsymbol{P}_k
\end{aligned}
\tag{5.2.12}
$$

s.t.

$$
\boldsymbol{a}_i\boldsymbol{P}_k=b_i,\quad i\in J_k
$$

若 $\hat{\boldsymbol{x}}^{(k)}$ 是式(5.2.11)的最优解,$\hat{\boldsymbol{x}}^{(k)}=\boldsymbol{x}^{(k)}+\boldsymbol{P}_k$,则 $\hat{\boldsymbol{x}}^{(k)}$ 满足 $\boldsymbol{a}_i\hat{\boldsymbol{x}}^{(k)}=b_i$,又因为 $\boldsymbol{x}^{(k)}$ 也是式(5.2.11)的可行解,因此必有 $\boldsymbol{a}_i\boldsymbol{P}_k=0$, $i\in J_k$。因此式(5.2.12)可改写为:

$$
\begin{aligned}
\min f_1(\boldsymbol{x}) &= \frac{1}{2}\boldsymbol{P}_k^{\mathrm{T}}\boldsymbol{H}\boldsymbol{P}_k+(\boldsymbol{H}\boldsymbol{x}^{(k)}+\boldsymbol{c})^{\mathrm{T}}\boldsymbol{P}_k \\
&= \frac{1}{2}\boldsymbol{P}_k^{\mathrm{T}}\boldsymbol{H}\boldsymbol{P}_k+\nabla f(\boldsymbol{x}^{(k)})^{\mathrm{T}}\boldsymbol{P}_k
\end{aligned}
\tag{5.2.13}
$$

s.t.

$$
\boldsymbol{a}_i\boldsymbol{P}_k=0,\quad i\in J_k
$$

因此 $\boldsymbol{P}_k$ 应是式(5.2.13)的最优解,相当于 $\hat{\boldsymbol{x}}^{(k)}$ 是式(5.2.11)的最优解。以下来讨论一旦求得 $\boldsymbol{P}_k$ 与 $\hat{\boldsymbol{x}}^{(k)}$ 后怎样来调整 J_k,分为以下几种情形:

(1) 若 $\hat{\boldsymbol{x}}^{(k)}=\boldsymbol{x}^{(k)}$,分为两种情形:

① 若乘子向量 $\boldsymbol{\Lambda}_k$ 中,对应于规划式(5.2.10)的不等式约束的那部分乘子:$\lambda_{m+1}^{(k)}$, $\lambda_{m+2}^{(k)}$, …, $\lambda_t^{(k)}$ 均 $\geqslant 0$,或可写成 $\lambda_j^{(k)}\geqslant 0$, $j\in J_k\backslash(1, 2, \cdots, m)$,则由 K-T 条件及定理 5.2.1 可知,$\hat{\boldsymbol{x}}^{(k)}$ 即为式(5.2.10)的最优解。

② 若 $\lambda_{m+1}^{(k)}$, $\lambda_{m+2}^{(k)}$, …, $\lambda_t^{(k)}$ 中有负值,则记 $\lambda_q^{(k)}=\min\{\lambda_j^{(k)}\mid j=m+1, \cdots, t\}$,则显然有 $\lambda_q^{(k)}<0$,这时令 $\boldsymbol{x}^{(k+1)}=\hat{\boldsymbol{x}}^{(k)}$, $J_{k+1}=J_k\backslash\{q\}$,再用 $\boldsymbol{x}^{(k+1)}$ 及 J_{k+1} 代替 $\boldsymbol{x}^{(k)}$ 及 J_k 来计算式(5.2.11)和式(5.2.13)。

(2) 若 $\hat{\boldsymbol{x}}^{(k)} \neq \boldsymbol{x}^{(k)}$，因为 $\hat{\boldsymbol{x}}^{(k)}$ 与 $\boldsymbol{x}^{(k)}$ 分别是规划式(5.2.11)的严格最优解与可行解，因此必有 $f(\hat{\boldsymbol{x}}^{(k)}) < f(\boldsymbol{x}^{(k)})$，也分为两种情形：

① 若 $\hat{\boldsymbol{x}}^{(k)} \in \chi$，即 $\hat{\boldsymbol{x}}^{(k)}$ 也为原规划问题式(5.2.10)的可行解。令 $\boldsymbol{x}^{(k+1)} = \hat{\boldsymbol{x}}^{(k)}$，求出 $\hat{\boldsymbol{x}}^{(k)}$ 点处的起作用约束集 J_{k+1}，用 $\boldsymbol{x}^{(k+1)}$ 及 J_{k+1} 代替 $\boldsymbol{x}^{(k)}$ 及 J_k 重新计算。

② 若 $\hat{\boldsymbol{x}}^{(k)} \notin \chi$，即 $\hat{\boldsymbol{x}}^{(k)}$ 虽然是式(5.2.11)的最优解，但不是式(5.2.10)的可行解。而 $\boldsymbol{x}^{(k)}$ 是式(5.2.10)的可行解。记 $\hat{\boldsymbol{x}}^{(k)} = \boldsymbol{x}^{(k)} + \boldsymbol{P}_k$。因为有 $f(\hat{\boldsymbol{x}}^{(k)}) < f(\boldsymbol{x}^{(k)})$，故 $\boldsymbol{P}_k$ 是下降方向的，但不是式(5.2.10)问题可行域的可行方向。说明当点 $\boldsymbol{x}^{(k)}$ 沿 $\boldsymbol{P}_k$ 走向 $\hat{\boldsymbol{x}}^{(k)}$ 的过程中，已越出了问题式(5.2.10)中某些不等式约束(因为等式约束必是 $\boldsymbol{x}^{(k)}$ 的起作用约束，它已经包含在式(5.2.11)中，而 $\hat{\boldsymbol{x}}^{(k)}$ 是满足式(5.2.11)的)。设点 $\boldsymbol{x}^{(k)}$ 沿 $\boldsymbol{P}_k$ 方向走向 $\hat{\boldsymbol{x}}^{(k)}$ 的过程中，最先遇到的那个不等式约束 $\boldsymbol{a}_i\boldsymbol{x} \geqslant b_i$，$t+1 \leqslant i \leqslant L$ (或说：$i \in (m+1, m+2, \cdots, L\backslash J_k)$) 的边界，其约束指标记为 γ，相应交点记为 $\boldsymbol{x}^{(k+1)}$，则有 $f(\boldsymbol{x}^{(k+1)}) < f(\boldsymbol{x}^{(k)})$ (因为 $\boldsymbol{P}_k$ 是下降方向)。记点 $\boldsymbol{x}^{(k+1)}$ 的起作用约束指标集为 J_{k+1}，则 $\boldsymbol{x}^{(k+1)}$ 应满足 $\boldsymbol{a}_i\boldsymbol{x} = b_i$，$i \in J_k$，故以 $\boldsymbol{x}^{(k+1)}$，J_{k+1} 分别代替 $\boldsymbol{x}^{(k)}$，J_k，重新计算式(5.2.11)和式(5.2.13)。

这样就可以从 J_k，$\boldsymbol{x}^{(k)}$ 起按不同情形向 J^* 靠拢(且按目标函数值下降的要求)。

4. 正定二次规划式(5.2.10)起作用约束集方法的计算步骤

第 1 步：选定初始可行点 $\boldsymbol{x}^{(1)}$ 及相应的起作用约束指标集 J_1，使 $\boldsymbol{a}_i (i \in J_1)$ 线性无关，令 $k=1$。

第 2 步：求解含有等式约束的正定二次规划问题式(5.2.13)，设其解为 $\boldsymbol{P}_k$。

第 3 步：若 $\boldsymbol{P}_k = \boldsymbol{0}$(即 $\hat{\boldsymbol{x}}^{(k)} = \boldsymbol{x}^{(k)}$)，则计算相应的乘子向量 $\boldsymbol{\Lambda}_k$，转第 4 步；若 $\boldsymbol{P}_k \neq \boldsymbol{0}$ 转第 5 步。

第 4 步：若 $\forall j \in J_k \backslash (1, 2, \cdots, m)$，都有 $\lambda_j^{(k)} \geqslant 0$ 成立，则 $\boldsymbol{x}^{(k)}$ 为规划式(5.2.10)的最优解，计算结束；否则求出 $\lambda_q^{(k)} = \min\{\lambda_j^{(k)} \mid j = m+1, \cdots, t\}$，令 $\boldsymbol{x}^{(k+1)} = \boldsymbol{x}^{(k)}$，$J_{k+1} = J_k \backslash \{q\}$，$k = k+1$，返回第 2 步。

第 5 步：若 $\hat{\boldsymbol{x}}^{(k)} = \boldsymbol{x}^{(k)} + \boldsymbol{P}_k (\boldsymbol{P}_k \neq \boldsymbol{0})$ 满足 $\boldsymbol{a}_i\boldsymbol{x} \geqslant \boldsymbol{b}_i$，$i \in \{m+1, m+2, \cdots, L\backslash J_k\}$ (即 $\hat{\boldsymbol{x}}^{(k)}$ 也满足式(5.2.10)的可行域)，则令 $\boldsymbol{x}^{(k+1)} = \hat{\boldsymbol{x}}^{(k)}$，计算 $\boldsymbol{x}^{(k+1)}$ 处起作用约束指标集 J_{k+1}，令 $k = k+1$，返回第 2 步；否则(即 $\hat{\boldsymbol{x}}^{(k)}$ 不是规划式(5.2.10)的可行解)转第 6 步。

第 6 步：从 $\boldsymbol{x}^{(k)}$ 点出发沿 $\boldsymbol{P}_k$ 方向进行一维搜索。记 $\boldsymbol{x}^{(k+1)} = \boldsymbol{x}^{(k)} + \alpha_k \boldsymbol{P}_k$，计算步长：

$$\hat{\alpha}_k = \min\left\{\frac{b_i - \boldsymbol{a}_i\boldsymbol{x}^{(k)}}{\boldsymbol{a}_i\boldsymbol{P}_k} \middle| i \in (m+1, m+2, \cdots, L)\backslash J_k, \boldsymbol{a}_i\boldsymbol{P}_k < 0\right\} \tag{5.2.14}$$

易见 $\hat{\alpha}_k$ 为正数。因此对每个 $i \in (m+1, m+2, \cdots, L)\backslash J_k$，$\boldsymbol{a}_i(\boldsymbol{x}^{(k)} + \hat{\alpha}_k\boldsymbol{P}_k) \geqslant b_i$ 必成立。取 $\alpha_i = \min\{1, \hat{\alpha}_k\}$，记 $\boldsymbol{x}^{(k+1)} = \boldsymbol{x}^{(k)} + \alpha_k\boldsymbol{P}_k$，计算点 $\boldsymbol{x}^{(k+1)}$ 处的起作用约束指标集 J_{k+1}。令 $k = k+1$ 返回第 2 步。

5.2.2　逐步二次逼近法介绍

上述对一般正定二次规划的解法可推广到求解一般非线性规划上去，产生了逐步二次规划法(Sequential Quadratic Programming，SQP)。

设有一般非线性规划：

$$
\begin{aligned}
&\min f(\boldsymbol{x})\\
&\text{s.t.}\\
&\begin{cases} h_i(\boldsymbol{x})=0, & i\in E=\{1,2,\cdots,m\}\\ g_i(\boldsymbol{x})\geqslant 0, & i\in I=\{m+1,m+2,\cdots,L\}\end{cases}
\end{aligned}
\tag{5.2.15}
$$

其中，$\boldsymbol{x}\in\mathbb{R}^n$；$f$，$h_i(\boldsymbol{x})$，$g_i(\boldsymbol{x})$：$\mathbb{R}^n\rightarrow\mathbb{R}$，假设 f 二次可微，$h_i(\boldsymbol{x})$，$g_i(\boldsymbol{x})$ 一次可微。记式(5.2.15)的可行域为 χ。

逐步二次规划的基本思想是：把问题式(5.2.15)化为求解一系列二次规划的子问题(S_k)逐步求解。假定第 k 次迭代开始时，已知近似解 $\boldsymbol{x}^{(k)}$ 及乘子向量 $\boldsymbol{\Lambda}_k$。仿照正定二次规划解法，令 $\boldsymbol{P}_k=\hat{\boldsymbol{x}}^{(k)}-\boldsymbol{x}^{(k)}$。将目标函数仿照式(5.2.12)改写为：

$$f(\boldsymbol{P})=\frac{1}{2}\boldsymbol{P}^{\mathrm{T}}\boldsymbol{B}_k\boldsymbol{P}+\nabla f(\boldsymbol{x}^{(k)})^{\mathrm{T}}\boldsymbol{P}$$

式中，$\boldsymbol{B}_k$ 是黑森矩阵的近似值。

而约束条件也仿照正定二次规划要求将它们线性化。将 $h_i(\boldsymbol{x})=0$ 及 $g_i(\boldsymbol{x})\geqslant 0$ 用一阶泰勒展开，得：

$$
\begin{aligned}
h_i(\boldsymbol{x})=0\Rightarrow h_i(\boldsymbol{x})&\approx h_i(\boldsymbol{x}^{(k)})+\nabla h_i(\boldsymbol{x}^{(k)})^{\mathrm{T}}(\boldsymbol{x}-\boldsymbol{x}^{(k)})\\
&=h_i(\boldsymbol{x}^{(k)})+\nabla h_i(\boldsymbol{x}^{(k)})^{\mathrm{T}}\boldsymbol{P}=0\\
g_i(\boldsymbol{x})\geqslant 0\Rightarrow g_i(\boldsymbol{x})&\approx g_i(\boldsymbol{x}^{(k)})+\nabla g_i(\boldsymbol{x}^{(k)})^{\mathrm{T}}(\boldsymbol{x}-\boldsymbol{x}^{(k)})\\
&=g_i(\boldsymbol{x}^{(k)})+\nabla g_i(\boldsymbol{x}^{(k)})^{\mathrm{T}}\boldsymbol{P}\geqslant 0
\end{aligned}
$$

因此可得到第 k 次迭代的近似二次规划问题(S_k)：

$$
\begin{aligned}
&\min f(\boldsymbol{P})=\frac{1}{2}\boldsymbol{P}^{\mathrm{T}}\boldsymbol{B}_k\boldsymbol{P}+\nabla f(\boldsymbol{x}^{(k)})^{\mathrm{T}}\boldsymbol{P}\\
&\text{s.t.}\\
&\begin{cases}\nabla h_i(\boldsymbol{x}^{(k)})^{\mathrm{T}}\boldsymbol{P}+h_i(\boldsymbol{x}^{(k)})=0,\ i\in E\\ \nabla g_i(\boldsymbol{x}^{(k)})^{\mathrm{T}}\boldsymbol{P}+g_i(\boldsymbol{x}^{(k)})\geqslant 0,\ i\in I\end{cases}
\end{aligned}
\tag{5.2.16}
$$

式中，$\boldsymbol{B}_k$ 是目标函数的黑森矩阵近似值。求解 S_k 后可得到 $\boldsymbol{x}^{(k+1)}$ 及 $\boldsymbol{\Lambda}_{k+1}$，$\boldsymbol{P}_k$。而 $\boldsymbol{B}_{k+1}$ 可通过 BFGS 公式由 $\boldsymbol{B}_k$ 修正得到。逐步二次规划法目前是求解一般有约束非线性规划的重要解法之一。MATLAB 解一般非线性方程组就是使用逐步二次规划法。

5.3 用 MATLAB 解决非线性规划中的优化问题

5.3.1 无约束非线性规划问题

1. fminunc 函数

用该函数求多变量无约束函数的最小值。多变量无约束函数的数学模型为

$$\min_{x} f(x)$$

式中，x 为矢量；$f(x)$ 为函数，返回标量。

fminunc 函数的调用格式如下：

- x = fminunc (fun,x0)

给定初值 x0,求 fun 函数的局部极小点 x。x0 可以是标量或矩阵。

- x = fminunc (fun,x0,options)

用 options 参数中指定的优化参数进行最小化。

- [x, fval] = fminunc (…)

将解 x 处目标函数的值返回到 fval 参数中。

- [x, fval, exitflag] = fminunc (…)

返回 exitflag 值,描述函数的输出条件。

- [x, fval, exitflag, output] = fminunc (…)

返回包含优化信息的结构输出。

- [x, fval, exitflag, output, grad] = fminunc (…)

将解 x 处 fun 函数的梯度值返回到 grad 参数中。

- [x, fval, exjdlag, output, grad,hessian] = fminunc (…)

将解 x 处目标函数的黑森矩阵信息返回到 hessian 参数中。

对规模不同的优化问题,fminunc 函数使用不同的优化算法。

(1) 大型优化算法

若用户在 fun 函数中提供梯度信息(并且 GradObj 参数由 optimset 函数设置为"on"),则默认函数将选择大型优化算法。该算法是基于内部反射牛顿法的子空间置信域法。计算中的每一次迭代涉及用 PCG 法求解大型线性系统得到的近似解。

(2) 中型优化算法

此时 fminunc 函数的参数 options.LargeScale 设置为"off"。该算法采用的是基于二次和三次混合插值一维搜索法的 BFGS 拟牛顿法。算法默认通过 BFGS 公式来更新黑森矩阵。通过将 HessUpdate 参数设置为"dfp",可以用 DFP 公式来求得黑森矩阵逆的近似。通过将 HeessUpdate 参数设置为"steepdecs",可以用最速下降法来更新黑森矩阵。但一般不建议使用最速下降法。

options.LineSearchType 设置为"quadcubic"时,默认一维搜索算法为二次和三次混合插值法。将 options.LineSearchType 设置为"cubicpoly"时,将采用三次插值法。第 2 种方法需要的目标函数计算次数更少,但梯度的计算次数更多。这样,如果提供了梯度信息,或者能较容易地算得,则三次插值法是更佳的选择。

注意:

① 对于求解平方和的问题,fminunc 函数不是最好的选择,用 lsqonlin 函数效果更佳。

② 使用大型优化算法时,必须通过将 options.GradObj 参数设置为"on"来提供梯度信息,否则将给出警告消息。

③ 目标函数必须是连续的。fminunc 函数有时会给出局部最优解。

④ fminunc 函数只对实数进行优化,即 x 必须为实数,而且 $f(x)$ 必须返回实数。当

x 为复数时，必须将它分解为实部和虚部。

⑤ 在使用大型优化算法时，梯度(options 参数中的 GradObj 必须设置为“on”)。

目前，若在 fun 函数中提供了解析梯度，则 options 参数 DerivativeCheck 不能用于大型优化算法以比较解析梯度和有限差分梯度。通过将 options 参数的 MaxIter 属性设置为 0 以用中型优化算法核对导数，然后重新用大型优化算法求解问题。

例 5.4 将下列函数最小化。

$$f(\boldsymbol{x})=3x_1^2+2x_1x_2+x_2^2$$

求解过程如下：(本例可扫描封底二维码获取相关资源)

首先创建 M 文件“myfun.m”。

```
function = myfun(x)
f = 3 * x(1)^2+2 * x(1) * x(2) + x(2)^2;  %目标函数
```

然后调用 fminunc 函数求[1, 1]附近的最小值。

```
x0 = [1, 1];
[x, fval] = fminunc(@myfun, x0)
```

经过 12 次迭代以后，返回解 x 和相应的函数值 fval。

```
x =
1.0e-006 *
0.2541      -0.2029
fval =
1.3173e-013
```

下面用提供的梯度 g 使函数最小化。建立 M 文件“myfun2.m”如下：

```
function [f, g]= myfun2(x)
f = 3 * x(1)^2+2 * x(1) * x(2) + x(2)^2;  %目标函数
if nargout>1
g(1) = 6 * x(1) + 2 * x(2);
g(2) = 2 * x(1) + 2 * x(2);
end
```

下面通过将优化选项 options.GradObj 设置为“on”来得到梯度值。

```
options = optimset('GradObj', 'on');
x0 = [1, 1];
[x, fval] = fminunc(@myfun2, x0, options)
```

经过数次迭代后，返回解 x 和 x 处的函数值 fval。

```
X = 1.0e-015*
0.1110   -0.8882
fval = 6.2862e-031
```

2. fminsearch 函数

利用 fminsearch 函数求解多变量无约束函数的最小值，其一般调用格式如下：

```
X= fminsearch(fun,x0, options);
```

用 options 参数指定的优化参数进行最小化。

对于求解二次以上的问题，fminunc 函数比 fminsearch 函数有效。但是，当问题为高度非线性时，fminsearch 函数更具稳健性。

注意：应用 fminsearch 函数可能得到局部最优解。fminsearch 函数只对实数进行最小化，即 x 必须由实数组成，$f(x)$ 函数必须返回实数。如果 x 为复数，则必须将它分为实数和虚数两部分。

另外，fminsearch 函数不适合求解平方和问题，用 lsqonlin 函数更好一些。

例 5.5　使一维函数 $f(x)=\sin(x)+3$ 最小化。

求解过程如下：

首先创建 M 文件"myfun.m"。

```
function = myfun(x)
f=sin(x)+3;
```

然后调用 fminsearch 函数求 2 附近函数的最小值。

```
x=fminsearch (@myfun, 2)
X=
4.7124
```

下面使用命令行使该函数最小化：

```
f=inline('sin( x)+3');
x=fminsearch(f, 2);
```

5.3.2　有约束非线性最优化问题

利用 fmincon 函数求多变量有约束非线性函数的最小值。假设多变量非线性函数的数学模型设为：

$$\min f(\boldsymbol{x})$$
$$\text{s.t.}$$
$$\begin{cases} c(\boldsymbol{x})\leqslant 0 \\ c_{\text{eq}}(\boldsymbol{x})=0 \\ \boldsymbol{A}\boldsymbol{x}\leqslant \boldsymbol{b} \\ \boldsymbol{A}_{\text{eq}}\boldsymbol{x}=\boldsymbol{b}_{\text{eq}} \\ \boldsymbol{lb}\leqslant \boldsymbol{x}\leqslant \boldsymbol{ub} \end{cases}$$

式中，$\boldsymbol{x}$，$\boldsymbol{b}$，$\boldsymbol{b}_{\text{eq}}$，$\boldsymbol{lb}$ 和 $\boldsymbol{ub}$ 为向量；$\boldsymbol{A}$，$\boldsymbol{A}_{\text{eq}}$ 为矩阵；$c(\boldsymbol{x})$ 和 $c_{\text{eq}}(\boldsymbol{x})$ 为函数，返回标量。$f(\boldsymbol{x})$，$c(\boldsymbol{x})$，$c_{\text{eq}}(\boldsymbol{x})$ 可以是非线性函数。

fmincon 函数的调用格式如下：

- `x=fmincon(fun,x0,A,b)`

给定初值 x0,求解 fun 函数的最小值 x。fun 函数的约束条件为 A* x≤b, x0 可以是标量、矢量或矩阵。

- x = fmincon(fun, x0, A, b, Aeq, beq)

最小化 fun 函数,约束条件为 Aeq * x=beq 和 A * x≤b。若没有不等式存在,则设置A=[],b=[]。

- x = fmincon(fun, x0, A, b, Aeq, beq, lb, ub)

定义设计变量 x 的下界 lb 和上界 ub,使得总是有 lb≤x≤ub。若无线性等式约束存在,则令 Aeq=[],beq=[]。

- x = fmincon(fun, x0, A, b, Aeq, beq, lb, ub, nonlcon)

在上面的基础上,在 nonlcon 参数中提供非线性不等式 c(x)或(和)ceq(x)。fmincon 函数要求 $c(x) \leqslant 0$ 且ceq(x)=0。当无边界存在时,令 lb=[]和(或)ub=[]。

- x = fmincon(fun, x0, A, b, Aeq, beq, lb, ub, nonlcon, options)

用 options 参数指定的优化参数进行最小化。

- x = fmincon(fun, x0, A, b, Aeq, beq, lb, ub, nonlcon, options, P1, P2…)

将问题参数 P1, P2 等直接传递给函数 fun 和参数 nonlcon,若不需要这些变量,则传递空矩阵到 A, b, Aeq, beq, lb, ub, nonlcon 和 options。

- [x, fval] = fmincon(…)

返回解 x 处的目标函数值。

- [x, fval, exitflag] = fmincon(…)

返回 exitflag 参数,描述函数计算的退出条件。

- [x, fval, exitflag, output] = fmincon(…)

返回包含优化信息的输出参数output。

- [x, fval, exitflag, output, lambda] = fmincon(…)

返回解 x 处包含拉格朗日乘子的 lambda 参数。

- [x, fval, exitflag, output, lambda, grad] = fmincon(…)

返回解 x 处 fun 函数的梯度。

- [x, fval, exitflag, output, lambda, grad, hessian] = fmincon(…)

返回解 x 处 fun 函数的黑森矩阵。

各调用格式中,nonlcon 参数计算非线性不等式约束 c(x)≤0 和非线性等式约束 ceq(x)=0。nonlcon 参数是一个包含函数名的字符串。该函数可以是 M 文件、内部文件或 MEX 文件。它要求输入一个矢量 x,返回两个变量——解 x 处的非线性不等式矢量 c 和非线性等式矢量 ceq。例如,若 nonlcon 设置为“mycon”则 M 文件“mycon.m”具有下面的形式:

```
function [c, ceq] = mycon(x)
c = …   %计算 x 处的非线性不等式
ceq = …%计算 x 处的非线性等式
```

若还计算了约束的梯度,即

```
options = optimset('GradConstr', 'on')
```

则 nonlcon 函数必须在第 3 个和第 4 个输出变量中返回 c(x)的梯度 GC 和 ceq(x)的梯度 Gceq。当被调用的 nonlcon 函数只需要两个输出变量(此时优化算法只需要 c 和 ceq 的值,而不需要 GC 和 Gceq)时,可以通过查看 nargout 的值来避免计算 GC 和 Gceq 的值。

```
function [c, ceq, GC, GCeq] = mycon(x)
c = ...                    %解 x 处的非线性不等式
ceq = ...                  %解 x 处的非线性等式
if nargout>2               %被调用的 nonlcon 函数,要求有 4 个输出变量
    GC = ...               %不等式的梯度
    GCeq = ...             %等式的梯度
end
```

若 nonlcon 函数返回长度为 m 的矢量 c 和长度为 n 的 x,则 c(x)的梯度 GC 是一个 n×m 的矩阵,其中 GC(i,j)是 c(j)对 x(i)的偏导数。同样,若 ceq 是一个 p 元素的矢量,则 ceq(x)的梯度 Gceq 是一个 n×p 的矩阵,其中 Gceq(i,j)是 ceq(j)对 x(i)的偏导数。

根据问题规模的不同,fmincon 函数使用不同的优化算法:

◆ 大型优化算法:默认时,若提供了函数的梯度信息,并且只有上下界存在或只有线性等式约束存在,则 fmincon 函数将选择大型算法。该算法是基于内部反射牛顿法(Interior Reflective Newton Method, IRNM)的子空间置信域法(Subspace Trust-Region, STR)。该算法的每一次迭代都与用 PCG 法求解大型线性系统得到的近似解有关。

◆ 中型优化算法:fmincon 函数使用序列二次规划法(SQP)。该法中,在每一步迭代中求解二次规划子问题,并用 BFGS 法更新拉格朗日黑森矩阵。

在使用该函数的过程中,还有一些需要注意的问题:

(1) 大型优化问题

① 使用大型算法,必须在 fmincon 函数中提供梯度信息(options.GradObj 设置为"on")。如果没有梯度信息,则给出警告消息。

fmincon 函数允许 g(x)为一近似梯度,但使用真正的梯度时使优化过程更具稳健性。

② 当对矩阵的二阶导数(即黑森矩阵)进行计算以后,用该函数求解大型问题将更有效。但不需要求得真正的黑森矩阵,如果能提供黑森矩阵的稀疏结构的信息(用 options 参数的 HessPatter 属性),则 fmincon 函数可以算得黑森矩阵的稀疏有限差分近似。

③ 若 x0 不是严格可行的,则 fmincon 函数选择一个新的严格可行初始点。

④ 若 x 的某些元素没有上界或下界,则 fmincon 函数希望对应的元素设置为 Inf(对于上界)或－Inf(对于下界),而不希望强制性地给上界赋一个很大的值,给下界赋一个很小的负值。

⑤ 线性约束最小化课题中也有几个问题需要注意:

◆ Aeq 矩阵中若存在密集列或近密集列(A dense/fairly dense column),将导致满秩并使计算费时。

◆ fmincon 函数剔除 Aeq 中线性相关的行,此过程需要反复进行因子分解,因此,如果线性相关行很多的话,计算将是一件很费时的事情。

◆ 每一次迭代都要用下式进行稀疏最小二乘求解:

$$B = A_{eq}^{T}\overline{R}^{T}$$

式中，R^{T} 为前提条件的乔累斯基因子。

(2) 中型优化问题

① 如果用 Aeq 和 beq 清楚地提供等式约束，将比用 lb 和 ub 获得更好的数值解。

② 在二次子问题中，若有等式约束并且因变等式(dependent equalities)被发现和剔除，则将在过程标题中显示“dependent”(当 output 参数要求使用 options. Display = 'iter')。只有在等式连续的情况下，因变等式才会被剔除。若等式系统不连续，则问题将不可行并在过程标题中输出 infeasible 消息。

大型优化问题的代码中不允许上限和下限相等，即不能有 lb(2)==ub(2)，否则会给出下面的出错消息：

```
Equal upper and lower bounds not permitted in this large-scale method. Use
equality constraints and the medium - scale method instead
```

若只有等式约束，仍然可以使用大型算法。当既有等式约束又有边界约束时，则使用中型算法。

(3) 使用 fmincon 函数的一些要求

① 目标函数和约束条件都必须是连续的，否则可能会给出局部最优解。

② 当问题不可行时，fmincon 函数将试图使最大约束值最小化。

③ 目标函数和约束函数都必须是实数。

④ 对于大型优化问题，使用大型优化算法时，用户必须在 fun 函数中提供梯度(options 参数的 GradObj 属性必须设置为“on”)，并且只可以指定上界和下界约束，或者只有线性约束必须存在，Aeq 的行数不能多于列数。

⑤ 现在，如果在 fun 函数中提供了解析梯度，则选项参数 DerivativeCheck 不能与大型方法一起用，以比较解析梯度和有限差分梯度。可以通过将 options 参数的 MaxIter 属性设置为 0 来用中型方法核对导数。然后用大型方法求解问题。

例 5.6 求侧面积为常数 $6\times5^2\ \mathrm{m}^2$ 的体积最大的长方体体积。

求解过程如下：(本例可扫描封底二维码获取相关资源)

设该长方体的长、宽、高分别为 x_1、x_2 和 x_3，据题意得到下面的数学模型：

$$\min z = -x_1x_2x_3$$

$$\text{s.t.}$$

$$2(x_2x_3 + x_3x_1 + x_1x_2) = 150$$

编写一个M文件“myfun.m”，返回 x 处的函数值 f。

```
function f = myfun(x)
f = - x(1) * x(2) * x(3);
```

由于约束条件是非线性等式约束，所以需要编写一个非线性约束条件 M 文件“mycon.m”：

```
function [c, ceq] = mycon(x)
ceq = x(2) * x(3) + x(3) * x(1) + x(1) * x(2) - 75;
c = 0;
```

下一步给定初值，并调用优化过程。

```
x0=[4 5 6]';
lb=zeros(3, 1);
[x, fval, exitflag, output, lambda]=fmincon(@myfun, x0, [], [], [], [], lb, [], @
mycon)
```

计算结果为：

```
Optimization terminated: first-order optimality measure less
than options.TolFun and maximum constraint violation is less
than options.TolCon.
Active inequalities (to within options.TolCon = 1e-006):
  lower      upper     ineqlin   ineqnonlin
                                     1

x =
    5.0000
    5.0000
    5.0000
fval =
 -125.0000
exitflag =
    1
output =
       iterations: 7
        funcCount: 34
         stepsize: 1
        algorithm: 'medium-scale: SQP, Quasi-Newton, line-search'
    firstorderopt: 7.5586e-007
     cgiterations: []
          message: [1x144 char]
lambda =
         lower: [3x1 double]
         upper: [3x1 double]
         eqlin: [0x1 double]
      eqnonlin: 2.5000
       ineqlin: [0x1 double]
    ineqnonlin: 0
```

优化结果显示过程成功收敛，搜索方向小于两倍 options. TolX，最大违约值小于 options. TolCon，主动约束为 1 个。

问题的解为 $x(1)=x(2)=x(3)=5.0000$ m，最大体积为 125.0000 m^3。exitflag=1，表示过程成功收敛于解 x 处。output 输出变量显示了收敛过程中的迭代次数、目标函数计算次数、步长、算法等信息。lambda 则包含模型信息。

例 5.7 试设计一压缩圆柱螺旋弹簧,要求其质量最小。弹簧材料为 65Mn,最大工作载荷 $P_{max}=40$ N,最小工作载荷为 0 N,载荷变化频率 $f_r=25$ Hz,弹簧寿命为 104 h,弹簧钢丝直径 d 的取值范围为 1~4 mm,中径 D_2 的取值范围为 10~30 mm,工作圈数 n 不应小于 4.5 圈,弹簧旋绕比 C 不应小于 4,弹簧一端固定,一端自由,工作温度为 50℃,弹簧变形量不小于 10 mm。

求解过程如下:(本例可扫描封底二维码获取相关资源)

本题的优化目标是使弹簧质量最小,圆柱螺旋弹簧的质量可以表示为:

$$M \approx \gamma(n+n_2)\pi D_2 \frac{\pi}{4}d^2$$

式中,γ ——弹簧材料的密度,对于钢材 $\gamma=7.8\times10^{-6}$ kg/mm^3;

n ——工作圈数;

n_2——死圈数,常取 $n_2=1.5\sim2.5$,现取 $n_2=2$;

D_2——弹簧中径(mm);

d ——弹簧钢丝直径(mm)。

设弹簧钢丝直径为 x_1,工作圈数为 x_2,弹簧中径为 x_3,将已知参数代入公式,进行整理以后得到问题的目标函数为:

$$f(\boldsymbol{X})=M=0.192\,457\times10^{-4}(x_2+2)x_1^2x_3$$

根据弹簧性能和结构上的要求,可写出问题的约束条件:

(1) 强度条件

$$g_1(\boldsymbol{X})=350-163.0x_1^{-2.86}x_3^{0.86}\geqslant 0$$

(2) 刚度条件

$$g_2(\boldsymbol{X})=0.4\times10^{-2}x_1^{-4}x_2x_3^3-10.0\geqslant 0$$

(3) 稳定性条件

$$g_3(\boldsymbol{X})=3.7x_3-(x_2+1.5)x_1-0.44\times10^{-2}x_1^{-4}x_2x_3^3\geqslant 0$$

(4) 不发生共振现象,要求

$$g_4(\boldsymbol{X})=0.356\times10^6x_1x_2^{-1}x_3^{-2}-375\geqslant 0$$

(5) 弹簧旋绕比的限制

$$g_5(\boldsymbol{X})=x_3x_1^{-1}-4.0\geqslant 0$$

(6) 对 d, n, D_2 的限制

$$1.0\leqslant d\leqslant 4.0$$

且 d 应取标准值,即 1.0, 1.2, 1.6, 2.0, 2.5, 3.0, 3.5, 4.0 mm 等。

$$4.5\leqslant n\leqslant 50$$
$$10\leqslant D_2\leqslant 30$$

由上述可知，该压缩圆柱螺旋弹簧的优化设计是一个三维的约束优化问题，其数学模型为：

$$\min f(\boldsymbol{X})=M=0.192\,457\times 10^{-4}(x_2+2)x_1^2x_3$$

s.t.

$$\begin{cases} g_1(\boldsymbol{X})=350-163.0x_1^{-2.86}x_3^{0.86}\geqslant 0 \\ g_2(\boldsymbol{X})=0.4\times 10^{-2}x_1^{-4}x_2x_3^3-10.0\geqslant 0 \\ g_3(\boldsymbol{X})=3.7x_3-(x_2+1.5)x_1-0.44\times 10^{-2}x_1^{-4}x_2x_3^3\geqslant 0 \\ g_4(\boldsymbol{X})=0.356\times 10^6x_1x_2^{-1}x_3^{-2}-375\geqslant 0 \\ g_5(\boldsymbol{X})=x_3x_1^{-1}-4.0\geqslant 0 \\ g_6(\boldsymbol{X})=x_1-1\geqslant 0 \\ g_7(\boldsymbol{X})=4-x_1\geqslant 0 \\ g_8(\boldsymbol{X})=x_2-4.5\geqslant 0 \\ g_9(\boldsymbol{X})=50-x_2\geqslant 0 \\ g_{10}(\boldsymbol{X})=x_3-10\geqslant 0 \\ g_{11}(\boldsymbol{X})=30-x_3\geqslant 0 \end{cases}$$

取初始设计参数为 $\boldsymbol{X}^{(0)}=[2.0,\ 5.0,\ 25.0]^{\mathrm{T}}$

首先编写目标函数的 M 文件“myfun.m”，返回 x 处的函数值 f。

```
function f=myfun(x)
f=0.192457*1e-4*(x(2)+2)*x(1)^2*x(3)
```

由于约束条件中有非线性约束，所以需要编写一个描述非线性约束条件的 M 文件“mycon.m”：

```
function [c, ceq]=mycon(x)
c(1)=350-163*x(1)^(-2.86)*x(3)^0.86;
c(2)=10-0.4*0.01*x(1)^(-4)*x(2)*x(3)^3;
c(3)=(x(2)+1.5)*x(1)+0.44*0.01*x(1)^(-4)*x(2)*x(3)^3-3.7*x(3);
c(4)=375-0.356*1e6*x(1)*x(2)^(-1)*x(3)^(-2);
c(5)=4-x(3)/x(1);
ceq=0;
```

然后创建“main.m”文件，在该文件中：

设置线性约束的系数：

```
A =[-1     0     0
     1     0     0
     0    -1     0
     0     1     0
     0     0    -1
     0     0     1 ];
b=[-1 4 -4.5 50 -10 30]';
```

下一步给定初值,给定变量的下限约束,并调用优化过程。

```
x0=[2.0 5.0 25.0 ]';
lb=zeros(3, 1)
[x, fval, exitflag, output, lambda]=fmincon(@myfun, x0, A, b, [], [], b, [], @ mycon);
```

运行"main.m"文件,计算结果为:

```
Optimization terminated: magnitude of directional derivative in search
direction less than 2* options.TolFun and maximum constraint violation
  is less than options.TolCon.
Active inequalities (to within options.TolCon = 1e-006):
  lower        upper      ineqlin   ineqnonlin
                                    3

x =
    1.6564
    4.5000
  16.1141
fval =
    0.0055
exitflag =
    5
output =
        iterations: 3
          funcCount: 16
          stepsize: 1
          algorithm: 'medium-scale: SQP, Quasi-Newton, line-search'
    firstorderopt: 0.0067
    cgiterations: []
            message: [1x172 char]
lambda =
          lower: [3x1 double]
          upper: [3x1 double]
          eqlin: [0x1 double]
      eqnonlin: 0
        ineqlin: [6x1 double]
    ineqnonlin: [5x1 double]
```

所以当弹簧钢丝的直径 d、工作圈数 n 及中径 D_2 分别取 1.656 4 mm,4.500 0 mm 和 16.114 1 mm 时弹簧质量最小,为 5.5 g。考虑到实际情况,各参数可分别取 1.6 mm,5.0 mm 和 16.0 mm。

5.3.3 二次规划

(1) 利用 quadprog 函数求解二次规划问题,其调用格式为:

- x=quadprog(H, f, A, b)

返回矢量 x,使函数 1/2 * x′ * H * x+f′ * x 最小化,其约束条件为 A * x≤b。

- x=quadprog(H, f, A, b, Aeq, beq)

仍然求解上面的问题,但添加了等式约束条件 Aeq * x=beq。

- x=quadprog(H, f, A, b, lb, ub)

定义设计变量的下界 lb 和上界 ub,使得 lb≤x≤ub。

- x=quadprog(H, t, A, b, lb, ub, x0)

同上,并设置初值 x0。

- x=quadprog(H, t, A, b, 1b. ub, x0, options)

根据 options 参数指定的优化参数进行优化。

- [x, fval]=quadprog (…)

返回解 x 处的目标函数值 fval=0.5 * x′ * H * x+f′ * x。

- [x, fval, exitflag]=quadprog (…)

返回 exitflag 参数,描述计算的退出条件。

- [x, fval, exitflag, output]=quadprog (…)

返回包含优化信息的结构输出 output。

- [x, fval, exitflag, output, lambda]=quadprog (…)

返回解 x 处包含拉格朗日乘子的 lambda 结构参数。

需要注意的几点如下:

① 一般地,如果问题不是严格凸性的,用 quadprog 函数得到的可能是局部最优解。

② 如果用 Aeq 和 beq 明确地指定等式约束,而不是用 lb 和 ub 指定,则可以得到更好的数值解。

③ 若 x 的组分没有上限或下限,则 quadprog 函数希望将对应的组分设置为 Inf(对于上限)或-Inf(对于下限),而不是强制性地给予上限一个很大的数或给予下限一个很小的负数。

④ 对于大型优化问题,若没有提供初值 x0,或 x0 不是严格可行,则 quadprog 函数会选择一个新的初始可行点。

⑤ 若为等式约束,又 quadprog 函数发现负曲率(negative curvature),则优化过程终止,exitflag 的值等于-1。

(2) 根据问题的规模,quadprog 函数可使用不同的优化算法如下:

① 大型优化算法:当优化问题只有上界和下界,而没有线性不等式或等式约束,则默认算法为大型算法。或者,如果优化问题中只有线性等式,而没有上界和下界或线性不等式时,默认算法也是大型算法。大型算法是基于内部反射牛顿法(interior reflective Newton method)的子空间置信域法(subspace trust-region)。该法的每一次迭代都与用 PCG 法求解大型线性系统得到的近似解有关。

② 中型优化算法:quadprog 函数使用活动集法,它也是一种投影法,首先通过求解线性规划问题来获得初始可行解。

(3) 在使用 quadprog 函数的过程中,需要注意以下一些问题:

① 大型优化问题。大型优化问题不允许约束上限和下限相等,若 lb(2)==ub(2),则会给出以下出错消息:

```
Equal upper and lower bounds not permitted in this large-scale method.Use
equality constraints and the medium-scale method instead
```

若优化模型中只有等式约束，仍然可以使用大型算法；如果模型中既有等式约束又有边界约束，则必须使用中型方法。

② 中型优化问题。当解不可行时，quadprog 函数给出以下警告：

```
Warning: The constraints are overly stringent; there is no feasible solution.
```

这里，quadprog 函数生成使约束矛盾最坏程度最小的结果。当等式约束不协调时，给出下面的警告消息：

```
Warning: The equality constraints are overly stringent; there is no feasible solution.
```

当黑森矩阵为负半定时，生成无边界解，给出下面的警告消息：

```
Warning: The solution is unbounded and at infinity; the constraints are not restrictive
enough.
```

这里，quadprog 函数返回满足约束条件的 x 值。

另外，使用该函数时还有下面一些要求：

◆ 此时，显示水平只能选择"off"和"final"，迭代参数"iter"不可用。

◆ 当问题不定或负定时，常常无解（此时 exitflag 参数给出一个负值，表示优化过程不收敛）。若正定解存在，则 quadprog 函数可能只给出局部极小值，因为问题可能是非凸的。

◆ 对于大型问题，不能依靠线性等式，因为 Aeq 必须是行满秩的，即 Aeq 的行数必须不多于列数。若不满足要求，则必须调用中型算法进行计算。

例 5.8 求解下面的最优化问题。

$$f(\boldsymbol{x})=\frac{1}{2}x_1^2+x_2^2-x_1x_2-2x_1-6x_2$$

$$\text{s.t.}\quad \begin{cases} x_1+x_2\leqslant 2 \\ -x_1+2x_2\leqslant 2 \\ 2x_1+x_2\leqslant 3 \\ 0\leqslant x_1,\quad 0\leqslant x_2 \end{cases}$$

求解过程如下：

首先，目标函数可以写成下面的矩阵形式：

$$\boldsymbol{H}=\begin{bmatrix}1 & -1\\ -1 & 2\end{bmatrix},\quad \boldsymbol{f}=\begin{bmatrix}-2\\ -6\end{bmatrix},\quad \boldsymbol{x}=\begin{bmatrix}x_1\\ x_2\end{bmatrix}$$

输入下列系数矩阵：

```
H=[1 -1;-1 2]
f=[-2;-6]
A=[1 1;-1 2;2 1]
```

```
b=[2;2;3]
lb=zeros(2, 1)
```

然后调用二次规划函数 quadprog：

```
[x, fval, exitflag, output, lambda]=quadprog(H, f, A, b, [], [], lb)
```

求得问题的解：

```
x =
    0.6667
    1.3333
fval =
   -8.2222
exitflag =
    1
output =
       iterations: 3
         algorithm: 'medium-scale: active-set'
    firstorderopt: []
    cgiterations: []
           message: 'Optimization terminated.'
lambda =
       lower: [2x1 double]
       upper: [2x1 double]
       eqlin: [0x1 double]
    ineqlin: [3x1 double]
```

5.4　交流最优潮流

5.4.1　最优潮流

1. 电力系统经典的经济调度与最优潮流

由于电力系统的庞大和重要，将最优化原理用到电力系统调度中以谋求经济效益，一直是人们关注的课题。原始研究工作可以追溯到 1920 年以前，到了 30 年代，电力系统经典的经济调度方法开始形成，其核心就是等微增率分配原则。

在经典调度方法中如何考虑网损修正，对此曾进行过许多研究。近来，考虑网损微增率的协调方程式在理论上被认为有缺陷，即具有病态的形式。在推导它的过程中，没有反映平衡节点的作用。协调方程之所以长期被各种文献引用，是因为可以根据它得出以下结论：

各发电单元的费用(或耗量)微增率经线损修正后彼此应相等。这个结论是正确的，它是等微增率原则的扩展。运用这个结论去进行调度实践，不至于出问题。从所谓良态的协调方程式也可得出上述结论，只不过各发电单元的费用（或耗量）微增率经线损修正以后在数值上等于平衡机的费用（或耗量）微增率，在数值上不再等于拉格朗日乘子了。平衡发电机的作用，就是使电网功率平衡方程保持基本满足，等式约束基本都是恒等式，这个约束也就不必考虑了。

网损修正中的主要问题，不在于协调方程是否病态，而在于工作量大。不论采用何种方法，计算网损微增率的工作量都不会很小。这成为经典调度方法的一个缺点。

其另一个缺点是除了可以考虑有功功率越限的约束之外，其他各种约束条件都不便引入，而各种可靠性约束都是应当遵守的。

最优潮流是指满足各节点正常功率平衡及各种可靠性不等式约束条件下，求以发电费用（或耗量）或网损为目标函数的最优潮流分布，它是最优化原理在动力系统的运用。比起经典经济调度方法来说，最优潮流具有统筹兼顾、全面规划的优点，不但考虑系统有功负荷而且考虑无功负荷的最优分配；不但考虑各发电单元的有功上、下限，还可以考虑各发电单元的无功上、下限，各节点电压大小的上、下限等。为了进一步反映系统可靠性限制，还可以考虑联络线功率限制，节点间的功角差限制等。这样一来，就能将可靠性运行和最优经济运行的问题，综合地用统一的数学模型来表述，从而把经济调度和安全监控结合起来。

最优潮流比经典的经济调度复杂，工作量也大，因此，在国内外，实际调度工作大多数仍采用经典方法，最优潮流总的来说还处于研究阶段。但是应该看到，经典方法中如果想对网损修正提出一定精度要求，也少不了要将潮流方程和协调方程交替进行解算。既然要算潮流，何不进行将经济与安全综合起来的最优潮流计算呢？美国在最优潮流方面的研究工作比较活跃，个别电力公司已开始实际应用，一方面他们在计算机技术和最优化方法方面有较高水平，另一方面他们对纽约大停电记忆犹新，深刻体会到不能脱离安全可靠的要求单纯去追求经济效益。可见，最优潮流是一个有前途的发展方向。

但不能认为，经典的调度方法今后将完全被最优潮流取代。在相当长时期，经典的调度方法仍会在许多场合被采用，例如在发电单元组合问题中，在比较不同组合的计算时，采用等微增率原则为基础的算法比较实用。不宜以任意一种可能组合作为一种最优潮流。可以考虑一种将经济调度方法与最优潮流结合起来的做法，即在组合的运算中借助经典的方法，在发电单元组合工作完成以后，再用最优潮流寻求较全面的最优工况。

2. Carpentier-Siroux 法

20 世纪 60 年代初期，Carpentier 与 Siroux 在法国首先探讨了最优潮流问题，他们的工作可以说是由经典的调度方法向最优潮流的早期过渡，目标已从单纯的有功经济分配过渡到统筹兼顾经济与安全。但是方法却要沿袭拉格朗日乘子法中的间接方法，如同经典调度方法所做的那样。

问题是求目标函数极小：

$$\min \sum_{i=1}^{m} F_i(P_{Gi})$$

式中，$F_i(P_{Gi})$ 表示第 i 个发电单元有功功率为 P_{Gi} 时单位时间所需费用或能源耗量；m 为发电机节点数。

此法以节点注入功率为等式约束条件，因此又称为注入法，等式约束形式为：

$$\varphi_{pi}=U_i\sum_{j\in i}U_j(G_{ij}\cos\delta_{ij}+B_{ij}\sin\delta_{ij})-P_{Gi}+P_{Di}=0\quad i\in i=1,\ 2,\ \cdots,\ N \tag{5.4.1}$$

$$\varphi_{qi}=U_i\sum_{j\in i}U_j(G_{ij}\sin\delta_{ij}-B_{ij}\cos\delta_{ij})-Q_{Gi}+Q_{Di}=0\quad i\in i=1,\ 2,\ \cdots,\ N \tag{5.4.2}$$

式中，P_{Gi}，Q_{Gi} 是 i 节点发电单元发出的有功功率和无功功率；P_{Di}，Q_{Di} 是 i 节点负荷的有功功率和无功功率；G_{ij}，B_{ij} 为导纳矩阵第（i，j）元素的实部和虚部；U_i，U_j 为 i，j 节点的电压幅值；δ_{ij} 为节点 i 和 j 的电压的相位差；$j\in i$ 表示 j 与 i 有导纳联系，并包括 $j=i$ 的情况。

不等式约束为：

$$\prod{}_i=P_{Gi}^2+Q_{Gi}^2-(S_i^M)^2\leqslant 0 \tag{5.4.3a}$$

$$\prod{}'_i=P_{Gi}^m-P_{Gi}\leqslant 0 \tag{5.4.3b}$$

$$\Psi_i=Q_{Gi}-Q_{Gi}^M\leqslant 0 \tag{5.4.3c}$$

$$\Psi'_i=Q_{Gi}^m-Q_{Gi}\leqslant 0 \tag{5.4.3d}$$

$$S=U_i-U_i^M\leqslant 0 \tag{5.4.3e}$$

$$S'=U_i^m-U_i\leqslant 0 \tag{5.4.3f}$$

$$\tau_{ij}=\delta_i-\delta_j-T_{ij}\leqslant 0 \tag{5.4.3g}$$

式中，S_i^M 是第 i 节点发电机视在功率上限；P_{Gi}^m 是第 i 节点发电机有功功率下限；第 i 节点发电无功功率上下限分别为 Q_{Gi}^M 和 Q_{Gi}^m。

除平衡节点外，第 i 节点电压幅值的上、下限分别为 U_i^M 和 U_i^m，最后一个不等式约束反映线路和变压器的功率传输能力。

引入松弛变量，将它们加进 $\prod_i$，$\prod'_i$，Ψ_i，Ψ'_i，S，S'，τ_{ij} 中去，可以将不等式约束转换成等式约束形式。运用拉格朗日乘数法可写出增广目标函数：

$$\begin{aligned}C^*=&\sum_{i=1}^{m}F_i(P_{Gi})+\sum_{i=1}^{N}(\lambda_{pi}\varphi_{pi}+\lambda_{qi}\varphi_{qi})\\&+\sum_{i=1}^{m}\left(\mu_i\prod{}_i+\mu'_i\prod{}'_i+e_i\Psi_i+e'\Psi'_i\right)\\&+\sum_{i=1}^{N}(l_iS_i+l'_iS'_i)+\sum_{i,\ j=1}^{N}t_{ij}\tau_{ij}\end{aligned} \tag{5.4.4}$$

根据库恩-塔克条件，可以得到以下一系列关系式：

首先由极值点必要条件

$$\frac{\partial C^*}{\partial P_{Gi}}=0$$

得到：

$$\frac{\mathrm{d}F_i}{\mathrm{d}P_{\mathrm{G}i}}-\lambda_{pi}+2\mu_iP_{\mathrm{G}i}-\mu_i'=0 \tag{5.4.5}$$

由

$$\frac{\partial C^*}{\partial Q_{\mathrm{G}i}}=0$$

得到：

$$-\lambda_{qi}+2\mu_iQ_{\mathrm{G}i}+e_i-e_i'=0 \tag{5.4.6}$$

由

$$\frac{\partial C^*}{\partial \delta_i}=0$$

得到：

$$\begin{aligned}&\lambda_{pi}U_i\sum_{j\in i}U_j(-G_{ij}\sin\delta_{ij}+B_{ij}\cos\delta_{ij})\\&\quad+\sum_{\substack{j\in i\\j\neq i}}\lambda_{pj}U_jU_i(G_{ji}\sin\delta_{ji}-B_{ji}\cos\delta_{ji})\\&\quad+\lambda_{qi}U_i\sum_{j\in i}U_j(G_{ij}\cos\delta_{ij}+B_{ij}\sin\delta_{ij})\\&\quad+\sum_{\substack{j\in i\\j\neq i}}\lambda_{qj}U_jU_i(-G_{ji}\cos\delta_{ji}+B_{ji}\sin\delta_{ji})\\&\quad+\sum_{\substack{j\in i\\j\neq i}}(t_{ij}-t_{ji})=0\end{aligned} \tag{5.4.7}$$

由

$$\frac{\partial C^*}{\partial U_i}=0$$

得到：

$$\begin{aligned}&\Big[2\lambda_{pi}U_iG_{ii}+\sum_{\substack{j\in i\\j\neq i}}\lambda_{pi}U_j(G_{ij}\cos\delta_{ij}+B_{ij}\sin\delta_{ij})\Big]\\&\quad+\sum_{\substack{j\in i\\j\neq i}}\lambda_{pj}U_j(G_{ji}\cos\delta_{ji}+B_{ji}\sin\delta_{ji})\\&\quad+\Big[-2\lambda_{qi}U_iB_{ii}+\sum_{j\in i}\lambda_{qi}U_j(G_{ij}\sin\delta_{ij}-B_{ij}\cos\delta_{ij})\Big]\\&\quad+\sum_{\substack{j\in i\\j\neq i}}\lambda_{qj}U_j(G_{ji}\sin\delta_{ji}-B_{ji}\cos\delta_{ji})\\&\quad+l_i-l_i'=0\end{aligned} \tag{5.4.8}$$

等式约束式(5.4.1)、式(5.4.2)以及不等式约束式(5.4.3a～g)也是一系列关系式的组成部分，除此之外，库恩-塔克条件还有以下关系式：

$$\mu_i[P_{\mathrm{G}i}^2+Q_{\mathrm{G}i}^2-(S_i^M)^2]=0\quad \mu_i\geqslant 0 \tag{5.4.9a}$$

$$\mu_i'(P_{\mathrm{G}i}^m-P_{\mathrm{G}i})=0\qquad\qquad \mu_i'\geqslant 0 \tag{5.4.9b}$$

$$e_i(Q_{Gi}-Q_{Gi}^M)=0 \qquad e_i \geqslant 0 \tag{5.4.9c}$$

$$e_i'(Q_{Gi}^m-Q_{Gi})=0 \qquad e_i' \geqslant 0 \tag{5.4.9d}$$

$$l_i(U_i-U_i^M)=0 \qquad l_i \geqslant 0 \tag{5.4.9e}$$

$$l_i'(U_i^m-U_i)=0 \qquad l_i' \geqslant 0 \tag{5.4.9f}$$

$$t_{ij}(\delta_i-\delta_j-T_{ij})=0 \qquad t_{ij} \geqslant 0 \tag{5.4.9g}$$

将式(5.4.1)～式(5.4.9)这一系列库恩-塔克条件关系式联立起来求解，就是 Carpentier 的注入法。

作为等式约束的潮流方程式是非线性的，将它们和其他库恩-塔克条件式联立求解，实践上是困难的，没有得到令人满意的解法。

Carpentier 等从统筹兼顾有功和无功安全和经济的角度出发，最先提出了最优潮流的任务，这是很可贵的。Carpentier 等不放弃经典的调度方法，用拉格朗日乘子法，根据库恩-塔克条件，得出了上述相当繁复的非线性方程组去求解。初期这样做是可以理解的，实践上不是很成功，但对后人有启示，吸引了许多人对最优潮流的任务去寻求新的解算方法。

5.4.2　梯度法的应用

Carpentier 用拉格朗日乘子法解条件极值问题时，借助了包括最优点条件在内的库恩-塔克条件，在方法上属于间接方法。可以考虑条件极值问题的直接解法。1968 年 H. W. Dommel和 W. F. Tinney 发表论文叙述了这方面的工作。他们利用牛顿-拉弗逊潮流程序，用梯度法进行搜索(称为 Dommel-Tinney 简化梯度法)，程序简便，存储需求小，探索了解算最优潮流的路数，曾受到普遍的重视。

设潮流计算中 $\boldsymbol{x}$ 为所有未知的 U 和 δ，$\boldsymbol{y}$ 为所有给定量。$\boldsymbol{x}$ 进一步区分为：

$$\boldsymbol{x}^{\mathrm{T}}=(\boldsymbol{x}_{\mathrm{G}}^{\mathrm{T}},\ \boldsymbol{x}_{\mathrm{D}}^{\mathrm{T}}) \tag{5.4.10}$$

分向量 $\boldsymbol{x}_{\mathrm{G}}$ 是发电机节点的未知相角：

$$\boldsymbol{x}_{\mathrm{G}}=(\delta_i,\ i\in R_{\mathrm{G}}) \tag{5.4.11}$$

负荷节点的未知电压和相角形成向量 $\boldsymbol{x}_{\mathrm{D}}$：

$$\boldsymbol{x}_{\mathrm{D}}=(U_i,\ \delta_i,\ i\in R_{\mathrm{D}}) \tag{5.4.12}$$

给定值向量可区分为：

$$\boldsymbol{y}^{\mathrm{T}}=(\boldsymbol{y}_s^{\mathrm{T}},\ \boldsymbol{y}_{\mathrm{G}}^{\mathrm{T}},\ \boldsymbol{y}_{\mathrm{D}}^{\mathrm{T}}) \tag{5.4.13}$$

平衡节点向量：

$$\boldsymbol{y}_s^{\mathrm{T}}=(U_1,\ \delta_1) \tag{5.4.14}$$

发电机向量：

$$\boldsymbol{y}_{\mathrm{G}}^{\mathrm{T}}=(P_{Ni},\ U_i,\ i\in R_{\mathrm{G}}) \tag{5.4.15}$$

已知的负荷向量：

$$\boldsymbol{y}_{\mathrm{D}}^{\mathrm{T}}=(P_{Ni},\ Q_{Ni},\ i\in R_{\mathrm{D}}) \tag{5.4.16}$$

潮流方程式为：

$$P_i(\delta,\ U)-P_{Ni}=U_i\sum_{j\in i}U_j(G_{ij}\cos\delta_{ij}+B_{ij}\sin\delta_{ij})-P_{Ni}=0 \tag{5.4.17}$$

$$Q_i(\delta,\ U)-Q_{Ni}=U_i\sum_{j\in i}U_j(G_{ij}\sin\delta_{ij}+B_{ij}\cos\delta_{ij})-Q_{Ni}=0 \tag{5.4.18}$$

式中，P_{Ni} 和 Q_{Ni} 分别为节点注入的有功功率和无功功率。

先复习一下用牛顿-拉弗逊法解算潮流的过程。

选择与未知量 $\boldsymbol{x}$ 个数相同的方程式：

$$g(\boldsymbol{x},\ \boldsymbol{y})=0 \tag{5.4.19}$$

式(5.4.19)方程组对每个 PQ 节点有两个方程式，它们各自具有式(5.4.17)及式(5.4.18)的形式。对于每一个 PV 节点，只要一个具有式(5.4.17)那样形式的方程式就够了，因为极坐标下一个发电机节点的未知量就是一个相角 δ_i。

解修正方程式：

$$\left[\frac{\partial g}{\partial x}(\boldsymbol{x}^{(k)},\ \boldsymbol{y})\right]\Delta\boldsymbol{x}=-g(\boldsymbol{x}^{(k)},\ \boldsymbol{y}) \tag{5.4.20}$$

其中 $\left[\frac{\partial g}{\partial x}(\boldsymbol{x}^{(k)},\ \boldsymbol{y})\right]$ 为雅可比矩阵 $\boldsymbol{J}_x$。

逐步修正 $\boldsymbol{x}$：

$$\boldsymbol{x}^{k+1}=\boldsymbol{x}^{k}+\Delta\boldsymbol{x} \tag{5.4.21}$$

直到满足收敛条件为止。

在最优潮流问题中，独立变量 $\boldsymbol{y}$ 的一部分可以调节：

$$\boldsymbol{y}^{\mathrm{T}}=(\boldsymbol{u}^{\mathrm{T}},\ \boldsymbol{p}^{\mathrm{T}}) \tag{5.4.22}$$

其中，$\boldsymbol{u}$ 为可调节部分；$\boldsymbol{p}$ 为固定部分。

发电机节点的电压和有功功率，变压器的变比等属于可调节部分。

潮流方程可以写成：

$$g(\boldsymbol{x},\ \boldsymbol{u},\ \boldsymbol{p})=0 \tag{5.4.23}$$

最优潮流就是要将目标函数极小化：

$$C=\min f(\boldsymbol{x},\ \boldsymbol{u}) \tag{5.4.24}$$

等式约束就是潮流方程(5.4.23)。

目标函数可以是单位时间总生产费用，也可以是系统总网损。

以总生产费用(或总能源耗量)为目标函数时

$$f(\boldsymbol{x},\ \boldsymbol{u})=\sum F_i(P_{\mathrm{G}i}) \tag{5.4.25}$$

在平衡节点(设为第一节点)以外的各发电节点的有功功率固定时,要想减少系统总网损,目标函数可以是最小化平衡节点的有功功率:

$$f(\boldsymbol{x},\boldsymbol{u})=P_1 \tag{5.4.26}$$

根据拉格朗日乘子法,可得增广目标函数:

$$C^*=f(\boldsymbol{x},\boldsymbol{u})+\boldsymbol{\lambda}^{\mathrm{T}}g(\boldsymbol{x},\boldsymbol{u},\boldsymbol{p}) \tag{5.4.27}$$

最优点的必要条件为:

$$\frac{\partial C^*}{\partial \boldsymbol{x}}=\nabla f_x+\boldsymbol{J}_x^{\mathrm{T}}\boldsymbol{\lambda}=0 \tag{5.4.28a}$$

$$\frac{\partial C^*}{\partial \boldsymbol{u}}=\nabla f_u+\boldsymbol{J}_u^{\mathrm{T}}\boldsymbol{\lambda}=0 \tag{5.4.28b}$$

$$\frac{\partial C^*}{\partial \boldsymbol{\lambda}}=g(\boldsymbol{x},\boldsymbol{u},\boldsymbol{p})=0 \tag{5.4.28c}$$

应该注意式(5.4.28a)包含了牛顿-拉弗逊法潮流计算中雅可比矩阵的转置。对于任何允许的潮流解而言,式(5.4.28c)都能够满足。

在这类问题的直接方法中,只要搜索尚未达到目标,所到之处不会是 C^* 函数的最优点,不可能同时满足式(5.4.28a)和式(5.4.28b)。在搜索过程中,有意识地保持式(5.4.28a)成立,而按目标函数对于控制量的梯度向量 $\dfrac{\partial C^*}{\partial \boldsymbol{u}}$ 进行寻优搜索。

Dommel-Tinney 简化梯度法的算法可归结为:

(1) 给定控制量的初值 $\boldsymbol{u}$。

(2) 用牛顿-拉弗逊法求潮流解,得出与控制量相应的状态变量,并得出解点的雅可比矩阵的转置。

(3) 根据式(5.4.28a)求 $\boldsymbol{\lambda}$。

$$\boldsymbol{\lambda}=-(\boldsymbol{J}_x^{\mathrm{T}})^{-1}\nabla f_x \tag{5.4.29}$$

(4) 将 λ 代入(5.4.28b),计算简化梯度 $\dfrac{\partial C^*}{\partial \boldsymbol{u}}$。

$$\frac{\partial C^*}{\partial \boldsymbol{u}}=\nabla f_L+\boldsymbol{J}_u^{\mathrm{T}}\boldsymbol{\lambda}=0 \tag{5.4.30}$$

如果它足够小,说明已基本搜索达到目标,否则进行下一步骤。

(5) 将控制量加以修正,然后转步骤(2)。

$$\boldsymbol{u}^{新}=\boldsymbol{u}^{老}+\Delta\boldsymbol{u} \tag{5.4.31}$$

其中

$$\Delta\boldsymbol{u}=-K\left(\frac{\partial C^*}{\partial \boldsymbol{u}}\right) \tag{5.4.32}$$

此算法的关键在于 K 的选择，它决定了搜索的步长。K 值若取小了，收敛速度慢；K 值若取大了，则会发生在解点附近的振荡。可以运用一维搜索法来求式(5.4.32)中的最优修正步长。

可以用二次抛物线来逼近极值点附近的非线性函数 C^*：

$$C^* = \varphi(K) = \varphi_0 + AK + BK^2 \tag{5.4.33}$$

对 $\varphi(K)$ 进行一维搜索以确定最优步长 $K_{\min}$：

$$\varphi'(K) = A + 2BK = 0 \tag{5.4.34}$$

$$K_{\min} = -\frac{A}{2B}$$

当 $K=0$ 时，有：

$$\varphi(0) = \varphi_0 \tag{5.4.35}$$

$$\varphi'(0) = A \tag{5.4.36}$$

其中 φ_0 是在上次迭代时求出的。

$$\Delta\varphi = \varphi(K) - \varphi_0 = \left(\frac{\partial\varphi}{\partial \boldsymbol{u}}\right)^{\mathrm{T}} \Delta\boldsymbol{u}$$

而

$$\Delta\boldsymbol{u} = -K\left(\frac{\partial C^*}{\partial \boldsymbol{u}}\right) = -K\left(\frac{\partial\varphi}{\partial \boldsymbol{u}}\right)$$

因此

$$\begin{aligned}\varphi'(0) &= \lim_{K\to 0}\frac{\varphi(K)-\varphi_0}{K} = -\left(\frac{\partial\varphi}{\partial \boldsymbol{u}}\right)^{\mathrm{T}} K\left(\frac{\partial\varphi}{\partial \boldsymbol{u}}\right)/K \\ &= -\left(\frac{\partial\varphi}{\partial \boldsymbol{u}}\right)^{\mathrm{T}}\left(\frac{\partial\varphi}{\partial \boldsymbol{u}}\right) = A\end{aligned} \tag{5.4.37}$$

$$\begin{aligned}&\varphi_1 = \varphi(K_1) = \varphi_0 + K_1\varphi'(0) + BK_1^2 \\ &B = \frac{\varphi_1 - \varphi_0 - K_1\varphi'(0)}{K_1^2} \\ &K_{\min} = -\frac{A}{2B} = \frac{-\varphi'(0)K_1^2}{\varphi_1 - \varphi_0 - K_1\varphi'(0)} \\ &\quad = \frac{(\nabla f_u)^{\mathrm{T}}(\nabla f_u)K_1^2}{\varphi_1 - \varphi_0 + K_1\,(\nabla f_u)^{\mathrm{T}}(\nabla f_u)}\end{aligned} \tag{5.4.38}$$

上式中 $\varphi_1 = \varphi(K_1)$，这需要以 K_1 为步长对控制量进行一次修正，然后进行潮流计算，在此基础上才可能得出 φ_1。

5.4.3 广义简化梯度法解算最优潮流

广义简化梯度(General Reduced Gradient，GRG)法可以解算以下形式的约束极小化问题。

目标函数：

$$C=f(\boldsymbol{x},\boldsymbol{u})$$

约束条件：

$$g(\boldsymbol{x},\boldsymbol{u})=0$$

$$\boldsymbol{u}^m<\boldsymbol{u}<\boldsymbol{u}^M$$

GRG 法从一个可行解 $(\boldsymbol{x}_0,\boldsymbol{u}_0)$ 出发，然后经过以下步骤：

(1) 计算简化梯度

将式(5.4.29)代入式(5.4.30)，有：

$$\frac{\partial C^*}{\partial \boldsymbol{u}}=\nabla f_u-(\boldsymbol{J}_u)^{\mathrm{T}}(\boldsymbol{J}_x^{-1})^{\mathrm{T}}\nabla f_x$$

$$\left(\frac{\partial C^*}{\partial \boldsymbol{u}}\right)^{\mathrm{T}}=\nabla^{\mathrm{T}}f_u-\nabla^{\mathrm{T}}f_x\boldsymbol{J}_x^{-1}\boldsymbol{J}_u=\nabla^{\mathrm{T}}f_u-\nabla^{\mathrm{T}}f_x\left(\frac{\partial g}{\partial \boldsymbol{x}}\right)^{-1}\left(\frac{\partial g}{\partial \boldsymbol{u}}\right) \tag{5.4.39}$$

可以按式(5.4.39)计算简化梯度。

(2) 计算 $\Delta\boldsymbol{u}$

如果 $u_i^m<u_i<u_i^M$，或 $u_i=u_i^M$ 且 $\dfrac{\partial C^*}{\partial u_i}>0$，或 $u_i=u_i^m$ 且 $\dfrac{\partial C^*}{\partial u_i}<0$，其分量

$$\Delta u_i=-\frac{\partial C^*}{\partial u_i} \tag{5.4.40}$$

否则，$\Delta u_i=0$。

(3) 用一阶近似计算 $\boldsymbol{x}$ 的相应变化

$$\left(\frac{\partial g}{\partial \boldsymbol{x}}\right)\Delta\boldsymbol{x}+\left(\frac{\partial g}{\partial \boldsymbol{u}}\right)\Delta\boldsymbol{u}=0$$

$$\Delta\boldsymbol{x}=-\left(\frac{\partial g}{\partial \boldsymbol{x}}\right)^{-1}\left(\frac{\partial g}{\partial \boldsymbol{u}}\right)\Delta\boldsymbol{u}$$

这相当于解算潮流。

(4) 选择步长因子 K

① 求极大值 K_u，此值还能保证

$$\boldsymbol{u}^m\leqslant\boldsymbol{u}+K_u\Delta\boldsymbol{u}\leqslant\boldsymbol{u}^M$$

② 求极大值 K_x，此值还能保证

$$\boldsymbol{x}^m\leqslant\boldsymbol{x}+K_x\Delta\boldsymbol{x}\leqslant\boldsymbol{x}^M$$

③ 决定步长因子 K，它满足

$$f(\boldsymbol{x}+K\Delta\boldsymbol{x},\boldsymbol{u}+K\Delta\boldsymbol{u})=\min f(\boldsymbol{x}+K\Delta\boldsymbol{x},\boldsymbol{u}+K\Delta\boldsymbol{u})$$

以及 $0\leqslant K\leqslant\min(K_x,K_u)$

(5) 得出新点

$$\boldsymbol{u}=\boldsymbol{u}+K\Delta\boldsymbol{x}$$

新的 $\boldsymbol{x}$ 满足潮流方程：

$$g(\boldsymbol{x},\boldsymbol{u})=0$$

如果 $\boldsymbol{x}$ 可行，转向步骤(1)进行新的迭代。

(6) 如果 $\boldsymbol{x}$ 的某个分量 x_j 在其极限 x_j^M 或 x_j^M，则将变量 $(\boldsymbol{x},\boldsymbol{u})$ 重新划分，将变量 x_j 改成控制变量 u_i，将一个严格地处于限值范围之内的控制变量改为状态变量。对每一个在其限值上的状态变量 x_j，都要进行这种重新派定。按变量 $(\boldsymbol{x},\boldsymbol{u})$ 的新划分再去进行新的迭代。

直接应用 GRG 法的主要缺点是难以对变量 $(\boldsymbol{x},\boldsymbol{u})$ 的不同划分方式实行统一的程序解决。

5.4.4 惩罚法解最优潮流

用惩罚法解算最优潮流的基本思想是通过 Zangwill 的外点惩罚法将最优潮流由一个约束优化问题变成一个序列无约束优化问题。序列中每一轮无约束最优化，可用任何一种非线性规划方法进行，例如 DFP 法或 BFS 法。

设目标函数为单位时间发电总费用(或总能源耗量)：

$$C=f(\boldsymbol{x})=\sum(a_i+b_iP_{Gi}+c_iP_{Gi}^2) \tag{5.4.41}$$

等式约束为：

$$g(\boldsymbol{x})=0 \tag{5.4.42}$$

不等式约束为：

$$h(\boldsymbol{x})\geqslant 0 \tag{5.4.43}$$

这里，变量 $\boldsymbol{x}$ 不区分控制变量和状态变量。

$\boldsymbol{x}$ 中各元素是节点电压的实部与虚部或幅值与相角。等式约束的个数应小于 $\boldsymbol{x}$ 的维数，否则将无寻优的余地。据此可以以负荷节点的潮流方程式为等式约束。

不等式约束个数不限，可以引入各节点电压和发电机有功功率、无功功率的限制，还可以引入联络线有功功率的限制，这些被限制的量是 $\boldsymbol{x}$ 的函数。

按罚函数法构造一个增广目标函数：

$$F(\boldsymbol{x})=f(\boldsymbol{x})+\sum_{i\in co_d}\mu_i g_i^2(\boldsymbol{x})+\sum_{i\in co_b}r_i h_i^2(\boldsymbol{x}) \tag{5.4.44}$$

式中：co_d 为违反等式约束的罚函数下标的集合；co_b 为越限(违反不等式约束)的罚函数下标的集合。

对增广目标函数进行无约束优化。优化后，对于违背等式约束，失配量超过一定限额以及违背不等式约束的函数，加大相应的 μ_i 和 r_i 以增大相应的惩罚，然后构成新的增广目标函数 $F(\boldsymbol{x})$ 再进行一轮无约束最优化，直到等式约束均以一定误差被满足，且所有不等式约束得到遵守为止。

惩罚法与 BFS 法结合起来解算最优潮流的步骤基本如下：

(1) 给定罚因子初值。设起始点为 $\boldsymbol{x}_0$，置迭代次数 $i=0$。

(2) 求增广目标函数 $F(\boldsymbol{x})$ 及梯度 $\boldsymbol{g}_i$。

(3) 令 $\boldsymbol{H}_i$ 等于单位矩阵。

$$\boldsymbol{s}_i=-\boldsymbol{H}_i\boldsymbol{g}_i$$

(4) 计算搜索方向。

(5) 按二次插值求步长 α_i，使 $F(\boldsymbol{x}_i+\alpha_i\boldsymbol{s}_k)$ 在搜索方向上取极小值。

(6) 计算。

$$\boldsymbol{\sigma}_i=\alpha_i\boldsymbol{s}_i$$
$$\boldsymbol{x}_{i+1}=\boldsymbol{x}_i+\boldsymbol{\sigma}_i$$

计算新点的增广目标函数 $F(\boldsymbol{x}_{i+1})$ 及梯度 $\boldsymbol{g}_{i+1}$

(7) 如果

$$\|\boldsymbol{x}_{i+1}-\boldsymbol{x}_i\|<\varepsilon_1$$

或

$$|F(\boldsymbol{x}_{i+1})-F(\boldsymbol{x}_i)|/|F(\boldsymbol{x}_i)|<\varepsilon_2$$

则转步骤(9)，否则转步骤(8)。

(8) 置迭代次数 $i=i+1$，如果 i 不是 $(2N-1)$ 的整数倍，则按

$$\boldsymbol{z}_i=\boldsymbol{g}_{i+1}-\boldsymbol{g}_i$$

计算 $\boldsymbol{z}_i$。并按

$$B_i=1+\boldsymbol{z}_i^{\mathrm{T}}\boldsymbol{H}_i\boldsymbol{z}_i/\boldsymbol{\sigma}_i^{\mathrm{T}}\boldsymbol{z}_i$$

计算 B_i，然后计算 $\boldsymbol{H}_{i+1}$ 返回。若 i 是 $(2N-1)$ 的整数倍，则返回步骤(3)。

(9) 检查所有约束是否得到遵守，若遵守则打印结果，否则将违反约束的函数相应的罚因子增大，重新置 $i=0$，返回步骤(2)。

在步骤(8)中，在 i 是 $(2N-1)$ 的整数倍时返回步骤(3)体现了周期性地转向最陡下降法作一次最优化迭代，因为步骤(3)令 $\boldsymbol{H}_i$ 等于单位矩阵，从而使步骤(4)确定的搜索方向为负梯度的方向，这就是最陡下降的方向。

5.4.5　牛顿法最优潮流的进展

牛顿法在收敛性方面比梯度法好，用于最优潮流则又嫌繁复，人们一直在探索如何使其简捷化。Sasson、Viloria 和 Aboytes 试图在其最优潮流解算过程中，将黑森矩阵系数因子表化。A. M. H. Rashed 和 D. H. Kelly 将寻优搜索降维到控制变量的子空间，其黑森矩阵只需求目标函数对控制变量的二阶偏导数。J. L. Bala 和 Thanikachalam 提出的方法是以牛顿法为基础的，这里也有降维后的简化黑森矩阵，但它是在目标函数对所有变量二阶展开后得出的，其目的在于保持良好的收敛性能。

上述这些努力，都未能使牛顿法最优潮流简捷到实用化的地步。1984 年 David 等人

在牛顿法最优潮流方面取得了进展,找到适合电力系统特点的途径。一般大规模非线性优化问题用拟牛顿法比牛顿法合适,David 等人的工作表明,最优潮流可以是一个例外,拉格朗日扩展目标函数的稀疏黑森矩阵可以较简捷地用来解算最优潮流。

牛顿法变量修正公式可表述为:

$$\boldsymbol{W}\Delta \boldsymbol{z} = -\boldsymbol{g} \tag{5.4.45}$$

式中,$\boldsymbol{W}$ 为增广目标函数 C^* 对 $\boldsymbol{z}$ 的扩展黑森矩阵;$\boldsymbol{g}$ 为增广目标函数 C^* 对 $\boldsymbol{z}$ 的梯度向量;$\boldsymbol{z}$ 为变量向量 $\boldsymbol{y}$ 和拉格朗日乘子向量 $\boldsymbol{\lambda}$ 的复合向量,$\boldsymbol{y}$ 包括状态变量和控制变量。

如果复合向量 $\boldsymbol{z}$ 按下式

$$\boldsymbol{z} = \begin{bmatrix} \boldsymbol{y} \\ \boldsymbol{\lambda} \end{bmatrix} \tag{5.4.46}$$

组成,则有

$$\boldsymbol{W} = \begin{bmatrix} \boldsymbol{H} & \boldsymbol{J}^{\mathrm{T}} \\ \boldsymbol{J} & \boldsymbol{0} \end{bmatrix} \tag{5.4.47}$$

其中,$\boldsymbol{H}$ 为增广目标函数 C^* 对 $\boldsymbol{y}$ 的黑森矩阵;$\boldsymbol{J}$ 为约束等式的雅可比矩阵,$\boldsymbol{J}^{\mathrm{T}}$ 是其转置。

David 等人不按式(5.4.46)组合复合向量 $\boldsymbol{z}$,而将变量向量 $\boldsymbol{y}$ 和乘子向量 $\boldsymbol{\lambda}$ 的元素穿插起来排列,将各个节点变量 θ_i、U_i 和乘子 λ_{pi}、λ_{qi} 排列在一起。与此相应,扩展黑森矩阵具有基本和网络节点导纳矩阵相同稀疏性的子块结构,一个子块与一个导纳矩阵元素相对应,若导纳矩阵某一个元素为零,则扩展黑森矩阵相应子块中全部元素都为零。

若节点 i 和节点 j 有导纳联系,则有如下子块:

$$\begin{aligned} BLOCK_{ij} &= \begin{bmatrix} \dfrac{\partial^2 C^*}{\partial\theta_i\partial\theta_j} & \dfrac{\partial^2 C^*}{\partial\theta_i\partial u_j} & \dfrac{\partial^2 C^*}{\partial\theta_i\partial\lambda_{pj}} & \dfrac{\partial^2 C^*}{\partial\theta_i\partial\lambda_{qj}} \\ \dfrac{\partial^2 C^*}{\partial u_i\partial\theta_j} & \dfrac{\partial^2 C^*}{\partial u_i\partial u_j} & \dfrac{\partial^2 C^*}{\partial u_i\partial\lambda_{pj}} & \dfrac{\partial^2 C^*}{\partial u_i\partial\lambda_{qj}} \\ \dfrac{\partial^2 C^*}{\partial\lambda_{pi}\partial\theta_j} & \dfrac{\partial^2 C^*}{\partial\lambda_{pi}\partial u_j} & \dfrac{\partial^2 C^*}{\partial\lambda_{pi}\partial\lambda_{pj}} & \dfrac{\partial^2 C^*}{\partial\lambda_{pi}\partial\lambda_{qj}} \\ \dfrac{\partial^2 C^*}{\partial\lambda_{qi}\partial\theta_j} & \dfrac{\partial^2 C^*}{\partial\lambda_{qi}\partial u_j} & \dfrac{\partial^2 C^*}{\partial\lambda_{qi}\partial\lambda_{pj}} & \dfrac{\partial^2 C^*}{\partial\lambda_{qi}\partial\lambda_{qj}} \end{bmatrix} \\ &= \begin{bmatrix} \dfrac{\partial^2 C^*}{\partial\theta_i\partial\theta_j} & \dfrac{\partial^2 C^*}{\partial\theta_i\partial u_j} & \dfrac{\partial P_j}{\partial\theta_i} & \dfrac{\partial Q_j}{\partial\theta_i} \\ \dfrac{\partial^2 C^*}{\partial u_i\partial\theta_j} & \dfrac{\partial^2 C^*}{\partial u_i\partial u_j} & \dfrac{\partial P_j}{\partial u_i} & \dfrac{\partial Q_j}{\partial u_i} \\ \dfrac{\partial P_i}{\partial\theta_j} & \dfrac{\partial P_i}{\partial u_j} & 0 & 0 \\ \dfrac{\partial Q_i}{\partial\theta_j} & \dfrac{\partial Q_i}{\partial u_j} & 0 & 0 \end{bmatrix} = \begin{bmatrix} h & h & j & j \\ h & h & j & j \\ j & j & 0 & 0 \\ j & j & 0 & 0 \end{bmatrix} \end{aligned} \tag{5.4.48}$$

式中，符号 h 表示黑森矩阵 $\boldsymbol{H}$ 的元素，一般是非零元素，符号 j 表示雅可比矩阵的元素，一般是非零元素。

扩展 $\boldsymbol{W}$ 的上述稀疏性特点，使人们可以将电力系统潮流计算中常用的稀疏技术因子表方法用来将它因子表化，这反映 David 等人的数学表述符合电力系统特点，也是他们的工作能够取得进展的关键。这里因子表化的不是黑森矩阵 $\boldsymbol{H}$，而是具有上述稀疏性特点的扩展黑森矩阵 $\boldsymbol{W}$。

还有文章提出可以对牛顿法最优潮流实行解耦求解，将问题分为 $P\theta$ 和 QV 子问题，解耦后式(5.4.45)变成：

$$\boldsymbol{W}'\Delta\boldsymbol{z}'=-\boldsymbol{g}' \tag{5.4.49a}$$

$$\boldsymbol{W}''\Delta\boldsymbol{z}''=-\boldsymbol{g}'' \tag{5.4.49b}$$

式中，$\boldsymbol{W}'$ 为 $P\theta$ 子系统扩展黑森矩阵；$\boldsymbol{W}''$ 为 QV 系统扩展黑森矩阵；$\boldsymbol{z}'$ 为 $\boldsymbol{z}$ 的有功子向量；$\boldsymbol{z}''$ 为 $\boldsymbol{z}$ 的无功子向量。$\boldsymbol{z}'$ 中各个节点的 θ_i 和 λ_{pi} 排列在一起，$\boldsymbol{z}''$ 中各个节点的 U_i 和 λ_{qi} 排列在一起。子系统的扩展黑森矩阵也具有基本和网络节点导纳矩阵相同稀疏性的子块结构，一个解耦子块也与一个导纳矩阵元素相对应，若导纳矩阵某一个元素为零，则子系统黑森矩阵相应子块中全部元素为零。

若节点 i 和节点 j 有导纳联系，则解耦子块具有下面的形式：

$$BLOCK'_{ij}=\begin{pmatrix} h & j \\ j & 0 \end{pmatrix} \tag{5.4.50a}$$

$$BLOCK''_{ij}=\begin{pmatrix} h & j \\ j & 0 \end{pmatrix} \tag{5.4.50b}$$

解耦使该方法更加适合电力系统的特点，有助于解算的简捷化。

与 Fletcher 的二次规划法相接近，在处理不等式约束方面，有文章采用了积极约束集的策略。所有负荷节点和输出量已被指定的电源节点的潮流方程包含在积极约束集之中。可调度有功或无功电源的输出量逾越限界时，将其潮流方程加进积极约束集中，这不会引起 $\boldsymbol{W}'$ 和 $\boldsymbol{W}''$ 的结构变化。例如，在某次迭代中发现节点 K 的可调度无功出力越界，则与 λ_{qk} 对应的等式应进入积极约束集，$\boldsymbol{W}''$ 中与它相应行列的元素原先还是哑元，现在就要参与当前运算了，λ_{qk} 也处于由零值转向非零值的转折点。此后，Q_k 是否会再次回到可行范围进而将其潮流方程退出积极约束集，视 λ_{qk} 符号变化的情况而定。

对于变量不等式约束，有些文章倾向于采用二次罚函数

$$\alpha_i=\frac{S_i}{2}(y_i-\bar{y}_i)^2 \tag{5.4.51}$$

提供软限界，$\bar{y}_i$ 是软限界的中心值，S_i 为权重系数。y_i 越过 $\bar{y}_i$ 时，应将罚函数纳入积极约束集中去，其一阶导数 $\dfrac{\mathrm{d}\alpha_i}{\mathrm{d}y_i}$ 加到 $\boldsymbol{g}$ 的 $\dfrac{\partial C^*}{\partial y_i}$ 上，二阶导数 $\dfrac{\mathrm{d}^2\alpha_i}{\mathrm{d}y_i^2}$ 加到 $\boldsymbol{W}$ 中的 $\dfrac{\partial^2 C^*}{\partial y_i^2}$ 上。一阶导数的符号还可用来判断函数是否应退出积极约束集，这实际上是根据 $y_i-\bar{y}_i$ 的正负

来判断该罚函数是否仍然需要。

函数不等式约束不易处理，但又不能避开不用。例如线路潮流的限界，在最优潮流中必须加以考虑。为了不影响 $\boldsymbol{W}'$ 和 $\boldsymbol{W}''$ 的稀疏性结构，可以用 $\theta_k-\theta_m$ 的限界近似地考虑节点 k 和 m 间线路潮流的限界，采用以下罚函数：

$$\alpha_{km}=\frac{S_{km}}{2}(\theta_k-\theta_m-\bar{\theta}_{km})^2$$

其中，$\bar{\theta}_{km}$ 是预先计算出来的；S_{km} 是权重因子。迭代中发现某条线路潮流越限，就应将其罚函数加进积极约束集，其一阶导数加到 $\boldsymbol{g}$ 的相应项上去，二阶导数 $\frac{\partial^2\alpha_{km}}{\partial\theta_k^2}$、$\frac{\partial^2\alpha_{km}}{\partial\theta_m^2}$、$\frac{\partial^2\alpha_{km}}{\partial\theta_k\partial\theta_m}$ 和 $\frac{\partial^2\alpha_{km}}{\partial\theta_m\partial\theta_k}$ 分别加到 $\boldsymbol{W}'$ 中的 $\frac{\partial^2C^*}{\partial\theta_k^2}$、$\frac{\partial^2C^*}{\partial\theta_m^2}$、$\frac{\partial^2C^*}{\partial\theta_k\partial\theta_m}$、$\frac{\partial^2C^*}{\partial\theta_m\partial\theta_k}$ 上去，这只影响 $\boldsymbol{W}'$ 的非零项，不会改变其稀疏性结构。

单个不等式约束的加入和退出只会影响 W' 或 W'' 的因子表的几行，不必完全重算因子表，可以采用部分改变因子表(Partial Refactorization)和补偿的方法。在单个不等式约束加入或退出，或一次只有少数几个不等式约束加入或退出的情况下，使用两种方法中任何一种，或两种方法同时使用，都可避免完全重算因子表。

在算法上，David 等人采用主迭代(Main Iteration)和试探迭代(Trial Iteration)相结合的做法。主迭代是 $P\theta$ 或 QV 子问题按前面修正的 $\boldsymbol{z}$ 和积极约束集计算 $\boldsymbol{W}$ 和 $\boldsymbol{g}$，算出 $\boldsymbol{W}$ 的因子表并解出修正量 $\Delta\boldsymbol{z}$ 的过程。试探迭代的目的是使积极集中当前的不等式约束能够得到遵守。不用试探迭代，只靠主迭代也能得出结果，但这需要迭代许多次。这种做法不强调保持可行性，每次主迭代对 $\boldsymbol{z}$ 修正后，允许一些约束被违反，直到下次迭代调整积极约束集时才做处理。调整积极集时，同时有成群的约束进入和退出，这并不是不能得到预期的解，而是不能指望主迭代次数少。主迭代要完全重新计算因子表，次数多是不合适的。调整罚因子，使约束随迭代逐步由软到硬，或者给修正向量 $\Delta\boldsymbol{z}$ 乘上一个小于或等于 1 的因子 K，都可以对上述做法做出改善。还可以分批考虑不等式约束，例如，可以在 QV 子系统第一次迭代中只考虑发电机电压和变压器分接头变比的不等式约束，第二次迭代中再加上无功源出力的限界，第三次迭代及其以后考虑所有有关的不等式约束。

一次主迭代配上若干次试探迭代可以使修正后的工作点基本不违反不等式约束的限界。试探迭代中采用部分修改因子表和补偿法，每次需时较少，每次做试探修正后检查不等式约束违反状况。若不能通过判据被认为合格，则对积极集按一定策略做有选择的调整，进行新的试探迭代。若通过判据检验被接受，则可将此次的试探修正看成主迭代的正式修正。

牛顿法最优潮流在实用化方面的进展，并不意味着简化梯度法类最优潮流算法将被淘汰，David 等人认为梯度方法不能解算最优潮流，援引 Burchett、Happ 和 Wirgu 的工作为佐证并不具有说服力。在一个 IEEE 118 节点测试系统的算例中，一种梯度算法不成功，并不等于全体梯度类算法都不能成功。对最优潮流问题的算法，不能只看寻优方向的选择，还要看约束条件，特别是不等式约束条件的处理方法等方面。Dommel 和 Tinney 的算法和广义简化梯度法从寻优方向选择上看属于同类，但其寻优过程和效果又不相同，前者用简单的外点罚函数处理函数不等式约束，后者用 GRG 方法处理，这是有明显区别的。实际上 Burchett 等人对梯度类算法也没有持全盘否定的态度，他们曾论及 1968 年 Dommel 和 Tinney 提出的简化梯度算法的缺点，但他们明确地指出：直到不久前，它还是在应用中唯一成功的算法。

David 等人使牛顿法最优潮流适应了电力系统的特点，在梯度法方面类似的进展早已出现。David 等人在处理不等式约束上进行了许多探索是有成效的，在梯度法方面，处理不等式约束上也有新进展。

应用数学界和工程技术界一般认为梯度法和牛顿法各有长短，哪一种方法也不占绝对优势，可以取长补短结合起来使用。联系最优潮流的特点看，基本上也是如此。考虑到问题的复杂性和客观上要求缩短运算时间的要求，更不宜放松和忽视梯度类最优潮流的研究。

5.4.6　原-对偶内点法解最优潮流

最优潮流（Optimal Power Flow, OPF）问题是指在满足某些约束条件的前提下如何获得一个电力系统的最优运行状态。OPF 是一个典型的非线性规划问题，其通常的数学描述为（问题 P1）：

目标函数：

$$\min f = f(\boldsymbol{z}) \tag{5.4.52}$$

约束条件：

$$g(\boldsymbol{z}) = 0 \tag{5.4.53}$$

$$\boldsymbol{z}_l \leqslant \boldsymbol{z} \leqslant \boldsymbol{z}_u \tag{5.4.54}$$

$$h_l(\boldsymbol{z}) \leqslant h(\boldsymbol{z}) \leqslant h_u(\boldsymbol{z}) \tag{5.4.55}$$

式中，f 为原目标函数；$g(\boldsymbol{z})$ 为潮流约束方程；$\boldsymbol{z}$ 为变量，是 n 维列向量；$h(\boldsymbol{z})$ 为函数不等式约束；下标 l 和 u 表示约束的下限和上限。

原-对偶内点算法是基于对数障碍函数方法的，它在保持解的原始可行性和对偶可行性的同时，沿一条原-对偶路径寻找到最优解。它的特点之一就是在寻优过程中始终维持原始解和对偶解的可行性。

在式(5.4.53)～式(5.4.55)中先不考虑函数不等式约束，加入松弛变量将变量上下限约束变为等式约束，对原目标函数 $f(\boldsymbol{z})$ 施加一个对数障碍函数，则形成如下形式的扩展问题（P2）：

$$\min F_\mu(\boldsymbol{z}) = f(\boldsymbol{z}) - \mu_*\left(\sum_{i=1}^{n_*}\ln(S_{li}) + \sum_{i=1}^{n_*}\ln(S_{ui})\right) \tag{5.4.56}$$

s.t.

$$g(\boldsymbol{z}) = 0 \tag{5.4.57}$$

$$\boldsymbol{z} - \boldsymbol{S}_l = \boldsymbol{z}_l \tag{5.4.58}$$

$$\boldsymbol{z} + \boldsymbol{S}_u = \boldsymbol{z}_u \tag{5.4.59}$$

式中，$\boldsymbol{S}_u$，$\boldsymbol{S}_l$ 分别是对应于 $\boldsymbol{z}$ 的上下限值的松弛变量；$\boldsymbol{z}_u$，$\boldsymbol{z}_l$ 分别是 $\boldsymbol{z}$ 的上下限值；$\mu_* > 0$ 称为障碍参数，下标 $*$ 代表 $\boldsymbol{z}$ 中不同物理类型的变量不等式约束有各自对应的障碍参数值；n_* 是各类型变量的数目。这样，如果 $\tilde{z}(\mu_*)$ 是问题 P2 的最优解，而当 μ_* 趋近于 0 时 $\tilde{z}(\mu_*)$ 趋近于 $\tilde{z}$，那么 $\tilde{z}$ 就是原来问题 P1 的最优解。还要注意到正约束条件 $\boldsymbol{S}_u > 0$，$\boldsymbol{S}_l > 0$ 实际上是隐含在对数障碍函数的定义之中的。

用拉格朗日方法处理式(5.4.57)～式(5.4.59)的等式约束条件，则问题 P2 的最优点条件，即库恩-塔克条件是：

$$\frac{\partial F}{\partial \boldsymbol{z}} = \nabla f(\boldsymbol{z}) + \boldsymbol{J}^{\mathrm{T}}(\boldsymbol{z})\boldsymbol{\lambda} + \boldsymbol{\pi}_l + \boldsymbol{\pi}_u = \boldsymbol{0} \tag{5.4.60}$$

$$\frac{\partial F}{\partial \boldsymbol{S}_l} = [\boldsymbol{S}_l]\boldsymbol{\pi}_l + \mu_* \cdot \boldsymbol{e} = \boldsymbol{0} \tag{5.4.61}$$

$$\frac{\partial F}{\partial \boldsymbol{S}_u} = [\boldsymbol{S}_u]\boldsymbol{\pi}_u - \mu_* \cdot \boldsymbol{e} = \boldsymbol{0} \tag{5.4.62}$$

$$\frac{\partial F}{\partial \boldsymbol{\lambda}} = g(\boldsymbol{z}) = \boldsymbol{0} \tag{5.4.63}$$

$$\frac{\partial F}{\partial \boldsymbol{\pi}_l} = \boldsymbol{z} - \boldsymbol{S}_l - \boldsymbol{z}_l = \boldsymbol{0} \tag{5.4.64}$$

$$\frac{\partial F}{\partial \boldsymbol{\pi}_u} = \boldsymbol{z} + \boldsymbol{S}_u - \boldsymbol{z}_u = \boldsymbol{0} \tag{5.4.65}$$

式中，$\nabla f(\boldsymbol{z})$ 是原目标函数的梯度向量；$\boldsymbol{J}(\boldsymbol{z})$ 是 $\boldsymbol{g}(\boldsymbol{z})$ 的雅可比矩阵；$\boldsymbol{\lambda}$，$\boldsymbol{\pi}_l$，$\boldsymbol{\pi}_u$ 分别是式(5.4.57)～式(5.4.59)等式约束条件的拉格朗日乘子向量；$[\boldsymbol{S}_l]$，$[\boldsymbol{S}_u]$ 分别是由 $\boldsymbol{S}_l$，$\boldsymbol{S}_u$ 的元素构成的对角矩阵；$\boldsymbol{e}^{\mathrm{T}} = [1, 1, \cdots, 1]$，是个全 1 的 n_* 维列向量。

那么，对问题 P2 的库恩-塔克条件式(5.4.60)～式(5.4.65)用牛顿法可以获得如下的转移方向：

$$\begin{aligned}
&\boldsymbol{H}(\boldsymbol{z}, \boldsymbol{\lambda})\Delta\boldsymbol{z} + \boldsymbol{J}^{\mathrm{T}}(\boldsymbol{z})\Delta\boldsymbol{\lambda} + \Delta\boldsymbol{\pi}_l + \Delta\boldsymbol{\pi}_u = -(\nabla f(\boldsymbol{z}) + \boldsymbol{J}^{\mathrm{T}}(\boldsymbol{z})\boldsymbol{\lambda} + \boldsymbol{\pi}_l + \boldsymbol{\pi}_u)\\
&[\boldsymbol{S}_l]\Delta\boldsymbol{\pi}_l + [\boldsymbol{\pi}_l\Delta\boldsymbol{S}_l] = -[\boldsymbol{S}_l]\boldsymbol{\pi}_l - \mu_* \cdot \boldsymbol{e}\\
&[\boldsymbol{S}_u]\Delta\boldsymbol{\pi}_u + [\boldsymbol{\pi}_u\Delta\boldsymbol{S}_u] = -[\boldsymbol{S}_u]\boldsymbol{\pi}_u + \mu_* \cdot \boldsymbol{e}\\
&J(\boldsymbol{z})\Delta\boldsymbol{z} = -g(\boldsymbol{z})\\
&\Delta\boldsymbol{z} - \Delta\boldsymbol{S}_l = -(\boldsymbol{z} - \boldsymbol{S}_l - \boldsymbol{z}_l) = \boldsymbol{0}\\
&\Delta\boldsymbol{z} + \Delta\boldsymbol{S}_u = -(\boldsymbol{z} + \boldsymbol{S}_u - \boldsymbol{z}_u) = \boldsymbol{0}
\end{aligned} \tag{5.4.66}$$

式中，$\boldsymbol{H}(\boldsymbol{z}, \boldsymbol{\lambda}) = \nabla^2 f(\boldsymbol{z}) + \sum_{i=1}^{m} \lambda_i \nabla^2 g(\boldsymbol{z})$；$m$ 是等式约束数目。那么，由上式不难推导出下面的各变量转移方向：

$$
\begin{aligned}
&\begin{bmatrix} \hat{\boldsymbol{H}}(\boldsymbol{z},\boldsymbol{\lambda}) & \boldsymbol{J}^{\mathrm{T}}(\boldsymbol{z}) \\ \boldsymbol{J}(\boldsymbol{z}) & \boldsymbol{0} \end{bmatrix} \begin{bmatrix} \Delta \boldsymbol{z} \\ \Delta \boldsymbol{\lambda} \end{bmatrix} = -\begin{bmatrix} \hat{\boldsymbol{t}} \\ g(\boldsymbol{z}) \end{bmatrix} \\
&\Delta \boldsymbol{\pi}_l = -[\boldsymbol{S}_l]^{-1}([\boldsymbol{S}_l]\boldsymbol{\pi}_l + \mu_* \cdot \boldsymbol{e}) - [\boldsymbol{S}_l]^{-1}[\boldsymbol{\pi}_l]\Delta \boldsymbol{z} \\
&\Delta \boldsymbol{\pi}_u = -[\boldsymbol{S}_u]^{-1}([\boldsymbol{S}_u]\boldsymbol{\pi}_u + \mu_* \cdot \boldsymbol{e}) - [\boldsymbol{S}_u]^{-1}[\boldsymbol{\pi}_u]\Delta \boldsymbol{z} \\
&\boldsymbol{J}(\boldsymbol{z})\Delta \boldsymbol{z} = -g(\boldsymbol{z}) \\
&\Delta \boldsymbol{S}_l = \Delta \boldsymbol{z} \\
&\Delta \boldsymbol{S}_u = -\Delta \boldsymbol{z}
\end{aligned}
\tag{5.4.67}
$$

其中：

$$
\begin{aligned}
&\hat{\boldsymbol{H}}(\boldsymbol{z},\boldsymbol{\lambda}) = \boldsymbol{H}(\boldsymbol{z},\boldsymbol{\lambda}) - [\boldsymbol{S}_l]^{-1}[\boldsymbol{\pi}_l] + [\boldsymbol{S}_u]^{-1}[\boldsymbol{\pi}_u] \\
&\hat{\boldsymbol{t}} = (\nabla f(\boldsymbol{z}) + \boldsymbol{J}^{\mathrm{T}}(\boldsymbol{z})\boldsymbol{\lambda} + \boldsymbol{\pi}_l + \boldsymbol{\pi}_u) - \\
&\qquad [\boldsymbol{S}_l]^{-1}([\boldsymbol{S}_l]\boldsymbol{\pi}_l + \mu_* \cdot \boldsymbol{e}) - [\boldsymbol{S}_u]^{-1}([\boldsymbol{S}_u]\boldsymbol{\pi}_u + \mu_* \cdot \boldsymbol{e})
\end{aligned}
\tag{5.4.68}
$$

式中，$[\boldsymbol{\pi}_l]$，$[\boldsymbol{\pi}_u]$ 分别是以 $\boldsymbol{\pi}_l$，$\boldsymbol{\pi}_u$ 的元素组成的对角矩阵。

式(5.4.67)中的矩阵方程在结构上和牛顿法最优潮流的主迭代方程是一样的，从式(5.4.68)又可以看出 $\boldsymbol{H}(\boldsymbol{z},\boldsymbol{\lambda})$ 后面叠加的两项不会增加新的注入元，因而 $\boldsymbol{H}(\boldsymbol{z},\boldsymbol{\lambda})$ 稀疏程度不变，所以在式(5.4.67)的求解过程中，可以充分利用牛顿法最优潮流中成熟的稀疏矩阵技术，事实上，该算法最主要的计算量也就在此。

5.5　基于 Matpower 的电力系统经济调度问题

例 5.9　电力系统经济调度案例。

1. 问题描述

Matpower 提供了基于内点法与极坐标形式的电力系统交流最优潮流计算方法，下面通过一个基本算例介绍使用 Matpower 工具包解决电力系统规划问题。以发电成本最小为目标，优化得到发电厂最优有功、无功出力，实现电力系统的经济调度。

2. 优化模型

以 IEEE 30 节点测试系统为例，该系统包含 6 个发电厂节点，其目标函数为发电出力成本最小化，为关于发电机有功出力的二次函数，即：

$$F = \sum_{i \in \Omega} (c_2 P_i^2 + c_1 P_i + c_0)$$

其中，c_0、c_1、c_2 分别为发电机发电成本的常数项、一次项系数、二次项系数。

原始算例的成本函数如下表所示(可输入 edit idx_cost 查看成本函数的值)。

c_2/(\$/(MW^{2}h))	c_1/(\$/MWh)	c_0/(\$/h)
0.02	2	0
0.017 5	1.75	0

（续表）

c_2/（$/(MW^{2}h)）	c_1/（$/MWh）	c_0/（$/h）
0.062 5	1	0
0.008 34	3.25	0
0.025	3	0
0.025	3	0

3. 模型求解

(1) 使用原始数据，输入 runopf(case30)（使用 Matpower 原始求解器 MIPS），计算时间为 1.18 s，计算结果中各发电厂出力如下表所示：

发电厂编号	节点编号	有功出力/MW	无功出力/MVar
1	1	41.54	−5.44
2	2	55.40	1.67
3	13	16.20	35.93
4	22	22.74	34.20
5	23	16.27	6.96
6	27	39.91	31.75

优化结果的总成本为 576.89 美元。

(2) 对上述问题进行简单拓展。考虑新能源消纳场景，于 30 号节点加入一风电机组。并做出如下假设：

① 风机属于 *PV* 节点；

② 风机具有有功与无功出力上下限；

③ 风机无运行成本。

针对其上三种假设，设定数据如下：

位置	有功上限	有功下限	电压幅值	无功上限	无功下限	c_2	c_1	c_0
30	5 MW	0	1 p.u.	3 MVar	−3 MVar	0	0	0

对 case30 文件中的 bus 矩阵进行修改，对于修改后的系统，优化结果如下表所示：

发电厂编号	节点编号	有功出力/MW	无功出力/MVar
1	1	41.96	−5.12
2	2	54.95	2.78
3	13	15.90	36.22
4	22	22.62	34.57

（续表）

发电厂编号	节点编号	有功出力/MW	无功出力/MVar
5	23	16	7.16
6	27	36.25	29.75
7	30	5	−0.95

优化得总成本为 556.96 美元。

通过简单的修改，Matpower 可解决需求响应、发电机多边形出力约束、新能源消纳等诸多场景的有功分配问题。另外，可通过修改成本系数矩阵。令 $c_2=c_0=0$，将优化目标改变为发电出力最小化，或修改 om 进一步修改目标函数，类似例子不在此进行详述，有兴趣的同学可自行探索。

第六章　非线性无约束问题的最优化方法

构造无约束问题搜索方向的方法大致可分为两类：一类在计算过程中只用到目标函数值，不用计算导数，通常称为直接搜索法；另一类要用到目标函数的导数计算，称为解析法。变量轮换法属于直接法，而最速下降法、牛顿法、共轭方向法等属于解析法。

在电力系统实践中，大多数的优化问题都是有约束的，无约束问题的典型例子是状态估计问题。在本章最后，给出了基于 IEEE 14 节点测试系统状态估计的具体算例。

6.1　变量轮换法

6.1.1　基本原理

变量轮换法是把多变量函数的优化问题转化为一系列单变量函数的优化问题来解。其基本思路是：认为有利的搜索方向是各坐标轴的方向，因此轮流按各坐标轴的方向搜索最优点。从某一给定点出发，按第 i 个坐标轴 x_i 的方向搜索时，在 n 个变量中，只有单个变量 x_i 在变化，其余 $(n-1)$ 个变量都取给定点的值保持不变。这样依次从 x_1 到 x_n 做了 n 次单变量的一维搜索，完成了变量轮换法的一次迭代。

6.1.2　算法步骤

变量轮换法的算法步骤与基本原理如下：

设问题为 $\min f(\boldsymbol{x})$, $\boldsymbol{x}\in\mathbb{R}^n$, $f(\boldsymbol{x})\in\mathbb{R}$，记 $\boldsymbol{e}_i=[0,\ \cdots,\ 1,\ \cdots,\ 0]^{\mathrm{T}}(i=1,\ 2,\ \cdots,\ n)$，即 $\boldsymbol{e}_i$ 为第 i 个分量为 1 且其余分量为 0 的单位向量。

第 1 步：给定初始点 $\boldsymbol{x}^{(1)}=[c_1,\ c_2,\ \cdots,\ c_n]^{\mathrm{T}}$，其中 $c_1,\ c_2,\ \cdots,\ c_n$ 为常数。

第 2 步：从 $\boldsymbol{x}^{(1)}$ 出发，先沿第 1 个坐标轴方向 $\boldsymbol{e}_1$ 进行一维搜索，记求得的最优步长为 λ_1，则可得到新点 $\boldsymbol{x}^{(2)}$：

$$\begin{cases}f(\boldsymbol{x}^{(2)})=f(\boldsymbol{x}^{(1)}+\lambda_1\boldsymbol{e}_1)=\min\limits_{\lambda}f(\boldsymbol{x}^{(1)}+\lambda_1\boldsymbol{e}_1)\\ \boldsymbol{x}^{(2)}=\boldsymbol{x}^{(1)}+\lambda_1\boldsymbol{e}_1\end{cases}\tag{6.1.1}$$

上式表明：从 $\boldsymbol{x}^{(1)}$ 出发，沿 $\boldsymbol{e}_1$ 方向进行搜索，最优步长为 λ_1，即可求得新点 $\boldsymbol{x}^{(2)}$。显然 $\boldsymbol{x}^{(2)}$ 与 $\boldsymbol{x}^{(1)}$ 相比，只有变量 x_1 的取值不同。

再以 $\boldsymbol{x}^{(2)}$ 为起点，沿着第 2 个坐标轴方向 $\boldsymbol{e}_2$ 进行一维搜索，求得最优步长为 λ_2，可

求得 $\boldsymbol{x}^{(3)}$：

$$\begin{cases} f(\boldsymbol{x}^{(3)})=f(\boldsymbol{x}^{(2)}+\lambda_2\boldsymbol{e}_2)=\min\limits_{\lambda} f(\boldsymbol{x}^{(2)}+\lambda_2\boldsymbol{e}_2) \\ \boldsymbol{x}^{(3)}=\boldsymbol{x}^{(2)}+\lambda_2\boldsymbol{e}_2 \end{cases}$$

就这样依次沿各坐标轴方向进行一维搜索，直到 n 个坐标轴方向全部搜索一遍，最后可得到点 $\boldsymbol{x}^{(n+1)}$：

$$\begin{cases} f(\boldsymbol{x}^{(n+1)})=f(\boldsymbol{x}^{(n)}+\lambda_n\boldsymbol{e}_n)=\min\limits_{\lambda} f(\boldsymbol{x}^{(n)}+\lambda_n\boldsymbol{e}_n) \\ \boldsymbol{x}^{(n+1)}=\boldsymbol{x}^{(n)}+\lambda_n\boldsymbol{e}_n \end{cases}$$

从初始点 $\boldsymbol{x}^{(1)}$ 出发，经上述 n 个坐标轴方向的一维搜索得到点 $\boldsymbol{x}^{(n+1)}$，即完成了变量轮换的一次迭代。

第 3 步：令 $\boldsymbol{x}^{(1)}=\boldsymbol{x}^{(n+1)}$，返回第 2 步，即以 $\boldsymbol{x}^{(n+1)}$ 点作为起点，再沿着各坐标轴方向依次进行一维搜索。

一直到所得最新点 $\boldsymbol{x}^{(n+1)}$ 满足给定的精度为止，输出 $\boldsymbol{x}^{(n+1)}$ 作为 $f(\boldsymbol{x})$ 极小点的近似值。

变量轮换法的缺点是收敛速度较慢，搜索效率较低。只有对那些具有特殊结构的函数使用起来较好，但是变量轮换法的基本思想非常简单：沿各坐标轴的方向进行搜索。在这种思路基础上又发展出了模式搜索法及旋转方向法等。

6.1.3　计算举例

例 6.1　用变量轮换法求函数 $f(\boldsymbol{x})=x_1^2+x_2^2+x_3^2$ 的极小点，初始点 $\boldsymbol{x}^{(1)}=[1,\ 2,\ 3]^{\mathrm{T}}$。

求解过程如下：

令 $\boldsymbol{e}_1=[1,\ 0,\ 0]^{\mathrm{T}}$，$\boldsymbol{e}_2=[0,\ 1,\ 0]^{\mathrm{T}}$，$\boldsymbol{e}_3=[0,\ 0,\ 1]^{\mathrm{T}}$

(1) 从 $\boldsymbol{x}^{(1)}=[1,\ 2,\ 3]^{\mathrm{T}}$ 出发，沿 $\boldsymbol{e}_1$ 方向搜索。

$$\boldsymbol{x}^{(1)}+\lambda\begin{bmatrix}1\\0\\0\end{bmatrix}=\begin{bmatrix}1+\lambda\\2\\3\end{bmatrix}$$

$$f(\boldsymbol{x}^{(1)}+\lambda\boldsymbol{e}_1)=\lambda^2+2\lambda+14$$

由 $\dfrac{\partial f}{\partial\lambda}=0$，得到 $2\lambda+2=0$，$\lambda=-1=\lambda_1$。

因此 $\boldsymbol{x}^{(2)}=[0,\ 2,\ 3]^{\mathrm{T}}$，$f(\boldsymbol{x}^{(2)})=13$。

(2) 从 $\boldsymbol{x}^{(2)}=[0,\ 2,\ 3]^{\mathrm{T}}$ 出发，沿 $\boldsymbol{e}_2$ 方向搜索。

$$\boldsymbol{x}^{(2)}+\lambda\begin{bmatrix}0\\1\\0\end{bmatrix}=\begin{bmatrix}0\\2+\lambda\\3\end{bmatrix}$$

$$f(\boldsymbol{x}^{(2)}+\lambda\boldsymbol{e}_2)=\lambda^2+4\lambda+13$$

由 $\frac{\partial f}{\partial \lambda}=0$，得到 $2\lambda+4=0$，$\lambda=-2=\lambda_2$。

因此 $\boldsymbol{x}^{(3)}=[0,\ 0,\ 3]^{\mathrm{T}}$，$f(\boldsymbol{x}^{(3)})=9$。

(3) 从 $\boldsymbol{x}^{(3)}=[0,\ 0,\ 3]^{\mathrm{T}}$ 出发，沿 $\boldsymbol{e}_3$ 方向搜索。

$$\boldsymbol{x}^{(3)}+\lambda\begin{bmatrix}0\\0\\1\end{bmatrix}=\begin{bmatrix}0\\0\\3+\lambda\end{bmatrix}$$

$$f(\boldsymbol{x}^{(3)}+\lambda\,\boldsymbol{e}_3)=\lambda^2+6\lambda+9$$

由 $\frac{\partial f}{\partial \lambda}=0$，得到 $2\lambda+6=0$，$\lambda=-3=\lambda_3$。

因此 $\boldsymbol{x}^{(4)}=[0,\ 0,\ 0]^{\mathrm{T}}$，$f(\boldsymbol{x}^{(4)})=0$。

经上述 3 个坐标轴方向的一维搜索得到点 $\boldsymbol{x}^{(4)}$，即完成了变量轮换的一次迭代。然而 $|f(\boldsymbol{x}^{(4)})-f(\boldsymbol{x}^{(3)})|=9$ 不满足 $|f(\boldsymbol{x}^{(k)})-f(\boldsymbol{x}^{(k-1)})|<0.05$，因此以 $\boldsymbol{x}^{(4)}$ 点作为起点，再沿着各坐标轴方向依次进行一维搜索。

(4) 从 $\boldsymbol{x}^{(4)}=[0,\ 0,\ 0]^{\mathrm{T}}$ 出发，沿 $\boldsymbol{e}_1$ 方向搜索。

$$\boldsymbol{x}^{(4)}+\lambda\begin{bmatrix}1\\0\\0\end{bmatrix}=\begin{bmatrix}\lambda\\0\\0\end{bmatrix}$$

$$f(\boldsymbol{x}^{(4)}+\lambda\,\boldsymbol{e}_1)=\lambda^2$$

由 $\frac{\partial f}{\partial \lambda}=0$，得到 $2\lambda=0$，$\lambda=0=\lambda_4$。

因此，$\boldsymbol{x}^{(5)}=[0,\ 0,\ 0]^{\mathrm{T}}$，$f(\boldsymbol{x}^{(5)})=0$。

由于 $|f(\boldsymbol{x}^{(5)})-f(\boldsymbol{x}^{(4)})|=0$ 满足 $|f(\boldsymbol{x}^{(k)})-f(\boldsymbol{x}^{(k-1)})|<0.05$，因此，输出 $\boldsymbol{x}^{(5)}=[0,\ 0,\ 0]^{\mathrm{T}}$ 作为 $f(\boldsymbol{x})$ 极小点，函数极小值 $f(\boldsymbol{x}^{(*)})=0$。

6.2 最速下降法

6.2.1 基本原理

最速下降法又称为梯度法，它是许多非线性规划算法的一个基础。

考虑问题：

$$\min f(\boldsymbol{x}),\ \boldsymbol{x}\in\mathbb{R}^n,\ f(\boldsymbol{x})\in\mathbb{R}^1 \tag{6.2.1}$$

式中，$f(\boldsymbol{x})$ 具有一阶连续偏导数，有极小点 $\boldsymbol{x}^*$。

若现已求得 $\boldsymbol{x}^*$ 的第 k 次迭代近似值，为了求得第 $k+1$ 次近似值，需选定方向 $\boldsymbol{p}^{(k)}$。下面讨论 $\boldsymbol{p}^{(k)}$ 应具备的基本特征。设 $\boldsymbol{p}^{(k)}$ 已选定，作射线，见图 6-1。

$$x^{(k)}+\lambda p^{(k)} \xlongequal{\text{记作}} x \tag{6.2.2}$$

其中，$\lambda>0$，$\|p^{(k)}\|=1$，$p^{(k)}$ 为某个下降方向。

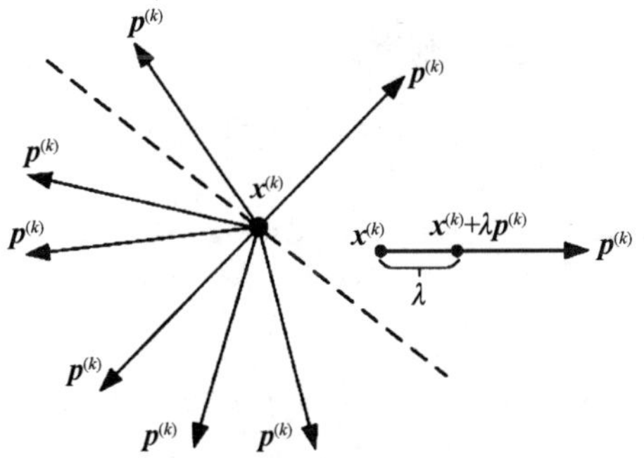

图 6-1　搜索方向 $p^{(k)}$ 的基本特征

现将 $f(x)$ 在 $x^{(n+1)}$ 点处做一阶泰勒展开：

$$f(x)=f(x^{(k)}+\lambda p^{(k)})=f(x^{(k)})+\lambda\nabla f(x^{(k)})^{\mathrm{T}}p^{(k)}+O(\|\lambda p^{(k)}\|) \tag{6.2.3}$$

式中，$O(\|\lambda p^{(k)}\|)=O(\|\lambda\|)$ 是比 λ 高阶的无穷小量(注意 $\|p^{(k)}\|=1$)，因此式(6.2.3)可写成：

$$f(x^{(k)}+\lambda p^{(k)})-f(x^{(k)})\approx\lambda\nabla f(x^{(k)})^{\mathrm{T}}p^{(k)} \tag{6.2.4}$$

因为 $f(x^{(k)}+\lambda p^{(k)})-f(x^{(k)})<0$，$\lambda>0$，故有：

$$\nabla f(x^{(k)})^{\mathrm{T}}p^{(k)}<0 \tag{6.2.5}$$

式(6.2.5)表明了搜索方向 $p^{(k)}$ 应满足的条件：$p^{(k)}$ 与 $x^{(k)}$ 点梯度 $\nabla f(x^{(k)})$ 的点积应小于零，或说两者之间夹角应大于 90°。那么在适当的步长 λ 下，总可使目标函数值有所下降。但这样的 $p^{(k)}$ 还是有许多个，见图 6-2，如何选取使目标函数值下降最快的方向?

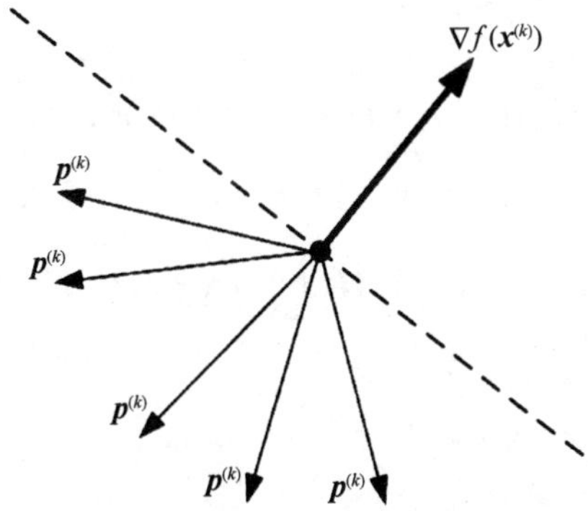

图 6-2　搜索方向 $p^{(k)}$ 应满足的条件

因为 $\nabla f(x^{(k)})^{\mathrm{T}}p^{(k)}=\|\nabla f(x^{(k)})\|\ \|p^{(k)}\|\cos\theta$，其中，$\theta$ 为向量 $\nabla f(x^{(k)})$ 与向量 $p^{(k)}$ 之间的夹角。

显然，由式(6.2.4)可知，只有当 $\theta=180°$ 时，此时目标函数值 $f(x)$ 在点 $x^{(k)}$ 附近下

降最快,称负梯度方向

$$\boldsymbol{p}^{(k)}=-\nabla f(\boldsymbol{x}^{(k)}) \tag{6.2.6}$$

为最速下降方向。

当搜索方向由式(6.2.6)确定后,则有:

$$\boldsymbol{x}^{(k)}+\lambda\boldsymbol{p}^{(k)}=\boldsymbol{x}^{(k)}-\lambda\nabla f(\boldsymbol{x}^{(k)}) \tag{6.2.7}$$

及

$$f(\boldsymbol{x}^{(k)}+\lambda\boldsymbol{p}^{(k)})=f(\boldsymbol{x}^{(k)}-\lambda\nabla f(\boldsymbol{x}^{(k)})) \tag{6.2.8}$$

下面进行一维搜索:

$$\begin{cases} f(\boldsymbol{x}^{(k)}+\lambda_k\boldsymbol{p}^{(k)})=\min\limits_{\lambda} f(\boldsymbol{x}^{(k)}+\lambda\boldsymbol{p}^{(k)}) \\ \boldsymbol{x}^{(k+1)}=\boldsymbol{x}^{(k)}+\lambda_k\boldsymbol{p}^{(k)} \end{cases}$$

或

$$\begin{cases} f(\boldsymbol{x}^{(k)}-\lambda_k\nabla f(\boldsymbol{x}^{(k)}))=\min\limits_{\lambda} f(\boldsymbol{x}^{(k)}-\lambda_k\nabla f(\boldsymbol{x}^{(k)})) \\ \boldsymbol{x}^{(k+1)}=\boldsymbol{x}^{(k)}-\lambda_k\nabla f(\boldsymbol{x}^{(k)}) \end{cases} \tag{6.2.9}$$

求得步长因子 λ_k。

对于一些较简单的函数,也可用求导的办法得出最优步长因子 λ_k 的公式,具体推导过程如下。

设函数 $f(\boldsymbol{x})$ 具有二阶连续偏导数,将 $f(\boldsymbol{x})$ 在 $\boldsymbol{x}^{(k)}$ 点做二阶泰勒展开:

$$\begin{aligned} f(\boldsymbol{x}^{(k)}-\lambda_k\nabla f(\boldsymbol{x}^{(k)}))&=f(\boldsymbol{x}^{(k)})+\nabla f(\boldsymbol{x}^{(k)})^{\mathrm{T}}(-\lambda\nabla f(\boldsymbol{x}^{(k)})) \\ &+\frac{1}{2}(-\lambda\nabla f(\boldsymbol{x}^{(k)}))^{\mathrm{T}}\boldsymbol{H}(\boldsymbol{x}^{(k)})(-\lambda\nabla f(\boldsymbol{x}^{(k)}))+O(\|\lambda\nabla f(\boldsymbol{x}^{(k)})\|^2) \\ &\approx f(\boldsymbol{x}^{(k)})-\lambda\nabla f(\boldsymbol{x}^{(k)})^{\mathrm{T}}\nabla f(\boldsymbol{x}^{(k)})+\frac{1}{2}\lambda^2\nabla f(\boldsymbol{x}^{(k)})^{\mathrm{T}}\boldsymbol{H}(\boldsymbol{x}^{(k)})\nabla f(\boldsymbol{x}^{(k)}) \end{aligned} \tag{6.2.10}$$

式中,$O(\|\lambda\nabla f(\boldsymbol{x}^{(k)})\|^2)$ 是比 $\|\lambda\nabla f(\boldsymbol{x}^{(k)})\|^2$ 高阶的无穷小量。为了便于推导,记

$$\begin{aligned} \varphi(\lambda)=f(\boldsymbol{x}^{(k)}-\lambda_k\nabla f(\boldsymbol{x}^{(k)}))&\approx f(\boldsymbol{x}^{(k)})-\lambda\nabla f(\boldsymbol{x}^{(k)})^{\mathrm{T}}\nabla f(\boldsymbol{x}^{(k)}) \\ &+\frac{1}{2}\lambda^2\nabla f(\boldsymbol{x}^{(k)})^{\mathrm{T}}\boldsymbol{H}(\boldsymbol{x}^{(k)})\nabla f(\boldsymbol{x}^{(k)}) \\ &=c+b\lambda+a\lambda^2 \end{aligned} \tag{6.2.11}$$

式中,

$$\begin{cases} c=f(\boldsymbol{x}^{(k)}) \\ b=-\nabla f(\boldsymbol{x}^{(k)})^{\mathrm{T}}\nabla f(\boldsymbol{x}^{(k)}) \\ a=\dfrac{1}{2}\nabla f(\boldsymbol{x}^{(k)})^{\mathrm{T}}\boldsymbol{H}(\boldsymbol{x}^{(k)})\nabla f(\boldsymbol{x}^{(k)}) \end{cases} \tag{6.2.12}$$

由式(6.2.11)得：

$$\varphi'_{\lambda}=0+b+2a\lambda$$

令 $\varphi'_{\lambda}=0$，则 $\lambda_k=-\dfrac{b}{2a}$。根据式(6.2.12)，有：

$$\lambda_k=\frac{\nabla f(\boldsymbol{x}^{(k)})^{\mathrm{T}}\nabla f(\boldsymbol{x}^{(k)})}{\nabla f(\boldsymbol{x}^{(k)})^{\mathrm{T}}\boldsymbol{H}(\boldsymbol{x}^{(k)})\nabla f(\boldsymbol{x}^{(k)})} \tag{6.2.13}$$

式(6.2.13)表示的是当搜索方向为最速下降方向 $(-\nabla f(\boldsymbol{x}^{(k)}))$ 时，以 $\boldsymbol{x}^{(k)}$ 为起点的最优步长公式。

6.2.2　算法步骤

第 1 步：给定初始数据，起始点 $\boldsymbol{x}^{(0)}$，给定终止误差 $\varepsilon>0$，令 $k=0$。

第 2 步：求梯度向量模的值，即 $\|\nabla f(\boldsymbol{x}^{(k)})\|$。

若 $\|\nabla f(\boldsymbol{x}^{(k)})\|<\varepsilon$，停止计算，输出 $\boldsymbol{x}^{(k)}$，作为极小点的近似值；否则转下一步。

第 3 步：构造负梯度方向：$\boldsymbol{p}^{(k)}=-\nabla f(\boldsymbol{x}^{(k)})$。

第 4 步：进行一维搜索。无论用哪种方法求得 λ_k 后，令：

$$\boldsymbol{x}^{(k+1)}=\boldsymbol{x}^{(k)}+\lambda_k\boldsymbol{p}^{(k)}=\boldsymbol{x}^{(k)}-\lambda_k\nabla f(\boldsymbol{x}^{(k)})$$

置 $k=k+1$，转第 2 步。

最后需要指出的是，最速下降法对初始点的选择要求不高，每一轮迭代工作量较少，可以比较快地从初始点到达极小点附近。但在接近极小点时，最速下降法却会出现锯齿现象，收敛速度很慢，因为对一般二元函数，在极小点附近可用极小点的二阶泰勒多项式来近似，而后者为凸函数时，其等值线是一族共心椭圆，特别是椭圆比较扁平(与圆相差越大)时，最速下降法的收敛速度越慢，如图 6-3 所示。

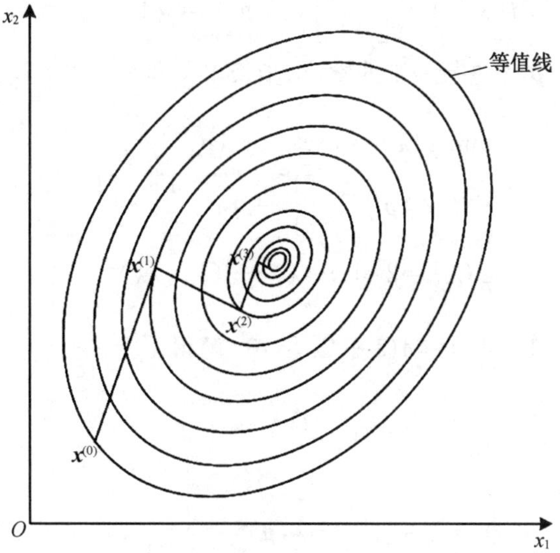

图 6-3　最速下降法的锯齿现象

至于最速下降法出现锯齿现象的原因,可以做出如下解释:

用最速下降法极小化目标函数时,相邻两个搜索方向是正交的。由式(6.2.11)有:

$$\varphi(\lambda)=f(\boldsymbol{x}^{(k)}-\lambda_k \nabla f(\boldsymbol{x}^{(k)}))+f(\boldsymbol{x}^{(k)}+\lambda_k \boldsymbol{p}^{(k)})$$

$$\boldsymbol{p}^{(k)}=-\nabla f(\boldsymbol{x}^{(k)})$$

为了求出从 $\boldsymbol{x}^{(k)}$ 出发沿 $\boldsymbol{p}^{(k)}$ 方向的极小点,令

$$\phi'(\lambda)=\nabla f\ (\boldsymbol{x}^{(k)}+\lambda_k \boldsymbol{p}^{(k)})^{\mathrm{T}} \boldsymbol{p}^{(k)}=0$$

则有:

$$-\nabla f(\boldsymbol{x}^{(k+1)})\ \nabla f(\boldsymbol{x}^{(k)})=0$$

即方向 $\boldsymbol{p}^{(k+1)}=-\nabla f(\boldsymbol{x}^{(k+1)})$ 与方向 $\boldsymbol{p}^{(k)}=-\nabla f(\boldsymbol{x}^{(k)})$ 正交。这表明迭代产生的点列 $\{\boldsymbol{x}^{(k)}\}$ 所循路径是"之"字形。当 $\boldsymbol{x}^{(k)}$ 接近极小点 $\boldsymbol{x}^*$ 时,每次迭代移动的步长很小,这样就呈现出锯齿现象,影响了收敛速度。因此常常将梯度法与其他方向结合起来使用(比如与牛顿法结合),前期用最速下降法,而当接近极小点时改用牛顿法。

6.2.3 计算举例

例 6.2 用最速下降法解如下问题:

$$\min f(\boldsymbol{x})=2x_1^2+x_2^2$$

起始点 $\boldsymbol{x}^{(1)}=[1,\ 1]^{\mathrm{T}}$, $\varepsilon=0.1$。

求解过程如下:

第一次迭代,目标函数 $f(\boldsymbol{x})$ 在点 $\boldsymbol{x}$ 处的梯度

$$\nabla f(\boldsymbol{x})=\begin{bmatrix}4x_1\\2x_2\end{bmatrix}$$

令搜索方向 $\boldsymbol{p}^{(1)}=-\nabla f(\boldsymbol{x}^{(1)})=\begin{bmatrix}-4\\-2\end{bmatrix}$, $\|\boldsymbol{p}\|=\sqrt{16+4}=2\sqrt{5}>0.1$。从 $\boldsymbol{x}^{(1)}=[1,\ 1]^{\mathrm{T}}$ 出发,沿方向 $\boldsymbol{p}^{(1)}$ 进行一维搜索,求步长 λ_1, 即

$$\min \varphi(\lambda)\overset{\text{def}}{=}f(\boldsymbol{x}^{(1)}+\lambda \boldsymbol{p}^{(1)})$$

$$\boldsymbol{x}^{(1)}+\lambda \boldsymbol{p}^{(1)}=\begin{bmatrix}1\\1\end{bmatrix}+\lambda\begin{bmatrix}-4\\-2\end{bmatrix}=\begin{bmatrix}1-4\lambda\\1-2\lambda\end{bmatrix}$$

$$\varphi(\lambda)=2\ (1-4\lambda)^2+(1-2\lambda)^2$$

令 $\varphi'(\lambda)=-16(1-4\lambda)-4(1-2\lambda)=0$, 解得 $\lambda_1=\dfrac{5}{18}$。

在直线上的极小点:

$$\boldsymbol{x}^{(2)}=\boldsymbol{x}^{(1)}+\lambda_1 \boldsymbol{p}^{(1)}=\begin{bmatrix}-\dfrac{1}{9}\\[2mm]\dfrac{4}{9}\end{bmatrix}$$

第二次迭代，$f(\boldsymbol{x})$ 在点 $\boldsymbol{x}^{(2)}$ 处的最速下降方向为：

$$\boldsymbol{p}^{(2)}=-\nabla f(\boldsymbol{x}^{(2)})=\begin{bmatrix}\frac{4}{9}\\-\frac{8}{9}\end{bmatrix}$$

$$\|\boldsymbol{p}^{(2)}\|=\sqrt{\left(\frac{4}{9}\right)^2+\left(-\frac{8}{9}\right)^2}=\frac{4}{9}\sqrt{5}>0.1$$

从 $\boldsymbol{x}^{(2)}$ 出发，沿方向 $\boldsymbol{p}^{(2)}$ 进行一维搜索，即

$$\min\varphi(\lambda)\overset{def}{=}f(\boldsymbol{x}^{(2)}+\lambda\boldsymbol{p}^{(2)})$$

$$\boldsymbol{x}^{(2)}+\lambda\boldsymbol{p}^{(2)}=\begin{bmatrix}-\frac{1}{9}\\\frac{4}{9}\end{bmatrix}+\lambda\begin{bmatrix}\frac{4}{9}\\-\frac{8}{9}\end{bmatrix}=\begin{bmatrix}-\frac{1}{9}+\frac{4}{9}\lambda\\\frac{4}{9}-\frac{8}{9}\lambda\end{bmatrix}$$

$$\varphi(\lambda)=\frac{2}{81}(-1+4\lambda)^2+\frac{16}{81}(1-2\lambda)^2$$

令 $\varphi'(\lambda)=\frac{16}{81}(-1+4\lambda)-\frac{64}{81}(1-2\lambda)=0$，得到 $\lambda_2=\frac{5}{12}$，则

$$\boldsymbol{x}^{(3)}=\boldsymbol{x}^{(2)}+\lambda_2\boldsymbol{p}^{(2)}=\frac{2}{27}\begin{bmatrix}1\\1\end{bmatrix}$$

第三次迭代，有

$$\boldsymbol{p}^{(3)}=-\nabla f(\boldsymbol{x}^{(3)})=\frac{4}{27}\begin{bmatrix}-2\\-1\end{bmatrix}$$

$$\|\boldsymbol{p}^{(3)}\|=\frac{4}{27}\sqrt{5}>0.1$$

再从 $\boldsymbol{x}^{(3)}$ 出发，沿方向 $\boldsymbol{p}^{(3)}$ 进行一维搜索，即

$$\min\varphi(\lambda)\overset{\text{def}}{=}f(\boldsymbol{x}^{(3)}+\lambda\boldsymbol{p}^{(3)})$$

$$\boldsymbol{x}^{(3)}+\lambda\boldsymbol{p}^{(3)}=\frac{2}{27}\begin{bmatrix}1\\1\end{bmatrix}+\lambda\cdot\frac{4}{27}\begin{bmatrix}-2\\-1\end{bmatrix}=\frac{4}{27}\begin{bmatrix}1-4\lambda\\1-2\lambda\end{bmatrix}$$

$$\varphi(\lambda)=\frac{8}{27^2}(1-4\lambda)^2+\frac{4}{27^2}(1-2\lambda)^2$$

令 $\varphi'(\lambda)=0$，解得 $\lambda_3=\frac{5}{18}$，则

$$\boldsymbol{x}^{(4)}=\boldsymbol{x}^{(3)}+\lambda_3\boldsymbol{p}^{(3)}=\frac{2}{27}\begin{bmatrix}-\frac{1}{9}\\\frac{4}{9}\end{bmatrix}=\frac{2}{243}\begin{bmatrix}-1\\4\end{bmatrix}$$

此时有 $\|\nabla f(\boldsymbol{x}^{(4)})\|=\frac{8}{243}\sqrt{5}<0.1$，即满足精度要求，因此得到近似最优解为

$$\boldsymbol{x}^{*}=\frac{2}{243}\begin{bmatrix}-1\\4\end{bmatrix}$$

6.3 牛顿法

为了寻求收敛速度较快的求解无约束问题的优化算法，可把非线性方程的求解过程变成反复对相应的线性方程进行求解的过程，即通常所说的逐次线性化过程。为提高求解精度，也可在每一轮迭代时用适当的二次函数，如 $\boldsymbol{x}^{(k)}$ 点的二阶泰勒多项式来近似目标函数，并用迭代点 $\boldsymbol{x}^{(k)}$ 处指向近似二次函数的极小点方向作为搜索方向 $\boldsymbol{p}^{(k)}$，下面将分别介绍。

6.3.1 基本原理

设目标函数为 $\min f(\boldsymbol{x})$，$\boldsymbol{x}\in\mathbb{R}^{n}$。

线性化方法：对 $f(\boldsymbol{x})=0$ 在初始估计值 $\boldsymbol{x}^{(0)}$ 附近做泰勒级数展开并略去二阶及以上的高阶项，得到牛顿法修正方程式：

$$f(\boldsymbol{x}^{(0)})+f'(\boldsymbol{x}^{(0)})\Delta\boldsymbol{x}^{(0)}=0$$

由此得到第一次迭代的修正量：

$$\Delta\boldsymbol{x}^{(0)}=-[f'(\boldsymbol{x}^{(0)})]^{-1}f(\boldsymbol{x}^{(0)})$$

从一定的初值 $\boldsymbol{x}^{(0)}$ 出发，应用牛顿法求解的迭代格式为：

$$\begin{aligned}f'(\boldsymbol{x}^{(k)})\Delta\boldsymbol{x}^{(k)}&=-f(\boldsymbol{x}^{(k)})\\\boldsymbol{x}^{(k+1)}&=\boldsymbol{x}^{(k)}+\Delta\boldsymbol{x}^{(k)}\end{aligned}$$

其中，$f'(\boldsymbol{x})$ 是函数 $f(\boldsymbol{x})$ 对于变量 $\boldsymbol{x}$ 的一阶偏导数矩阵，即雅可比矩阵 $\boldsymbol{J}$；k 为迭代次数。

下面介绍泰勒级数展开保留到二阶的牛顿法。

设 $f(\boldsymbol{x})$ 在点 $\boldsymbol{x}^{(k)}$ 处具有二阶连续偏导数，且在点 $\boldsymbol{x}^{(k)}$ 处的黑森矩阵 $\nabla^{2}f(\boldsymbol{x}^{(k)})$ 正定，$\boldsymbol{x}^{(k)}$ 是 $f(\boldsymbol{x})$ 的一个极小点的第 k 轮估计值。

将 $f(\boldsymbol{x})$ 在 $\boldsymbol{x}^{(k)}$ 处做二阶泰勒展开：

$$\begin{aligned}f(\boldsymbol{x})=f(\boldsymbol{x}^{(k)})+\nabla f(\boldsymbol{x}^{(k)})^{\mathrm{T}}(\boldsymbol{x}-\boldsymbol{x}^{(k)})+\frac{1}{2}(\boldsymbol{x}-\boldsymbol{x}^{(k)})^{\mathrm{T}}\nabla^{2}f(\boldsymbol{x}^{(k)})\cdot\\(\boldsymbol{x}-\boldsymbol{x}^{(k)})+O(\|\boldsymbol{x}-\boldsymbol{x}^{(k)}\|^{2})\end{aligned}\tag{6.3.1}$$

又记

$$Q(\boldsymbol{x})=f(\boldsymbol{x}^{(k)})+\nabla f(\boldsymbol{x}^{(k)})^{\mathrm{T}}(\boldsymbol{x}-\boldsymbol{x}^{(k)})+\frac{1}{2}(\boldsymbol{x}-\boldsymbol{x}^{(k)})^{\mathrm{T}}\nabla^2 f(\boldsymbol{x}^{(k)})(\boldsymbol{x}-\boldsymbol{x}^{(k)}) \tag{6.3.2}$$

注意到$O(\|\boldsymbol{x}-\boldsymbol{x}^{(k)}\|^2)$是比$\|\boldsymbol{x}-\boldsymbol{x}^{(k)}\|^2$高阶的无穷小量，故有

$$f(\boldsymbol{x})\approx Q(\boldsymbol{x})$$

下面来求$Q(\boldsymbol{x})$的平稳点：

记

$$\begin{cases} f(\boldsymbol{x}^{(k)})=c(\text{常数}) \\ \nabla f(\boldsymbol{x}^{(k)})=\boldsymbol{b}(\text{向量}) \\ \nabla^2 f(\boldsymbol{x}^{(k)})=\boldsymbol{A}(\text{矩阵}) \end{cases} \tag{6.3.3}$$

将式(6.3.3)代入式(6.3.2)，则

$$Q(\boldsymbol{x})=c+\boldsymbol{b}^{\mathrm{T}}(\boldsymbol{x}-\boldsymbol{x}^{(k)})+\frac{1}{2}(\boldsymbol{x}-\boldsymbol{x}^{(k)})^{\mathrm{T}}\boldsymbol{A}(\boldsymbol{x}-\boldsymbol{x}^{(k)}) \tag{6.3.4}$$

$$\nabla Q(\boldsymbol{x})=A(\boldsymbol{x}-\boldsymbol{x}^{(k)})+\boldsymbol{b} \tag{6.3.5}$$

令$\nabla Q(\boldsymbol{x})=0$，记$\boldsymbol{x}^{(k+1)}$为$Q(\boldsymbol{x})$的平稳点，则有：

$$\nabla Q(\boldsymbol{x}^{(k+1)})=\boldsymbol{A}(\boldsymbol{x}^{(k+1)}-\boldsymbol{x}^{(k)})+\boldsymbol{b}=\boldsymbol{0}$$

或

$$\boldsymbol{x}^{(k+1)}=\boldsymbol{x}^{(k)}-\boldsymbol{A}^{-1}\boldsymbol{b} \tag{6.3.6}$$

将式(6.3.3)代入上式，有

$$\boldsymbol{x}^{(k+1)}=\boldsymbol{x}^{(k)}-[\nabla^2 f(\boldsymbol{x}^{(k)})]^{-1}\nabla f(\boldsymbol{x}^{(k)}) \tag{6.3.7}$$

记

$$\boldsymbol{p}^{(k)}=-[\nabla^2 f(\boldsymbol{x}^{(k)})]^{-1}\nabla f(\boldsymbol{x}^{(k)}) \tag{6.3.8}$$

将式(6.3.6)代入式(6.3.7)有

$$\boldsymbol{x}^{(k+1)}=\boldsymbol{x}^{(k)}+\boldsymbol{p}^{(k)} \tag{6.3.9}$$

称由式(6.3.8)决定的搜索方向$\boldsymbol{p}^{(k)}$为牛顿方向。下面来分析$\boldsymbol{p}^{(k)}$的几何意义。

因为$Q(\boldsymbol{x})$是一个二次函数，且有

$$\nabla^2 Q(\boldsymbol{x})=\boldsymbol{A}=\nabla^2 f(\boldsymbol{x}^{(k)})$$

是一个正定矩阵，因此$Q(\boldsymbol{x})$是凸函数，则其平稳点即是全局极小点，即$\boldsymbol{x}^{(k+1)}$是$Q(\boldsymbol{x})$的极小点。由式(6.3.9)可得：

$$\boldsymbol{p}^{(k)}=\boldsymbol{x}^{(k+1)}-\boldsymbol{x}^{(k)} \tag{6.3.10}$$

式(6.3.10)表明了由式(6.3.8)确定的方向$\boldsymbol{p}^{(k)}$实质上是由$\boldsymbol{x}^{(k)}$指向$\boldsymbol{x}^{(k+1)}$的方向，即由$f(\boldsymbol{x})$的第k轮极小点估计值指向近似二次函数$Q(\boldsymbol{x})$的极小点的方向。

由式(6.3.8)确定的搜索方向$\boldsymbol{p}^{(k)}$，以及由式(6.3.9)确定的下一个迭代点$\boldsymbol{x}^{(k+1)}$，是牛顿法的主要内容。由式(6.3.9)可看出，牛顿法实际上已规定步长因子$\lambda_k=1$。

特别地，牛顿法对于二次正定函数只需做1次迭代就能得到最优解。特别是在极小点附近，收敛性好、速度快，而最速下降法在极小点附近收敛速度很差。

但牛顿法也有缺点，它要求初始点离最优解不远，若初始点选得离最优解太远时，牛顿法并不能保证其收敛，甚至也不是下降方向，如图6-4所示。因此经常是将牛顿法与最速下降法结合起来使用。前期用最速下降法，当迭代到一定程度后改用牛顿法，可得到较好的效果。

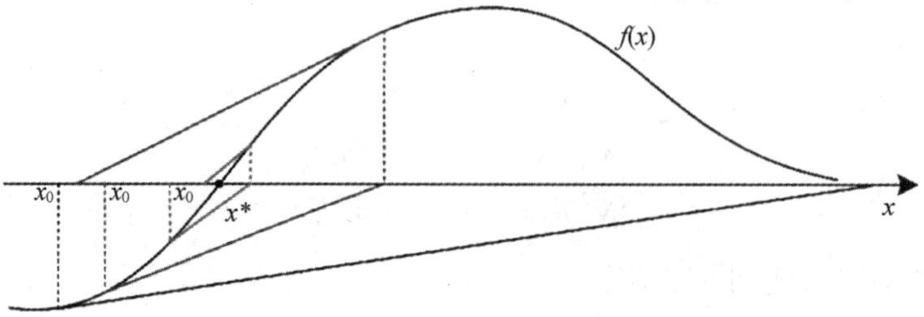

图6-4 牛顿法初始点的选择要求

6.3.2 算法步骤

下面介绍泰勒级数展开保留到二阶的牛顿法算法步骤。

第1步：选取初始数据。初始点 $\boldsymbol{x}^{(0)}$，终止条件 $\varepsilon > 0$，令 $k=0$。

第2步：求梯度向量 $\nabla f(\boldsymbol{x}^{(k)})$，并计算 $\| \nabla f(\boldsymbol{x}^{(k)}) \|$，若 $\| \nabla f(\boldsymbol{x}^{(k)}) \| < \varepsilon$，停止迭代，输出 $\boldsymbol{x}^{(k)}$；否则转下一步。

第3步：构造牛顿方向。计算 $[\nabla^2 f(\boldsymbol{x}^{(k)})]^{-1}$，且以式(6.3.8)计算 $\boldsymbol{p}^{(k)}$。

第4步：以式(6.3.9)计算 $\boldsymbol{x}^{(k+1)}$ 作为下一轮迭代点。令 $k=k+1$，转第2步。

6.3.3 计算举例

例6.3 用牛顿法求解如下问题：

$$\min f(\boldsymbol{x}) = (x_1 - 1)^4 + x_2^2$$

求解过程如下：

取初点 $\boldsymbol{x}^{(1)} = [0,\ 1]^{\mathrm{T}}$，在点 $\boldsymbol{x}$ 处，目标函数 $f(\boldsymbol{x}) = (x_1 - 1)^4 + x_2^2$ 的梯度和黑森矩阵分别为：

$$\nabla f(\boldsymbol{x}) = \begin{bmatrix} 4\,(x_1 - 1)^3 \\ 2x_2 \end{bmatrix}$$

$$\nabla^2 f(\boldsymbol{x}) = \begin{bmatrix} 12\,(x_1 - 1)^2 & 0 \\ 0 & 2 \end{bmatrix}$$

第1次迭代：

$$\nabla f(\boldsymbol{x}^{(1)}) = \begin{bmatrix} -4 \\ 2 \end{bmatrix},\ \nabla^2 f(\boldsymbol{x}^{(1)}) = \begin{bmatrix} 12 & 0 \\ 0 & 2 \end{bmatrix}$$

$$\boldsymbol{x}^{(2)} = \boldsymbol{x}^{(1)} - \nabla^2 f\,(\boldsymbol{x}^{(1)})^{-1}\,\nabla f(\boldsymbol{x}^{(1)}) = \begin{bmatrix} \dfrac{1}{3} \\ 0 \end{bmatrix}$$

第 2 次迭代：

$$\nabla f(\boldsymbol{x}^{(2)})=\begin{bmatrix}-\dfrac{32}{27}\\0\end{bmatrix},\ \nabla^2 f(\boldsymbol{x}^{(2)})=\begin{bmatrix}\dfrac{48}{9}&0\\0&2\end{bmatrix}$$

$$\boldsymbol{x}^{(3)}=\boldsymbol{x}^{(2)}-\nabla^2 f(\boldsymbol{x}^{(2)})^{-1}\nabla f(\boldsymbol{x}^{(2)})=\begin{bmatrix}\dfrac{5}{9}\\0\end{bmatrix}$$

继续迭代下去，得到：

$$\boldsymbol{x}^{(4)}=\begin{bmatrix}\dfrac{19}{27}\\0\end{bmatrix},\ \boldsymbol{x}^{(5)}=\begin{bmatrix}\dfrac{65}{81}\\0\end{bmatrix},\ \cdots$$

最终，得到问题的近似最优解为 $\boldsymbol{x}^*=[1,\ 0]^{\mathrm{T}}$。

6.3.4 修正牛顿法

为了克服牛顿法的缺点，人们保留了从牛顿法中选取牛顿方向作为搜索方向，摒弃其步长恒取 1 的做法，而用一维搜索确定最优步长来构造算法，这种算法通常称为修正牛顿法。修正牛顿法的算法步骤如下：

第 1 步：选取初始数据。初始点 $\boldsymbol{x}^{(0)}$，给出终止误差 $\varepsilon>0$，令 $k=0$。

第 2 步：求梯度向量，计算 $\nabla f(\boldsymbol{x}^{(k)})$，若 $\|\nabla f(\boldsymbol{x}^{(k)})\|<\varepsilon$，停止迭代，输出 $\boldsymbol{x}^{(k)}$；否则转下一步。

第 3 步：构造牛顿方向。计算 $[\nabla^2 f(\boldsymbol{x}^{(k)})]^{-1}$，令

$$\boldsymbol{p}^{(k)}=-[\nabla^2 f(\boldsymbol{x}^{(k)})]^{-1}\nabla f(\boldsymbol{x}^{(k)})$$

第 4 步：进行一维搜索。求 λ_k，使

$$f(\boldsymbol{x}^{(k)}+\lambda_k\boldsymbol{p}^{(k)})=\min_{\lambda\geqslant 0} f(\boldsymbol{x}^{(k)}+\lambda\boldsymbol{p}^{(k)})$$

令 $\boldsymbol{x}^{(k+1)}=\boldsymbol{x}^{(k)}+\lambda_k\boldsymbol{p}^{(k)}$。

令 $k=k+1$，转第 2 步。

修正牛顿法虽然比牛顿法有了改进，但也有不足之处：一是要计算黑森矩阵及其逆矩阵，工作量较大；二是要求迭代点处的黑森矩阵正定。可是有些函数未必能满足，因而牛顿方向未必是下降方向，也有一些函数的黑森矩阵不可逆。因此不能确定出后继点。这些都是修正牛顿法与牛顿法的局限性。

6.4 共轭梯度法

无约束最优化方法的核心问题是选择搜索方向。本节讨论基于共轭方向的一种算法：共轭梯度法。共轭梯度法原本是为求解目标函数为二次函数的问题而设计的一类算

法。这类算法的特点是：方法中的搜索方向是与二次函数系数矩阵有关的所谓共轭方向。用这类方法求解 n 元二次正定函数的极小问题，最多进行 n 次一维搜索便可求得极小点。而可微的非二次函数在极小点附近的形态近似于二次函数，因此这类方法也能用于求可微的非二次函数的无约束极小问题。

6.4.1 共轭方向与共轭方向法

1. 共轭方向

设 $\boldsymbol{X}$ 和 $\boldsymbol{Y}$ 是 n 维欧式空间 E^n 中的两个向量，若有

$$\boldsymbol{X}^{\mathrm{T}}\boldsymbol{Y}=\boldsymbol{0}$$

就称 $\boldsymbol{X}$ 和 $\boldsymbol{Y}$ 正交。再设 $\boldsymbol{A}$ 为 $n\times n$ 对称正定矩阵，如果 $\boldsymbol{X}$ 和 $\boldsymbol{AY}$ 正交，即有

$$\boldsymbol{X}^{\mathrm{T}}\boldsymbol{AY}=\boldsymbol{0}$$

则称 $\boldsymbol{X}$ 和 $\boldsymbol{Y}$ 关于 $\boldsymbol{A}$ 共轭。

一般地，设 $\boldsymbol{A}$ 为 $n\times n$ 对称正定矩阵，若非零向量组 $\boldsymbol{P}^{(1)},\ \boldsymbol{P}^{(2)},\ \cdots,\ \boldsymbol{P}^{(n)}\in E^n$ 满足条件

$$(\boldsymbol{P}^{(i)})^{\mathrm{T}}\boldsymbol{AP}^{(j)}=\boldsymbol{0}\quad (i\neq j;\ i,\ j=1,\ 2,\ \cdots,\ n)$$

则称该向量组为 $\boldsymbol{A}$ 共轭，如果 $\boldsymbol{A}=\boldsymbol{I}$（单位矩阵），则上述条件即为通常的正交条件。因此，$\boldsymbol{A}$ 共轭从概念上讲实际是通常正交概念的推广。

定理 6.4.1 设 $\boldsymbol{A}$ 为 $n\times n$ 对称正定矩阵，$\boldsymbol{P}^{(1)},\ \boldsymbol{P}^{(2)},\ \cdots,\ \boldsymbol{P}^{(n)}$ 为 $\boldsymbol{A}$ 共轭的非零向量，则这一组向量线性独立。

证明： 设向量 $\boldsymbol{P}^{(1)},\ \boldsymbol{P}^{(2)},\ \cdots,\ \boldsymbol{P}^{(n)}$ 之间存在如下线性关系：

$$\alpha_1\boldsymbol{P}^{(1)}+\alpha_2\boldsymbol{P}^{(2)}+\cdots+\alpha_n\boldsymbol{P}^{(n)}=\boldsymbol{0}$$

对 $i=1,\ 2,\ \cdots,\ n$，用 $(\boldsymbol{P}^{(i)})^{\mathrm{T}}\boldsymbol{A}$ 左乘上式得：

$$\alpha_i(\boldsymbol{P}^{(i)})^{\mathrm{T}}\boldsymbol{AP}^{(i)}=\boldsymbol{0}$$

但 $\boldsymbol{P}^{(i)}\neq\boldsymbol{0}$，$\boldsymbol{A}$ 为正定，即：

$$(\boldsymbol{P}^{(i)})^{\mathrm{T}}\boldsymbol{AP}^{(i)}>\boldsymbol{0}$$

故必有：

$$\alpha_i=0,\quad i=1,\ 2,\ \cdots,\ n$$

从而 $\boldsymbol{P}^{(1)},\ \boldsymbol{P}^{(2)},\ \cdots,\ \boldsymbol{P}^{(n)}$ 线性独立。

无约束极值问题的一个特殊情形是：

$$\min f(\boldsymbol{X})=\frac{1}{2}\boldsymbol{X}^{\mathrm{T}}\boldsymbol{AX}+\boldsymbol{B}^{\mathrm{T}}\boldsymbol{X}+c$$

式中，$\boldsymbol{A}$ 为 $n\times n$ 对称正定矩阵；$\boldsymbol{X},\ \boldsymbol{B}\in E^n$；$c$ 为常数。上述问题即称为正定二次函数极小问题，它在整个最优化问题中起着极其重要的作用。

定理 6.4.2 设向量 $\boldsymbol{P}^{(i)}$，$i=0, 1, \cdots, n-1$，为 $\boldsymbol{A}$ 共轭，则从任一点 $\boldsymbol{X}^{(0)}$ 出发，相继以 $P^{(0)}$，$\boldsymbol{P}^{(1)}$，$\cdots$，$\boldsymbol{P}^{(n-1)}$ 为搜索方向的下述算法：

$$\begin{cases}\min\limits_{k} f(\boldsymbol{X}^{(k)}+\lambda\boldsymbol{P}^{(k)})=f(\boldsymbol{X}^{(k)}+\lambda_k\boldsymbol{P}^{(k)}) \\ \boldsymbol{X}^{(k+1)}=\boldsymbol{X}^{(k)}+\lambda_k\boldsymbol{P}^{(k)}\end{cases}$$

经 n 次一维搜索收敛于正定二次函数极小问题的极小点 $\boldsymbol{X}^*$。

证明： 由 $f(\boldsymbol{X})=\dfrac{1}{2}\boldsymbol{X}^{\mathrm{T}}\boldsymbol{A}\boldsymbol{X}+\boldsymbol{B}^{\mathrm{T}}\boldsymbol{X}+c$ 可得：

$$\nabla f(\boldsymbol{X})=\boldsymbol{A}\boldsymbol{X}+\boldsymbol{B}$$

设相继各次搜索得到的近似解分别为 $\boldsymbol{X}^{(1)}$，$\boldsymbol{X}^{(2)}$，$\cdots$，$\boldsymbol{X}^{(n)}$，则

$$\begin{aligned}\nabla f(\boldsymbol{X}^{(k)})&=\boldsymbol{A}\boldsymbol{X}^{(k)}+\boldsymbol{B}\\ \nabla f(\boldsymbol{X}^{(k+1)})&=\boldsymbol{A}\boldsymbol{X}^{(k+1)}+\boldsymbol{B}=\boldsymbol{A}(\boldsymbol{X}^{(k)}+\lambda_k\boldsymbol{P}^{(k)})+\boldsymbol{B}\\ &=\nabla f(\boldsymbol{X}^{(k)})+\lambda_k\boldsymbol{A}\boldsymbol{P}^{(k)}\end{aligned}$$

假定 $\nabla f(\boldsymbol{X}^{(k)})\neq 0, k=0, 1, \cdots, n-1$，则有

$$\begin{aligned}\nabla f(\boldsymbol{X}^{(n)})&=\nabla f(\boldsymbol{X}^{(n-1)})+\lambda_{n-1}\boldsymbol{A}\boldsymbol{P}^{(n-1)}\\ &=\nabla f(\boldsymbol{X}^{(k+1)})+\lambda_{k+1}\boldsymbol{A}\boldsymbol{P}^{(k+1)}+\lambda_{k+2}\boldsymbol{A}\boldsymbol{P}^{(k+2)}+\cdots+\lambda_{n-1}\boldsymbol{A}\boldsymbol{P}^{(n-1)}\end{aligned}$$

由于在进行一维搜索时，为确定最佳步长 λ_k，令

$$\frac{\mathrm{d}f(\boldsymbol{X}^{(k+1)})}{\mathrm{d}\lambda}=\frac{\mathrm{d}[\boldsymbol{X}^{(k)}+\lambda\boldsymbol{P}^{(k)}]}{\mathrm{d}\lambda}=\nabla f\ (\boldsymbol{X}^{(k+1)})^{\mathrm{T}}\boldsymbol{P}^{(k)}=0$$

故对 $k=0, 1, \cdots, n-1$ 有

$$\begin{aligned}(\boldsymbol{P}^{(k)})^{\mathrm{T}}\ \nabla f(\boldsymbol{X}^{(n)})=(\boldsymbol{P}^{(k)})^{\mathrm{T}}\ \nabla f(\boldsymbol{X}^{(k+1)})+\lambda_{k+1}\ (\boldsymbol{P}^{(k)})^{\mathrm{T}}\boldsymbol{A}\boldsymbol{P}^{(k+1)}\\ +\cdots+\lambda_{n-1}\ (\boldsymbol{P}^{(k)})^{\mathrm{T}}\boldsymbol{A}\boldsymbol{P}^{(n-1)}=\boldsymbol{0}\end{aligned}$$

这就是说，$\nabla f(\boldsymbol{X}^{(n)})$ 和 n 个线性独立的向量 $\boldsymbol{P}^{(0)}$，$\boldsymbol{P}^{(1)}$，$\cdots$，$\boldsymbol{P}^{(n-1)}$ 正交，从而必有

$$\nabla f(\boldsymbol{X}^{(n)})=0$$

即 $\boldsymbol{X}^{(n)}$ 为 $\nabla f(\boldsymbol{X})$ 的极小点 $\boldsymbol{X}^*$。

2. 共轭方向法

对于正定二次函数 $f(\boldsymbol{X})=\dfrac{1}{2}\boldsymbol{X}^{\mathrm{T}}\boldsymbol{A}\boldsymbol{X}+\boldsymbol{B}^{\mathrm{T}}\boldsymbol{X}+c$ 来说，由于 $\boldsymbol{A}$ 为对称正定矩阵，故存在唯一极小点 $\boldsymbol{X}^*$，它满足方程组：

$$\nabla f(\boldsymbol{X})=\boldsymbol{A}\boldsymbol{X}+\boldsymbol{B}=\boldsymbol{0}$$

且具有以下形式：

$$\boldsymbol{X}^*=-\boldsymbol{A}^{-1}\boldsymbol{B}$$

如果已知某共轭向量组 $\boldsymbol{P}^{(0)}$，$\boldsymbol{P}^{(1)}$，$\cdots$，$\boldsymbol{P}^{(n-1)}$，由定理 6.4.2 可知，该正定二次函数

的极小点 $\boldsymbol{X}^*$ 可通过下列算法得到：

$$\begin{cases}\boldsymbol{X}^{(k+1)}=\boldsymbol{X}^{(k)}+\lambda_k\boldsymbol{P}^{(k)},\ k=0,1,\cdots,n-1\\ \lambda_k:\ \min\limits_{\lambda} f(\boldsymbol{X}^{(k)}+\lambda\boldsymbol{P}^{(k)})\\ \boldsymbol{X}^{(n)}=\boldsymbol{X}^*\end{cases}$$

以上算法称为共轭方向法。基本要求如下：搜索方向 $\boldsymbol{P}^{(0)},\boldsymbol{P}^{(1)},\cdots,\boldsymbol{P}^{(n-1)}$ 必须共轭；确定各近似极小点时必须按最优一维搜索进行。共轭梯度法是共轭方向法的一种，其搜索方向是利用一维搜索所得极小点处的梯度生成的，具体将在下一节介绍。

6.4.2 正定二次函数的共轭梯度法

用不同的方法产生关于共轭的一组共轭方向组就得到不同的共轭方向法。以迭代点处的负梯度向量为基础产生一组共轭方向的方法，叫作共轭梯度法。下面具体介绍对于正定二次函数规划问题的共轭梯度法。

考虑正定二次函数极小化问题

$$\min f(\boldsymbol{x})=\frac{1}{2}\boldsymbol{x}^{\mathrm{T}}\boldsymbol{A}\boldsymbol{x}+\boldsymbol{b}^{\mathrm{T}}\boldsymbol{x}+C \tag{6.4.1}$$

其中，$\boldsymbol{A}$ 为 n 阶对称正定矩阵；$\boldsymbol{x}\in\mathbb{R}^n$；$\boldsymbol{b}\in\mathbb{R}^n$；$C$ 是常数。

在推导正定二次函数共轭梯度搜索方向公式前，首先介绍下面几个常用的公式：

由式(6.4.1)可知，其是 $f(\boldsymbol{x})$ 正定二次函数。因此有

$$\nabla f(\boldsymbol{x})=\boldsymbol{A}\boldsymbol{x}+\boldsymbol{b} \tag{6.4.2}$$

设迭代点用 $\boldsymbol{x}^{(0)},\boldsymbol{x}^{(1)},\cdots,\boldsymbol{x}^{(n)}$ 来记，则由式(6.4.2)，有

$$\nabla f(\boldsymbol{x}^{k+1})-\nabla f(\boldsymbol{x}^{(k)})=\boldsymbol{A}(\boldsymbol{x}^{k+1}-\boldsymbol{x}^{(k)})$$

又

$$\boldsymbol{x}^{(k+1)}=\boldsymbol{x}^{(k)}+\lambda_k\boldsymbol{p}^{(k)}$$

故有

$$\nabla f(\boldsymbol{x}^{k+1})-\nabla f(\boldsymbol{x}^{(k)})=\lambda_k\boldsymbol{A}\boldsymbol{p}^{(k)} \tag{6.4.3}$$

又设以 $\boldsymbol{x}^{(k)}$ 迭代点沿搜索方向 $\boldsymbol{p}^{(k)}$ 进行一维搜索时采用最佳一维搜索求步长因子 λ_k，即

$$\begin{cases}\boldsymbol{x}^{(k+1)}=\boldsymbol{x}^{(k)}+\lambda_k\boldsymbol{p}^{(k)}\\ f(\boldsymbol{x}^{(k)}+\lambda_k\boldsymbol{p}^{(k)})=\min\limits_{\lambda\geqslant 0} f(\boldsymbol{x}^{(k)}+\lambda\boldsymbol{p}^{(k)})\end{cases} \tag{6.4.4}$$

对于最佳一维搜索，多次使用下述公式：

$$\nabla f\ (\boldsymbol{x}^{(k+1)})^{\mathrm{T}}\boldsymbol{p}^{(k)}=0 \tag{6.4.5}$$

上式表明用最佳一维搜索所得到的迭代点处的梯度必与该搜索方向正交。

下面给出用于正定二次函数的共轭梯度法关于共轭方向的公式：

$$\begin{cases} \boldsymbol{p}^{(k+1)} = -\nabla f(\boldsymbol{x}^{(k+1)}) + \beta_k \boldsymbol{p}^{(k)} \\ \beta_k = \dfrac{\nabla f\ (\boldsymbol{x}^{(k+1)})^{\mathrm{T}} \boldsymbol{A} \boldsymbol{p}^{(k)}}{(\boldsymbol{p}^{(k)})^{\mathrm{T}} \boldsymbol{A} \boldsymbol{p}^{(k)}} \\ k = 0,\ 1,\ \cdots,\ (n-2) \\ \boldsymbol{p}^{(0)} = -\nabla f(\boldsymbol{x}^{(0)}) \end{cases} \tag{6.4.6}$$

其中 $\boldsymbol{A}$ 为正定 n 维二次函数(6.4.1)的系数矩阵。由式(6.4.6)求得的一组搜索方向 $\boldsymbol{p}^{(0)}$，$\boldsymbol{p}^{(1)}$，…，$\boldsymbol{p}^{(n-1)}$ 必是共轭的。

其步长因子要用最佳一维搜索来计算：

$$\begin{cases} f(\boldsymbol{x}^{(k)} + \lambda_k \boldsymbol{p}^{(k)}) = \min\limits_{\lambda \geqslant 0} f(\boldsymbol{x}^{(k)} + \lambda \boldsymbol{p}^{(k)}) \\ \boldsymbol{x}^{(k+1)} = \boldsymbol{x}^{(k)} + \lambda_k \boldsymbol{p}^{(k)} \end{cases} \tag{6.4.7}$$

对于正定二次函数，用最佳一维搜索式(6.4.7)求步长因子 λ_k，公式如下：

$$\lambda_k = -\frac{\nabla f\ (\boldsymbol{x}^{(k)})^{\mathrm{T}} \boldsymbol{p}^{(k)}}{(\boldsymbol{p}^{(k)})^{\mathrm{T}} \boldsymbol{A} \boldsymbol{p}^{(k)}} \tag{6.4.8}$$

综上所述，对于正定 n 维二次函数式(6.4.1)，共轭梯度法的公式为：

$$\begin{cases} \boldsymbol{x}^{(k+1)} = \boldsymbol{x}^{(k)} + \lambda_k \boldsymbol{p}^{(k)} \\ \lambda_k = -\dfrac{\nabla f\ (\boldsymbol{x}^{(k)})^{\mathrm{T}} \boldsymbol{p}^{(k)}}{(\boldsymbol{p}^{(k)})^{\mathrm{T}} \boldsymbol{A} \boldsymbol{p}^{(k)}},\ \text{以上}\ k = 0,\ 1,\ \cdots,\ (n-1) \\ \boldsymbol{p}^{(0)} = -\nabla f(\boldsymbol{x}^{(0)}) \\ \boldsymbol{p}^{(k+1)} = -\nabla f(\boldsymbol{x}^{(k+1)}) + \beta_k \boldsymbol{p}^{(k)} \\ \beta_k = \dfrac{\nabla f\ (\boldsymbol{x}^{(k+1)})^{\mathrm{T}} \boldsymbol{A} \boldsymbol{p}^{(k)}}{(\boldsymbol{p}^{(k)})^{\mathrm{T}} \boldsymbol{A} \boldsymbol{p}^{(k)}},\ k = 0,\ 1,\ \cdots,\ (n-2) \end{cases} \tag{6.4.9}$$

由上述共轭梯度法产生的一组搜索方向 $\boldsymbol{p}^{(0)}$，$\boldsymbol{p}^{(1)}$，…，$\boldsymbol{p}^{(n-1)}$ 是关于 $\boldsymbol{A}$ 共轭的。它们对于正定 n 维二次函数必在 n 次(或以内)的一维搜索可达到最优解，因此共轭梯度法具有二次终止性。

在式(6.4.9)的最后一个公式中含有 $f(\boldsymbol{x})$ 的系数矩阵 $\boldsymbol{A}$，$\boldsymbol{A}$ 的出现一方面不方便在计算机中存储，另一方面不便于推广到非二次函数的极小化问题中。为此，希望仅用梯度向量来简化式(6.4.9)中的第 5 个公式：

$$\beta_k = \frac{\|\ \nabla f(\boldsymbol{x}^{(k+1)})\ \|^2}{\|\ \nabla f(\boldsymbol{x}^{(k)})\ \|^2},\ k = 0,\ 1,\ \cdots,\ (n-2) \tag{6.4.10}$$

式(6.4.10)仅用到梯度信息产生了 n 个搜索方向，此公式是由 Fleccher 和 Reeves 于 1964 年提出的，通常称为 F－R 共轭梯度法。

6.4.3　计算举例

例 6.4　利用共轭梯度法求解如下问题：

$$\min f(\boldsymbol{x}) = x_1^2 + 2x_2^2$$

求解过程如下：

取初始点 $\boldsymbol{x}^{(1)} = [5,\ 5]^{\mathrm{T}}$，在点 $\boldsymbol{x}$ 处，目标函数的梯度为：

$$\nabla f(\boldsymbol{x}) = \begin{bmatrix} 2x_1 \\ 4x_2 \end{bmatrix}$$

第一次迭代，令

$$\boldsymbol{p}^{(1)} = -\nabla f(\boldsymbol{x}^{(1)}) = \begin{bmatrix} -10 \\ -20 \end{bmatrix}$$

从 $\boldsymbol{x}^{(1)}$ 出发，沿方向 $\boldsymbol{p}^{(1)}$ 做一维搜索，求步长 λ_1，得到：

$$\lambda_1 = -\frac{\nabla f\ (\boldsymbol{x}^{(1)})^{\mathrm{T}} \boldsymbol{p}^{(1)}}{\boldsymbol{p}^{(1)\mathrm{T}} \boldsymbol{A} \boldsymbol{p}^{(1)}} = \frac{(-10,\ -20)\begin{bmatrix} -10 \\ -20 \end{bmatrix}}{(-10,\ -20)\begin{bmatrix} 2 & 0 \\ 0 & 4 \end{bmatrix}\begin{bmatrix} -10 \\ -20 \end{bmatrix}} = \frac{5}{18}$$

$$\boldsymbol{x}^{(2)} = \boldsymbol{x}^{(1)} + \lambda_1 \boldsymbol{p}^{(1)} = \begin{bmatrix} 5 \\ 5 \end{bmatrix} + \frac{5}{18}\begin{bmatrix} -10 \\ -20 \end{bmatrix} = \begin{bmatrix} \frac{20}{9} & -\frac{5}{9} \end{bmatrix}^{\mathrm{T}}$$

第二次迭代，在点 $\boldsymbol{x}^{(2)}$ 处，目标函数的梯度

$$\nabla f(\boldsymbol{x}^{(2)}) = \begin{bmatrix} \frac{40}{9} \\ \frac{-20}{9} \end{bmatrix}$$

构造搜索方向 $\boldsymbol{p}^{(2)}$，先计算因子

$$\beta_1 = \frac{\|\ \nabla f(\boldsymbol{x}^{(2)})\ \|^2}{\|\ \nabla f(\boldsymbol{x}^{(1)})\ \|^2} = \frac{\left(\frac{40}{9}\right)^2 + \left(-\frac{20}{9}\right)^2}{10^2 + 20^2} = \frac{4}{81}$$

令

$$\boldsymbol{p}^{(2)} = -\nabla f(\boldsymbol{x}^{(2)}) + \beta_1 \boldsymbol{p}^{(1)} = -\begin{bmatrix} \frac{40}{9} \\ -\frac{20}{9} \end{bmatrix} + \frac{4}{81}\begin{bmatrix} -10 \\ -20 \end{bmatrix} = \frac{100}{81}\begin{bmatrix} -4 \\ 1 \end{bmatrix}$$

从 $\boldsymbol{x}^{(2)}$ 出发，沿方向 $\boldsymbol{p}^{(2)}$ 作一维搜索，求步长 λ_2，有

$$\lambda_2 = \frac{\nabla f\ (\boldsymbol{x}^{(2)})^{\mathrm{T}} \boldsymbol{p}^{(2)}}{\boldsymbol{p}^{(2)\mathrm{T}} \boldsymbol{A} \boldsymbol{p}^{(2)}} = \frac{\left(\frac{40}{9},\ -\frac{20}{9}\right)\frac{100}{81}\begin{bmatrix} 4 \\ 1 \end{bmatrix}}{\left(\frac{100}{81}\right)^2 (-4,\ 1)\begin{bmatrix} 2 & 0 \\ 0 & 4 \end{bmatrix}\begin{bmatrix} -4 \\ 1 \end{bmatrix}} = \frac{9}{20}$$

$$\boldsymbol{x}^{(3)} = \boldsymbol{x}^{(2)} + \lambda_2 \boldsymbol{p}^{(2)} = \begin{bmatrix} \frac{20}{9} \\ -\frac{5}{9} \end{bmatrix} + \frac{9}{20} \cdot \frac{100}{81}\begin{bmatrix} -4 \\ 1 \end{bmatrix} = \begin{bmatrix} 0 \\ 0 \end{bmatrix}$$

显然点 $\boldsymbol{x}^{(3)}$ 处目标函数的梯度 $\nabla f(\boldsymbol{x}^{(2)})=[0\quad 0]^{\mathrm{T}}$，已达到极小点 $\boldsymbol{x}^{(3)}=[0,\ 0]^{\mathrm{T}}$。

6.4.4 非二次函数的共轭梯度法

把上述用于正定二次函数的共轭梯度法加以推广，用于极小化任意 n 维函数。推广后的共轭梯度法与原有方法的主要差别在于：步长不能再用式(6.6.7)来计算。可以用其他一维搜索方法来确定，此外凡是式(6.6.8)中用的矩阵 $\boldsymbol{A}$ 之处，都需改用当前迭代点处的黑森矩阵。对任意函数而言，一般来讲是不可能在 n 步以内达到最优解的。可以采用循环的方法，具体做法就是每迭代 n 步作一轮。每搜索完一轮，用这轮最后一个迭代点作为下一轮的初始点重新开始迭代，直到满足精度要求为止，具体算法步骤如下：

第 1 步：选取初始数据。

选取初始点 $\boldsymbol{x}^{(0)}$，给出终止误差 $\varepsilon>0$。

第 2 步：求初始点梯度。

计算 $\nabla f(\boldsymbol{x}^{(0)})$。若 $\|\nabla f(\boldsymbol{x}^{(0)})\|\leqslant\varepsilon$，停止迭代，输出 $\boldsymbol{x}^{(0)}$；否则转第 3 步。

第 3 步：构造初始搜索方向。

令

$$\boldsymbol{p}^{(0)}=-\nabla f(\boldsymbol{x}^{(0)})$$

令 $k=0$，进行第 4 步。

第 4 步：进行一维搜索，求 λ_k，使

$$f(\boldsymbol{x}^{(k)}+\lambda_k\boldsymbol{p}^{(k)})=\min_{\lambda\geqslant 0} f(\boldsymbol{x}^{(k)}+\lambda\boldsymbol{p}^{(k)})$$

令 $\boldsymbol{x}^{(k+1)}=\boldsymbol{x}^{(k)}+\lambda_k\boldsymbol{p}^{(k)}$。继续第 5 步。

第 5 步：求梯度向量。

计算 $\nabla f(\boldsymbol{x}^{(k+1)})$。若 $\|\nabla f(\boldsymbol{x}^{(k+1)})\|\leqslant\varepsilon$，停止迭代，输出 $\boldsymbol{x}^{*}$ 的近似值，$\boldsymbol{x}^{*}\approx\boldsymbol{x}^{(k+1)}$。否则进行第 6 步。

第 6 步：检验迭代步数。

若 $k+1=n$，令 $\boldsymbol{x}^{(0)}=\boldsymbol{x}^{(n)}$，转第 3 步；否则进行第 7 步。

第 7 步：构造搜索方向，用 F－R 公式，取

$$\boldsymbol{p}^{(k+1)}=-\nabla f(\boldsymbol{x}^{(k+1)})+\beta_k\boldsymbol{p}^{(k)}$$

$$\beta_k=\frac{\|\nabla f(\boldsymbol{x}^{(k+1)})\|^2}{\|\nabla f(\boldsymbol{x}^{(k)})\|^2}$$

令 $k=k+1$，转第 4 步。

共轭梯度法对正定二次函数具有二次终止性。对于一般函数，共轭梯度法在一定条件下也是收敛的，且收敛速度通常优于最速下降法。共轭梯度法不用求矩阵的逆，在使用计算机求解时，所需存储量较小，因此求解变量较多的大规模问题可用共轭梯度法。

6.5 变尺度法简介

在上两节中已指出：最速下降法具有算法简单、工作量小，且对初始点选择要求不高

的优点，但其收敛速度较慢，尤其在极小点附近呈“之”字形逼近。牛顿法虽然收敛速度快，但对初始点选择要求高。牛顿法与修正牛顿法都需计算函数的黑森矩阵及其逆矩阵，工作量大，且要求迭代点处黑森矩阵正定。这对许多函数都不能满足。这些都是牛顿法与修正牛顿法的不足。现在把最速下降法、牛顿法、修正牛顿法的计算公式统一起来，可描述如下：

$$\boldsymbol{x}^{(k+1)}=\boldsymbol{x}^{(k)}-\lambda_k \boldsymbol{H}_k \nabla f(\boldsymbol{x}^{(k)}) \tag{6.5.1}$$

当式(6.5.1)中 $\boldsymbol{H}_k=\boldsymbol{I}$，即为最速下降法公式；当式(6.5.1)中 $\lambda_k=1$，$\boldsymbol{H}_k=[\nabla^2 f(\boldsymbol{x}^{(k)})]^{-1}$ 时，即为牛顿法中式(6.3.7)；当式(6.5.1)中 $\boldsymbol{H}_k=[\nabla^2 f(\boldsymbol{x}^{(k)})]^{-1}$，$\lambda_k$ 用一维搜索，即为修正牛顿法。

为构造出一种算法，使其既能如牛顿法那样有较快的收敛速度，又能避免计算黑森矩阵及其逆矩阵，在式(6.5.1)中，让 $\boldsymbol{H}_k$ 近似地等于 $[\nabla^2 f(\boldsymbol{x}^{(k)})]^{-1}$，且能使 $\boldsymbol{H}_k$ 在每次迭代中通过公式逐次计算产生，如令

$$\boldsymbol{H}_{k+1}=\boldsymbol{H}_k+\boldsymbol{C}_k \tag{6.5.2}$$

其中 $\boldsymbol{C}_k$ 称为修正矩阵。设计出不同的 $\boldsymbol{C}_k$，就得到了不同的算法。这一类算法统称为变尺度法。现在常见的有：

(1) $\boldsymbol{C}_k$ 是秩为 1 的对称矩阵：令 $\boldsymbol{C}_k=t_k\boldsymbol{\alpha}\boldsymbol{\alpha}^{\mathrm{T}}$。其中 t_k 是一个不为零的待定常数。$\boldsymbol{\alpha}=[\alpha_1, \alpha_2, \cdots, \alpha_n]^{\mathrm{T}}$，是个非零 n 维列向量。故 $\boldsymbol{\alpha}\boldsymbol{\alpha}^{\mathrm{T}}$ 是秩为 1 的 n 阶对称矩阵。此法称为对称秩 1 算法。

(2) $\boldsymbol{C}_k$ 是秩为 2 的对称矩阵。令 $\boldsymbol{C}_k=t_k\boldsymbol{\alpha}\boldsymbol{\alpha}^{\mathrm{T}}+s_k\boldsymbol{\beta}\boldsymbol{\beta}^{\mathrm{T}}$。其中，$t_k$，$s_k$ 为待定常数，$\boldsymbol{\alpha}$，$\boldsymbol{\beta}$ 为 n 维列向量。这类算法中最著名的是 DFP 法。它首先由 Davidon 于 1959 年首先提出，后由 Fletcher 及 Powell 于 1963 年进行改进，因此称为 DFP 法。

(3) 值得一提的是我国数学家吴方、桂湘云于 1981 提出了另一类刻画修正矩阵的方法，现被称为吴桂算法。

6.6　电力系统状态估计

例 6.5　电力系统状态估计案例。

状态估计(State Estimation，SE)是基于一些标准并根据来自该系统的测量值(有误差、有冗余)计算系统状态变量值(真实的、未知的)。电力系统调度中心的能量管理系统(Energy Management System，EMS)的核心功能之一，是根据电力系统的各种量测信息，估计出电力系统当前的运行状态。现代电网的安全经济运行依赖于能量管理系统，而能量管理系统的众多功能又可分成针对电网实时变化进行分析的在线应用和针对典型潮流断面进行分析的离线应用两大部分。电力系统状态估计可以说是大部分在线应用的高级软件的基础。如果电力系统状态估计结果不准确，后续的任何分析计算将不可能得到准确的结果。(本例可扫描封底二维码获取相关资源)

1. 问题描述

电力系统中状态变量(状态估计器的输出)一般为电压幅值、电压相角(相对于平衡

节点)，状态变量总数：$n=2(N_B-1)$，N_B 为系统节点数，表示为：

$$\boldsymbol{x}=\begin{bmatrix}\boldsymbol{\theta}\\ \boldsymbol{U}\end{bmatrix}$$

其中，$\boldsymbol{x}$ 为状态向量；$\boldsymbol{\theta}=[\theta_1,\theta_2,\cdots,\theta_i,\cdots,\theta_{NB-1}]^{\mathrm{T}}$，$\theta_i$ 为母线 i 的电压相角状态变量；$\boldsymbol{U}=[U_1,U_2,\cdots U_i,\cdots U_{NB-1}]^{\mathrm{T}}$，$U_i$ 为母线 i 的电压幅值状态变量。

而测量量包括状态估计器的输入、电压幅度、电压角、有功功率、无功功率、电流幅值，测量量总数 m。通常，$m>n$。测量向量可表示为：

$$\boldsymbol{z}=[\boldsymbol{P}_{\text{line}}\quad \boldsymbol{Q}_{\text{line}}\quad \boldsymbol{P}\quad \boldsymbol{Q}\quad \boldsymbol{U}]^{\mathrm{T}}$$

其中，$\boldsymbol{P}_{\text{line}}$ 为支路有功潮流量测量；$\boldsymbol{Q}_{\text{line}}$ 为支路无功潮流量测量；$\boldsymbol{P}$ 为节点有功注入功率量测量；$\boldsymbol{Q}$ 为节点无功注入功率量测量；$\boldsymbol{U}$ 为节点电压幅值量测量。

量测方程是用状态量表达的量测量，表示为：

$$\boldsymbol{h}(x)=\begin{bmatrix}\boldsymbol{P}_{\text{line}}(\boldsymbol{\theta},\boldsymbol{U})\\ \boldsymbol{Q}_{\text{line}}(\boldsymbol{\theta},\boldsymbol{U})\\ \boldsymbol{P}(\boldsymbol{\theta},\boldsymbol{U})\\ \boldsymbol{Q}(\boldsymbol{\theta},\boldsymbol{U})\\ \boldsymbol{U}(\boldsymbol{U})\end{bmatrix}$$

其中，$\boldsymbol{h}$ 为量测方程向量，m 维；$\boldsymbol{P}_{\text{line}}$，$\boldsymbol{Q}_{\text{line}}$，$\boldsymbol{P}$，$\boldsymbol{Q}$ 中的元素 P_{ij}，Q_{ij}，P_i，Q_i 可分别表示为以下网络方程：

$$\begin{aligned}
P_{ij}&=U_i^2g-U_iU_jg\cos\theta_{ij}-U_iU_jb\sin\theta_{ij}\\
Q_{ij}&=-U_i^2(b+y_c)-U_iU_jg\sin\theta_{ij}+U_iU_jb\cos\theta_{ij}\\
P_i&=\sum_{j\in i}U_iU_j(G_{ij}\cos\theta_{ij}+B_{ij}\sin\theta_{ij})\\
Q_i&=\sum_{j\in i}U_iU_j(G_{ij}\sin\theta_{ij}+B_{ij}\cos\theta_{ij})
\end{aligned}$$

其中，g 为线路 $i-j$ 的电导；b 为线路 $i-j$ 的电纳；y_c 为线路对地电纳；G_{ij} 为导纳矩阵中元素 (i,j) 的实部；B_{ij} 为导纳矩阵中元素 (i,j) 的虚部。可以看出上述量测方程属于非线性方程。

对量测量与状态量，考虑到量测误差的存在，电力系统状态估计问题的非线性量测方程为：

$$\boldsymbol{z}=\boldsymbol{h}(\boldsymbol{x})+\boldsymbol{v}$$

其中，$\boldsymbol{z}$ 是 $m\times1$ 量测向量；$\boldsymbol{h}(\boldsymbol{x})$ 是 $m\times1$ 非线性量测函数；$\boldsymbol{v}$ 是 $m\times1$ 量测误差向量；$\boldsymbol{x}$ 为 $n\times1$ 状态向量。通常情况下 $m>n$，需要利用 SE 来平滑冗余和消除测量误差。在状态估计后，所估计的状态变量将用于在线偶然性分析和受安全约束的经济调度等内容。

电力系统状态估计属于非线性无约束问题，常用加权最小二乘法求解，目前三种常用的最小二乘类算法为：基本加权最小二乘法(牛顿法)、快速分解法、变化量测法。本例将详细介绍基于基本牛顿法加权最小二乘法的电力系统状态估计。

2. 优化模型

考虑量测误差 $\boldsymbol{v}$ 有正有负，取各量测误差的误差平方和为目标函数，且由于各量测量的精度不同，对不同量测量取不同权重 w_i，精度高的取权重大，精度低的取权重小。

利用最优化建立加权最小二乘法的无约束非线性最优化模型：

$$\min J=\sum_{i=1}^{m} w_i v_i^2=\sum_{i=1}^{m} w_i[z_i-h_i(\boldsymbol{x})]^2$$

在电力系统中，通常假设误差是随机的，并且服从正态分布，因此，一般取权重为各量测量方差的倒数，即 $w_i=\dfrac{1}{\sigma_i^2}$，$\sigma$ 描述随机量测量误差的严重性，并定义精度为 3σ，即如果仪表的精度为满量程值的 $\pm 3\%$，则 $\sigma=1\%$。因此，加权最小二乘法的无约束非线性最优化模型如下：

$$\min J=\sum_{i=1}^{m}\frac{1}{\sigma_i^2}[z_i-h_i(\boldsymbol{x})]^2$$

令 $\boldsymbol{R}$ 为以 σ_i^2 为对角元素的 $m\times m$ 阶量测误差方差阵，则 $\boldsymbol{R}^{-1}$ 为量测权重矩阵。将上述加权最小二乘法写成矩阵形式，得状态估计的目标函数：

$$J(\boldsymbol{x})=[\boldsymbol{z}-\boldsymbol{h}(\boldsymbol{x})]^{\mathrm{T}}\boldsymbol{R}^{-1}[\boldsymbol{z}-\boldsymbol{h}(\boldsymbol{x})]$$

即在给定量测向量 $\boldsymbol{z}$ 之后，状态估计量 $\hat{\boldsymbol{x}}$ 是使目标函数 $J(\boldsymbol{x})$ 达到最小的 $\boldsymbol{x}$ 值。

3. 模型求解

由于 $\boldsymbol{h}(\boldsymbol{x})$ 为 $\boldsymbol{x}$ 非线性函数，无法直接计算 $\hat{\boldsymbol{x}}$，需将该非线性方程的求解过程，变成反复对相应的线性方程进行求解的过程，因此可利用牛顿法进行迭代求解。

假定状态量初值为 $\boldsymbol{x}^{(0)}$，使 $\boldsymbol{h}(\boldsymbol{x})$ 在 $\boldsymbol{x}^{(0)}$ 处线性化，并用泰勒级数在 $\boldsymbol{x}^{(0)}$ 附近展开 $\boldsymbol{h}(\boldsymbol{x})$，并略去二阶以上项：

$$\boldsymbol{h}(\boldsymbol{x})=\boldsymbol{h}(\boldsymbol{x}^{(0)})+\boldsymbol{H}(\boldsymbol{x}^{(0)})\Delta\boldsymbol{x}$$

式中，$\Delta\boldsymbol{x}=\boldsymbol{x}-\boldsymbol{x}^{(0)}$；$\boldsymbol{H}(\boldsymbol{x}^{(0)})$ 是函数向量 $\boldsymbol{h}(\boldsymbol{x})$ 的雅可比矩阵，其元素为：

$$\boldsymbol{H}(\boldsymbol{x}^{(0)})=\left.\frac{\partial\boldsymbol{h}(\boldsymbol{x})}{\partial\boldsymbol{x}}\right|_{\boldsymbol{x}=\boldsymbol{x}^{(0)}}$$

取 $\Delta\boldsymbol{z}=\boldsymbol{z}-\boldsymbol{h}(\boldsymbol{x}^{(0)})$，展开 $J(\boldsymbol{x})$，得

$$\begin{aligned}J(\boldsymbol{x})&=[\boldsymbol{z}-\boldsymbol{H}(\boldsymbol{x}^{(0)})\Delta\boldsymbol{x}]^{\mathrm{T}}\boldsymbol{R}^{-1}[\boldsymbol{z}-\boldsymbol{H}(\boldsymbol{x}^{(0)})\Delta\boldsymbol{x}]\\&=\Delta\boldsymbol{z}^{\mathrm{T}}[\boldsymbol{R}^{-1}-\boldsymbol{R}^{-1}\boldsymbol{H}(\boldsymbol{x}^{(0)})\sum(\boldsymbol{x}^{(0)})\boldsymbol{H}^{\mathrm{T}}(\boldsymbol{x}^{(0)})\boldsymbol{R}^{-1}]\Delta\boldsymbol{z}\\&\quad+[\Delta\boldsymbol{x}-\sum(\boldsymbol{x}^{(0)})\boldsymbol{H}^{\mathrm{T}}(\boldsymbol{x}^{(0)})\boldsymbol{R}^{-1}\Delta\boldsymbol{z}]^{\mathrm{T}}\sum{}^{-1}(\boldsymbol{x}^{(0)})\\&\quad\cdot[\Delta\boldsymbol{x}-\sum(\boldsymbol{x}^{(0)})\boldsymbol{H}^{\mathrm{T}}(\boldsymbol{x}^{(0)})\boldsymbol{R}^{-1}\Delta\boldsymbol{z}]\end{aligned}$$

其中，$\sum(\boldsymbol{x}^{(0)})=[\boldsymbol{H}^{\mathrm{T}}(\boldsymbol{x}^{(0)})\boldsymbol{R}^{-1}\boldsymbol{H}(\boldsymbol{x}^{(0)})]^{-1}$。

上式中第一项与 Δx 无关，因此若要使目标函数最小，第二项应为 0，从而有：

$$\Delta\hat{x}=\sum(x^{(0)})H^{\mathrm{T}}(x^{(0)})R^{-1}\Delta z$$

由此得到：

$$\hat{x}=x^{(0)}+\Delta\hat{x}=x^{(0)}+\sum(x^{(0)})H^{\mathrm{T}}(x^{(0)})R^{-1}[z-h(x^{(0)})]$$

注意，只有当 $x^{(0)}$ 充分接近 $\hat{x}$ 时泰勒级数略去高次项后才能是足够近似的。应用上式做逐次迭代，可以得到 $\hat{x}$。若以 (l) 表示迭代序号，上面两式可以写为：

$$\Delta\hat{x}^{(l)}=[H^{\mathrm{T}}(\hat{x}^{(l)})R^{-1}H^{\mathrm{T}}(x^{(l)})]^{-1}H^{\mathrm{T}}(\hat{x}^{(l)})R^{-1}[z-h(\hat{x}^{(l)})]$$
$$\hat{x}^{(l+1)}=\hat{x}^{(l)}+\Delta\hat{x}^{(l)}$$

按上两式进行迭代修正，直到目标函数 $J(\hat{x}^{(l)})$ 接近最小。

收敛判据可以是以下三项中任意一项：

$$\max_i|\Delta\hat{x}_i^{(l)}|\leqslant\varepsilon_x$$
$$|J(\hat{x}^{(l)})-J(\hat{x}^{(l-1)})|\leqslant\varepsilon_J$$
$$\|\Delta\hat{x}^{(l)}\|\leqslant\varepsilon_\alpha$$

因此，基于加权最小二乘法的电力系统状态估计步骤总结如下：

(1) 从状态量的初值计算测量函数向量 $h(x^{(0)})$ 和雅可比矩阵 $H(x^{(0)})$。

(2) 用 z 和 $h(x^{(0)})$ 计算残差 $z-h(x^{(l)})$ 和目标函数 $J(x^{(l)})$，并用雅可比矩阵 $H(x^{(l)})$ 计算信息矩阵 $[H^{\mathrm{T}}R^{-1}H]$ 和向量 $H^{\mathrm{T}}R^{-1}[z-h(x^{(l)})]$。

(3) 解方程求取状态修正量 $\Delta x^{(l)}$，并取其中绝对值最大值 $\max|\Delta x_i^{(l)}|$。

(4) 检查是否达到收敛标准。

(5) 若未达收敛标准，修改状态变量 $x^{(l+1)}=x^{(l)}+\Delta x^{(l)}$，继续迭代计算，直到收敛为止。

(6) 将计算结果送入不良数据检测与辨识入口。

下面基于 IEEE 14 节点测试系统介绍状态估计的应用。如图 6-5 所示为 IEEE 14 节点测试系统，其中，节点 1 为松弛节点。

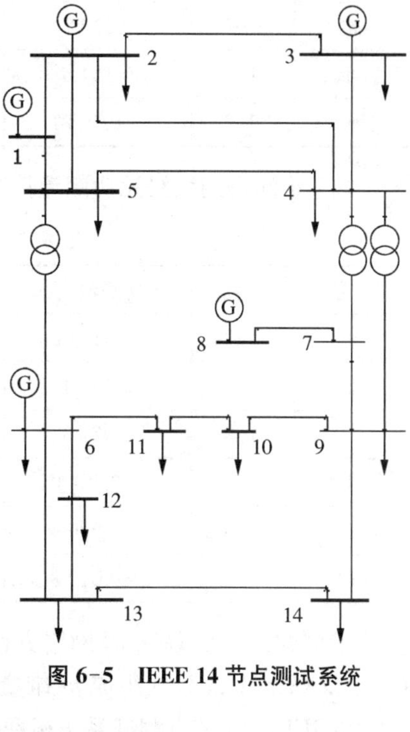

图 6-5　IEEE 14 节点测试系统

量测量与各量测误差权重信息如下：

(1) 量测得到松弛节点电压幅值为 1.06p.u.，量测误差权重 R 为 9e－4。

(2) 量测得到节点有功及无功注入情况如表 6-1 所示。

表 6-1　节点有功及无功注入量测结果

序号	有功注入/p.u.	节点	R	序号	无功注入/p.u.	节点	R
1	0.183 0	2	1e-4	9	0.352 3	2	1e-4
2	−0.942 0	3	1e-4	10	0.087 6	3	1e-4
3	0.000 0	7	1e-4	11	0.000 0	7	1e-4
4	0.000 0	8	1e-4	12	0.210 3	8	1e-4
5	−0.090 0	10	1e-4	13	−0.058 0	10	1e-4
6	−0.035 0	11	1e-4	14	−0.018 0	11	1e-4
7	−0.061 0	12	1e-4	15	−0.016 0	12	1e-4
8	−0.149 0	14	1e-4	16	−0.050 0	14	1e-4

(3) 量测得到线路有功潮流情况如表 6-2 所示。

表 6-2　线路潮流有功功率量测结果

序号	线路	有功潮流/p.u.	R	序号	线路	有功潮流/p.u.	R
1	1-2	1.570 8	64e-6	7	5-4	0.600 6	64e-6
2	2-3	0.734 0	64e-6	8	5-6	0.458 9	64e-6
3	4-2	−0.542 7	64e-6	9	6-13	0.183 4	64e-6
4	4-7	0.270 7	64e-6	10	7-9	0.270 7	64e-6
5	4-9	0.154 6	64e-6	11	11-6	−0.081 6	64e-6
6	5-2	−0.408 1	64e-6	12	12-13	0.018 8	64e-6

(4) 量测得到线路无功潮流情况如表 6-3 所示。

表 6-3　线路潮流无功功率量测结果

序号	线路	无功潮流/p.u.	R	序号	线路	无功潮流/p.u.	R
1	1-2	−0.174 8	64e-6	7	5-4	−0.100 6	64e-6
2	2-3	0.059 4	64e-6	8	5-6	−0.208 4	64e-6
3	4-2	0.021 3	64e-6	9	6-13	0.099 8	64e-6
4	4-7	−0.154 0	64e-6	10	7-9	0.148 0	64e-6
5	4-9	−0.026 4	64e-6	11	11-6	−0.086 4	64e-6
6	5-2	−0.019 3	64e-6	12	12-13	0.014 1	64e-6

量测方程由 $U_i(U_i)$ 及网络方程 $P_{ij}(\theta_{ij}, U_i, U_j)$，$Q_{ij}(\theta_{ij}, U_i, U_j)$，$P_i(\theta_{ij}, U_i, U_j)$，$Q_i(\theta_{ij}, U_i, U_j)$ 组成 m 维量测方程向量。

以 IEEE 14 节点测试系统标准数据作为状态量的初值计算测量函数向量 $\boldsymbol{h}(\boldsymbol{x}^{(0)})$ 和雅可比矩阵 $\boldsymbol{H}(\boldsymbol{x}^{(0)})$。根据加权牛顿法最小二乘法的电力系统状态估计步骤进行迭代计算，收敛判据为 $\max\limits_i |\Delta \hat{\boldsymbol{x}}_i^{(l)}| \leqslant 10^{-4}$。可知在完成第五次迭代后 $\max\limits_i |\Delta \hat{\boldsymbol{x}}_i^{(5)}| =$

6.65×10^{-5}，达到收敛条件，迭代结束，$J(\boldsymbol{x})_{min} = 7.6370$。

基于牛顿法得到状态估计结果如表 6-4 所示。

表 6-4　IEEE 14 节点测试系统状态估计结果

节点	电压幅值/p.u.	相角/(°)	节点	电压幅值/p.u.	相角/(°)
1	1.006 8	0.000 0	8	1.028 7	−14.750 0
2	0.989 9	−5.526 5	9	0.976 3	−16.512 5
3	0.951 8	−14.203 9	10	0.975 8	−16.747 6
4	0.957 9	−11.414 6	11	0.993 2	−16.539 7
5	0.961 5	−9.758 3	12	1.009	−17.020 3
6	1.018 5	−16.079 8	13	0.994 0	−17.058 3
7	0.991 9	−14.751 0	14	0.964 7	−17.896 7

第七章 非线性有约束问题的最优化方法

有约束问题的优化方法广泛应用于生产生活中，在电力系统中也具有丰富的应用。本章将具体讨论有约束问题的最优化方法。主要包括三类：第一类是可行方向法，主要介绍 Zoutendijk 可行方向法的原理和步骤；第二类是近似规划法；第三类是制约函数法，详细介绍内点法、外点法的原理和步骤。

本章在最后一节给出了电力系统中有约束问题的案例介绍，包括：主配一体化风险评估、多端柔直电网优化调控和路-电耦合的需求响应调控算例的优化模型及其求解。

7.1 可行方向法

考虑如下问题：

$$\begin{aligned}&\min f(\boldsymbol{x})\\&\text{s.t.}\\&g_i(\boldsymbol{x})\geqslant 0,\quad i=1,2,\cdots,m\end{aligned}\tag{7.1.1}$$

记问题式(7.1.1)的可行域为 $\xi\subset\mathbb{R}^n$。设 $\boldsymbol{x}^{(k)}$ 是它的一个可行点，但它不是所要求的极小点。为了求得极小点或近似极小点，应在 $\boldsymbol{x}^{(k)}$ 的可行下降方向中选取某一方向 $\boldsymbol{p}^{(k)}$ 为搜索方向，然后确定该方向上的步长 λ_k，使

$$\begin{cases}\boldsymbol{x}^{(k+1)}=\boldsymbol{x}^{(k)}+\lambda_k\boldsymbol{p}^{(k)}\subset\xi\\ f(\boldsymbol{x}^{(k+1)})<f(\boldsymbol{x}^{(k)})\end{cases}\tag{7.1.2}$$

若满足精度要求，则停止迭代，$\boldsymbol{x}^{(k+1)}$ 就是所要求的点；否则，从 $\boldsymbol{x}^{(k+1)}$ 出发继续迭代，直到满足要求为止。上述方法称为可行方向法。它具有下述特点：迭代过程中所采用的搜索方向为可行方向，所产生的迭代点列 $\{\boldsymbol{x}^{(k)}\}$ 始终在可行域内，目标函数值单调下降。可行方向法的关键点是选择搜索方向和确定沿此方向移动的步长，根据搜索方向的选择方式不同形成了不同的可行方向法，下面主要介绍 Zoutendijk 可行方向法。它是由 Zoutendijk 于 1960 年提出的一种算法，用求解一个线性规划问题来确定可行下降方向的方法，是一种线性化的方法。

7.1.1 基本原理

如上所述，Zoutendijk 可行方向法是用一个线性规划来确定搜索方向——可行下降方

向的方法。其原理可根据约束条件的形式分为线性及非线性约束条件两种情形来讨论。

1. 约束为线性函数的情形

考察一个非线性规划问题：

$$\begin{aligned}&\min f(\boldsymbol{x})\\&\text{s.t.}\\&\begin{cases}\boldsymbol{A}\boldsymbol{x}=\boldsymbol{b}\\\boldsymbol{E}\boldsymbol{x}=\boldsymbol{e}\end{cases}\end{aligned}\tag{7.1.3}$$

其中，$f(\boldsymbol{x})$ 是非线性可微函数；$\boldsymbol{A}$ 为 $m\times n$ 矩阵；$\boldsymbol{E}$ 为 $l\times n$ 矩阵；$\boldsymbol{x}\in\mathbb{R}^n$；$\boldsymbol{b}\in\mathbb{R}^m$；$\boldsymbol{e}\in\mathbb{R}^l$。即式(7.1.3)中的约束条件全部为线性，并有 m 个线性不等式约束，有 l 个线性等式约束。

以下讨论对于线性约束的非线性规划式(7.1.3)的可行下降方向应满足的条件。

定理 7.1.1　设 $\bar{\boldsymbol{x}}$ 是问题式(7.1.3)的一个可行解，且在点 $\bar{\boldsymbol{x}}$ 处有 $\boldsymbol{A}_1\bar{\boldsymbol{x}}=\boldsymbol{b}_1$，$\boldsymbol{A}_2\bar{\boldsymbol{x}}>\boldsymbol{b}_2$，其中

$$\boldsymbol{A}=\begin{bmatrix}\boldsymbol{A}_1\\\boldsymbol{A}_2\end{bmatrix},\ \boldsymbol{b}=\begin{bmatrix}\boldsymbol{b}_1\\\boldsymbol{b}_2\end{bmatrix}$$

则向量 $\boldsymbol{p}$($\boldsymbol{p}\in\mathbb{R}^n$ 且 $\boldsymbol{p}\neq\boldsymbol{0}$，有时也用 $\nabla\boldsymbol{x}$ 表示)是点 $\bar{\boldsymbol{x}}$ 处的可行下降方向的充要条件为：$\boldsymbol{A}_1\boldsymbol{p}\geqslant\boldsymbol{0}$，$\boldsymbol{E}\boldsymbol{p}=\boldsymbol{0}$。若此时 $\boldsymbol{p}$ 又满足 $\nabla f(\bar{\boldsymbol{x}})^{\mathrm{T}}\boldsymbol{p}<0$，则 $\boldsymbol{p}$ 是一个可行下降方向。

从上述定理可知，要寻找问题式(7.1.3)的可行点 $\bar{\boldsymbol{x}}$ 的一个可行下降方向 $\boldsymbol{p}$，就相当于要求解如下的一个线性规划问题：

$$\begin{aligned}&\min z=\nabla f(\bar{\boldsymbol{x}})^{\mathrm{T}}\boldsymbol{p}\\&\text{s.t.}\\&\begin{cases}\boldsymbol{A}_1\boldsymbol{p}\geqslant\boldsymbol{0}\\\boldsymbol{E}\boldsymbol{p}=\boldsymbol{0}\\-1\leqslant d_j\leqslant 1,\ j=1,\ 2,\ \cdots,\ n\end{cases}\end{aligned}\tag{7.1.4}$$

式中，$\boldsymbol{p}=[d_1,\ d_2,\ \cdots,\ d_n]^{\mathrm{T}}$。式(7.1.4)中所增加的最后一个约束是为了防止 $\|\boldsymbol{p}\|\to\infty$。而求 $\boldsymbol{p}$ 主要是求一个方向。模的大小 $\|\boldsymbol{p}\|$ 无关紧要。

在式(7.1.4)中，显然 $\boldsymbol{p}=\boldsymbol{0}$ 是可行解。因此目标函数的最优值必小于等于零。若目标函数的最优值 $z^*=\nabla f(\bar{\boldsymbol{x}})^{\mathrm{T}}\boldsymbol{p}$ 小于零，则得到可行下降方向 $\boldsymbol{p}$；若目标函数的最优值 $z^*=\nabla f(\bar{\boldsymbol{x}})^{\mathrm{T}}\boldsymbol{p}=0$，则可以证明，$\bar{\boldsymbol{x}}$ 即为库恩-塔克点。

定理 7.1.2　设 $\bar{\boldsymbol{x}}$ 是规划式(7.1.3)的一个可行解，在点 $\bar{\boldsymbol{x}}$ 处有，$\boldsymbol{A}_1\bar{\boldsymbol{x}}=\boldsymbol{b}_1$，$\boldsymbol{A}_2\bar{\boldsymbol{x}}>\boldsymbol{b}_2$，其中：

$$\boldsymbol{A}=\begin{bmatrix}\boldsymbol{A}_1\\\boldsymbol{A}_2\end{bmatrix},\quad \boldsymbol{b}=\begin{bmatrix}\boldsymbol{b}_1\\\boldsymbol{b}_2\end{bmatrix}$$

则 $\bar{\boldsymbol{x}}$ 是库恩-塔克点的充要条件是规划式(7.1.4)的目标函数最优值为零。

由上述两个定理可知，求解问题式(7.1.4)最后得到的结果或是可行下降方向，或是得到库恩-塔克点。

2. 约束为非线性函数的情形

考察非线性规划

$$\begin{aligned}&\min f(\boldsymbol{x})\\&\text{s.t.}\\&g_i(\boldsymbol{x})\geqslant 0,\quad i=1,2,\cdots,m\end{aligned}\tag{7.1.5}$$

其中，$\boldsymbol{x}\in\mathbb{R}^n$；$f(\boldsymbol{x})$，$g_i(\boldsymbol{x})(i=1,2,\cdots,m)$ 均为可微函数。

定理 7.1.3 设 $\bar{\boldsymbol{x}}$ 是问题式(7.1.5)的一个可行解，$I=\{i\mid g_i(\bar{\boldsymbol{x}})=0\}$ 是点 $\bar{\boldsymbol{x}}$ 处的起作用约束下标集，若 $f(\boldsymbol{x})$，$g_i(\boldsymbol{x})(i\in I)$ 在点 $\bar{\boldsymbol{x}}$ 处可微，$g_i(\boldsymbol{x})(i\notin I)$ 在点 $\bar{\boldsymbol{x}}$ 处连续，如果

$$\nabla f(\bar{\boldsymbol{x}})^{\mathrm{T}}\boldsymbol{p}<0,\quad \nabla g_i(\bar{\boldsymbol{x}})\boldsymbol{p}>0\ (i\in I)$$

则 $\boldsymbol{p}$ 是可行下降方向。

因此规划问题式(7.1.5)在可行解 $\bar{\boldsymbol{x}}$ 处的可行方向 $\boldsymbol{p}$ 应满足：

$$\begin{cases}\nabla f(\bar{\boldsymbol{x}})^{\mathrm{T}}\boldsymbol{p}<0\\\nabla g_i(\boldsymbol{x})^{\mathrm{T}}>0,\quad i\in I(\bar{\boldsymbol{x}})\end{cases}\tag{7.1.6}$$

而上述方程组当引进数 η 后，等价于下述方程组求向量 $\boldsymbol{p}$ 及实数 η：

$$\begin{cases}\nabla f(\bar{\boldsymbol{x}})^{\mathrm{T}}\boldsymbol{p}\leqslant\eta\\-\nabla g_i(\bar{\boldsymbol{x}})^{\mathrm{T}}\boldsymbol{p}\leqslant\eta,\quad i\in I(\boldsymbol{x})\\\eta<0\end{cases}\tag{7.1.7}$$

满足式(7.1.7)的可行下降方向 $\boldsymbol{p}$ 及数 η 一般有很多个，而希望求出能使目标函数值下降最多的方向 $\boldsymbol{p}$。因此将式(7.1.7)转化为对 η 求极小值的一个线性规划问题：

$$\begin{aligned}&\min \eta\\&\text{s.t.}\\&\begin{cases}\nabla f(\bar{\boldsymbol{x}})^{\mathrm{T}}\boldsymbol{p}\leqslant\eta\\-\nabla g_i(\bar{\boldsymbol{x}})^{\mathrm{T}}\boldsymbol{p}\leqslant\eta,i\in I(\boldsymbol{x})\\-1\leqslant d_j\leqslant 1,\quad j=1,2,\cdots,n\end{cases}\end{aligned}\tag{7.1.8}$$

式中 $\boldsymbol{p}=[d_1,d_2,\cdots,d_n]^{\mathrm{T}}$。

设式(7.1.8)的最优解是 $(\eta^*,\boldsymbol{p}^*)$，与式(7.1.7)类似，$\eta^*$ 必然小于等于零。若 η^* 小于零，由定理 7.1.3，$\boldsymbol{p}^*$ 为点 $\bar{\boldsymbol{x}}$ 处的可行下降方向；若 $\eta^*=0$，可以证明，在一定条件下，点 $\bar{\boldsymbol{x}}$ 是库恩-塔克点。

7.1.2 算法步骤

本节分析怎样确定步长 λ。设可行点 $\bar{\boldsymbol{x}}$ 处的可行下降方向 $\boldsymbol{p}$ 已求出。为了以后的叙述方便，假定 $\bar{\boldsymbol{x}}\in\xi$ 就是第 k 次迭代点的出发点 $\boldsymbol{x}^{(k)}$，其可行下降方向为 $\boldsymbol{p}^{(k)}$，则后继点 $\boldsymbol{x}^{(k+1)}$ 为：

$$\boldsymbol{x}^{(k+1)}=\boldsymbol{x}^{(k)}+\lambda_k\boldsymbol{p}^{(k)}\tag{7.1.9}$$

为了使 $\boldsymbol{x}^{(k+1)} \in \xi$，且使 $f(\boldsymbol{x}^{(k+1)})$ 的值尽可能小，求解一维搜索问题：

$$\begin{aligned} &\min_{0\leqslant\lambda\leqslant\bar{\lambda}} f(\boldsymbol{x}^{(k)}+\lambda\boldsymbol{p}^{(k)}) \\ &\bar{\lambda}=\max\{\lambda \mid \boldsymbol{x}^{(k)}+\lambda\boldsymbol{p}^{(k)} \in \xi\} \end{aligned} \tag{7.1.10}$$

同样区分不同的约束情况来讨论。

1. 约束为线性函数的情形

求解式(7.1.10)时，考虑到线性约束式(7.1.3)时，先求解：

$$\begin{aligned} &\min f(\boldsymbol{x}^{(k)}+\lambda\boldsymbol{p}^{(k)}) \\ &\text{s.t.} \\ &\begin{cases} \boldsymbol{A}(\boldsymbol{x}^{(k)}+\lambda\boldsymbol{p}^{(k)}) \geqslant \boldsymbol{b} \\ \boldsymbol{E}(\boldsymbol{x}^{(k)}+\lambda\boldsymbol{p}^{(k)}) = \boldsymbol{e} \end{cases} \end{aligned} \tag{7.1.11}$$

而式(7.1.11)可做进一步简化：因为 $\boldsymbol{p}^{(k)}$ 是可行方向，有 $\boldsymbol{E}\boldsymbol{p}^{(k)}=\boldsymbol{0}$；而 $\boldsymbol{x}^{(k)}$ 是可行点，有 $\boldsymbol{E}\boldsymbol{x}^{(k)}=\boldsymbol{e}$。因此式(7.1.11)中第 2 个约束必定能满足，可不再考虑它。在点 $\boldsymbol{x}^{(k)}$ 处将不等式约束分为起作用约束和不起作用约束，设

$$\boldsymbol{A}_1\boldsymbol{x}^{(k)}=\boldsymbol{b}_1, \quad \boldsymbol{A}_2\boldsymbol{x}^{(k)}>\boldsymbol{b}_2 \tag{7.1.12}$$

若记 $\boldsymbol{A}=\begin{bmatrix}\boldsymbol{A}_1\\ \boldsymbol{A}_2\end{bmatrix}$，$\boldsymbol{b}=\begin{bmatrix}\boldsymbol{b}_1\\ \boldsymbol{b}_2\end{bmatrix}$，则式(7.1.11)中第 1 个约束就可记成：

$$\boldsymbol{A}_1\boldsymbol{x}^{(k)}+\lambda\boldsymbol{A}_1\boldsymbol{p}^{(k)} \geqslant \boldsymbol{b}_1 \tag{7.1.13}$$

$$\boldsymbol{A}_2\boldsymbol{x}^{(k)}+\lambda\boldsymbol{A}_2\boldsymbol{p}^{(k)} \geqslant \boldsymbol{b}_2 \tag{7.1.14}$$

又因 $\boldsymbol{p}^{(k)}$ 是可行方向，由定理 7.1.1，$\boldsymbol{A}_1\boldsymbol{p}^{(k)} \geqslant \boldsymbol{0}$。又设 $\lambda \geqslant 0$，以及 $\boldsymbol{A}_1\boldsymbol{x}^{(k)}=\boldsymbol{b}_1$，因此式(7.1.13)也自然满足。因此式(7.1.11)中的约束条件只剩下式(7.1.14)，故式(7.1.11)可简化为：

$$\begin{aligned} &\min f(\boldsymbol{x}^{(k)}+\lambda\boldsymbol{p}^{(k)}) \\ &\text{s.t.} \\ &\begin{cases} \boldsymbol{A}_2\boldsymbol{x}^{(k)}+\lambda\boldsymbol{A}_2\boldsymbol{p}^{(k)} \geqslant \boldsymbol{b}_2 \\ \lambda \geqslant 0 \end{cases} \end{aligned} \tag{7.1.15}$$

以下再推导式(7.1.15)中求 λ 上限的公式。将式(7.1.15)中的约束条件改写为：

$$\lambda\boldsymbol{A}_2\boldsymbol{p}^{(k)} \geqslant \boldsymbol{b}_2-\boldsymbol{A}_2\boldsymbol{x}^{(k)} \tag{7.1.16}$$

若记 $\hat{\boldsymbol{b}}=\boldsymbol{b}_2-\boldsymbol{A}_2\boldsymbol{x}^{(k)}$，$\hat{\boldsymbol{p}}=\boldsymbol{A}_2\boldsymbol{p}^{(k)}$，则有：

$$\lambda\hat{\boldsymbol{p}} \geqslant \hat{\boldsymbol{b}}, \ \lambda \geqslant 0$$

同时考虑到式(7.1.12)有 $\hat{\boldsymbol{b}}<0$，由此可有 λ 的上限。

$$\bar{\lambda}=\begin{cases} \min\left\{\dfrac{\hat{\boldsymbol{b}}_i}{\hat{\boldsymbol{p}}_i}=\dfrac{(\boldsymbol{b}_2-\boldsymbol{A}_2\boldsymbol{x}^{(k)})_i}{(\boldsymbol{A}_2\boldsymbol{p}^{(k)})_i} \,\middle|\, \hat{\boldsymbol{p}}_i<0\right\}, & \text{当 } \hat{\boldsymbol{p}}<0 \\ \infty, & \text{当 } \hat{\boldsymbol{p}} \geqslant 0 \end{cases} \tag{7.1.17}$$

式中，$\hat{b}_i$，$\hat{p}_i$ 表示 $\hat{b}$，$\hat{p}$ 中第 i 个分量。

由此求解式(7.1.11)就化为求解

$$\begin{aligned}&\min f(\boldsymbol{x}^{(k)}+\lambda \boldsymbol{p}^{(k)})\\&\text{s.t.}\\&0\leqslant\lambda\leqslant\bar{\lambda}\end{aligned}\tag{7.1.18}$$

其中，$\bar{\lambda}$ 由式(7.1.17)计算。

因此对于约束为线性函数的非线性规划式(7.1.3)，若已知一个迭代点 $\boldsymbol{x}^{(k)}$ 后，可由求解式(7.1.4)得到可行下降方向 $\boldsymbol{p}^{(k)}$，再由式(7.1.18)求解在此方向上的步长 λ_k，而 $\bar{\lambda}$ 由式(7.1.17)计算。

约束为线性函数时非线性规划的可行方向法计算步骤如下。

第 1 步：给定初始可行点 $\boldsymbol{x}^{(0)}(\in\xi)$，允许误差 $\varepsilon_1>0$，$\varepsilon_2>0$，并置 $k=0$。

第 2 步：在点 $\boldsymbol{x}^{(k)}$ 处把 $\boldsymbol{A}$ 与 $\boldsymbol{b}$ 分解成：

$$\boldsymbol{A}=\begin{bmatrix}\boldsymbol{A}_1\\\boldsymbol{A}_2\end{bmatrix},\ \boldsymbol{b}=\begin{bmatrix}\boldsymbol{b}_1\\\boldsymbol{b}_2\end{bmatrix}$$

使 $\boldsymbol{A}_1\boldsymbol{x}^{(k)}=\boldsymbol{b}_1$，$\boldsymbol{A}_2\boldsymbol{x}^{(k)}>\boldsymbol{b}_2$。

第 3 步：判断 $\boldsymbol{x}^{(k)}$ 是否是问题式(7.1.3)的可行域的内点。

① 若 $\boldsymbol{x}^{(k)}$ 是可行域的一个内点(此时问题式(7.1.3)中没有等式约束，即 $\boldsymbol{E}=\boldsymbol{0}$，且 $\boldsymbol{A}_1=\boldsymbol{0}$)，而且 $\|\nabla f(\boldsymbol{x}^{(k)})\|<\varepsilon_1$，停止迭代，得到近似极小点 $\boldsymbol{x}^{(k)}$。

② 若 $\boldsymbol{x}^{(k)}$ 是可行域的一个内点，且 $\|\nabla f(\boldsymbol{x}^{(k)})\|>\varepsilon_1$，则取搜索方向 $\boldsymbol{p}^{(k)}=-\nabla f(\boldsymbol{x}^{(k)})$，然后转第 6 步，即用目标函数的负梯度方向作搜索方向再求步长。此时类似于无约束问题。

③ 若 $\boldsymbol{x}^{(k)}$ 不是可行域的一个内点(即 $\boldsymbol{x}^{(k)}$ 在可行域的边界上)，则要寻找可行下降方向。转第 4 步。

第 4 步：求解线性规划问题：

$$\begin{aligned}&\min z=\nabla f(\boldsymbol{x}^{(k)})^{\mathrm{T}}\boldsymbol{p}\\&\text{s.t.}\\&\begin{cases}\boldsymbol{A}_1\boldsymbol{p}\geqslant\boldsymbol{0}\\\boldsymbol{E}\boldsymbol{p}=\boldsymbol{0}\\-1\leqslant d_j\leqslant 1,\ j=1,\ 2,\ \cdots,\ n\end{cases}\end{aligned}\tag{7.1.19}$$

其中 $\boldsymbol{p}=[d_1,\ d_2,\ \cdots,\ d_n]^{\mathrm{T}}$。

设求得最优解为 $(\boldsymbol{p}^{(k)},\ z^{(k)})$。

第 5 步：判断精度。若 $|z^{(k)}|=|\nabla f(\boldsymbol{x}^{(k)})\boldsymbol{p}^{(k)}|<\varepsilon$，则停止迭代，输出 $\boldsymbol{x}^{(k)}$；否则以 $\boldsymbol{p}^{(k)}$ 为搜索方向转至第 6 步。

第 6 步：做一维搜索。首先由式(7.1.16)及式(7.1.17)计算 λ 的上限 $\bar{\lambda}$，然后做一维搜索：

$$\min f(\boldsymbol{x}^{(k)}+\lambda \boldsymbol{p}^{(k)})$$
$$\text{s.t.}$$
$$0 \leqslant \lambda \leqslant \bar{\lambda}$$

求得最优解 λ_k。令

$$\boldsymbol{x}^{(k+1)}=\boldsymbol{x}^{(k)}+\lambda_k \boldsymbol{p}^{(k)}$$

第 7 步：置 $k=k+1$，返回第 2 步。

例 7.1　用 Zoutendijk 可行方向法解下列问题：

$$\min f(\boldsymbol{x})=x_1^2+x_2^2-2x_1-4x_2+6$$
$$\text{s.t.}$$
$$\begin{cases}-2x_1+x_2+1 \geqslant 0 \\ -x_1-x_2+2 \geqslant 0 \\ x_1,\ x_2 \geqslant 0\end{cases}$$

取初始可行点 $\boldsymbol{x}^{(0)}=[0,\ 0]^{\mathrm{T}}$。

求解过程如下：

第一次迭代，$\nabla f(\boldsymbol{x}^{(0)})=[-2,\ -4]^{\mathrm{T}}$ 在 $\boldsymbol{x}^{(0)}$ 处，起作用约束和不起作用约束的系数矩阵及右端分别为：

$$\boldsymbol{A}_1=\begin{bmatrix}1 & 0 \\ 0 & 1\end{bmatrix},\ \boldsymbol{A}_2=\begin{bmatrix}-2 & 1 \\ -1 & -1\end{bmatrix};\ \boldsymbol{b}_1=\begin{bmatrix}0 \\ 0\end{bmatrix},\ \boldsymbol{b}_2=\begin{bmatrix}-1 \\ -2\end{bmatrix}$$

先求在 $\boldsymbol{x}^{(0)}$ 处的下降可行方向，解线性规划问题：

$$\min f(\boldsymbol{p})=-2d_1-4d_2$$
$$\text{s.t.}$$
$$\begin{cases}d_1,\ d_2 \geqslant 0 \\ -1 \leqslant d_1 \leqslant 1 \\ -1 \leqslant d_2 \leqslant 1\end{cases}$$

由单纯形法求得最优解 $\boldsymbol{p}^{(0)}=\begin{bmatrix}1 \\ 1\end{bmatrix}$。

再求步长 λ_1：

$$\hat{\boldsymbol{p}}=\boldsymbol{A}_2\boldsymbol{p}^{(0)}=\begin{bmatrix}-2 & 1 \\ -1 & -1\end{bmatrix}\begin{bmatrix}1 \\ 1\end{bmatrix}=\begin{bmatrix}-1 \\ -2\end{bmatrix}$$

$$\hat{\boldsymbol{b}}=\boldsymbol{b}_2-\boldsymbol{A}_2\boldsymbol{x}^{(0)}=\begin{bmatrix}-1 \\ -2\end{bmatrix}-\begin{bmatrix}-2 & 1 \\ -1 & -1\end{bmatrix}\begin{bmatrix}0 \\ 0\end{bmatrix}=\begin{bmatrix}-1 \\ -2\end{bmatrix}$$

$$\lambda_{\max}=1$$

解一维搜索问题：

$$\min f(\boldsymbol{x}^{(0)}+\lambda \boldsymbol{p}^{(0)}) \overset{def}{=} 2\lambda^2-6\lambda+6$$
$$\text{s.t.}$$
$$0 \leqslant \lambda \leqslant 1$$

得到$\lambda_1=1$。

令

$$x^{(1)}=x^{(0)}+\lambda_1 p^{(0)}=\begin{bmatrix}1\\1\end{bmatrix}$$

第二次迭代：

$$\nabla f(x^{(1)})=[0,-2]^{\mathrm{T}}$$

$$A_1=\begin{bmatrix}-2 & 1\\-1 & -1\end{bmatrix},\ A_2=\begin{bmatrix}1 & 0\\0 & 1\end{bmatrix};\ b_1=\begin{bmatrix}-1\\-2\end{bmatrix},\ b_2=\begin{bmatrix}0\\0\end{bmatrix}$$

解线性规划问题：

$$\min f(p)=-2d_2$$

$$\text{s.t.}$$

$$\begin{cases}-2d_1+d_2\geqslant 0\\-d_1-d_2\geqslant 0\\-1\leqslant d_1\leqslant 1\\-1\leqslant d_2\leqslant 1\end{cases}$$

用单纯形法求得最优解$p^{(1)}=\begin{bmatrix}-1\\1\end{bmatrix}$。

沿$p^{(1)}$搜索，求步长λ_2：

$$\hat{b}=b_2-A_2x^{(1)}=\begin{bmatrix}0\\0\end{bmatrix}-\begin{bmatrix}1 & 0\\0 & 1\end{bmatrix}\begin{bmatrix}1\\1\end{bmatrix}=\begin{bmatrix}-1\\-1\end{bmatrix}$$

$$\hat{p}=A_2p^{(1)}=\begin{bmatrix}1 & 0\\0 & 1\end{bmatrix}\begin{bmatrix}-1\\1\end{bmatrix}=\begin{bmatrix}-1\\1\end{bmatrix}$$

$$\lambda_{\max}=1$$

求解问题：

$$\min f(x^{(1)}+\lambda p^{(1)})\overset{\text{def}}{=}2\lambda^2-2\lambda+2$$

$$\text{s.t.}$$

$$0\leqslant\lambda\leqslant 1$$

得到$\lambda_2=\dfrac{1}{2}$。

令

$$x^{(2)}=x^{(1)}+\lambda_2 p^{(1)}=\begin{bmatrix}1\\1\end{bmatrix}+\frac{1}{2}\begin{bmatrix}-1\\1\end{bmatrix}=\begin{bmatrix}\frac{1}{2}\\\frac{3}{2}\end{bmatrix}$$

第三次迭代：

$$\nabla f(\boldsymbol{x}^{(2)})=[-1,\ -1]^{\mathrm{T}}$$

$$\boldsymbol{A}_1=[-1,\ -1],\ \boldsymbol{A}_2=\begin{bmatrix}-2 & 1\\ 1 & 0\\ 0 & 1\end{bmatrix};\ \boldsymbol{b}_1=[-2],\ \boldsymbol{b}_2=\begin{bmatrix}-1\\ 0\\ 0\end{bmatrix}$$

解线性规划问题：

$$\begin{aligned}&\min f(\boldsymbol{p})=-d_1-d_2\\ &\text{s.t.}\\ &\begin{cases}-d_1-d_2\geqslant 0\\ -1\leqslant d_1\leqslant 1\\ -1\leqslant d_2\leqslant 1\end{cases}\end{aligned}$$

用单纯形法求得最优解 $\boldsymbol{p}^{(2)}=\begin{bmatrix}0\\ 0\end{bmatrix}$。

根据定理 7.1.2，$\boldsymbol{x}^{(2)}=\left[\dfrac{1}{2},\ \dfrac{3}{2}\right]^{\mathrm{T}}$ 是库恩-塔克点，由于此例是凸规划，因此 $\boldsymbol{x}^{(2)}$ 是最优解，目标函数的最优值为 $f_{\min}=f(\boldsymbol{x}^{(2)})=\dfrac{3}{2}$。

2. 约束为非线性函数的情形

设对于规划式(7.1.1)，通过求解线性规划式(7.1.4)，得到了 $\boldsymbol{x}^{(k)}$ 及可行下降方向 $\boldsymbol{p}^{(k)}$。现在要沿方向 $\boldsymbol{p}^{(k)}$ 进行一维搜索，求得 λ_k，即求解：

$$\begin{aligned}&\min f(\boldsymbol{x}^{(k)}+\lambda\boldsymbol{p}^{(k)})\\ &\text{s.t.}\\ &0\leqslant\lambda\leqslant\bar{\lambda}\end{aligned}\tag{7.1.20}$$

其中

$$\bar{\lambda}=\sup\{\lambda\mid g_i(\boldsymbol{x}^{(k)}+\lambda\boldsymbol{p}^{(k)})\geqslant 0,\ i=1,\ 2,\ \cdots,\ m\}\tag{7.1.21}$$

即 $\bar{\lambda}$ 是满足所有约束 $g_i(\boldsymbol{x}^{(k)}+\lambda\boldsymbol{p}^{(k)})\geqslant 0(i=1,\ 2,\ \cdots,\ m)$ 的 λ 的上确界。

约束为非线性函数时，非线性规划式(7.1.20)的可行方向法的计算步骤如下。

第 1 步：给定初始可行点 $\boldsymbol{x}^{(0)}(\in\xi)$，允许误差 $\varepsilon_1>0$，$\varepsilon_2>0$，并置 $k=0$。

第 2 步：确定 $\boldsymbol{x}^{(k)}$ 点处的起作用下标集 $I(\boldsymbol{x}^{(k)})$：

$$I(\boldsymbol{x}^{(k)})=\{i\mid g_i(\boldsymbol{x}^{(k)})=0,\ 1\leqslant i\leqslant m\}$$

① 若 $I(\boldsymbol{x}^{(k)})=\varnothing$（空集），而且 $\|\nabla f(\boldsymbol{x}^{(k)})\|<\varepsilon_1$，则停止迭代，得到近似极小值 $\boldsymbol{x}^{(k)}$。

② 若 $I(\boldsymbol{x}^{(k)})=\varnothing$，但 $\|\nabla f(\boldsymbol{x}^{(k)})\|\geqslant\varepsilon_1$，则取搜索方向 $\boldsymbol{p}^{(k)}=-\nabla f(\boldsymbol{x}^{(k)})$，然后转至第 5 步。

因为 $I(\boldsymbol{x}^{(k)})=\varnothing$，表明 $\boldsymbol{x}^{(k)}$ 是可行域 ξ 的内点，因此任一方向均是可行方向。类似

于无约束问题,故可用最速下降法寻求下一个迭代点。但毕竟不是真正的无约束问题,步长要受到可行域边界的限制。

③ 若 $I(\boldsymbol{x}^{(k)}) \neq \varnothing$,转第 3 步。

第 3 步:求解线性规划问题式(7.1.4)。设求得最优解为 $(\boldsymbol{p}^{(k)}, \eta_k)$。

第 4 步:判断精度。

若 $|\eta_k| < \varepsilon_2$,则停止迭代。因为 $\eta_k \approx 0$,说明在点 $\boldsymbol{x}^{(k)}$ 处找不到可行下降方向,可以认为 $\boldsymbol{x}^{(k)}$ 是一个库恩-塔克点(假定 $\boldsymbol{x}^{(k)}$ 也是一个正则点)。否则以 $\boldsymbol{p}^{(k)}$ 为搜索方向,转第 5 步。

第 5 步:在点 $\boldsymbol{x}^{(k)}$ 处沿搜索方向 $\boldsymbol{p}^{(k)}$ 做一维搜索,确定可行的最优步长 λ_k。

首先由式(7.1.21)确定上确界 $\bar{\lambda}$,再由求解规划式(7.1.20)确定最优步长 λ_k。计算:

$$\boldsymbol{x}^{(k+1)} = \boldsymbol{x}^{(k)} + \lambda_k \boldsymbol{p}^{(k)}$$

第 6 步:置 $k = k + 1$,返回第 2 步。

7.2 近似规划法

近似规划法是一种线性化的方法:将非线性规划线性化,然后通过解线性规划来求原问题的近似最优解。

7.2.1 基本原理

考虑非线性规划问题:

$$\begin{aligned} &\min f(\boldsymbol{x}) \\ &\text{s.t.} \\ &\begin{cases} g_i(\boldsymbol{x}) \geqslant 0, & i = 1, 2, \cdots, m \\ h_j(\boldsymbol{x}) = 0, & j = 1, 2, \cdots, l \end{cases} \end{aligned} \tag{7.2.1}$$

其中,$\boldsymbol{x} \in \mathbb{R}^n$;$f(\boldsymbol{x})$,$g_i(\boldsymbol{x})\ (i=1, 2, \cdots, m)$,$h_j(\boldsymbol{x})\ (j=1, 2, \cdots, l)$ 均存在一阶连续偏导数,记其可行域为 ξ。

近似规划法的基本做法是,将问题式(7.2.1)中的目标函数 $f(\boldsymbol{x})$、约束条件 $g_i(\boldsymbol{x})\ (i=1, 2, \cdots, m)$ 及 $h_j(\boldsymbol{x})\ (j=1, 2, \cdots, l)$,在点 $\boldsymbol{x}^{(k)}$ 处做一阶泰勒展开,并取其线性近似,从而得到线性近似规划,并对其变量的取值范围加以限制。因为用线性函数逼近非线性函数时,一般只在展开点附近的近似程度较好,远离展开点可能产生较大偏差,特别是函数的非线性程度较高时,会产生更大偏差。因此需要对变量的取值范围加以限制。用单纯形法解这个加了限制的近似线性规划,把其符合原始约束的最优解作为原问题的近似解。每得到一个近似解后,再从这点出发,重复以上步骤。这样,通过求解一系列的线性规划,产生一个由线性规划最优解组成的序列。经验表明,这样的序列往往收敛于原非线性规划问题的解。

设 $\boldsymbol{x}^{(k)} \in \xi$,将目标函数 $f(\boldsymbol{x})$ 与约束条件函数 $g_i(\boldsymbol{x})\ (i = 1, 2, \cdots, m)$,$h_j(\boldsymbol{x})$

$(j=1, 2, \cdots, l)$ 在点 $\boldsymbol{x}^{(k)}$ 处做一阶泰勒展开,并取其线性近似式,可得到下列线性规划问题:

$$
\begin{aligned}
&\min f(\boldsymbol{x}^{(k)}) + \nabla f(\boldsymbol{x}^{(k)})^{\mathrm{T}}(\boldsymbol{x} - \boldsymbol{x}^{(k)}) \\
&\text{s.t.} \\
&\begin{cases}
g_i(\boldsymbol{x}^{(k)}) + \nabla g_i(\boldsymbol{x}^{(k)})^{\mathrm{T}}(\boldsymbol{x} - \boldsymbol{x}^{(k)}) \geqslant 0, & i=1, 2, \cdots, m \\
h_j(\boldsymbol{x}^{(k)}) + \nabla h_j(\boldsymbol{x}^{(k)})^{\mathrm{T}}(\boldsymbol{x} - \boldsymbol{x}^{(k)}) = 0, & j=1, 2, \cdots, l \\
|\boldsymbol{x}_j - \boldsymbol{x}_j^{(k)}| \leqslant \delta_j^{(k)}, & j=1, 2, \cdots, n
\end{cases}
\end{aligned}
\tag{7.2.2}
$$

上述线性规划中最后一组不等式约束,即是对变量 $\boldsymbol{x}$ 所施加的限制。其中 $\boldsymbol{x}_j$ 是 $\boldsymbol{x}$ 中第 j 个分量。$\delta_j^{(k)}(j=1, 2, \cdots, n)$ 是预先给定的变量限制范围,称为步长限制量。

求解式(7.2.2),设得到的最优解为 $\boldsymbol{x}^{(k+1)}$。若 $\boldsymbol{x}^{(k+1)}$ 是原问题式(7.2.1)的可行解,则在这一点再将目标函数与约束条件函数线性化,并沿用步长限制:$\delta_j^{(k+1)}=\delta_j^{(k)}(j=1, 2, \cdots, n)$。若 $\boldsymbol{x}^{(k+1)}$ 不属于原问题式(7.2.1)的可行域,则减小步长限制量,取

$$
\delta_j^{(k)} = \beta\delta_j^{(k)}, \quad j=1, 2, \cdots, n
$$

其中,一般 β 取 $\frac{1}{2}$,$\frac{1}{4}$ 等值。重新求解当前的线性规划问题。

7.2.2 算法步骤

第 1 步:给定初始可行点 $\boldsymbol{x}^{(0)}$,步长限制 $\delta_j^{(0)}(j=1, 2, \cdots, n)$,缩小系数 $\beta \in (0, 1)$,允许误差 ε_1,ε_2,置 $k=0$。

第 2 步:求解线性规划问题:

$$
\begin{aligned}
&\min f(\boldsymbol{x}^{(k)}) + \nabla f(\boldsymbol{x}^{(k)})^{\mathrm{T}}(\boldsymbol{x} - \boldsymbol{x}^{(k)}) \\
&\text{s.t.} \\
&\begin{cases}
g_i(\boldsymbol{x}^{(k)}) + \nabla g_i(\boldsymbol{x}^{(k)})^{\mathrm{T}}(\boldsymbol{x} - \boldsymbol{x}^{(k)}) \geqslant 0, & i=1, 2, \cdots, m \\
h_j(\boldsymbol{x}^{(k)}) + \nabla h_j(\boldsymbol{x}^{(k)})^{\mathrm{T}}(\boldsymbol{x} - \boldsymbol{x}^{(k)}) = 0, & j=1, 2, \cdots, l \\
|\boldsymbol{x}_j - \boldsymbol{x}_j^{(k)}| \leqslant \delta_j^{(k)}, & j=1, 2, \cdots, n
\end{cases}
\end{aligned}
$$

求得最优解 $\bar{\boldsymbol{x}}$。

第 3 步:若 $\bar{\boldsymbol{x}}$ 满足原问题式(7.2.1)的可行性,则令 $\boldsymbol{x}^{(k+1)}=\bar{\boldsymbol{x}}$,转第 4 步;否则,置 $\delta_j^{(k)}=\beta\delta_j^{(k)}(j=1, 2, \cdots, n)$,返回第 2 步。

第 4 步:若 $|f(\boldsymbol{x}^{(k+1)}) - f(\boldsymbol{x}^{(k)})| < \varepsilon_1$,且满足

$$
\|\boldsymbol{x}^{(k+1)} - \boldsymbol{x}^{(k)}\| < \varepsilon_2
$$

或

$$
|\delta_j^{(k)}| < \varepsilon_2, \quad j=1, 2, \cdots, n
$$

则点 $\boldsymbol{x}^{(k+1)}$ 为原问题的近似最优解。停止迭代,输出 $\boldsymbol{x}^{(k+1)}$。否则,令 $\delta_j^{(k+1)}=\delta_j^{(k)}(j=1,$

2，…，n）。置 $k=k+1$，返回第 2 步。

7.3 制约函数法

本节介绍求解非线性规划问题的制约函数法，其基本思想是通过构造制约函数，将约束问题转化为一系列无约束问题，进而用无约束最优化方法求解，因此该方法也称为序列无约束最小化技术（Sequential Unconstrained Minimization Technique，SUMT）。常用的制约函数基本分为两类：一类为惩罚函数（或称罚函数），另一类为障碍函数。对应于这两类函数，SUMT 有外点法和内点法之分。

7.3.1 外点法

考虑非线性规划问题：

$$\begin{aligned}&\min f(\boldsymbol{x})\\&\text{s.t.}\\&\begin{cases}g_i(\boldsymbol{x})\geqslant 0, & i=1,2,\cdots,m\\h_j(\boldsymbol{x})=0, & j=1,2,\cdots,l\end{cases}\end{aligned}\tag{7.3.1}$$

其中，$\boldsymbol{x}\in\mathbb{R}^n$，可行域为 ξ；$f(\boldsymbol{x})$，$g_i(\boldsymbol{x})$ $(i=1,2,\cdots,m)$，$h_j(\boldsymbol{x})$ $(j=1,2,\cdots,l)$ 是 $\mathbb{R}^n$ 上的连续函数。

1. 外点法的基本原理

外点法可以用来解决只含有等式约束、只含有不等式约束或同时含有等式约束和不等式约束的问题。

由于上述问题的约束为非线性，不能用消元法将该问题化为无约束问题，而在求解时必须同时考虑目标函数值下降和满足约束条件。为此可以构造一个由目标函数与约束函数组成的惩罚函数，对惩罚函数实行极小化。

为了便于说明问题，先考虑只含有不等式约束的问题：

$$\begin{aligned}&\min f(\boldsymbol{x})\\&\text{s.t.}\\&g_i(\boldsymbol{x})\geqslant 0, \quad i=1,2,\cdots,m\end{aligned}\tag{7.3.2}$$

构造一个函数 $\psi(t)$：

$$\psi(t)=\begin{cases}0, & t\geqslant 0\\\infty, & t<0\end{cases}\tag{7.3.3}$$

现把 $g_i(\boldsymbol{x})$ 看作 t，显然当 $\boldsymbol{x}\in\xi$ 时，$\psi(g_i(\boldsymbol{x}))=0$ $(i=1,2,\cdots,m)$；当 $\boldsymbol{x}\notin\xi$ 时，$\psi(g_i(\boldsymbol{x}))=\infty$。

再构造函数 $\varphi(\boldsymbol{x})$：

$$\varphi(\boldsymbol{x})=f(\boldsymbol{x})+\sum_{i=1}^{m}\psi(g_i(\boldsymbol{x}))\tag{7.3.4}$$

现求解无约束问题：

$$\min \varphi(\boldsymbol{x})$$

若式(7.3.1)问题有解，设其最优解为 $\boldsymbol{x}^*$，则由式(7.3.3)与式(7.3.4)应有

$$\psi(g_i(\boldsymbol{x}^*))=0$$

这就是说 $\boldsymbol{x}^* \in \xi$。因此 $\boldsymbol{x}^*$ 不仅是问题式(7.3.1)的极小解，也是问题式(7.3.2)的极小解。因此将约束问题式(7.3.2)的求解化为无约束问题式(7.3.1)的求解。

但是上述函数 $\psi(t)$ 的函数性态不好，它在 $t=0$ 点不连续，也没有导数。因此希望构造出一个在任意点 t 处函数及其导数都连续的辅助函数。可选择如下的函数：

$$\psi(t)=\begin{cases}0, & t \geqslant 0 \\ t^2, & t<0\end{cases} \tag{7.3.5}$$

函数式(7.3.5)在 t 为任意值时，$\psi(t)$ 与 $\psi'(t)$ 都连续，且当 $\boldsymbol{x} \in \xi$ 时仍有

$$\sum_{i=1}^{m} \psi(g_i(\boldsymbol{x}))=0$$

当 $\boldsymbol{x}^* \in \xi$ 时

$$0<\sum_{i=1}^{m} \psi(g_i(\boldsymbol{x}))<\infty$$

为了使辅助函数能更快地满足要求，引入一个充分大的正数 M，修改 $\varphi(\boldsymbol{x})$ 为：

$$p(\boldsymbol{x}, M)=f(\boldsymbol{x})+M \sum_{i=1}^{m} \psi(g_i(\boldsymbol{x})) \tag{7.3.6}$$

或等价为：

$$p(\boldsymbol{x}, M)=f(\boldsymbol{x})+M \sum_{i=1}^{m}\left[\min(0, g_i(\boldsymbol{x}))\right]^2 \tag{7.3.7}$$

求解问题式(7.3.1)就变为求解无约束问题式(7.3.7)，设 $p(\boldsymbol{x}, M)$ 的最优解为 $\bar{\boldsymbol{x}}_M$，若 $\bar{\boldsymbol{x}}_M \in \xi$ 时，它也必定是原问题的最优解，这是因为对所有的 $\boldsymbol{x} \in \xi$，都有

$$p(\boldsymbol{x}, M) \geqslant p(\bar{\boldsymbol{x}}_M, M)$$

而

$$p(\boldsymbol{x}, M)=f(\boldsymbol{x})+M \sum_{i=1}^{m}\left[\min(0, g_i(\boldsymbol{x}))\right]^2=f(\boldsymbol{x})+0=f(\boldsymbol{x})$$

$$p(\bar{\boldsymbol{x}}_M, M)=f(\bar{\boldsymbol{x}}_M)+M \sum_{i=1}^{m}\left[\min(0, g_i(\bar{\boldsymbol{x}}_M))\right]^2=f(\bar{\boldsymbol{x}}_M)+0=f(\bar{\boldsymbol{x}}_M)$$

故有

$$f(\boldsymbol{x}) \geqslant f(\bar{\boldsymbol{x}}_M), \quad \boldsymbol{x} \in \xi$$

上式说明了 $\bar{\boldsymbol{x}}_M$ 也为式(7.3.2)问题的极小解。

一般称函数 $p(\boldsymbol{x}, M)$ 为惩罚函数(或罚函数),其中第二项 $M\sum_{i=1}^{m}[\min(0, g_i(\boldsymbol{x}))]^2$ 为惩罚项(或罚项),M 为罚因子。

惩罚函数只对不满足约束条件的点实行惩罚。当 $\boldsymbol{x}\in\xi$ 时,满足各个 $g_i(\boldsymbol{x})\geqslant 0$,故罚项等于 0,不受惩罚;当 $\boldsymbol{x}\notin\xi$ 时,必有 $g_i(\boldsymbol{x})<0$,故罚项 >0,对极小化罚函数的问题,就要受惩罚。

同理,对于只含有等式约束的非线性极值问题:

$$\begin{aligned}&\min f(\boldsymbol{x})\\&\text{s.t.}\\&h_j(\boldsymbol{x})=0,\quad j=1,2,\cdots,l\end{aligned}\tag{7.3.8}$$

可以定义罚函数为:

$$p(\boldsymbol{x}, M)=f(\boldsymbol{x})+M\sum_{j=1}^{l}[h_j(\boldsymbol{x})]^2\tag{7.3.9}$$

对于同时含有等式和不等式约束的非线性规划式(7.3.1),可以定义罚函数为:

$$p(\boldsymbol{x}, M)=f(\boldsymbol{x})+M\left\{\sum_{i=1}^{m}[\min(0, g_i(\boldsymbol{x}))]^2+\sum_{j=1}^{l}[h_j(\boldsymbol{x})]^2\right\}\tag{7.3.10}$$

对无约束问题式(7.3.10)求解,所得到的极小点便是约束极值问题式(7.3.1)的极小点或近似极小点。需要说明的是罚函数的形式不是唯一的。

在实际计算中,罚因子 M 的值选得过小或过大都不好。如果选得过小,则罚函数的极小点远离约束问题的最优解,计算效率很差;如果 M 过大,则给罚函数的极小化增加计算上的困难。因此,一般策略是取一个趋向无穷大的严格递增正数列 $\{M_k\}$,从某个 M_1 开始,对每个 M_k 求解:

$$\min p(\boldsymbol{x}, M_k)=f(\boldsymbol{x})+M_k\left\{\sum_{i=1}^{m}[\min(0, g_i(\boldsymbol{x}))]^2+\sum_{j=1}^{l}[h_j(\boldsymbol{x})]^2\right\}\tag{7.3.11}$$

随着 M_k 值的增加,罚函数中罚项所起的作用越来越大,即对点远离可行域 ξ 的惩罚越来越重,这就迫使罚函数的极小点 $\boldsymbol{x}^{(k)}$ 与可行域 ξ 的"距离"越来越近。当 M_k 趋向于正无穷大时,点列 $\{\boldsymbol{x}^{(k)}\}$ 就从可行域外部趋向于原问题的极小点,"外点法"正是因此而得名。外点法是对罚函数 $p(\boldsymbol{x}, M_k)$ 在整个空间 $\mathbb{R}^n$ 内进行优化,因此,初始点可以任意给定,它给计算提供了方便,这也是外点法的一大优点。

2. 外点法的算法步骤

第 1 步:给定初始点 $\boldsymbol{x}^{(0)}$,初始罚因子 M_1(例如 $M_1=1$),放大系数 $\beta>1$(如取 $\beta=5$ 或 10),允许误差 $\varepsilon>0$,令 $k=1$。

第 2 步:求解罚函数 $p(\boldsymbol{x}, M_k)$ 的无约束极小化问题。

以 $\boldsymbol{x}^{(k-1)}$ 为初始点,选择适当的方法求解 $\min p(\boldsymbol{x}, M_k)$,求得其极小点 $\boldsymbol{x}^{(k)}$。

第 3 步:判断精度。

在 $\boldsymbol{x}^{(k)}$ 点,若罚项 $<\varepsilon$,则停止计算,得到原问题的近似极小点 $\boldsymbol{x}^{(k)}$;否则令 $M_{k+1}=\beta M_k$,置 $k=k+1$,返回第 2 步。

3. 计算举例

例 7.2　利用外点法求解如下非线性规划问题：

$$\min f(\boldsymbol{x})=x_1+x_2$$
$$\text{s.t.}$$
$$\begin{cases} g_1(\boldsymbol{x})=-x_1^2+x_2\geqslant 0 \\ g_2(\boldsymbol{x})=x_1\geqslant 0 \end{cases}$$

求解过程如下：

构造罚函数：

$$p(\boldsymbol{x},M)=x_1+x_2+M\{[\min(0,(-x_1^2+x_2))]^2+[\min(0,x_1)]^2\}$$
$$\frac{\partial p}{\partial x_1}=1+2M[\min(0,(-x_1^2+x_2)(-2x_1))]+2M[\min(0,x_1)]$$
$$\frac{\partial p}{\partial x_2}=1+2M[\min(0,(-x_1^2+x_2))]$$

对于不满足约束条件的点 $[x_1, x_2]^{\mathrm{T}}$，有

$$-x_1^2+x_2<0,\ x_1<0$$

令

$$\frac{\partial p}{\partial x_1}=\frac{\partial p}{\partial x_2}=0$$

得 $\min p(\boldsymbol{x},M)$ 的解为：

$$\boldsymbol{x}(M)=\left[-\frac{-1}{2(1+M)},\left(\frac{1}{4(1+M)^2}-\frac{1}{2M}\right)\right]^{\mathrm{T}}$$

取 $M=1, 2, 3$，可得到：

$$M=1,\ \boldsymbol{x}=\left[-\frac{1}{4},-\frac{7}{16}\right]^{\mathrm{T}}$$

$$M=2,\ \boldsymbol{x}=\left[-\frac{1}{6},-\frac{2}{9}\right]^{\mathrm{T}}$$

$$M=3,\ \boldsymbol{x}=\left[-\frac{1}{8},-\frac{29}{192}\right]^{\mathrm{T}}$$

$$M=4,\ \boldsymbol{x}=\left[-\frac{1}{10},-\frac{23}{200}\right]^{\mathrm{T}}$$

可知 $\boldsymbol{x}(M)$ 从可行域外部逐步逼近可行域边界，当 $M\to\infty$ 时，$\boldsymbol{x}(M)$ 趋于原问题的极小解 $\boldsymbol{x}_{\min}=[0, 0]^{\mathrm{T}}$。

7.3.2 内点法

1. 内点法的基本原理

考虑非线性规划：

$$\begin{aligned}&\min f(\boldsymbol{x})\\&\text{s.t.}\\&g_i(\boldsymbol{x})\geqslant 0,\quad i=1,2,\cdots,m\end{aligned}\tag{7.3.12}$$

记

$$\xi_1=\{\boldsymbol{x}\mid g_i(\boldsymbol{x})>0,\ i=1,2,\cdots,m\}\tag{7.3.13}$$

为可行域内部，即 ξ_1 是可行域 ξ 中所有严格内点(即不包括可行域边界上的点)的集合。

与外点法不同的是，内点法要求整个迭代过程始终在可行域内部进行。初始点也必须选一个严格内点。然后再在可行域边界上设置一道"障碍"，以阻止搜索点到可行域边界上去，一旦接近可行域边界时，就要受到很大的惩罚，迫使迭代点始终留在可行域内部。

与外点法相似，用目标函数叠加一个惩罚项来构成制约函数，在内点法中称为障碍函数。要求障碍函数能具备这样的功能：在可行域内部距边界面较远之处，障碍函数与原目标函数 $f(\boldsymbol{x})$ 尽可能地接近，而在接近边界面时，可以变成很大的值。因此，满足这种要求的障碍函数其极小值显然不会在可行域的边界上。也就是说，用障碍函数来代替原有目标函数，且在可行域内使其极小化。因极小点不在可行域的边界上，因而这种障碍函数具有无约束性质的极值，可用无约束极值法求解。

构造障碍函数(取倒数或对数函数)：

$$p(\boldsymbol{x},r_k)=f(\boldsymbol{x})+r_k\sum_{i=1}^{m}\frac{1}{g_i(\boldsymbol{x})}\tag{7.3.14}$$

或

$$p(\boldsymbol{x},r_k)=f(\boldsymbol{x})-r_k\sum_{i=1}^{m}\ln(g_i(\boldsymbol{x}))\tag{7.3.15}$$

其中，r_k 是很小的正数，通常称 r_k 为障碍因子，称 $r_k\sum_{i=1}^{m}\frac{1}{g_i(\boldsymbol{x})}$ 或 $-r_k\sum_{i=1}^{m}\ln(g_i(\boldsymbol{x}))$ 为障碍项。

由于 r_k 很小，因此在可行域内部距离边界面较远的地方，障碍函数与目标函数 $f(\boldsymbol{x})$ 的值可以很接近；而当 $\boldsymbol{x}$ 趋于边界时，至少有一个 $g_i(\boldsymbol{x})$ 趋于0，即障碍函数 $p(\boldsymbol{x},r_k)$ 趋于正无穷大。显然 r_k 的值越小，障碍函数的无约束极小点越接近原问题的极小点。但是 r_k 的取值过小，将给障碍函数的极小化计算带来很大的困难。因此与外点法类似，仍可采用序列无约束极小化方法，取一个严格单调递减且趋于零的障碍因子数列 $\{r_k\}$，对每个 r_k 值，求解障碍函数式(7.3.14)或式(7.3.15)的无约束极小点 $\boldsymbol{x}^{(k)}$。当 r_k 趋向零时，点列 $\{\boldsymbol{x}^{(k)}\}$ 就从可行域内部趋于原问题的极小点。若原问题的极小点在可行域 ξ 的边界上，则随着 r_k 的减小，障碍作用逐步降低，所求出的障碍函数的无约束极小点不断靠近边界，直到满足某一精度为止。

2. 内点法计算步骤

第 1 步：给定严格内点 $\boldsymbol{x}^{(0)}$ 为初始点，初始障碍因子 $r_1 > 0$（如取 $r_1 = 1$），缩小系数 $\beta \in (0, 1)$（如取 $\beta = 0.1$ 或 0.2），允许误差 $\varepsilon > 1$，置 $k = 1$。

第 2 步：构造障碍函数 $p(\boldsymbol{x}, r_k)$，障碍函数可取式(7.3.14)形式，也可取式(7.3.15)的形式。

第 3 步：求解障碍函数 $p(\boldsymbol{x}, r_k)$ 的无约束极小化问题。

以 $\boldsymbol{x}^{(k-1)}$ 为初始点，求解：

$$\min_{x \in \xi_1} p(\boldsymbol{x}, r_k)$$

得其极小点 $\boldsymbol{x}^{(k)}$。式中 ξ_1 是可行域中所有严格内点的集合。

第 4 步：判断精度。

若收敛准则得到满足，则停止迭代，取 $\boldsymbol{x}^{(k)}$ 作为原问题极小点 $\boldsymbol{x}^{(*)}$ 的近似值。否则取 $r_{k+1} = \beta r_k$，置 $k = k + 1$，转第 3 步。

收敛准则可采用以下几种形式之一：

$$r_k \sum_{i=1}^{m} \frac{1}{g_i(\boldsymbol{x})} \leqslant \varepsilon;\quad \left| r_k \sum_{i=1}^{m} \ln(g_i(\boldsymbol{x}^{(k)})) \right| \leqslant \varepsilon$$

$$| \boldsymbol{x}^{(k)} - \boldsymbol{x}^{(k-1)} | \leqslant \varepsilon;\quad | f(\boldsymbol{x}^{(k)}) - f(\boldsymbol{x}^{(k-1)}) | \leqslant \varepsilon$$

3. 计算举例

例 7.3　利用内点法求解如下非线性规划问题：

$$\begin{aligned} &\min f(\boldsymbol{x}) = x_1 + x_2 \\ &\text{s.t.} \\ &\begin{cases} g_1(\boldsymbol{x}) = -x_1^2 + x_2 \geqslant 0 \\ g_2(\boldsymbol{x}) = x_1 \geqslant 0 \end{cases} \end{aligned}$$

求解过程如下：

采用自然对数函数构造障碍函数：

$$p(\boldsymbol{x}, r) = x_1 + x_2 - r\ln(-x_1^2 + x_2) - r\ln x_1$$

$$\frac{\partial p}{\partial x_1} = 1 + \frac{2x_1 r}{-x_1^2 + x_2} - \frac{r}{x_1}$$

$$\frac{\partial p}{\partial x_2} = 1 - \frac{r}{-x_1^2 + x_2}$$

先任找一点 $\boldsymbol{x}^{(0)}$ 为初始点，令

$$S_0 = \{i \mid g_i(\boldsymbol{x}^{(0)}) \leqslant 0,\ 1 \leqslant i \leqslant m\}$$

$$T_0 = \{i \mid g_i(\boldsymbol{x}^{(0)}) > 0,\ 1 \leqslant i \leqslant m\}$$

如果 S_0 为空集，则 $\boldsymbol{x}^{(0)}$ 为初始内点；若 S_0 非空，则以 S_0 中的约束函数为假拟目标函数，并以 T_0 中的约束函数为障碍项，构成一无约束极值问题，对这一问题进行极小化，可得一个新点 $\boldsymbol{x}^{(1)}$，然后检验 $\boldsymbol{x}^{(1)}$，若仍不为内点，重复前述步骤，并减小障碍因子 r，直到求出一个内点为止。

本例取 $\boldsymbol{x}^{(0)}=[0.5,\ 1.25]^{\mathrm{T}}$，得到各次迭代结果如表 7-1 所示。

表 7-1　内点法迭代结果

	r	$x_1(r)$	$x_2(r)$
r_1	1.000	0.500	1.250
r_2	0.500	0.309	0.595
r_3	0.250	0.183	0.283
r_4	0.100	0.085	0.107
r_5	0.000 1	0.000	0.000

7.4　有约束优化问题在电力系统中的应用

7.4.1　主配一体化风险评估

例 7.4　主配一体化风险评估案例。

分布式电源的大量接入给电网的规划、运行带来了巨大挑战，输配电网中电压、拥塞等问题更频繁地出现，使得电网运营商很难保证供电质量与安全。作为电网管理者，输电网、配电网运营商负责各自网络的安全运行，很少协同解决电网出现的故障和越限。然而，分布式电源、储能等使配电网愈发灵活的背景下，配电网能够为上级电网提供必要的辅助调节服务。从输电网的角度来看，配电网具备一定的“弹性”，即配电网在输电网需要时能够提供一定的功率支撑。但在电网的风险评估方面，在分析输电网预想故障时仅实现故障影响范围的精细化分析，并没有考虑到利用配电网的调节能力降低输电网故障的影响，从而造成电网运行风险评估的不准确，无法为输电网运行方式调整与控制提供参考。因此以电网的风险评估理论为基础，主配一体化电网风险评估方法成为当前研究热点之一。

1. 问题描述

(1) 主配一体化风险评估问题介绍

本算例基于电网的风险评估理论，首先建立主配一体化电网的风险评估指标，以故障后最优控制代价统一衡量故障场景后果。基于配电网功率调节能力，构建有功功率与无功功率分级调整模型计算输电网的故障后果，并将输电网的负荷调控要求传送到配电网，配电网内负荷削减结果作为最终的状态后果。此方法实现了主配一体化电网的风险评估，可为电网的规划与运行提供参考依据。

本算例主网即输电网采用 IEEE RTS79 节点测试系统，将其母线 3、9、10、14、19 所接负荷扩展为 IEEE 33 节点配电网，如图 7-1 所示。配电网接有一储能装置，其额定功率为配电网最大负荷的 5%；配电网中接有大量分布式光伏，分布式光伏的总容量为所接配电网最大负荷的 50%，分布式光伏的初始状态为输出全部有功且输出无功使得配电网的网损最小。本例分析 24 时段系统的运行风险。

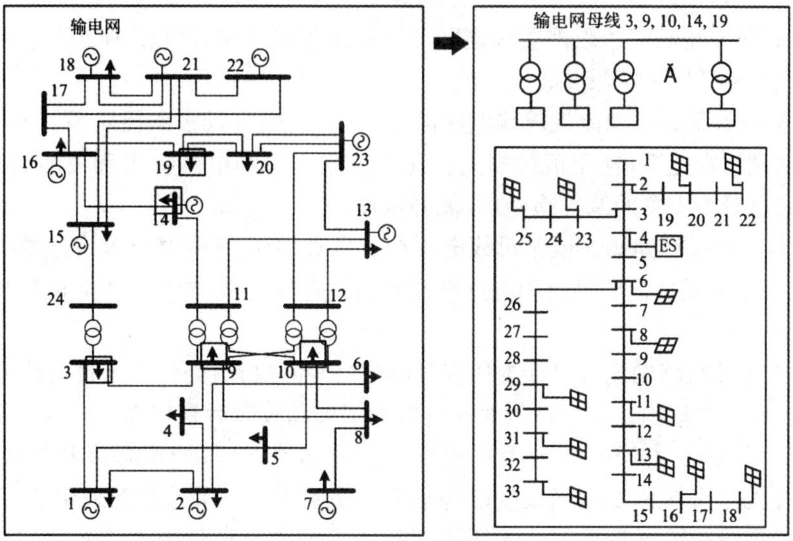

图 7-1　算例分析系统

图 7-2 为系统各时段的系统总负荷与分布式光伏总的有功出力。

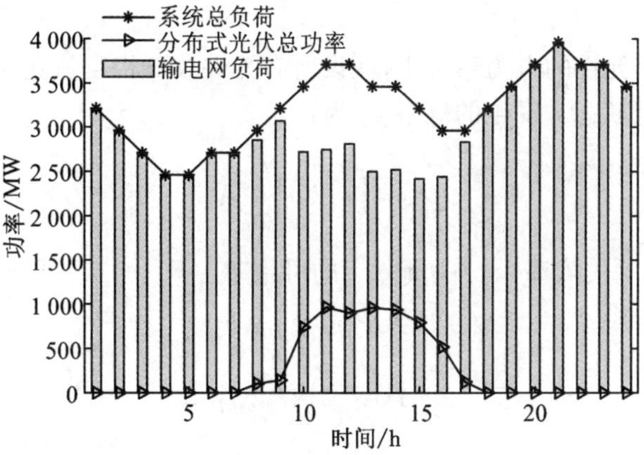

图 7-2　系统总负荷与分布式光伏出力

当输电系统发生故障，仿真故障后系统状态。在仿真中，每个负荷节点负荷同等重要。抽取系统的状态，对每个系统状态进行潮流分析。分别采用以下方案计算系统的负荷损失：

方案 1：在进行输电网故障分析时不考虑配电网的调节能力；

方案 2：考虑配电网的调节支撑能力进行主配一体化电网的风险评估。

此外，为了验证配电网内分布式电源的有功缩减所提升无功调节能力对输电网的支撑作用,设置方案 3,即在分析配电网的调节能力时限制分布式电源的有功缩减,以便于与方案 2 进行对比。

(2) 可靠性指标

风险指标是状态发生概率与状态下后果的乘积。电网的主要作用是为用户提供电能,在电网发生单一线路断线等较小故障时,虽然可能会导致某些线路潮流或母线电压出现越限,有研究将潮流越限严重程度和母线电压越限严重程度作为风险指标。但故障发生后可能会出现以下情景:

① 故障导致某线路潮流或母线电压越限,但系统拥有较多调控资源,经处理后潮流和电压恢复到正常范围,且无负荷损失。此类场景对应的电网损失和故障后果应为零,因为电网具有较为丰富的调控措施,故能降低风险。

② 故障导致某线路潮流或某母线电压严重越限,但由于线路位置或母线所接负荷较小,因此在切除少量负荷后潮流和电压恢复到正常范围。此类情景对应的电网损失和故障后果较小。

③ 故障导致线路潮流或母线电压轻微越限,但经分析后需切除大量负荷才能使潮流和电压恢复到正常范围。此类情景对应的电网损失和故障后果较大。

以上情景表明,由于电网为用户提供电能的属性,越限严重程度和母线电压越限严重程度并无法直接体现电网发生故障后真正的损失。因此,本例采用故障后最优控制代价统一衡量故障场景后果。采用预想故障下的失负荷情况来表征系统的风险,分别为失负荷概率(Loss of Load Probability,LOLP)与失负荷功率期望(Expected Power Not Supplied,EPNS)。失负荷概率 LOLP 是电力系统不能满足系统负荷需求的概率,失负荷功率期望 EPNS 表示系统在评估期内因切负荷事件而损失的负荷功率的期望值。

某个具有 N 个元件的电力系统中,假设所有元件故障相互独立,在状态 i 中有 M 个元件发生故障,则此状态 i 发生的概率 p_i 为:

$$p_i = \prod_{j=1}^{M} U_j \prod_{j=M+1}^{N} A_j \tag{7.4.1}$$

式中,U_j 为元件 j 的故障率;A_j 为元件 j 的可用率。

$$LOLP = \sum_{i \in C_N} p_i F_i \tag{7.4.2}$$

$$EPNS = \sum_{i \in C_N} p_i D_i \tag{7.4.3}$$

式中,C_N 为系统状态的集合;F_i 为第 i 个状态中系统切负荷的指示性变量;D_i 为第 i 个状态中系统负荷损失的总功率,F_i 取值情况如下:

$$F_i = \begin{cases} 0, & \text{系统未切负荷} \\ 1, & \text{系统切负荷} \end{cases} \tag{7.4.4}$$

基于蒙特卡洛采样的风险评估中,失负荷概率 $LOLP$ 的计算方法为:

$$LOLP = \frac{1}{S} \sum_{i=1}^{S} F_i \tag{7.4.5}$$

失负荷功率期望 $EPNS$ 的计算方法为：

$$EPNS = \frac{1}{S}\sum_{i=1}^{S} D_i \tag{7.4.6}$$

式中，S 为风险评估过程中总的系统状态采样次数。

在评估过程中，为了更具体地表征系统的有功问题和无功问题，可进一步将风险指标 $LOLP$ 和 $EPNS$ 细化，分为有功问题导致的风险 $LOLP_P$、$EPNS_P$ 和无功问题导致的风险 $LOLP_Q$、$EPNS_Q$。

2. 优化模型

(1) 基于最优化方法的故障应对策略建模

① 有功功率调整与切负荷模型

在输电网发生故障时，系统可能出现有功发电不足或线路过载情况，需要进行有功调整以确定系统切负荷量以及切负荷位置。本文将网损等值负荷模型加入直流最优切负荷模型中，能更准确评估电网的有功缺额和不平衡问题。

如图 7-3 所示为网损等值负荷模型，在传统直流模型两端并入对地电阻 $r_{\text{eq}, ij}$，其中 P'_i、P'_j 分别为支路电抗 x_{ij} 两侧虚拟节点 i' 和 j' 的有功功率。由于 $V_i \approx V_j \approx 1.0$，当 $r_{\text{eq}, ij} = 2/P_{\text{loss}, ij}$ 时，每个对地电阻消耗的有功功率均为 $0.5P_{\text{loss}, ij}$，因此支路网损就可以通过对地等值负荷的形式进行等效。由于该模型计及了支路网损，使得支路两端的有功功率满足 $P_i = P_j + P_{\text{loss}, ij}$，因此无论宏观上对于整个系统还是微观上对于每条支路，有功平衡结果都近似于实际交流系统中的有功分布，理论上证明了此模型可以改善直流模型算法的计算精度。

对于网损等值负荷模型，关键在于求解出对地等值负荷的大小，如果已知系统某一断面的交流潮流解或者交流潮流收敛，则很容易求解出支路的有功损耗 $P_{\text{loss}, ij}$，再根据如下公式求解出网损等值负荷：

$$P_{\text{losseq}, i} = \sum_{j \in i, j \neq i} \frac{P_{\text{loss}, ij}}{2} \tag{7.4.7}$$

式中，$P_{\text{losseq}, i}$ 为节点 i 的网损等值负荷功率；$j \in i$，$j \neq i$ 表示通过支路与节点 i 相连的任一节点 j。

对于不具备交流潮流解或者交流潮流不收敛的系统，各支路的有功损耗可表示为：

$$P_{\text{loss}, ij} = (\alpha_{ij} P'_{ij})^2 r_{ij} \tag{7.4.8}$$

式中，r_{ij} 为支路电阻；α_{ij} 为支路功率损耗比例因子，其取值可近似为：

$$\alpha_{ij} \approx \sqrt{1 + \frac{r_{ij}^2}{x_{ij}^2}} \tag{7.4.9}$$

所有节点的 $P_{\text{losseq}, i}$ 构成了网损等值负荷向量 $\boldsymbol{P}_{\text{losseq}}$，在计算时，等值后节点的负荷 $\boldsymbol{P}_{\text{load}}$ 应该包括实际负荷 $\boldsymbol{P}_{\text{load0}}$、网损等值负荷 $\boldsymbol{P}_{\text{losseq}}$ 两个部分，即 $\boldsymbol{P}_{\text{load}} = \boldsymbol{P}_{\text{load0}} + \boldsymbol{P}_{\text{losseq}}$。

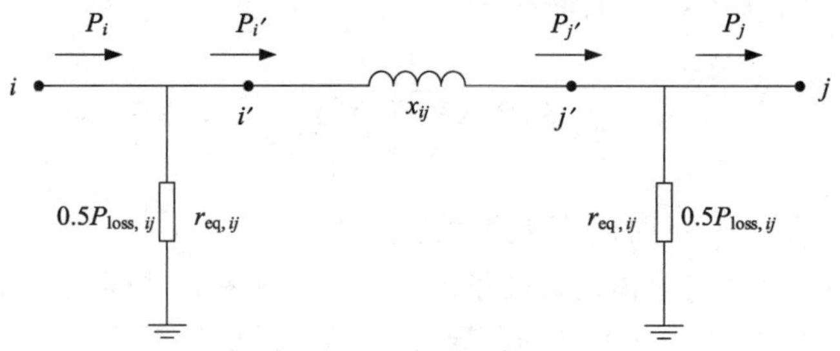

图 7-3 网损等值负荷模型

在主网与配网协调支撑的基础上，为了体现配电网的可控能力对输电网的影响，配网提供有功可调控的区间 $[P_{\text{L0}}^{\min}, P_{\text{L0}}^{\max}]$，主网在计算负荷损失时考虑配网有功调控能力，采用目标函数为主网总切负荷量最小的有功调整模型：

$$\min f(\boldsymbol{P}_{\text{C}}) = \sum_{i=1}^{N} P_{\text{C}i}$$

$$\text{s.t.} \quad \begin{cases} P_{\text{C}i} + \sum\limits_{a\in G_i} P_{\text{G}a} + \sum\limits_{j\in i,\ j\neq i} B_{ij}\theta_{ij} = P_{\text{L}i} \\ P_{\text{L}i} = P_{\text{L0}i} + P_{\text{losseq}i} \\ P_{\text{L0}i}^{\min} \leqslant P_{\text{L0}i} \leqslant P_{\text{L0}i}^{\max} \\ T_k^{\min} \leqslant T_k(\theta_i, \theta_j) \leqslant T_k^{\max} \\ P_{\text{G}a}^{\min} \leqslant P_{\text{G}a} \leqslant P_{\text{G}a}^{\max} \\ 0 \leqslant P_{\text{C}i} \leqslant P_{\text{L0}i} \end{cases} \tag{7.4.10}$$

式中，N 为输电网节点的个数；$P_{\text{C}i}$ 为节点 i 的切负荷量；G_i 为连接到节点 i 的所有发电机；$P_{\text{G}a}$ 为发电机 a 的有功功率；B_{ij} 为支路电抗构成的导纳矩阵元素；θ_{ij} 为节点 i 与节点 j 的相角差；$P_{\text{L}i}$ 为节点 i 的等值负荷，等值负荷包括了线路的网损因素；$P_{\text{L0}i}$ 为输电网节点 i 连接配电网所需的有功功率，其可调节范围即最大值 $P_{\text{L0}i}^{\max}$ 与最小值 $P_{\text{L0}i}^{\min}$ 由配电网分析后报送输电网；$P_{\text{losseq}i}$ 为节点 i 的网损等值负荷功率；$T_k(\theta_i, \theta_j)$ 为连接节点 i 与 j 的支路 k 的功率；$P_{\text{G}a}^{\max}$ 和 $P_{\text{G}a}^{\min}$ 分别为发电机 a 的有功出力上下限。可知该问题具有线性目标函数、线性等式约束、线性不等式约束、变量上下限约束，因此属于有约束线性规划问题。

主网有功调整分析后，配网 i 可从主网获取的有功功率为：

$$P_{\text{L}i}' = P_{\text{L0}i} - P_{\text{C}i} \tag{7.4.11}$$

将 $P_{\text{L}i}'$ 传送至配网 i，将配网根节点的有功功率固定为 $P_{\text{L}i}'$，直流最优潮流计算配网内的切负荷，即可获得此故障下各配网的损失。

② 无功功率调整与切负荷模型

上述的有功功率调整可以解决系统发电不足或支路有功过载问题，在有功校正后，重新对系统进行交流潮流安全分析以解决无功/电压问题。首先要确定配网可提供的无功功率调节范围。配网在提供无功功率调节范围时内部设备可能存在两种状态：一是分布式电源处于最大有功输出状态；二是分布式电源处于有功削减状态。第二种状态是增加配网有功需求以提供更大的无功调节能力，当电网存在较大的无功缺额时能有效支撑系统电压。由于配网有功功率与无功功率的关系不可知，因此本例采用分段线性化的方法表示两者关系，即：

$$\begin{cases} Q_n^{\min} = F^{\min}(P_{\mathrm{L}} + n\Delta P) \\ Q_n^{\max} = F^{\max}(P_{\mathrm{L}} + n\Delta P) \end{cases} \tag{7.4.12}$$

式中，ΔP 是分段线性化的步长。

无功/电压调整以交流最优潮流模型为基础，其目标函数是使得无功切负荷量最小，具体如下：

$$\min f(\boldsymbol{Q}_{\mathrm{C}}) = \sum_{i=1}^{N} Q_{\mathrm{C}i}$$

$$\text{s.t.}$$

$$\begin{cases} \beta_i Q_{\mathrm{C}i} + \sum\limits_{a \in G_i} P_{\mathrm{G}a} + U_i \sum\limits_{\substack{j \in i \\ j \neq i}} U_j (G_{ij}\cos\theta_{ij} + B_{ij}\sin\theta_{ij}) = P_{\mathrm{L}i} \\ Q_{\mathrm{C}i} + \sum\limits_{a \in G_i} Q_{\mathrm{G}a} + U_i \sum\limits_{\substack{j \in i \\ j \neq i}} U_j (G_{ij}\sin\theta_{ij} - B_{ij}\cos\theta_{ij}) = Q_{\mathrm{L}i} \\ Q_{\mathrm{L}i}^{\min} \leqslant Q_{\mathrm{L}i} \leqslant Q_{\mathrm{L}i}^{\max} \\ Q_{\mathrm{G}a}^{\min} \leqslant Q_{\mathrm{G}a} \leqslant Q_{\mathrm{G}a}^{\max} \\ T_k^{\min} \leqslant T_k(U, \theta) \leqslant T_k^{\max} \\ U_i^{\min} \leqslant U_i \leqslant U_i^{\max} \end{cases} \tag{7.4.13}$$

式中，$Q_{\mathrm{C}i}$ 是切除的节点 $i(i=1, 2, \cdots, n)$ 的无功负荷量，在切除无功负荷时，也按照节点所接配电网内负荷平均功率因数成比例切除有功负荷；β_i 为节点 i 的负荷平均功率因数，$\beta_i Q_{\mathrm{C}i}$ 表示在切除无功负荷时也成比例地切除有功负荷；$Q_{\mathrm{L}i}$ 为输电网节点 i 连接配电网所需的无功功率，其可调节范围即最大值 $Q_{\mathrm{L}i}^{\max}$ 与最小值 $Q_{\mathrm{L}i}^{\min}$ 按式(7.4.12)取值，与配电网的有功功率 $P_{\mathrm{L}i}$ 的大小相关；U_i 表示节点 i 的电压，$U_i^{\min}$ 和 $U_i^{\max}$ 分别表示其需满足的下限与上限；$Q_{\mathrm{G}a}$ 为发电机 a 的无功功率，$Q_{\mathrm{G}a}^{\min}$ 和 $Q_{\mathrm{G}a}^{\max}$ 分别表示其最小值和最大值。可知无功功率调整与切负荷模型具有线性目标函数、非线性等式约束、非线性不等式约束、变量上下限约束，因此属于有约束非线性规划问题。

在主网进行无功调整后，可获得与主网连接的配电网有功功率和无功功率调控要求，即：

$$\begin{cases} P'_{\mathrm{L}i} = P_{\mathrm{L}i} - \beta_i Q_{\mathrm{C}i} \\ Q'_{\mathrm{L}i} = Q_{\mathrm{L}i} - Q_{\mathrm{C}i} \end{cases} \tag{7.4.14}$$

在每个配电网中实施交流最优潮流分析，即可获得电网的故障情况下由于无功功率导致的负荷损失。目标函数为切负荷量最小：

$$F_i = \min \sum_{j \in N_i} Q_{\mathrm{c}j} \tag{7.4.15}$$

式中，F_i 为配电网交流最优潮流的目标函数；N_i 为配电网 i 的节点集合；Q_{cj} 为配电网 i 中母线 j 的切负荷量。在切除无功负荷时按负荷的功率因数成比例切除有功负荷。

（2）风险评估算法流程

利用上述的状态分析以及预想故障分析，可实现主配一体化电网的风险评估。如图 7-4 所示，以非序贯蒙特卡罗法风险评估为例，在获知电网设备故障模型的基础上，风险评估的基本流程具体如下：

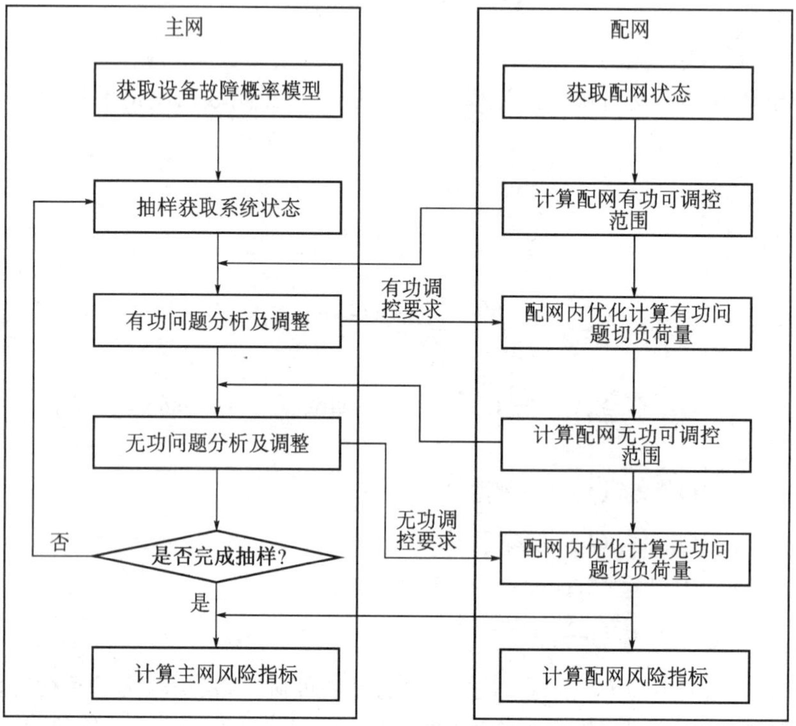

图 7-4　主配一体化电网风险评估流程

步骤 1：获取设备故障概率模型。

步骤 2：抽样发电机、输电线路等元件的状态，形成故障集。

步骤 3：配电网进行有功功率可调控范围分析，并将分析结果报送主网。

步骤 4：对于故障集中的故障，主网进行有功功率问题分析，基于有功调整模型计算各配电网有功功率要求。

步骤 5：将有功功率要求传送至配电网，配电网进行最优切负荷计算；分析无功功率可调控范围并报送主网。

步骤 6：主网进行无功功率及电压问题分析，基于无功调整模型计算各配电网无功调整要求。

步骤 7：将无功调整要求传送至配电网，配电网进行最优切负荷计算。

步骤 8：判断是否完成故障集内所有故障的分析，若未完成，转步骤 4，否则转步骤 9。

步骤 9：计算风险指标。分别计算主网总的风险指标以及主网故障引发的配网风险指标，每个预想故障的后果包括有功问题和无功问题导致的切负荷之和。

3. 模型求解

算例利用 Matpower 进行直流、交流最优潮流计算，并默认使用原对偶内点法求解。图 7-5 与图 7-6 分别给出了系统 24 h 的风险指标 *LOLP* 与 *EPNS* 变化情况。

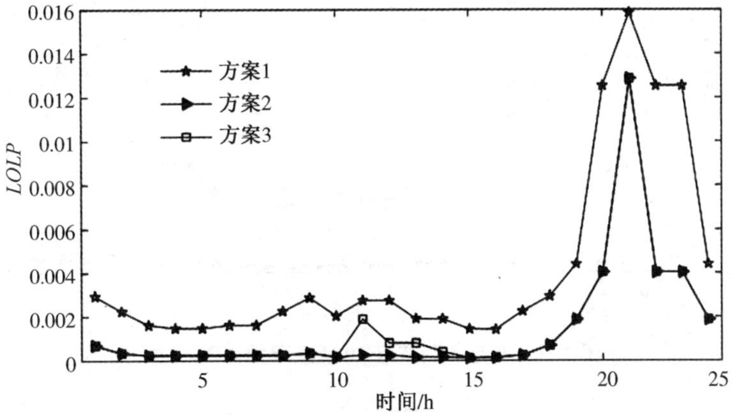

图 7-5　风险指标 *LOLP* 变化曲线

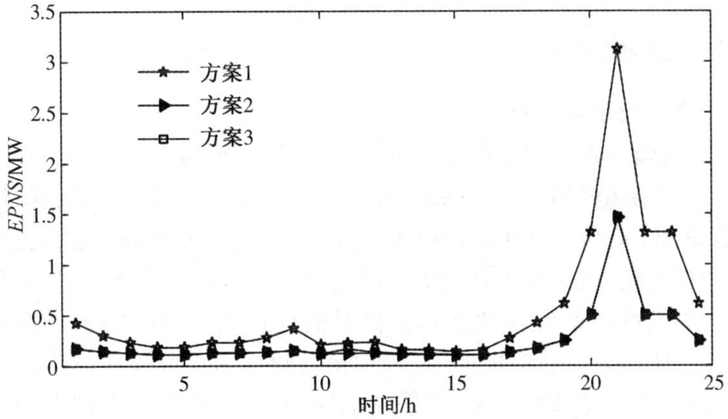

图 7-6　风险指标 *EPNS* 变化曲线

从图 7-5 与图 7-6 可以看出，相对于不考虑配电网的调节能力，有效利用分布式发电(Distributed Generation，DG)带给配电网的功率调节能力支撑输电网的运行，总体上能够降低电网的运行风险。尤其在19～23 h时段全网负荷水平较高、运行风险较大时，利用配电网调节能力改善输电网的潮流，降低输电网运行风险的效果较为显著。

此外，从仿真结果可以看出，在中午光伏有功出力大时实施光伏的有功削减来释放无功较为必要。中午光伏有功出力较大，由光伏有功和无功的约束关系可知，此时削减少量有功就可以大幅增加其无功输出范围；此外，由于配电网阻抗较大，相较于无功，较大的光伏有功功率注入会提升配电网的电压，导致其无功输出受限。因此，削减有功能较大程度降低配电网从输电网获取的无功功率，改善输电网潮流，降低输电网内无功流动，从而增加输电网传输有功功率的能力，降低运行风险。在光伏有功出力较小时，其无功输出范围较大且削减有功所能提升的无功输出较小，无需实施光伏的有功削减。

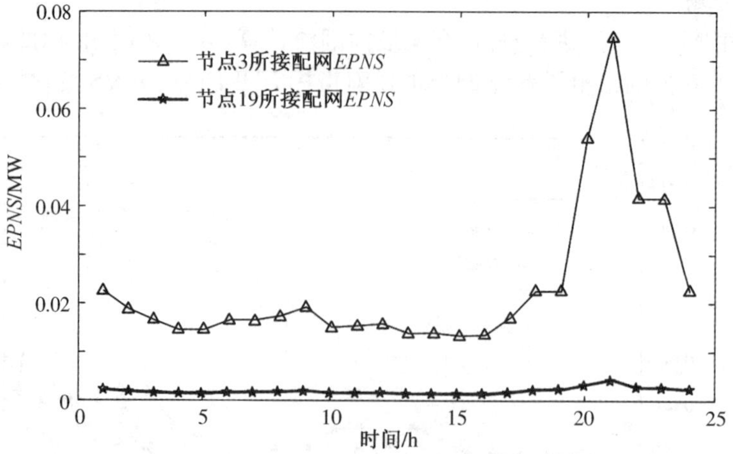

图 7-7　节点 3 和节点 19 所接配网 EPNS 曲线

图 7-7 为主网风险引发的节点 3 和节点 19 所接配网风险指标 $EPNS$ 曲线，可以看出配网的风险与主网总体风险趋势相似，但不同的配网受主网的影响大小相异，节点 3 所接配网受主网影响较大，其在评估供电可靠性时更应该关注主网的运行风险。

7.4.2　多端柔直电网优化调控

例 7.5　多端柔直电网优化调控案例。

随着柔性直流输电系统向更高电压等级、更大输电容量、多端化和网络化发展，灵活可靠的真双极系统结构将拥有广阔的应用前景。由于其灵活性和强支撑性，为实现新能源大规模送出提供了有效的技术手段，广泛地应用于风电汇集等新能源汇集场景，但是，真双极系统的灵活特性也对换流站的协调控制提出了更高的要求，对于如何有效提升新能源消纳能力，以及故障情况下快速自愈恢复的优化调控策略需求仍旧迫切。具体来说，真双极直流系统接入新能源电网，在考虑最大化地消纳新能源出力时，对换流站正、负极换流器均给定同一类型控制量，使交流电网注入正、负极输电线路的功率大小和方向一致，并未充分利用正负极换流器可独立控制的优势特性，控制两极换流器灵活分配新能源增发量到直流网络中。此外，对于面向新能源最大化消纳的真双极直流系统，在发生电网故障时，如何通过快速匹配最合适的优化调控方案恢复到正常运行状态？目前没有包含多种预想故障的离线优化方案库和在线优化的协调策略，以实现故障情形的自适应。

1. 问题描述

基于同一换流站内正、负两极换流器独立控制的前提，将换流站所连接新能源电场的注入有功功率按 k、$1-k(0 \leqslant k \leqslant 1)$ 的比例分别分配至正、负极换流器，作为两极换流器的有功功率参考值。在保证换流器功率不越限的条件下可独立调节，并在单极换流器故障或退出运行的情况下，可由健全极转代故障极的部分有功功率，尽可能地保证输出该端全部有功功率。

本例需生成常见预想事故集包括但不限于 $N-1$ 和 $N-2$ 预想事故集，在非正常工况下，使健全极和健全线路转代部分故障极或故障线路功率，在保证直流电压不越限、换流器及换流站功率不越限、直流线路不超过直流断路器电流上限的前提下提高换流站整体传输功率。非正常工况包括：$N-1$ 故障下的单极电网出现直流断线故障或换流器停运故障，$N-2$ 故障下线路故障与换流器故障的组合情况以及某端换流站退出运行的故障情况。

优化求解正、负极换流器极间调控方案。对预想故障集覆盖的故障状态求解对应的优化解。优化方法包括但不限于人工智能优化解法或处理有约束非线性多元函数问题的经典数值解法。得到相应的决策变量优化结果和目标函数的值，即对应的优化调控方案。遍历预想事故集直至完成，存储各组优化解，生成离线优化方案库。

进一步而言，如图 7-8 所示当真双极直流电网发生状态变化时，程序进入运行状态判断模块。判断对象包括电网拓扑及当前运行的潮流状态。假设直流电网出现负极网络换流站 3 和换流站 4 之间的直流断线故障，此时电网拓扑发生变化，且潮流发生变化：换流站 1 端所接新能源电场出力从 0.1p.u.提升为 0.2p.u.，且潮流变化量超出允许的波动范围。此时先直接匹配已生成离线库中对应或相近故障的优化方案，同时基于当前的电网状态直接进行在线优化求解，生成在线优化方案后立即替换原方案。

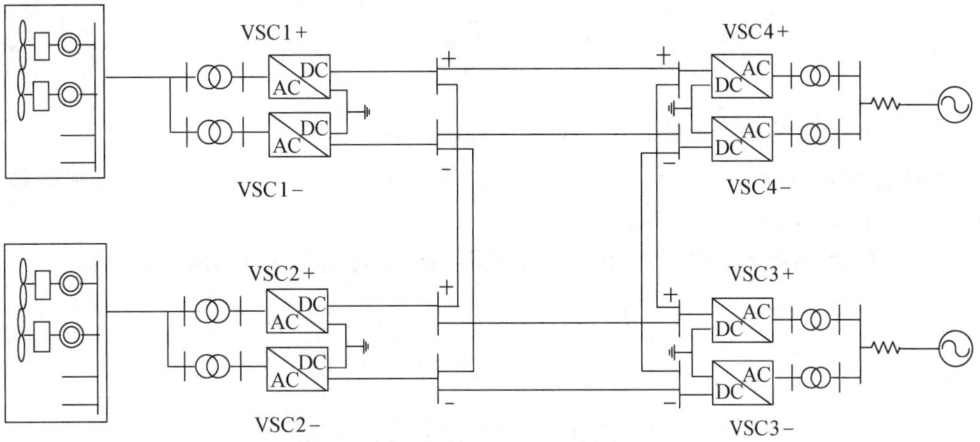

图 7-8　真双极单端换流站结构示意图

2. 优化模型

(1) 优化目标

当新能源场发电量仍有一定裕度时，以提高新能源消纳能力为目标之一，假设真双极柔性直流输电系统共有 n 端，其中 m 端连接新能源电场，则选择目标函数为：

$$\max f(\boldsymbol{x})=\eta_1\Delta P_1+\eta_2\Delta P_2+\cdots+\eta_m\Delta P_m \quad (m<n) \tag{7.4.16}$$

其中，η_i 为各端增发量的权重系数 $(1\leqslant i\leqslant m)$，考虑但不限于根据新能源场的实际出力预测曲线做进一步细化，或在缺乏预测信息时按照新能源场容量按比赋值；ΔP_i 表示第 i 端的新能源有功功率增发量 $(1\leqslant i\leqslant m)$。

当新能源场在优化调控前的发电量已接近容量上限，或增发量裕度接近为 0 时，则应在尽量减少电网总切机量的条件下满足新能源的最大化消纳，即保证优化调控后新能源电场的整体发电量达到最大，此时可调整优化目标为预测后的整体新能源电场有功出力最大，该问题的线性目标函数表示如下：

$$\max f(\boldsymbol{x}) = P_{\text{ac1\_last}} + P_{\text{ac2\_last}} + \cdots + P_{\text{ac}m\text{\_last}} (m < n) \tag{7.4.17}$$

其中，$P_{\text{ac}i\text{\_last}}$ 表示优化调控后第 i 个新能源端的交流侧有功功率（$1 \leqslant i \leqslant m$），因此该问题的目标函数属于线性函数。

(2) 约束条件

① 优化变量

对于采取主从控制策略的真双极多端直流输电系统，参与优化的决策变量为：

$$\boldsymbol{X} = [P_{\text{ac1\_last}}, P_{\text{ac2\_last}}, k_1, k_2, k_3]^{\text{T}} \tag{7.4.18}$$

其中，$P_{\text{ac1\_last}}$、$P_{\text{ac2\_last}}$ 分别表示新能源端发电量提升后实际柔直系统各端初始交流功率；k_1、k_2、k_3 分别表示柔直各端换流站的正、负极换流器功率分配系数。

② 运行约束

所述约束条件包括：各个换流器及各端换流站约束条件、各换流站所接新能源电场或交流网络约束条件、直流输电线路约束条件。其中线性不等式约束为：

$$\begin{cases} P_{\text{ac1\_last}} - P_{\text{ac1}} \leqslant 0 \\ P_{\text{ac2\_last}} - P_{\text{ac2}} \leqslant 0 \end{cases} \tag{7.4.19}$$

其中，P_{ac1} 和 P_{ac2} 分别为换流站 1、2 的初始有功功率。

非线性约束包括真双极直流潮流迭代计算的潮流方程约束条件，具体包括换流站有功、电压约束，以及直流线路的电流约束。

其中，新能源端（1、2 端）正极和负极换流器的稳态有功功率分别满足约束：

$$\begin{cases} k_i P_{\text{ac}i} \leqslant P_{\text{VSC}i\_p}^{\max} & (i = 1, 2) \\ (1 - k_i) \leqslant P_{\text{VSC}i\_n}^{\max} & (i = 1, 2) \end{cases} \tag{7.4.20}$$

其中，$P_{\text{VSC}i\_p}^{\max}$，$P_{\text{VSC}i\_n}^{\max}$ 分别为第 i 端正、负极换流器的容量上限。

北京端（3 端）正极和负极换流器稳态有功功率分别满足约束：

$$\begin{cases} \max(|k_i P_{\text{ac}i}|, |P_{\text{dc}i\_p}|) \leqslant P_{\text{VSC}i\_p}^{\max} \\ \max(|(1 - k_i) P_{\text{ac}i}|, |P_{\text{dc}i\_n}|) \leqslant P_{\text{VSC}i\_n}^{\max} \end{cases} (i = 3) \tag{7.4.21}$$

其中，$P_{\text{dc}i\_p}$，$P_{\text{dc}i\_n}$ 分别为第 i 端正、负极换流器的直流有功。

平衡站端（4 端）正极和负极换流器稳态有功功率分别满足约束：

$$\begin{cases} |P_{\text{dc}i\_p}| + P_{\text{loss}i\_p} \leqslant P_{\text{VSC}i\_p}^{\max} \\ |P_{\text{dc}i\_n}| + P_{\text{loss}i\_n} \leqslant P_{\text{VSC}i\_n}^{\max} \end{cases} (i = 4) \tag{7.4.22}$$

其中，$P_{\text{loss}i\_p}$，$P_{\text{loss}i\_n}$ 分别为第 i 端正、负极换流器的损耗。

四端换流站的直流线路电压均满足约束：

$$U_i^{\min} \leqslant U_{\text{dc}i} \leqslant U_i^{\max} \tag{7.4.23}$$

其中，$U_{\text{dc}i}$ 为第 i 端换流站的直流线路电压，$U_i^{\max}$，$U_i^{\min}$ 分别为其上下限。

正、负极网络的直流线路电流满足约束：

$$0 \leqslant | I_{dcij} | \leqslant I_{ij}^{\max} (i,\ j = 1,\ 2,\ 3,\ 4,\ i \neq j) \tag{7.4.24}$$

其中，I_{dcij} 为第 i 端，第 j 端换流站间的直流线路电流，$I_{ij}^{\max}$ 为其上限。

3. 模型求解

针对该非线性有约束问题，由于约束条件包含线性不等式约束和非线性约束，因此可利用 MATLAB 中 fmincon 函数进行求解，取内点 $\boldsymbol{X}_0 = [0.5,\ 0.9\ ,0.5\ ,0.5\ ,0.5]^{\mathrm{T}}$ 为初始点，在 options 优化选项中，算法选择利用内点法，初始障碍因子、缩小系数、允许误差、障碍函数形式、收敛准则均采用默认格式。得到离线、在线优化方案求解结果如表 7-2 所示，有功功率用标幺值表示。

表 7-2　离线优化方案与在线优化方案结果

离线优化方案	P_{ac1}	P_{ac2}	P_{ac3}	P_{ac1_last}	P_{ac2_last}	k_1	k_2	k_3
	0.200p.u.	0.900p.u.	−1.000p.u.	0.215p.u.	1.209p.u.	0.120	0.221	0.252
在线优化方案	P_{ac1}	P_{ac2}	P_{ac3}	P_{ac1_last}	P_{ac2_last}	k_1	k_2	k_3
	0.100p.u.	0.900p.u.	−1.000p.u.	0.180p.u.	1.242p.u.	0.129	0.187	0.220

$$f_{\text{off}}(\boldsymbol{x})_{\max} = \eta_1 \Delta P_1^{\text{off}} + \eta_2 \Delta P_2^{\text{off}} = 0.211$$

$$f_{\text{on}}(\boldsymbol{x})_{\max} = \eta_1 \Delta P_1^{\text{on}} + \eta_2 \Delta P_2^{\text{on}} = 0.255$$

此时，$f_{\text{off}}(\boldsymbol{x})_{\max}$ 和 $f_{\text{on}}(\boldsymbol{x})_{\max}$ 分别为选用离线和在线优化方案得到的目标函数最大值；ΔP_1^{off} 和 ΔP_1^{on} 分别为离线和在线优化方案新能源 1 端优化后可增发的有功功率；ΔP_2^{off} 和 ΔP_2^{on} 分别为离线和在线优化方案新能源 2 端优化后可增发的有功功率。优化结果表明，故障下的自适应优化策略用于同新能源风场相连的直流输电系统时，能灵活应对新能源出力波动的情况，同时在故障的情况下，利用正、负极换流器独立控制的特点，能使电网快速恢复到稳定运行状态。表 7-2 中的结果表明，离线方案得到的新能源端增发量最大消纳能力为 0.324×2 000 MW=648 MW，即在满足稳态时换流器电压、功率及直流线路电流均不越限的情况下，可以更大限度地消纳所连接风场增发的 648 MW 有功功率。其中换流站 1、2、3 的正极有功功率分配系数分别为 0.120、0.221、0.252。故障实际发生时刻，换流站 1 交流侧注入有功功率发生波动，从 0.200p.u.减小到 0.100p.u.，基于该时刻的潮流在线优化得到的结果为：新能源端增发量最大消纳能力为 0.422×2 000 MW=844 MW，其中换流站 1、2、3 的正极有功功率分配系数分别为 0.129、0.187、0.220。

优化结果表明，正、负极换流器之间设计的极间协同控制策略，充分利用了真双极直流系统正、负两极换流器可独立控制的特点，能根据系统的新能源消纳需求和运行工况协同两极间具体有功功率分配，在非正常工况下由健全极和健全线路主动承担部分故障极和故障线路的传输功率，以避免故障极传输功率过剩，增强了双极系统的灵活性和可靠性。其中，离线优化库能使电网在故障情况下迅速匹配相近优化方案恢复到次优运行状态，在线优化方案使故障电网匹配到精确优化方案恢复到最优运行状态。

7.4.3　路-电耦合的需求响应调控

例 7.6　电力系统路-电耦合的需求响应调控案例。

1. 问题描述

为缓解电动汽车(Electric Vehicle，EV)充电带来的线路阻塞问题，算例提出考虑电网运行状态的需求响应(Demand Response，DR)策略，并以某城市的路网与电网拓扑为例进行算例仿真。首先按照该市的市区主干道进行路网建模，并按照该市 110 kV 电网接线图进行电网建模，将二者耦合后得到 43 个路-电耦合节点。

(1) 基于该市电动汽车的历史数量及逐年增长率估算截至 2020 年底 EV 保有量。EV 保有量及算例中各参数设定值见表 7-3，其中，π 为时间系数，即行驶 1 min 换算得到的成本。

表 7-3 主要仿真参数取值

EV 类型	保有量/辆	快充功率/kW	慢充功率/kW	π
私家车	130 000	50	5	$N\sim(15, 3)$
出租车	5 500	50	5	$N\sim(15, 3)$
公交车	4 160	180	60	$N\sim(12, 3)$

(2) 为验证所提需求响应策略缓解线路阻塞的效果，计算各线路的全天每小时平均输电功率并取其中最大值代表线路阻塞状况。需求响应前线路阻塞状况如图 7-9 所示，图中线路拓扑与所选取区域电网拓扑相同。由于部分线路在需求响应前后均为轻载，则其功率未在图中显示。已标注线路的额定有功传输容量如表 7-4 所示。

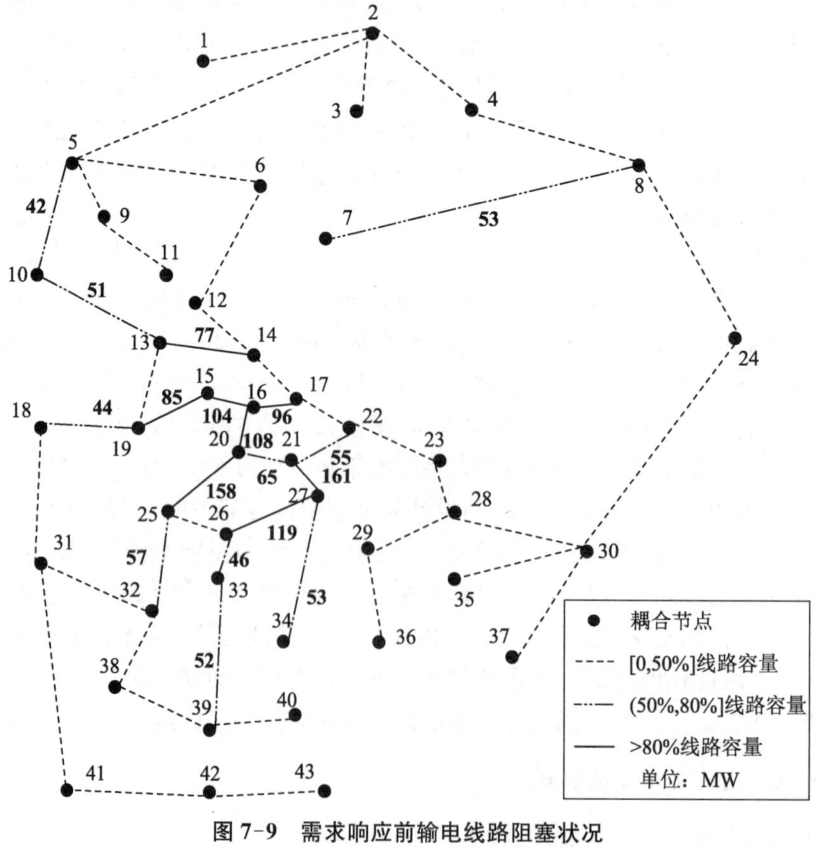

图 7-9 需求响应前输电线路阻塞状况

表 7-4　部分线路额定有功容量

线路	5—10	7—8	10—13	13—14	14—15
功率	80 MW	80 MW	80 MW	80 MW	100 MW
线路	15—19	16—17	17—18	18—19	19—20
功率	100 MW	80 MW	100 MW	100 MW	100 MW
线路	20—21	21—22	20—25	21—27	26—27
功率	100 MW	100 MW	120 MW	120 MW	120 MW
线路	25—32	26—33	27—34	33—39	
功率	100 MW	80 MW	100 MW	100 MW	

2. 优化模型

考虑电网运行状态的需求响应策略分为基于动态分时电价的有序快充策略和考虑电网潮流的慢充需求响应策略。

首先,耦合节点负荷功率满足式(7.4.25):

$$P_{C_x}(t)=\sum_{i=1}^{k}P_i^{\text{total}}(t)+P_{Z_m}^{\text{non-EV}}(t) \tag{7.4.25}$$

式中,$P_{C_x}(t)$ 为耦合节点 C_x 在 t 时刻功率,$\sum_{i=1}^{k}P_i^{\text{total}}(t)$ 为 k 个路网节点 t 时刻电动汽车聚合充电功率之和,$P_{Z_m}^{\text{non-EV}}(t)$ 为电网节点 Z_m 在 t 时刻非电动汽车负荷功率。

(1) 基于动态分时电价的有序快充策略

通过研究充电站分时充电电价时段的制定方法,以期用户自主响应,达到有序充电的目的。

分时电价的低价时间段 t^{low} 计算方法如式(7.4.26)所示。

$$t^{\text{low}}=\min\left\{\underset{t^{\text{low}}\in[1,\ T_e-J_e+1],\ t^{\text{low}}\in N}{\arg\max}\left(\sum_{t=t^{\text{low}}}^{t^{\text{low}}+J_e-1}M_t\right)\right\} \tag{7.4.26}$$

式中,T_e 为第 e 辆电动汽车在充电站停留时长;J_e 为第 e 辆电动汽车充满电所需时长;M_t 为该充电站 t 时刻接纳新加入充电功率的裕度。每辆车接入时 M_t 均不同,其接收到的电价信息也可能不同。

低谷电价结束时间 $t^{\text{low}*}$ 计算方法如式(7.4.27)所示。

$$t^{\text{low}*}=t^{\text{low}}+\lambda T_e-1 \tag{7.4.27}$$

式中,λ 为低谷电价持续时间与停车时间之比。设定低谷电价时段之外均为高峰电价时段,且 M_t 小于 EV 充电功率的充电站将停止充电服务。

(2) 考虑电网潮流的慢充需求响应策略

$DRP_{C_x}(t)$ 表示耦合节点 C_x 在 t 时刻的需求响应潜力。$DRP_{Cx,e}(t)$ 是 t 时刻 C_x 中第 e 台电动汽车的需求响应潜力。若 t 时刻 EV 参与需求响应后不影响用户次日出行计划,则其具有响应潜力;若 t 时刻 EV 参与需求响应导致次日出行电量小于用户要求电量,其不具备响应潜力。具体计算方法为:

$$DRP_{C_x,e}(t)=\begin{cases}P_{C_x,e}, & SOC_{C_x,e}(t)+P_{C_x,e}(t_{C_x,e}^{\text{dep}}-t)\geqslant SOC_{C_x,e}^{\text{set}}\\ 0, & SOC_{C_x,e}(t)+P_{C_x,e}(t_{C_x,e}^{\text{dep}}-t)\geqslant SOC_{C_x,e}^{\text{set}}\end{cases}\tag{7.4.28}$$

式中，$P_{C_x,e}$、$SOC_{C_x,e}(t)$、$SOC_{C_x,e}^{\text{set}}$ 及 $t_{C_x,e}^{\text{dep}}$ 分别为 C_x 第 e 台电动汽车的额定充电功率、t 时刻电量(State of Charge)，满足次日出行计划所需最小电量及次日出发时间。

每台电动汽车响应时长需满足式(7.4.29)～式(7.4.30)的约束以避免充电进程频繁启停造成的电池损坏。

$$\begin{cases}t_2-t_1\geqslant\tau_{C_x,e}^{\text{start}}\\ t_3-t_2\geqslant\tau_{C_x,e}^{\text{end}}\end{cases}\tag{7.4.29}$$

$$\begin{cases}DRP_{C_x,e}(t_1)\times\varepsilon(t_1)=\dfrac{1}{2}P_{C_x,e}\\ DRP_{C_x,e}(t_2)[1-\varepsilon(t_2)]=\dfrac{1}{2}P_{C_x,e}, & t_2>t_1\\ DRP_{C_x,e}(t_3)\times\varepsilon(t_3)=\dfrac{1}{2}P_{C_x,e}, & t_3>t_2>t_1\end{cases}\tag{7.4.30}$$

式中，t_1、t_2 为前一次 DR 的开始、结束时间；t_3 为后一次 DR 开始时间。$\tau_{C_x,e}^{\text{start}}$、$\tau_{C_x,e}^{\text{end}}$ 分别为 C_x 第 e 台电动汽车参与 DR 的最短响应时间及最短间隔时间；$\varepsilon(t)$ 为单位阶跃函数，且定义阶跃时刻 $\varepsilon(t)$ 值为$\dfrac{1}{2}$。

C_x 中电动汽车数为 ev_x，则 C_x 节点在 t 时刻可提供的需求响应潜力为：

$$DRP_{C_x}(t)=\sum_{e=1}^{ev_x}DRP_{C_x,e}(t)\tag{7.4.31}$$

需注意，DR 潜力代表该时刻的最大可响应功率，与实际使用的 DR 功率不完全相等。设 $DR_{C_x}(t)$ 为节点 C_x 在 t 时刻使用的 DR 功率。

① 目标函数

本文以各节点平均电压偏移最少为计算 $DR_x(t)$ 的目标函数：

$$\min_{DR_{C_x}(t)}\Delta U_{C_x}=\sqrt{\frac{\sum_{x=1}^{X}\{U_{C_x}[DR_{C_x}(t)]-U_{C_x}^{\text{set}}\}^2}{X}}\tag{7.4.32}$$

式中，ΔU_{C_x} 为各节点平均电压偏移；$U_{C_x}[DR_{C_x}(t)]$ 为节点 C_x 在 t 时刻的电压，是随 $DR_{C_x}(t)$ 大小变化的复合函数；$U_{C_x}^{\text{set}}$ 为节点 C_x 的额定电压。

② 约束条件

$DR_{C_x}(t)$ 还应满足式(7.4.33)～式(7.4.38)的约束。

$$DR_{C_x}(t)\leqslant DRP_{C_x}(t)\tag{7.4.33}$$

$$0\leqslant\frac{[ld(t')-DR_{C_x}(t')]-[ld(t)-DR_{C_x}(t)]}{t'-t}\leqslant GR^{\text{limit}}\tag{7.4.34}$$

式中，$ld(t)$ 为 t 时刻的负荷功率；GR^{limit} 为发电机组爬坡率限制。

$$\begin{cases} U^{\text{set\_low}} \leqslant U_{C_x}[DR_{C_x}(t)] \leqslant U^{\text{set\_up}} \\ P_{xx'}[DR_{C_x}(t)] \leqslant P_{xx'}^{\text{set}} \end{cases} \tag{7.4.35}$$

式中，$U^{\text{set\_low}}$ 为正常电压最低值；$U^{\text{set\_up}}$ 为正常电压最高值；$P_{xx'}[DR_{C_x}(t)]$ 为 t 时刻线路 $C_x-C_{x'}$ 的有功传输功率，是随 $DR_{C_x}(t)$ 大小变化的复合函数；$P_{xx'}^{\text{set}}$ 为线路 $C_x-C_{x'}$ 的额定有功容量。

$$gc_{C_x,t}^{1,2,3}=0,\ U_{C_x}[DR_{C_x}(t)]<0.9U^{\text{set\_low}} \tag{7.4.36}$$

式中，$gc_{C_x,t}^{1,2,3}$ 为 C_x 节点的三种电动汽车 t 时刻的慢充状态矩阵值，当电压小于 0.9 倍额定值的时候，该节点充电功率置零。

$$\sum_{x=1}^{X} P_{C_x}(t)+\sum_{x=1}^{X}\sum_{x'=1}^{X}\Delta P_{xx'}(t)=\sum P^{\text{G}}(t) \tag{7.4.37}$$

$$\sum_{x=1}^{X} Q_{C_x}(t)+\sum_{x=1}^{X}\sum_{x'=1}^{X}\Delta Q_{xx'}(t)=\sum Q^{\text{G}}(t) \tag{7.4.38}$$

式中，$P_{C_x}(t)$、$Q_{C_x}(t)$ 分别为节点 C_x 在 t 时刻的有功、无功功率；$\Delta P_{xx'}(t)$、$\Delta Q_{xx'}(t)$ 分别为线路 $C_x-C_{x'}$ 在 t 时刻的有功、无功损耗；$\sum P^{\text{G}}(t)$、$\sum Q^{\text{G}}(t)$ 分别为 t 时刻外界向区域电网内注入的有功、无功功率，即需要时刻满足区域电网潮流等式约束。

3. 模型求解

该交流最优潮流问题属于非线性有约束问题，算例利用 Matpower 进行交流最优潮流计算，并默认使用原对偶内点法求解。得到需求响应结果如图 7-10 所示。

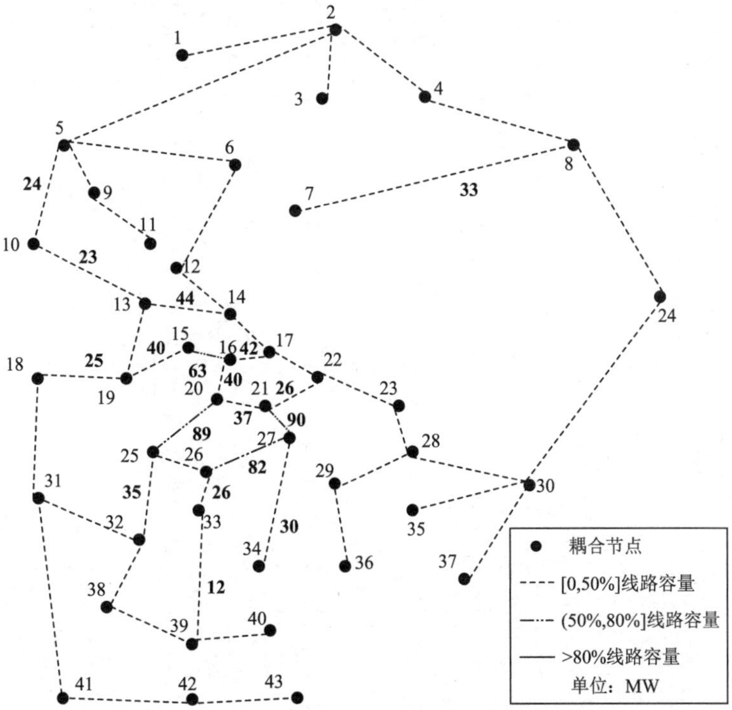

图 7-10　需求响应后输电线路阻塞状况

由图 7-10 可知,EV 无序接入会造成区域电网内严重的输电线路阻塞,而所提需求响应方法能够有效缓解输电线路阻塞。

以几条线路阻塞较为严重的支路为例,比较仅考虑电网和考虑路-电耦合时 DR 前后的输电功率代表值,其结果如表 7-5 所示。

表 7-5　不同场景下需求响应前后输电线路阻塞状况　　单位:MW

支路	仅考虑电力网络		考虑路-电耦合网络	
	DR 前线路平均功率	DR 后线路平均功率	DR 前线路平均功率	DR 后线路平均功率
13—14	82	53	77	44
15—16	106	76	104	63
20—25	166	121	158	89
21—27	163	105	161	90
26—27	122	88	119	82

第八章　混合整数规划在电力系统中的应用

在前面讨论的问题中，最优解是分数或者小数，比如成本、功率输出、权重、电压幅值等，均属于连续的实型自变量或因变量。但对于某些具体问题，常有要求解答必须是整数(称为整数解)的情形。例如，所求解是机组启停的台数、新增无功补偿装置的位置或电网新增输电线路的条数等，分数或小数的解答就不符合要求了。为了满足整数解的要求，初看起来，似乎只要把已得到的带有分数或小数的解经过“舍入化整”就可以了。但这常常是错误的！因为化整后不见得是可行解；或虽是可行解，但并不一定是最优解。因此，对求最优整数解的问题，必须另行研究。我们称这样的问题为整数规划(Integer Programming, IP)，整数规划是最近 30 年来发展起来的规划论中的一个分支。

整数规划问题一般可表示为：

$$
\begin{aligned}
&\max f(\boldsymbol{x}) \\
&\text{s.t.} \\
&\begin{cases}
h_i(\boldsymbol{x})=0 & (i=1,\ 2,\ \cdots,\ m) \\
g_j(\boldsymbol{x})\geqslant 0 & (j=1,\ 2,\ \cdots,\ n) \\
x_k\geqslant 0 & (k=1,\ 2,\ \cdots,\ l)\text{，且部分或全部为整数}
\end{cases}
\end{aligned}
$$

整数规划问题分为 3 种类型：整数规划中如果所有的变量都限制为(非负)整数，就称为纯整数规划(Pure IP)或称为全整数规划(All IP)；如果仅一部分变量限制为整数，另一部分可以不取整数值则称为混合整数规划(Mixed IP, MIP)；如果决策变量只能取值 0 或 1 的整数，就称为 0-1 型整数规划。0-1 型整数规划是整数规划的一种特殊情形，本章最后讲到的变电所布点优化问题、机组组合问题就是 0-1 型整数规划问题。

8.1　两个整数规划的例子

1. 第一个例子

下面从求解线性连续最优化问题开始，分别改变变量类型，得到纯整数规划、混合整数规划问题、0-1 型整数规划问题的最优解，并对比分析以上四种最优化问题的最优解。

例 8.1 原问题如下：

$$\max Z = 6x_1 + 2x_2 + 3x_3 + 5x_4$$

s.t.

$$\begin{cases} 3x_1 - 5x_2 + x_3 + 6x_4 \geqslant 4 \\ 2x_1 + x_2 + x_3 - x_4 \leqslant 3 \\ x_1 + 2x_2 + 4x_3 + 5x_4 \leqslant 10 \\ x_i \geqslant 0,\ i = 1,\ 2,\ 3,\ 4 \end{cases}$$

（1）连续性优化问题

原问题中不包含整数约束，属于连续性线性优化问题，利用 MATLAB 中 linprog 函数求解。得到原问题最优解为 $\boldsymbol{X} = [2.2727,\ 0,\ 0,\ 1.54]$，$Z^* = 21.3636$。

（2）纯整数规划问题

原问题中增加以下整数约束：

$$x_i \geqslant 0, \text{且为整数}, i = 1,\ 2,\ 3,\ 4$$

因此，该问题变为纯整数规划问题，利用 MATLAB 中 intlinprog 函数求解，intlinprog 中的参数 intcon 设置为 intcon=[1, 2, 3, 4]。得到原问题最优解为 $\boldsymbol{X} = [2,\ 0,\ 0,\ 1]$，$Z^* = 17$。

（3）混合整数规划问题

原问题中增加以下整数约束：

$$x_i \geqslant 0,\ i = 1,\ 2,\ 3,\ 4, \text{且 } x_1,\ x_2,\ x_3 \text{ 为整数}$$

因此，该问题变为混合整数规划问题，利用 MATLAB 中 intlinprog 函数求解，intlinprog 中的参数 intcon 设置为 intcon=[1, 2, 3]。得到原问题最优解为 $\boldsymbol{X} = [2,\ 0,\ 0,\ 1.6]$，$Z^* = 20$。

（4）0-1 型整数规划问题

原问题中增加以下整数约束：

$$x_i = 0 \text{ 或 } 1,\ i = 1,\ 2,\ 3,\ 4$$

因此，该问题变为 0-1 型整数规划问题，利用 MATLAB 中 intlinprog 函数求解，intlinprog 中的参数 intcon 设置为 intcon=[1, 2, 3, 4]，下界 lb 设置为 0，上限 ub 设置为 1。得到原问题最优解为 $\boldsymbol{X} = [1,\ 0,\ 1,\ 1]$，$Z^* = 14$。

由此可见，在相同的优化目标和相同的约束条件下，不同类型的变量会得出不同的最优化模型类型，并得到截然不同的结果。对于连续性优化问题，优化结果通常优于纯整数规划问题、混合整数规划问题和 0-1 型整数规划问题。对于此例，连续类型的最优解为21.3636，而纯整数类型的最优解为 17。这是因为可行域受整数变量的限制而变窄，导致最优连续点从可行区域中排除。

2. 第二个例子

下面采用含有两个变量的例子，用二维图形化的形式举例说明，若用其相应的线性规划最优解进行四舍五入作为原问题的最优解，该解并不是原整数规划问题的最优解。

例 8.2　问题如下：

$$\max Z = 3x_1 + 13x_2$$

$$\text{s.t.}$$

$$\begin{cases} 2x_1 + 9x_2 \leqslant 40 \\ 11x_1 - 8x_2 \leqslant 82 \\ x_1,\ x_2 \geqslant 0,\text{且为整数} \end{cases}$$

可行域范围及最优解位置如图 8-1 所示。

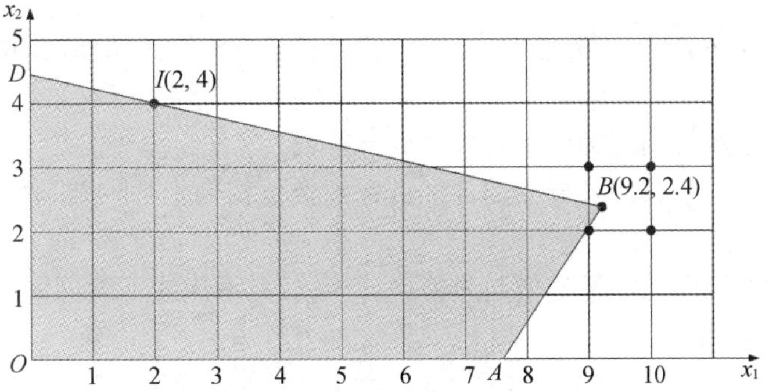

图 8-1　可行域范围及最优解位置

其中，可行域为区域 $OABD$。若不考虑整数要求，求得最优解为 $B(9.2,\ 2.4)$，$Z^* = 58.8$。考虑整数约束要求，得到纯整数规划问题最优解为 $I(2,\ 4)$，$Z^* = 58$。实际上 B 点附近四个整数点(9，2)，(10，2)，(9，3)，(10，3)都不是原规划最优解。因此，先放弃变量的整数性要求，解一个线性规划问题，然后用“四舍五入”法取整数解，得到的最优解往往和原问题的不同。这种方法，只有在变量的取值很大时，才有成功的可能性；而当变量的取值较小时，特别是 0-1 型整数规划时，往往不能成功，且方法错误。因此，下面介绍几种常见的整数规划问题的求解方法。

8.2　分支定界法

分支定界法可用于解纯整数或混合整数规划问题，在 20 世纪 60 年代初由 Land Doig 和 Dakin 等人提出。由于该方法灵活且便于用计算机求解，所以现在它已是解整数规划的重要方法。

8.2.1　基本原理

首先，需明确松弛问题(Slack Problem)的概念：任何整数规划，凡放弃整数约束，由余下的目标函数和约束条件构成的规划问题均称为该整数规划问题的松弛问题。

分支定界法首先求出整数规划的松弛问题最优解，整数规划问题的解与对应松弛问题的解具有以下特征：

(1) 整数规划问题的可行解集合是其松弛问题可行解集合的一个子集，任意两个可行解的凸组合不一定满足整数约束条件，因而不一定仍为可行解。

(2) 整数规划问题的可行解一定是其松弛问题的可行解(反之不一定)，但其最优解的目标函数值不会优于后者最优解的目标函数值。

因此，松弛模型的最优解要优于其相应的整数规划的解。若松弛模型的最优解是整数解，则必然也是整数规划问题的最优解；若松弛模型的最优解不是整数解，则如果是极大值问题，松弛模型最优解的目标函数是整数规划最优解目标函数的一个上界；如果是极小值问题，松弛模型最优解的目标函数是整数规划最优解目标函数的一个下界。

在利用分支定界法求解纯整数或混合整数规划问题之前，要先了解分支、定界和剪支的概念。

分支：将原整数规划问题的可行域分成子区域。

定界：把满足整数条件各分支的最优目标函数值作为上(下)界，用它来判断分支是保留还是剪支。

剪支：把那些子问题的最优值与界值进行比较，凡不优或不能更优的分支全剪掉，直到每个分支都查清为止。

8.2.2 算法步骤

分支定界法的算法步骤如下：

第 1 步：求整数规划的松弛问题最优解。

一般求解对应的松弛问题，可能会出现下面几种情况：

(1) 若所得的最优解的各分量恰好是整数，则这个解也是原整数规划的最优解，计算结束。

(2) 若松弛问题无可行解，则原整数规划问题也无可行解，计算结束。

(3) 若松弛问题有最优解，但其各分量不全是整数，则这个解不是原整数规划问题的最优解，则转第 2 步。

第 2 步：分支与定界。

任意选一个非整数解的变量 x_i，在松弛问题中加上约束，其中 $[x_i]$ 表示小于 x_i 的最大整数：

$$x_i \leqslant [x_i] \text{ 和 } x_i \geqslant [x_i]+1 \tag{8.2.1}$$

组成以下两个新的松弛问题，形成两个互不相容的子问题。

$$\begin{aligned}
&\max Z = \sum_{j=1}^{n} c_j x_j \\
&\text{s.t.} \\
&\begin{cases}
\sum_{j=1}^{n} a_{ij} x_j = b_i \quad (i=1,\ 2,\ \cdots,\ m) \\
x_i \leqslant [x_i] \\
x_j \geqslant 0 \quad (j=1,\ 2,\ \cdots,\ n)
\end{cases}
\end{aligned} \tag{8.2.2}$$

和

$$\max Z = \sum_{j=1}^{n} c_j x_j$$

$$\text{s.t.}$$

$$\begin{cases} \sum_{j=1}^{n} a_{ij} x_j = b_i \quad (i = 1,\ 2,\ \cdots,\ m) \\ x_i \geqslant [x_i] + 1 \\ x_j \geqslant 0 \quad (j = 1,\ 2,\ \cdots,\ n) \end{cases} \tag{8.2.3}$$

新的松弛问题具有以下特征：当原问题是求最大值时，目标值是分支问题的上界；当原问题是求最小值时，目标值是分支问题的下界。

第 3 步：剪支。

检查所有分支的解及目标函数值，若某分支的解是整数并且目标函数值大于其他分支的目标值，则将其他分支剪去不再计算，若还存在非整数解并且目标值大于整数解的目标值，需要继续分支，再检查，直到得到最优解为止。

8.2.3　计算举例

例 8.3　利用分支定界法求解如下问题：

$$\max Z = 4x_1 + 3x_2$$

$$\text{s.t.}$$

$$\begin{cases} 3x_1 + 4x_2 \leqslant 12 \\ 4x_1 + 2x_2 \leqslant 9 \\ x_1,\ x_2 \geqslant 0\text{，且均为整数} \end{cases}$$

求解过程如下：

第 1 步：求解对应的松弛问题。

用单纯形法求解相应的松弛问题(记为 $P0$)，得到最优解：

$$x_1 = \frac{6}{5},\ x_2 = \frac{21}{10},\ Z_0 = \frac{111}{10}$$

可见最优解不符合整数条件，因此需要进行分支与定界。

第 2 步：分支定界。

增加约束 $x_1 \leqslant 1$，$x_1 \geqslant 2$，得到两个线性规划子问题(记为 P_1,P_2)：

$$\max Z = 4x_1 + 3x_2$$

$$\text{s.t.}$$

$$P_1:\begin{cases} 3x_1 + 4x_2 \leqslant 12 \\ 4x_1 + 2x_2 \leqslant 9 \\ x_1 \leqslant 1 \\ x_1,\ x_2 \geqslant 0 \end{cases}$$

$$\max Z = 4x_1 + 3x_2$$

s.t.

$$P_2: \begin{cases} 3x_1 + 4x_2 \leqslant 12 \\ 4x_1 + 2x_2 \leqslant 9 \\ x_1 \geqslant 2 \\ x_1,\ x_2 \geqslant 0 \end{cases}$$

用单纯形法可解得相应的 P_1 最优解为：

$$x_1 = 1,\ x_2 = \frac{9}{4},\ Z_1 = \frac{43}{4}$$

相应的 P_2 最优解为：

$$x_1 = 2,\ x_2 = \frac{1}{2},\ Z_2 = \frac{19}{2}$$

显然不满足全部变量都为整数，因 $Z_1 > Z_2$，再对 P_1 分支增加约束 $x_2 \leqslant 2$，$x_2 \geqslant 3$，得到两个线性规划子问题(记为 P_{11}，P_{12})：

$$\max Z = 4x_1 + 3x_2$$

s.t.

$$P_{11}: \begin{cases} 3x_1 + 4x_2 \leqslant 12 \\ 4x_1 + 2x_2 \leqslant 9 \\ x_1 \leqslant 1,\ x_2 \leqslant 2 \\ x_1,\ x_2 \geqslant 0 \end{cases}$$

$$\max Z = 4x_1 + 3x_2$$

s.t.

$$P_{12}: \begin{cases} 3x_1 + 4x_2 \leqslant 12 \\ 4x_1 + 2x_2 \leqslant 9 \\ x_1 \leqslant 1,\ x_2 \geqslant 3 \\ x_1,\ x_2 \geqslant 0 \end{cases}$$

用单纯形法可解得相应的 P_{11} 最优解为：

$$x_1 = 1,\ x_2 = 2,\ Z_{11} = 10$$

相应的 P_{12} 最优解为：

$$x_1 = 0,\ x_2 = 3,\ Z_{12} = 9$$

可知两个线性规划子问题 P_{11}，P_{12} 的最优解均满足全部变量都为整数，由于 $Z_{11} > Z_{12}$，因此原整数规划问题的最优解为：

$$x_1 = 1,\ x_2 = 2,\ Z^* = 10$$

上述分支定界问题可用图 8-2 表示。

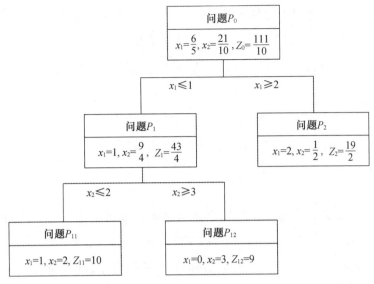

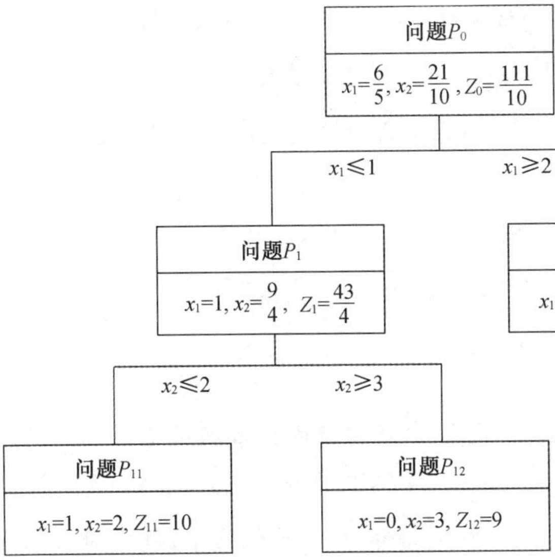

图 8-2　分支定界法求解过程

8.3　割平面法

割平面法是 1958 年由美国学者 R. E. GoMory 提出的求解全整数规划的一种比较简单的方法。其基本思想和分支定界法大致相同，即先不考虑变量的取整约束，用单纯形法求解相应的线性规划。

8.3.1　基本原理

分支定界法实质是用两个垂直于坐标轴的平行平面 $x_i \leqslant [x_i]$ 和 $x_i \geqslant [x_i]+1$，将原可行域分成两个子可行域，从而去掉两个平行平面之间的不含有整数解的区域，以缩小可行域。而割平面法是用一张平面(不一定垂直于某个坐标轴)，将含有最优解的点但不含任何整数可行解的那一部分可行域切割掉，这只要在原整数规划基础上增加适当的线性不等式约束(称为切割不等式；当切割不等式取等号时，叫作割平面)。然后继续解这个新的整数规划，再在这个新的整数规划的基础上增加适当的线性不等式约束，直至求得最优整数解为止。也就是说，通过构造一系列平面来切割掉不含有任何整数可行解的部分，最终获得一个具有整数坐标的顶点的可行域，而该顶点恰好是原整数规划的最优解。割平面法切割可行域方式主动灵活，目标明确具体，通过逐次构造约束条件把部分不含整数解的可行域割掉，逐渐收缩可行域，不会产生更多的子问题，而分支定界法切割可行域方式较单一，且会产生一系列的子问题，因此割平面法目的更明确，效果更佳。

如何构造切割不等式，使增加该约束后能达到真正的切割而且没有切割掉任何整数可行解是割平面法的关键点。

8.3.2　算法步骤

割平面法的解题步骤如下：

第 1 步：利用单纯形法求解原问题的松弛问题。令 x_i 是线性规划最优解中为分数值的一个基变量，根据单纯形表的最终表得到变量间(包括非负松弛变量)的关系：$x_i + \sum_k a_{ik} x_k = b_i$，其中，$i$ 为基变量编号，k 为非基变量编号。

第 2 步：求解切割方程。将 b_i 和 a_{ik} 都分解成整数部分和非负真分数 f 之和，即：

$$\begin{aligned} b_i &= N_i + f_i，其中\ 0 < f_i < 1 \\ a_{ik} &= N_{ik} + f_{ik}，其中\ 0 \leqslant f_{ik} < 1 \end{aligned} \tag{8.3.1}$$

N 为不超过 b 的最大整数。并将 b_i 和 a_{ik} 代入得：

$$x_i + \sum_k N_{ik} x_k - N_i = f_i - \sum_k f_{ik} x_k \tag{8.3.2}$$

由于变量(包括松弛变量)为整数，上式由左边看必须是整数，由右边看，因为 $0 < f_i < 1$，所以不能为正，$f_i - \sum_k f_{ik} x_k \leqslant 0$，即得到切割方程。

第 3 步：将切割方程作为增加约束条件，加入最优表中，利用对偶单纯形法继续求解，直至满足整数要求。

8.3.3 计算举例

例 8.4 利用单纯形法求解以下例题：

$$\max z = x_1 + x_2$$
$$\text{s.t.} \begin{cases} -x_1 + x_2 \leqslant 1 \\ 3x_1 + x_2 \leqslant 4 \\ x_1, x_2 \geqslant 0 \\ x_1, x_2\ 为整数 \end{cases}$$

求解过程如下：

首先，利用单纯形法求解原问题的松弛问题。即增加非负松弛变量 x_3，x_4，用单纯形法求解得到最终计算表，其中，c_j 是对应变量的价值系数，C_B 是基变量的价值系数，X_B 是基变量，b 是资源列。

表 8-1　松弛问题的最终计算表

	c_j			1	1	0	0
	C_B	X_B	b	x_1	x_2	x_3	x_4
初始计算表	0	x_3	1	−1	1	1	0
	0	x_4	4	3	1	0	1
			0	1	1	0	0
最终计算表	1	x_1	3/4	1	0	−1/4	1/4
	1	x_2	7/4	0	1	3/4	1/4
			−5/2	0	0	−1/2	−1/2

因此，得到松弛问题的最优解为：

$$x_1=\frac{3}{4},\ x_2=\frac{7}{4},\ x_3=x_4=0,\ \max z=\frac{5}{2}$$

任意选取一个取值非整数的基变量，比如 x_1，得到变量间的关系式：

$$x_1-\frac{1}{4}x_3+\frac{1}{4}x_4=\frac{3}{4}$$

将系数和常系数都分解成整数和非负真分数之和，并移项得到：

$$x_1-x_3=\frac{3}{4}-\left(\frac{3}{4}x_3+\frac{1}{4}x_4\right)$$

现在考虑原问题中变量的整数约束条件，可知上式等式左边为整数，而等式右边括号内为正数，因此等式右边的值必然为负数，故原整数约束条件可转化为：

$$\frac{3}{4}-\left(\frac{3}{4}x_3+\frac{1}{4}x_4\right)\leqslant 0$$

即

$$-3x_3-x_4\leqslant -3$$

上式即为一个切割方程，将它作为新增的约束条件后再求解例题。引入松弛变量 x_5，得到等式 $-3x_3-x_4+x_5=-3$，并将其加入表 8-1 中，如表 8-2 所示。

表 8-2　原问题的单纯形计算表

c_j			1	1	0	0	0
C_B	X_B	b	x_1	x_2	x_3	x_4	x_5
1	x_1	3/4	1	0	−1/4	1/4	0
1	x_2	7/4	0	1	3/4	1/4	0
0	x_5	−3	0	0	−3	−1	1
		−5/2	0	0	−1/2	−1/2	0

可知，目前得到的是非可行解，因此利用对偶单纯形法继续求解，选择 x_5 为出基变量。

将 x_3 作为离基变量，再按原单纯形法进行迭代，如表 8-3 所示。

表 8-3　原问题的单纯形计算表

c_j			1	1	0	0	0
C_B	X_B	b	x_1	x_2	x_3	x_4	x_5
1	x_1	1	1	0	0	1/3	1/12
1	x_2	1	0	1	0	0	1/4
0	x_3	1	0	0	1	−1	−1/3
		−2	0	0	0	−1/3	−1/6

由于 $x_1=1$，$x_2=1$，都已为整数，因此解题完成。

8.4 0-1 型整数规划法

0-1 型整数规划属于整数规划中的特殊情况，变量仅取 0 或 1，称为 0-1 变量，并用 0 表示假，1 表示真。0-1 变量常被用来表示系统是否处于某个的特定状态，或者决策时是否取某个特定方案。可表述为下述约束条件：

$$x=\begin{cases}1, \text{当决策取方案 } P\\ 0, \text{当决策不取方案 } P\end{cases} \tag{8.4.1}$$

引入 0-1 变量的实际问题中，主要分为以下三种情况：

1. 相互排斥的方案

当问题有多项要素，每项要素都有两种互相排斥的决策方案时，可用一组 0-1 变量来描述。设问题有有限项要素 E_1，E_2，…，E_n，其中每项要素 E_j 有两种决策方案，选择 C_j 和不选择 C_j $(j=1, 2, \cdots, n)$，可表述为下述约束条件：

$$x_j=\begin{cases}1, \text{当 } E_j \text{ 选择 } C_j \text{ 时}\\ 0, \text{当 } E_j \text{ 不选择 } C_j \text{ 时}\end{cases} \tag{8.4.2}$$

在应用中，有时会遇到变量可以取多个整数值的问题，也可以用一组 0-1 变量来取代。例如 x 取 0～9 之间的任意整数时，可利用四个 0-1 变量 x_0，x_1，x_2，x_3 取代，可表述为下述约束条件：

$$x=2^0x_0+2^1x_1+2^2x_2+2^3x_3\leqslant 9$$

2. 相互排斥的约束条件

当问题中含有两个相互排斥的约束条件，即只有一个起作用时，可用通过引入 0-1 变量和某个足够大的正数。例如有以下两相互排斥的约束条件：

$$a_{11}x_1+a_{12}x_2<B_1 \tag{8.4.3}$$

$$a_{21}x_1+a_{22}x_2<B_2 \tag{8.4.4}$$

引入 0-1 变量 Y_1，Y_2 和足够大的正数 M，将约束条件转化为：

$$\begin{aligned}&a_{11}x_1+a_{12}x_2<B_1+MY_1\\&a_{21}x_1+a_{22}x_2<B_2+MY_2\\&Y_1+Y_2=1\end{aligned} \tag{8.4.5}$$

可知，当 $Y_1=0$ 时，$Y_2=1$，即式(8.4.3)成立，式(8.4.4)多余；当 $Y_1=1$ 时，$Y_2=0$，即式(8.4.4)成立，式(8.4.3)多余，满足两约束条件相互排斥的要求。

同理，推广到普遍情况，当问题中含有 m 个相互排斥的约束条件，只有一个起作用时，引入 0-1 变量 Y_i 和足够大的正数 M，将约束条件

$$a_{i1}x_1+a_{i2}x_2+\cdots+a_{in}x_n<B_i \quad (i=1, 2, \cdots, m) \tag{8.4.6}$$

转化为：

$$a_{i1}x_1 + a_{i2}x_2 + \cdots + a_{in}x_n < B_i + MY_i \quad (i = 1, 2, \cdots, m) \tag{8.4.7}$$
$$Y_1 + Y_2 + \cdots + Y_m = m - 1$$

此外，当问题中含有 m 个相互排斥的约束条件，只有 b 个起作用时，则令 0-1 变量 Y_i 之和为 $m-b$，即：

$$Y_1 + Y_2 + \cdots + Y_m = m - b \tag{8.4.8}$$

需注意：足够大的正数 M 可以统一给定，但 M 的取值必须足够大。

3. 固定费用型问题

产品生产型问题涉及固定成本与可变成本，当产品生产方案可选时，固定费用问题可以转化为混合整数规划问题来解决。

某工厂为生产某种产品，有三种不同的生产方式可供选择，令：

x_j 表示采用第 j 种方式时的产量；

c_j 表示采用第 j 种方式时每件产品的变动成本；

k_j 表示采用第 j 种方式时的固定成本。

因此，采用各种生产方式的总成本为：

$$P_j = \begin{cases} k_j + c_j x_j, & \text{当 } x_j > 0 \\ 0, & \text{当 } x_j = 0 \end{cases}, \quad j = 1, 2, 3 \tag{8.4.9}$$

在构成目标函数时，为了统一在一个问题中讨论，现引入 0-1 变量 y_j，令

$$y_j = \begin{cases} 1, & \text{当采用第 } j \text{ 种生产方式，即 } x_j > 0 \\ 0, & \text{当不采用第 } j \text{ 种生产方式，即 } x_j = 0 \end{cases} \tag{8.4.10}$$

则目标函数可写为：

$$\min Z = (k_1 y_1 + c_1 x_1) + (k_2 y_2 + c_2 x_2) + (k_3 y_3 + c_3 x_3) \tag{8.4.11}$$

式(8.4.10)则可由下述三个线性约束条件表示：

$$x_j \leqslant M y_j, \quad j = 1, 2, 3 \tag{8.4.12}$$

式中，M 是个充分大的常数。由式(8.4.12)可知，当 $x_j > 0$ 时，y_j 必须为 1；当 $x_j = 0$ 时，只有 y_j 为 0 才成立，所以式(8.4.12)完全可以代替式(8.4.10)。

8.4.1　隐枚举法基本原理

针对 0-1 型整数规划，最容易想到的方法，和一般整数规划的情形一样，就是穷举法，即检查变量取值的 2^n 个组合，比较目标函数值以求得最优解，但对于变量个数 n 较大的情况，几乎是不可能的。因此常设计一些方法，只检查变量取值组合的一部分，就能求到问题的最优解。这样的方法称为隐枚举法(Implicit Enumeration, IE)，通过增加过滤条件及不断改进过滤条件，以达到减少计算量的目的。

8.4.2 算法步骤

以极大化问题为例，0-1 型整数规划的隐枚举法解题步骤如下：

第 1 步：调整目标函数中变量 x_j 顺序。为较早发现最优解，根据目标函数中 x_j 系数的大小重新排列 x_j 顺序，使目标函数中 x_j 系数递增（不减）。并根据目标函数中变量 x_j 顺序调整约束条件中 x_j 顺序。

第 2 步：得到过滤条件。根据约束条件，利用试探法找到一个可行解，算出相应的目标函数值 z'，并增加一个约束条件，即目标函数 $\geqslant z'$，该新增的约束条件称为过滤条件(Filtering Constraint)。

第 3 步：利用全部枚举法列出所有解，对每个解依次代入约束条件（首先代入过滤条件中），若某一约束不满足，则对于该解，剩余约束就不必再检查，直至所有的解检查完毕，得到最优解。

注意：若某个解对应的目标函数值大于过滤条件右侧数值，则更新 z'，即对应改变了过滤条件。

8.4.3 计算举例

下面举例说明一种解 0-1 型整数规划的隐枚举法。

例 8.5 利用 0-1 整数规划法求解下列 0-1 问题的最优解。

$$\max z = 3x_1 - 2x_2 + 5x_3$$

$$\text{s.t.}\quad \begin{cases} x_1 + 2x_2 - x_3 \leqslant 2 \\ x_1 + 4x_2 + x_3 \leqslant 4 \\ x_1 + x_2 \leqslant 3 \\ 4x_2 + x_3 \leqslant 6 \\ x_1, x_2, x_3 = 0 \text{ 或 } 1 \end{cases}$$

求解过程如下：

首先，为得到过滤条件，需通过试探法找到一个可行解，可以看出 $(x_1, x_2, x_3) = (1, 0, 0)$ 为本例一个可行解，并得到相应的目标函数值 $z = 3$。

得到过滤条件，并增加到约束条件中。

$$3x_1 - 2x_2 + 5x_3 \geqslant 3$$

为较早发现最优解，由于目标函数中变量 x_j 顺序不是从小到大排列的，因此需调整目标函数和约束条件中变量 x_j 顺序。得到下式：

$$\max z = -2x_2 + 3x_1 + 5x_3$$

$$\text{s.t.}\quad \begin{cases} -2x_2 + 3x_1 + 5x_3 \geqslant 3 & \oplus \\ 2x_2 + x_1 - x_3 \leqslant 2 & (1) \\ 4x_2 + x_1 + x_3 \leqslant 4 & (2) \\ x_2 + x_1 \leqslant 3 & (3) \\ 4x_2 + x_3 \leqslant 6 & (4) \end{cases}$$

接下来利用全部枚举法列出所有解，对每个解依次代入约束条件（首先代入过滤条件中），若某一约束不满足，则对于该解，剩余约束就不必再检查；若某一解全部满足约束，则按照规则即时更新过滤条件。直至所有的解检查完毕，得到最优解。下面列表展示解题步骤：

点 (x_2, x_1, x_3)	条　件					是否满足约束条件	z 值
	⊕	(1)	(2)	(3)	(4)		
(0, 0, 0)	0					×	
(0, 0, 1)	5	−1	1	0	1	√	5

更新过滤条件为：

$$-2x_2+3x_1+5x_3 \geqslant 5$$

继续检查其他解：

点 (x_2, x_1, x_3)	条　件					是否满足约束条件	z 值
	⊕	(1)	(2)	(3)	(4)		
(0, 1, 0)	3					×	
(0, 1, 1)	8	0	2	1	1	√	8

更新过滤条件为：

$$-2x_2+3x_1+5x_3 \geqslant 8$$

继续检查其他解：

点 (x_2, x_1, x_3)	条　件					是否满足约束条件	z 值
	⊕	(1)	(2)	(3)	(4)		
(1, 0, 0)	2					×	
(1, 0, 1)	3					×	
(1, 1, 0)	1					×	
(1, 1, 1)	6					×	

至此所有解检查完毕，得到最优解为：$(x_1, x_2, x_3)=(1, 0, 1)$，$\max z=8$。

8.5　线性混合整数规划在电力系统中的应用

8.5.1　变电所布点优化

例 8.6　电力系统变电所布点优化案例。

变电所的布点优化是地区电网规划的重要环节，变电所的布点规划方案决定了地区

电网的网架结构、供电能力和规划建设的经济性。(本例可扫描封底二维码获取相关资源)

1. 问题描述

据电力市场调查与预测,某地区 2020 年最大电力 P_{max} 将达 1 500 MW,供电量为 65.79 GWh。地区电网规划拟以 220 kV 变电所作主供电源。技术方案有三种,如表 8-4 所示。

表 8-4 变电所布点优化问题技术方案

工程特点		变电所座数/座	单台主变容量/MVA	允许安装主变数/台	前期工程投资/万元		回收系数 r	供电成本/(元/kWh)	负荷系数 k_2
					设备	建筑安装			
1	原有 3 座变电所主变增容 新建 3 座变电所	6	240	12	5 008	8 653	0.110 2	0.557	0.65
2	原有 3 座变电所主变增容 新建 5 座变电所	8	180	16	4 459	11 229	0.110 2	0.560	0.65
3	原有 3 座变电所主变增容 新建 5 座变电所	8	120	24	3 382	12 381	0.110 2	0.561	0.87

2. 优化模型

决策变量 x_j 设置:方案 1、2 和 3 的变电所座数分别为 x_1、x_2 和 x_3,供电能力为 x_7、x_8 和 x_9(GWh)。原有变电所的扩建、主变增容与新建变电所都将进行前期建筑安装等工程,每个方案的前期工程是否施工分别以 x_4、x_5 和 x_6 表示。

(1) 优化目标

目标函数设计为年总费用最小,即把收益(供电效益)相同的各方案的开支流贴现后进行比较,年总费用最小者即为最优方案。年总费用为:

$$Z = rK + u \tag{8.5.1}$$

其中,Z 为年总费用;K 为逐年投资额;$r=\dfrac{i\,(1+i)^n}{(1+i)^n-1}$ 为回收系数;u 为等年值的年运行费用。

成本包括不变成本和可变成本。不变成本是指与变电所设备投资及前期建筑安装工程投资有关的材料费、折旧费及维修费等成本,分年计算后计入 Z。可变成本是指购电成本,在电价一定的条件下,它随着供电量的增加而增大,即表 8-4 中给出的供电成本。

根据式(8.5.1),方案 1、2 和 3 平均每座变电所设备的年投资费用 c_1、c_2、c_3 分别为 551.88 万元、491.38 万元和 372.7 万元。其前期建筑安装工程分年计算的年投资费用 c_4、c_5、c_6 分别为 953.56 万元、1 237.44 万元和 1 364.39 万元。三个方案每供电 1 kWh 的供电成本 c_7、c_8、c_9 分别为 0.557 元、0.560 元和 0.561 元。

因此,该问题的目标函数为(单位为万元):

$$\begin{aligned}\min z = \sum_{j=1}^{9} c_j x_j &= 551.88x_1 + 491.38x_2 + 372.7x_3 \\ &\quad + 953.56x_4 + 1\,237.44x_5 + 1\,364.39x_6 \\ &\quad + 55.7x_7 + 56.0x_8 + 56.1x_9\end{aligned} \tag{8.5.2}$$

(2) 约束条件

① 最大电力需求

$$k_1(B_1x_1+B_2x_2+B_3x_3)\cos\phi \geqslant P_{\max} \tag{8.5.3}$$

其中，k_1 为供电同时率；$\cos\phi$ 为平均功率因数；B_1、B_2、B_3 为对应方案 1、2、3 的变电所主变容量；$P_{\max}$ 为地区综合最大电力。

② 目标年需用电量要求

$$x_7+x_8+x_9 \geqslant Q \tag{8.5.4}$$

其中，Q 为地区目标年供电量。

③ 各变电所主变容量与供电负荷平衡

$$x_7 = k_{21}B_1Tx_1\cos\phi_1\times 10^{-3} \tag{8.5.5}$$

$$x_8 = k_{22}B_2Tx_2\cos\phi_2\times 10^{-3} \tag{8.5.6}$$

$$x_9 = k_{23}B_3Tx_3\cos\phi_3\times 10^{-3} \tag{8.5.7}$$

其中，k_{21}、k_{22}、k_{23} 分别为各主变经济负荷系数；T 为最大负荷利用时间。

④ 变电所座数约束

各方案变电所座数约束：如果前期工程不施工，则该方案变电所座数一定为零；如果前期工程施工，则变电所座数必须小于其最大允许数。

$$x_1-6x_4 \leqslant 0 \tag{8.5.8}$$

$$x_2-8x_5 \leqslant 0 \tag{8.5.9}$$

$$x_3-8x_6 \leqslant 0 \tag{8.5.10}$$

⑤ x_j 取值限制

$$\begin{gathered} x_1、x_2 \text{ 和 } x_3 \text{ 均为大于或等于零的整数；} \\ x_4、x_5、x_6=\begin{cases}0 & \text{当前期工程不施工}\\ 1 & \text{当前期工程施工}\end{cases} \end{gathered} \tag{8.5.11}$$

x_7、x_8 和 x_9 均为大于或等于零的实数(单位 GWh)。

变电所主变主容量规格及规模的设置，以及 k_1、k_2、T、$\cos\phi$ 等参数是影响技术参数 a_{ij} 的主要因素，均依该地区具体情况而定。规划设计中，按照满足安全准则的要求，变电所一般应配置 2 台或以上同容量主变及相应的电源进线。主变在一定条件下可过负荷 30%。考虑到满足安全准则后，2 台主变的 k_{21}，k_{22} 取 65%，3 台取 $k_{23}=87\%$。随着地区电力负荷的发展和用电构成的变化，T 将不断缩短，负荷率将有所回落，k_1 随着供电充足程度的提高而下降。据测算，该地区 2020 年 220 kV 的 k_1 为 77%，T 为 4 335 h。

资源变量构成了约束条件的右端常数，也称外生变量。本问题中，20 年后该地区 $P_{\max}$ 与 Q 就是地方政府和供电部门由该地区工业、农业、交通运输等产业发展以及人口增长对电力发展的要求研究制定的。

价值系数 c_j 为目标函数的系数。工程建设投资应在电力设施使用年限 n 内全部回收。若工程开始时投资现值为 P_0，且全部投资从银行贷款，年利率为 i，则每年等额收回资金 P 与 P_0 有如下关系：

$$P = P_0 \frac{i(1+i)^n}{(1+i)^n - 1} \tag{8.5.12}$$

本问题中 n 取 25 年。电力工业投资利润率，亦即西方计算贴现时用的利率 $i = 10\%$，则求得 $r=0.110$。在变电所综合投资构成中，设备(包括工器具)投资约占 68.6%，建筑安装(含其他费用)投资约占 31.4%。c_1、c_2、c_3、c_4、c_5、c_6 即可得知。

根据该供电企业 1990—1997 年固定资产、供电成本分类构成统计资料分析，变电设备约占固定资产的 23.7%，购电成本约占总成本的 89.48%。经测算，2020 年购电价为 0.516 7 元/kWh。工资与职工福利费、材料费、折旧费、大修理费均按国家及主管总公司(局)规定提取。因此可求得方案 1、2 和 3 的供电单位成本 c_7、c_8、c_9。

该变电所布点方案设计优化模型的约束条件，经归纳得：

$$\begin{cases} 4x_1 + 3x_2 + 3x_3 \geqslant 17.09 \\ x_7 + x_8 + x_9 \geqslant 65.79 \\ 12.85x_1 - x_7 = 0 \\ 9.64x_2 - x_8 = 0 \\ 12.9x_3 - x_9 = 0 \\ x_1 - 6x_4 \leqslant 0 \\ x_2 - 8x_5 \leqslant 0 \\ x_3 - 8x_6 \leqslant 0 \\ x_4,\ x_5,\ x_6 = 0 \text{ 或 } 1 \\ x_1,\ x_2,\ x_3 \text{ 为整数变量} \\ x_7,\ x_8,\ x_9 \text{ 为实数变量} \end{cases} \tag{8.5.13}$$

3. 模型求解

由上述模型可知，该变电所布点优化问题属于线性混合整数规划问题，且整数决策变量中包含 0-1 整数变量，因此可利用 MATLAB 中 intlinprog 函数求解，其中 x_1，x_2，x_3为整数变量；x_4，x_5，x_6为 0-1 变量，设置 $lb=0$，$ub=1$。令

```
intcon=[1,2,3,4,5,6];
lb=zeros(9,1);
ub=[10,10,10,1,1,1,500,500,500];
```

得到最优解如下：

$$x^* = [0,\ 0,\ 6,\ 0,\ 0,\ 1,\ 0,\ 0,\ 77.4]^{\mathrm{T}}$$

目标函数值：$Z^* = 7\,942.7$。

即最优解对应于以下方案，可供有关部门在决策时参考：

(1) 原有变电所应再扩建成 3×120 MVA；

(2) 新建变电所 3 座，主变容量均为 3×120 MVA。

若按这个方案进行地区电网 220 kV 变电所布点建设，年总费用为 7 942.7 万元。

完整的程序如下：（本例可扫描封底二维码获取相关资源）

```
f=[551.88 491.38 372.7 953.56 1237.44 1364.39 55.7 56.0 56.1];
A=[-4 -3 -3 0 0 0 0 0 0
   0 0 0 0 0 0 -1 -1 -1
   1 0 0 -6 0 0 0 0 0
   0 1 0 0 -8 0 0 0 0
   0 0 1 0 0 -8 0 0 0];
b=[-17.09 -65.79 0 0 0]';
Aeq=[12.85 0 0 0 0 0 -1 0 0
   0 9.64 0 0 0 0 0 -1 0
   0 0 12.9 0 0 0 0 0 -1];
beq=[0 0 0]';
intcon=[1 2 3 4 5 6];
lb=zeros(9,1);
ub=[10,10,10,1,1,1,500,500,500];
[x,fval]=intlinprog(f,intcon,A,b,Aeq,beq,lb,ub);
disp('x=');
x
disp('Z*=');
fval
```

8.5.2 基于 Bender's 分解的日前调度问题

例 8.7 考虑静态安全约束的电力系统日前调度案例。

为了实现电力供需平衡并最合理地利用发电资源，预先对发电机组的启停和出力进行日前调度安排是非常必要的。（本例可扫描封底二维码获取相关资源）

1. 问题描述

日前调度问题可分成两部分：日前机组组合（Unit Commitment，UC）和出力经济调度。机组组合问题用于求解计划时间内机组决策变量的最优组合，使得系统总成本达到最小。决策变量中包含各时段机组的启停状态和各时段机组的出力，其中，前者为 0—1 型整数变量（0 表示关停，1 表示启动），后者为连续变量。

2. 优化模型

（1）目标函数

基于经济性最优建立常规日前调度模型，目标函数即为最小化所有时段各机组的发电成本总和，包括发电带来的煤耗成本和机组启停产生的开停机成本。

$$\min f=\Delta T\sum_{t=1}^{N_T}\sum_{i=1}^{N_G}[F_i(P_{i,t})+u_{i,t}(1-u_{i,t-1})S_i] \tag{8.5.14}$$

其中，$P_{i,t}$ 为机组 i 在时段 t 的出力；S_i 为机组 i 的启停成本；N_G 为机组数；N_T 为时段数；$u_{i,t}$ 为机组 i 在时段 t 的启停状态；$F_i(P_{i,t})$ 为机组煤耗成本函数；ΔT 为单位时间段。

(2) 约束条件

① 系统的功率平衡约束

$$\sum_{i=1}^{N_G} u_{i,t} P_{i,t} = D_t, \ \forall t \tag{8.5.15}$$

其中，D_t 为时段 t 的负荷需求。

② 机组备用容量约束

$$\begin{cases} \sum_{t=1}^{N_T} (\bar{P}_{i,t} - P_{i,t}) > R_t^u, & \forall t \\ \sum_{t=1}^{N_T} (\underline{P}_{i,t} - P_{i,t}) < -R_t^l, & \forall t \end{cases} \tag{8.5.16}$$

其中，R_t^u，R_t^l 分别为时段 t 系统的上、下旋转备用；$\bar{P}_{i,t}$，$\underline{P}_{i,t}$ 分别为时段 t 机组 i 出力上、下限。

③ 机组出力范围约束

$$u_{i,t} P_{i,\min} \leqslant P_{i,t} \leqslant u_{i,t} P_{i,\max} \tag{8.5.17}$$

其中，$P_{i,\max}$，$P_{i,\min}$ 分别为机组 i 出力上、下限。

④ 机组爬坡约束

$$-r_i^d \cdot \Delta T \leqslant P_{i,t} - P_{i,t-1} \leqslant r_i^u \cdot \Delta T \tag{8.5.18}$$

其中，r_i^u，r_i^d 分别为机组的上、下爬坡速率；$P_{i,t-1}$ 为上一时段机组出力。

⑤ 机组启停时间约束

$$u_{i,t} = \begin{cases} 1, & 1 \leqslant x_{i,t-1} \leqslant T_{i,\text{on}} \\ 0, & -T_{i,\text{off}} \leqslant x_{i,t-1} \leqslant -1 \\ 0 \text{ 或 } 1, & \text{其他} \end{cases} \tag{8.5.19}$$

其中，$x_{i,t-1}$ 为机组状态持续时间；$T_{i,\text{on}}$，$T_{i,\text{off}}$ 分别为最小关停、开机时间。

⑥ 静态安全约束

$$|P_{fl,t}| \leqslant P_{fl,\max}, \forall t, \forall l \tag{8.5.20}$$

其中，$P_{fl,\max}$ 为线路 l 的有功功率传输容量上限。值得注意的是，对于系统静态安全约束，除本算例中考虑的线路潮流约束外，还可以包括节点电压幅值范围约束。

式(8.5.14)—(8.5.20)为考虑静态安全约束的日前调度模型，属于混合整数线性规划(Mixed Integer Linear Programming, MILP)优化模型。

针对线路潮流计算，基于直流潮流模型假设，忽略所有线路的电阻及节点对地导纳，对于有 n 个节点和 b 条支路的网络，与节点 m、n 相连的支路 l 的有功功率(以下简称“功率”)可表示为：

$$P_{fl,t}=\frac{\theta_{m,t}-\theta_{n,t}}{x_l},\ \forall t,\forall l \tag{8.5.21}$$

其中，$P_{fl,t}$ 为时段 t 线路 l 的功率；$\theta_{m,t}$ 和 $\theta_{n,t}$ 分别对应时段 t 节点 m、n 的相角。

将式(8.5.21)表示成矩阵形式，有：

$$\boldsymbol{P}_{\text{line}}=\text{diag}(\boldsymbol{B}_{\text{line}})\boldsymbol{M}_{\text{red}}^{T}\boldsymbol{\theta}_{\text{red}} \tag{8.5.22}$$

其中，$\boldsymbol{P}_{\text{line}}$ 为由支路功率组成的 b 维列向量；$\boldsymbol{B}_{\text{line}}$ 为由支路电纳组成的 b 维列向量；$\text{diag}(\boldsymbol{B}_{\text{line}})$ 为由 $\boldsymbol{B}_{\text{line}}$ 为对角元的 b 维方阵；$\boldsymbol{M}_{\text{red}}$ 为除去参考节点后的 $(n-1)\times b$ 维的关联矩阵，其中与支路始端相连的关联矩阵元素值为 1，与支路末端相连元素值为 −1；上标 T 代表求矩阵转置；下标 red 代表 reduced bus；$\boldsymbol{\theta}_{\text{red}}$ 为除去参考节点后的节点电压相角列向量。

引入发电功率转移因子(Generation Shift Distribution Factor，GSDF)以简化潮流求解过程，潮流平衡仅考虑有功功率。GSDF 又称为网络潮流灵敏度，定义为节点净注入功率对线路功率的影响系数。使用发电机所在节点和负荷所在节点对线路 l 的功率转移因子，将负荷视为负的注入功率，线路有功潮流约束可表示为：

$$P_{fl,t}=\sum_{i=1}^{N_{\text{G}}}D_{\text{GSDF,red}}(l,i)\times P_{\text{G}i,t}-\sum_{j=1}^{N_{\text{D}}}D_{\text{GSDF,red}}(l,j)\times P_{\text{D}j,t},\ \forall t,\ \forall l \tag{8.5.23}$$

其中，N_{D} 为负荷节点数；Gi、Dj 分别为发电机组 i 和负荷 j 所在的节点网络编号；$D(l,k)$，$k\in\{\text{G}i,\ \text{D}j\}$ 为节点 k 对线路 l 的负荷转移因子。

式(8.5.21)的矩阵形式可写成 $\boldsymbol{B}_{\text{bus,red}}\boldsymbol{\theta}_{\text{red}}=\boldsymbol{P}_{\text{bus,red}}$，即

$$\boldsymbol{\theta}_{\text{red}}=\boldsymbol{X}_{\text{bus,red}}\boldsymbol{P}_{\text{bus,red}} \tag{8.5.24}$$

其中，$\boldsymbol{B}_{\text{bus,red}}$ 为除去参考节点后的 $b-1$ 维度支路导纳方阵；$\boldsymbol{X}_{\text{bus,red}}$ 为其逆矩阵；$\boldsymbol{P}_{\text{bus,red}}$ 为除去参考节点后的 $b-1$ 维支路净注入功率列向量。由 GSDF 的定义，有：

$$\boldsymbol{P}_{\text{line}}=\boldsymbol{D}_{\text{GSDF,red}}\boldsymbol{P}_{\text{bus,red}} \tag{8.5.25}$$

联立式(8.5.22)、式(8.5.24)和式(8.5.25)可得：

$$\boldsymbol{D}_{\text{GSDF,red}}=\text{diag}(\boldsymbol{B}_{\text{line}})\boldsymbol{M}_{\text{red}}^{\text{T}}\boldsymbol{X}_{\text{bus,red}} \tag{8.5.26}$$

其中，$\boldsymbol{D}_{\text{GSDF,red}}$ 为 $n\times b$ 维矩阵，其第 j 行第 i 列元素代表节点 i 功率变化对线路 j 功率的影响。

综上，计算发电功率转移因子并加入线路功率约束的过程如下：

1) 根据线路导纳参数形成导纳列向量 $\boldsymbol{B}_{\text{line}}$；

2) 选择参考节点，并求出网络此时除去参考节点的导纳矩阵，取其虚部得到 $\boldsymbol{B}_{\text{bus,red}}$。对 $\boldsymbol{B}_{\text{bus,red}}$ 求逆，得到 $\boldsymbol{X}_{\text{bus,red}}$；

3) 形成去除参考节点后的节点—支路关联矩阵 $\boldsymbol{M}_{\text{red}}^{\text{T}}$；

4) 根据式(8.5.26)计算发电功率转移因子 $\boldsymbol{D}_{\text{GSDF,red}}$；

5) 根据式(8.5.20)及式(8.5.23)形成线路功率约束，其中 $P_{i,t}$ 为待优化变量。

3. 模型求解

日前调度问题可分成两部分：日前机组组合和出力经济调度。由于违反网络安全约束，某些在不考虑网络安全约束时的机组组合可行解将变得不可行。换句话说，静态安全约束将排除一部分不可行的机组组合解。Bender's 分解法正是使用了该思想：主问题为松弛的原问题，不加入静态安全约束，优化机组组合；子问题为安全校验问题，使用主问题优化得出的机组组合，优化线路功率松弛变量，并返回至主问题。

使用抽象模型描述式(8.5.14)—(8.5.20)组成的日前调度模型，表示为：

$$\min f(\boldsymbol{x}) \tag{8.5.27}$$

$$\text{s.t.} \quad g(\boldsymbol{x}) \geqslant \boldsymbol{b} \tag{8.5.28}$$

$$\boldsymbol{e}_t(\boldsymbol{x}, \boldsymbol{y}) \leqslant \boldsymbol{h}, \ t \in T \tag{8.5.29}$$

其中，$\boldsymbol{x}$ 为机组出力和起停状态变量；$\boldsymbol{y}$ 为节点相角向量。式(8.5.29)为静态安全约束。

首先，使用 Bender's 分解法得到的主问题仅考虑机组组合，第 t 时段的模型描述为：

$$\begin{aligned}
&\min f(\boldsymbol{x}^k, \boldsymbol{p}^k) \\
&\text{s.t.} \\
&g(\boldsymbol{x}^k, \boldsymbol{p}^k) \geqslant \boldsymbol{b} \\
&w_t^k(\boldsymbol{x}^k) \leqslant 0, \ t \in T
\end{aligned}$$

其中，$\boldsymbol{x}^k$ 和 $\boldsymbol{p}^k$ 分别为第 k 次迭代时的机组状态和出力的优化变量。执行主问题优化后，将求得的机组状态和出力优化变量结果分别记为 $\boldsymbol{x}^k$ 和 $\boldsymbol{p}^k$。

然后，使用 Bender's 分解法得到的子问题仅考虑安全校验，第 t 时段的模型描述为：

$$\begin{aligned}
&\min[f'(\boldsymbol{x}^k, \boldsymbol{p}'^k) + \boldsymbol{\beta}^{\mathrm{T}}\boldsymbol{s}] \\
&\text{s.t.} \\
&\boldsymbol{e}(\boldsymbol{x}^k, \boldsymbol{p}'^k, y) \leqslant \boldsymbol{h} + \boldsymbol{s}
\end{aligned}$$

其中，$f'(\boldsymbol{x}^k, \boldsymbol{p}'^k)$ 为不包含开停机费用的机组运行成本；$\boldsymbol{p}'^k$ 为子问题中待优化的机组出力；$\boldsymbol{\beta}$ 为与松弛变量维数相同的单位向量；$\boldsymbol{s}$ 为引入的 n 维非负松弛变量向量。

松弛变量的意义在于，发生功率越界时，可使约束条件满足、问题有解。引入松弛变量后，子问题优化的结果有两种可能：(i)约束满足，但子问题中出现潮流越限，即 $s>0$ 的情况；(ii)子问题可行，且未发生潮流越界，$s<0$。若发生(i)的情况，则子问题需要返回越限的功率数值至主问题，主问题中也需要增加约束条件。

返回主问题后，主问题将求解出一个新的机组组合解和出力 $\boldsymbol{x}^{k+1}$、$\boldsymbol{p}^{k+1}$。相对于第 k 次的结果，线路的功率发生变化。此时的线路功率越限量的下限为：

$$w_l = s_l + \sum_{i=1}^{N_G} \dot{p}_i^k \times \boldsymbol{D}_{\mathrm{DSGF,red}} \times (\boldsymbol{x}^{k+1} - \dot{\boldsymbol{x}}^k) \tag{8.5.30}$$

其中对于第 k 次迭代中出力为 0 的机组需要用 $p_{i,\max}$ 代替 $\dot{p}_i^k$。在主问题中需要增加如下约束：

$$w_l = s_l + \sum_{i=1}^{N_G} \underset{\cdot}{p}_i^k \times \boldsymbol{D}_{\text{GSDF,red}} \times (\boldsymbol{x}^{k+1} - \underset{\cdot}{\boldsymbol{x}}^k) \leqslant 0 \tag{8.5.31}$$

其意义为，子问题中安全校核发现的线路 l 的潮流越限可以通过下一次迭代中主问题产生不同的机组组合结果来消除。$\boldsymbol{x}^{k+1}$ 与 $\underset{\cdot}{\boldsymbol{x}}^k$ 之差的意义在于下一次迭代修正机组启停，通过发电转移因子转移到各条线路上。由于 s_l 代表线路 l 上一次迭代的功率越限量，$w_l \leqslant 0$ 的意义即为下一次迭代的主问题的结果对应的线路功率不越限。

主问题以式(8.5.14)为目标函数，以式(8.5.15)—(8.5.18)及式(8.5.31)为约束条件。子问题的目标函数为：

$$\min f = \Delta T \sum_{t=1}^{N_T} \left[\sum_{i=1}^{N_G} F_i(P_{i,t}) + \alpha \sum_{l=1}^{N_L} s_l \right] \tag{8.5.32}$$

其中，α 为松弛变量的惩罚系数，其值的设定应高于最差机组的边际成本。

约束条件包括式(8.5.15)、式(8.5.17)及式(8.5.18)，以及下述的式(8.5.33)。

$$|P_{fl,t}| \leqslant P_{fl,\max} + s_l, \ \forall t, \ \forall l \tag{8.5.33}$$

基于 Bender's 分解的静态安全约束日前调度求解流程如下：由主问题开始，将主问题结果代入子问题，通过式(8.5.31)与式(8.5.33)在主问题与子问题间进行反复迭代，主问题与子问题中优化所得的机组出力将不断接近。若子问题中松弛变量均为 0，且主问题与子问题解出的机组出力差在一定范围内，则判断求解迭代结束。在编程实现时，可设置迭代次数上限限制。算法流程如图 8-3 所示。

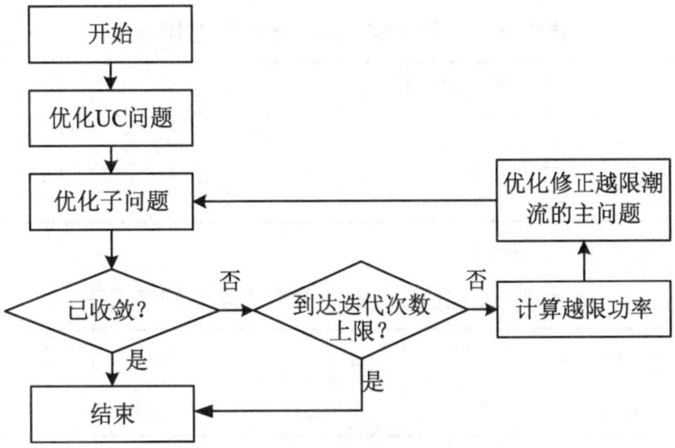

图 8-3　基于 Bender's 分解的日前调度求解流程

本算例基于 IEEE 24-RTS 标准测试系统，系统接线图如图 8-4 所示。系统包含 24 个节点，26 台发电机组和 37 条输电线路(其中有 5 条线路为双线，图中已合并)，假设在系统中节点 16 与节点 19 均安装风电与储能系统，容量各占风储系统总容量的一半。使用预测的日前负荷中扣除相应风储联合调度出力数值，在该系统上实现含静态安全约束的日前调度算例，使得系统总发电成本最小。

对于该混合整数线性规划问题，调用 MATLAB 中 CPLEX 求解器进行求解。对实际需要承担的负荷优化日前调度计划，求解主问题得到的机组燃料费用为＄575 873，开

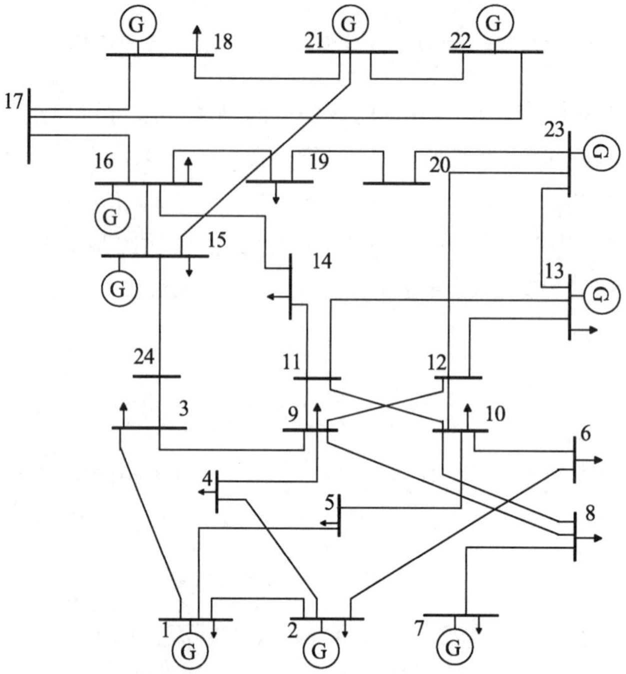

图 8-4　IEEE 24-RTS 测试系统接线图

机费用为＄0。求解子问题后，线路 1 和线路 6 出现轻微的功率越限，如表 8-5 所示。各发电机对线路 1 和线路 3 的发电功率转移因子如表 8-6、表 8-7 所示。

表 8-5　线路 1 和线路 6 各时段越限功率　　单位：MVA

时段	1～68	69	70	71	72	73	74	75	76	77	78	79	80	81	82～96
线路 1	0	11.1	13.7	13.9	10.0	0	0	0	0	0	0	0	0	0	0
线路 6	0	19.4	21.9	21.5	20.3	13.9	10.2	8.2	9.5	13.9	14.4	10.3	0	1.98	0

表 8-6　发电机对线路 1 的发电功率转移因子

发电机编号	1～6	7～10	11～14	15～18	19～21	22～26
转移因子	−0.46	−0.94	−0.31	−0.46	−0.31	−0.46

表 8-7　发电机对线路 6 的发电功率转移因子

发电机编号	1～6	7～10	11～14	15～18	19～21	22～26
转移因子	−0.19	−0.23	0.49	−0.19	0.49	−0.19

经过 1 次迭代后，线路约束被消除，得到最优解。此次迭代中状态发生变化的机组如表 8-8 所示，除表中所列的机组以外，其余机组状态不变。最终的机组组合结果如图 8-5 所示。火电机组的燃料费用为＄576 586，开机成本仍为＄0。可见，为消除初次求解发生的功率越限，燃料费用有所增加，但未新增开机机组。

表 8-8　初次求解与第一次迭代相比状态发生变化的机组

时段		69	70	71	72	73	74	75	76	77	78	79	80	81
发电机 22	初次求解	1	1	1	1	1	1	1	1	1	1	1	1	0
	第一次迭代	1	1	1	1	1	1	1	1	1	0	0	0	0
发电机 23	初次求解	1	1	1	1	1	1	1	1	1	0	0	0	0
	第一次迭代	1	1	1	1	1	0	0	0	0	0	0	0	0
发电机 24	初次求解	0	0	0	0	0	0	0	0	0	0	0	0	0
	第一次迭代	1	1	1	1	1	1	1	1	1	1	1	1	1

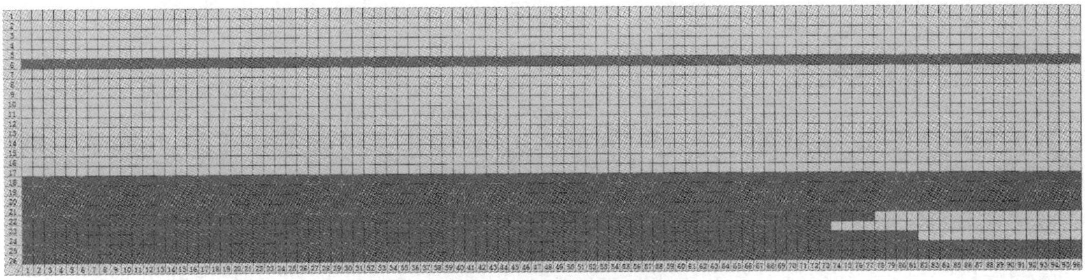

图 8-5　机组组合优化结果

第九章　智能算法在电力系统中的应用

9.1　粒子群算法

9.1.1　粒子群算法简介

粒子群优化(Particle Swarm Optimization, PSO)算法最初是由 Kennedy 和 Eberhart 于 1995 年受人工生命研究结果启发,在模拟鸟群觅食过程中的迁徙和群集行为时提出的一种基于群体智能的进化计算技术。鸟群中的每只鸟在初始状态下是处于随机位置向各个随机方向飞行的,但是随着时间的推移,这些初始处于随机状态的鸟通过自组织(self-organization)逐步聚集成一个个小的群落,并且以相同速度朝着相同方向飞行,几个小的群落又聚集成大的群落,大的群落可能再次分散为一个个小的群落。这些行为和现实中的鸟类飞行的特性是一致的。可以看出鸟群的同步飞行的行为只是建立在每只鸟对周围的局部感知上面,而且并不存在一个集中的控制者。也就是说整个群体组织起来却没有一个组织者,群体之间相互协调却没有一个协调者(organized without an organizer, coordinated without a coordinator)。Kennedy 和 Eberhart 从诸如鸟类这样的群居性动物的觅食行为中得到启示,发现鸟类在觅食等搜寻活动中,通过群体成员之间分享关于食物位置的信息,可以大大地加快找到食物的速度,即通过合作可以加快发现目标的速度,通常群体搜寻所获得的利益要大于群体成员之间争夺资源而产生的损失。这些简单的经验事实如果加以提炼,可以用如下规则来说明:当整个群体在搜寻某个目标时,对于其中的某个个体,它往往是参照群体中目前处于最优位置的个体和自身曾经达到的最优位置来调整下一步的搜寻。Kennedy 和 Eberhart 把这个模拟群体相互作用的模型经过修改并设计成了一种解决优化问题的通用方法,并称之为粒子群优化算法。

PSO 算法不像遗传算法那样对个体进行选择、交叉和变异操作,而是将群体中的每个个体视为多维搜索空间中一个没有质量和体积的粒子(点),这些粒子在搜索空间中以一定的速度飞行,并根据粒子本身的飞行经验以及同伴的飞行经验对自己的飞行速度进行动态调整,即每个粒子通过统计迭代过程中自身的最优值和群体的最优值来不断地修正自己的前进方向和速度大小,从而形成群体寻优的正反馈机制。PSO 算法就是这样依据每个粒子对环境的适应度将个体逐步移到较优的区域,并最终搜索、寻找到问题的最优解。PSO 算法具有并行处理、鲁棒性好等特点,能以较大概率找到问题的全局最优解,且计算效率比传统随机方法高。其最大的优势在于简单易实现、收敛速度快,而且有深刻的智能背景，目前已经在函数优化、神经网络设计、分类、模式识别、信号处理、机器人技术等应用领域取得了成功的应用。

9.1.2 粒子群算法的基本原理和基本方法

1. 基本原理

在 1995 年的 IEEE 国际神经网络学术会议上 Kennedy 和 Eberhart 发表了题为"Particle Swarm Optimization"的文章，在文章中提出了一种新的智能优化算法——粒子群算法。PSO 算法和其他进化算法类似，也采用"群体"和"进化"的概念，通过个体间的协作与竞争，实现复杂空间中最优解的搜索。PSO 先生成初始种群，即在可行解空间中随机初始化一群粒子，每个粒子都为优化问题的一个可行解，并由目标函数为之确定一个适应值(Fitness Value)。PSO 不像其他进化算法那样对于个体使用进化算子，而是将每个个体看作是在 n 维搜索空间中的一个没有体积和重量的粒子，每个粒子将在解空间中运动，并由一个速度决定其方向和距离。通常粒子将追随当前的最优粒子而动，并经逐代搜索，最后得到最优解。在每一代中，粒子将跟踪两个极值，一个为粒子本身迄今找到的最优解(pbest)，另一个为全种群迄今找到的最优解(gbest)。

假设在 D 维搜索空间中，有 m 个粒子组成一群体，第 i 个粒子在 D 维空间中的位置表示为 $x_i=(x_{i1}, x_{i2}, \cdots, x_{iD})$，第 i 个粒子经历过的最好位置(有最好适应度)记为 $P_i=(p_{i1}, p_{i2}, \cdots, p_{iD})$，每个粒子的飞行速度为 $V_i=(v_{i1}, v_{i2}, \cdots, v_{iD})$，$i=1, 2, \cdots, m$。在整个群体中，所有粒子经历过的最好位置为 $P_g=(p_{g1}, p_{g2}, \cdots, p_{gD})$，每一代粒子根据下面公式更新自己的速度和位置：

$$v_{iD}=wv_{iD}+c_1 r_1(p_{iD}-x_{iD})+c_2 r_2(p_{iD}-x_{iD}) \tag{9.1.1}$$

$$x_{iD}=x_{iD}+v_{iD} \tag{9.1.2}$$

其中，w 为惯性权重；c_1 和 c_2 为学习因子；r_1 和 r_2 是 $[0, 1]$ 之间的随机数。公式由三部分组成：第一部分是粒子先前的速度，说明了粒子目前的状态；第二部分是认知模式(Cognition Modal)，是从当前点指向此粒子自身最好点的一个矢量，表示粒子的动作来源于自身经验的部分；第三部分为社会模式(Social Modal)，是一个从当前点指向种群最好点的一个矢量，反映了粒子间的协同合作和知识的共享。三个部分共同决定了粒子的空间搜索能力。第一部分起到了平衡全局和局部搜索的能力。第二部分使粒子有了足够强的全局搜索能力，避免局部极小。第三部分体现了粒子间的信息共享。在这三部分的共同作用下粒子才能有效地到达最好位置。

更新过程中，粒子每一维的位置、速度都被限制在允许范围之内。如果当前对粒子的加速导致它在某维的速度 V_i 超过该维的最大速度 V_{dmax}，则该维的速度被限制为该维最大速度上限 V_{dmax}。一般来说，V_{dmax} 的选择不应超过粒子的宽度范围，如果 V_{dmax} 太大，粒子可能飞过最优解的位置；如果太小，可能降低粒子的全局搜索能力。

2. 基本方法

对应于不同实际问题，构造算法主要依赖经验和大量实验。为了更好地使用这些算法求解相关实际问题，有必要研究使用粒子群优化算法求解问题的统一框架。然后，在这个统一的框架下研究各种具体算法。依据行为主义人工智能框架的一般描述，同时比较多种群体智能算法的个案，如粒子群算法、蚁群算法以及遗传算法等，可以看到：这些算法虽然有不同的物理背景和优化机制，但是从优化流程上看，却具有很大的一致性。这些算法都采用“生成＋检测”的框架，通过“邻域搜索＋全局搜索”的策略寻优。本节将试图用一个统一的框架描述粒子群优化算法所具有的共性特征。

这些算法中，首先将原问题空间映射为算法空间；接着初始化一组初始解（在通常意义下，使初始解均匀分布于可行域中）；然后，在算法参数控制下根据搜索策略对个体进行搜索从而产生若干待选解；进而按照接受准则（确定性、概率性或混沌方式）更新当前状态，如此反复迭代直到满足某种收敛准则；最后通过空间的反变换，输出原问题的解。算法大致可用框图 9-1 表示。

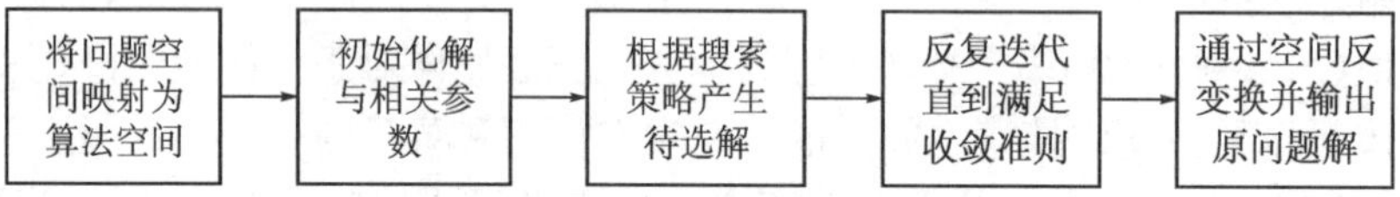

图 9-1　粒子群优化算法框架

算法的核心包括：算法空间变换和反变换；初始个体的产生准则；邻域搜索策略；全局搜索策略；接受准则以及收敛准则。

9.1.3　基于粒子群优化算法的阻塞管理

例 9.1　电力系统阻塞管理案例。

随着电力市场改革的深入，电力交易的频繁化必将引起潮流的多变，从而对电网的安全稳定运行造成负面的影响。在电力市场环境下保障电网安全经济运行成为广泛研究的热点。阻塞就是影响电网稳定运行的一个突出问题。不同的市场模式下，管理输电网的主体不同，市场的管理模式也不尽相同。因此缓解阻塞时所要考虑的约束条件和优化目标也各有差异。

阻塞管理从技术上讲就是建立一套合理的调度方案，使系统各线路在容量限制的范围内安全运行；从经济上讲，就是制定一套合理的输配电阻塞费用的分摊方案，使有利益冲突的各方能得到正确的经济激励，尽可能消除阻塞现象。

1. 问题描述

在各种阻塞管理模型中多数模型是以最优潮流为基础，即确定一个优化目标，满足一定的等式与不等式约束条件。传统的最优潮流求解方法多以导数信息作为寻优方向，因此这些方法的一个基本要求是模型中的函数要连续可导。如果模型分段，或是无法得到统一的导数表达式，那么传统的求解方法就可能失效。因此，本算例根据机组和电网安全运行的约束提出了适用于实际电力库(POOL) 模式的电力市场阻塞管理模型。针对该模型的复杂性和非线性，引入了粒子群优化算法，提出了双适应度概念对粒子优劣进行评估，先后比较约束函数的约束型适应度和优化目标函数的优化目标适应度来确定粒子的优劣程度，避免了罚函数处理约束条件时造成的优良个体的湮灭。

2. 优化模型

电力市场条件下的阻塞管理模型如下：

在 POOL 模式下独立系统操作员(Independent System Operator，ISO)根据负荷预测，

对每个时段的电量空间进行竞价。每台竞价机组提交非减阶梯状的报价曲线。系统运行人员的购电目标为满足负荷需求、电网安全的购电费用最小化。阻塞管理模型可描述为

$$\min \sum_{i \in \Omega} f_i(P_{\mathrm{G}i}) \tag{9.1.3}$$

s.t.

$$U_i \sum U_j (G_{ij} \cos \delta_{ij} + B_{ij} \sin \delta_{ij}) + P_{\mathrm{D}i} - P_{\mathrm{G}i} = 0 \tag{9.1.4}$$

$$U_i \sum U_j (G_{ij} \sin \delta_{ij} - B_{ij} \cos \delta_{ij}) + Q_{\mathrm{D}i} - Q_{\mathrm{G}i} = 0 \tag{9.1.5}$$

$$U_i U_j (G_{ij} \cos \delta_{ij} + B_{ij} \sin \delta_{ij}) - U_i^2 G_{ij} < P_{ij\max} \tag{9.1.6}$$

$$U_i U_j (G_{ij} \cos \delta_{ij} + B_{ij} \sin \delta_{ij}) - U_i^2 G_{ij} > -P_{ij\max} \tag{9.1.7}$$

$$P_{\mathrm{G}i\min} \leqslant P_{\mathrm{G}i} \leqslant P_{\mathrm{G}i\max} \tag{9.1.8}$$

式中，$P_{\mathrm{G}i}$，$Q_{\mathrm{G}i}$ 为节点 i 上发电机的有功出力与无功出力；Ω 为竞价机组的集合；U_i，U_j 为节点 i，j 电压幅值；G_{ij}，B_{ij} 为节点导纳阵的元素；δ_{ij} 为节点 i，j 之间的功角；$P_{\mathrm{D}i}$，$Q_{\mathrm{D}i}$ 为节点 i 上的有功负荷与无功负荷；$P_{ij\max}$ 为线路 ij 允许流过的有功功率。式(9.1.3)表示优化的目标函数为购电费最小；式(9.1.4)、式(9.1.5)为节点的功率平衡方程；式(9.1.6)、式(9.1.7)表示线路不发生阻塞；式(9.1.8)为机组的出力不超过其允许范围。

应用 PSO 求解阻塞管理模型，步骤如下：

(1) 粒子的参数编码及生成

上述模型中每个粒子有 $N-1$ 个变量，N 为竞价发电机数目，每个变量位置的初始值按式(9.1.9)生成：

$$X_i(j) = P_{\mathrm{G}j\min} + r \times (P_{\mathrm{G}j\max} - P_{\mathrm{G}j\min}) \tag{9.1.9}$$

式中，$X_i(j)$ 为第 i 个粒子中的第 j 个变量的值；r 为 (0，1) 区间服从均匀分布的随机数。每个变量代表竞价机组的出力。

每个变量的初始化速度公式为：

$$V_{ij\max\_k} = (P_{\mathrm{G}j\max\_k} - P_{\mathrm{G}j\min\_k}) / 2 \tag{9.1.10}$$

$$V_i(j) = r \times V_{ij\max\_1} \tag{9.1.11}$$

式中，$V_{ij\max\_k}$ 为粒子 i 的第 j 个变量在第 k 个定义域的最大飞行速度；$V_i(j)$ 为粒子 i 中第 j 个变量的初始化速度。

(2) 约束条件与适应度的处理

该阻塞管理模型中含有等式约束和不等式约束，本算例对这些约束的处理方法如下。等式约束是节点功率平衡方程。在设计粒子编码时每个粒子有 $N-1$ 个变量，每个变量对应一台竞价机组的出力。留出一台竞价机组作为平衡机组，通过潮流计算使得等式约束自然满足。对于不等式约束，本算例结合适应度函数和对全局极值 G 与个体极值 P_i 的选择，通过粒子进化来满足。

适应度表示粒子对环境的适应程度，它是衡量该粒子是否为全局最优解的一个指

标。传统的适应度函数一般就取优化函数的值，对不等式的约束条件是将其转化为罚函数，然后以某种形式加到适应值中去。这样做的一个弊端是由于罚函数的取法不当可能造成对优良解的湮灭。罚函数的取法没有统一的标准，它与所解问题的模型有很大的关系，同时又是一种经验取法。基于以上原因，本算例选取了双适应度的原则来评估每个粒子的适应度。该方法将适应度分为两类：一类为针对优化目标函数的优化目标适应度；另一类为针对约束函数的约束型适应度。优化目标适应度为优化目标的值，见式(9.1.3)。约束型适应度则是针对模型中的不等式约束。每个不等式的约束适应度公式可统一为：

$$F_{ineqcon\_i}(t)=\begin{cases}t_{\min}-t, & t<t_{\min}\\ t-t_{\max}, & t>t_{\max}\\ 0, & \text{其余}\end{cases} \tag{9.1.12}$$

式中，t 为每个不等式约束式的值；$t_{\max}$，$t_{\min}$ 为不等式的上下限值。

整个粒子的约束型适应度为：

$$F_{con}(t)=\sum_{i=1}^{m}F_{ineqcon\_i}(t) \tag{9.1.13}$$

式中，m 为不等式约束的个数。

在 PSO 优化算法中，粒子向适应度函数值优的方向群游，因此对群体中所有粒子按照适应值进行排序，基本思想是：首先比较粒子的约束型适应度适应值优的粒子排名靠前；如果约束型适应度的值相等，则再比较其目标函数适应度，适应值优的粒子排名靠前。与通常的惩罚函数方法相比，这种方法直接将目标函数的值作为目标函数适应度无需变换，同时这种无需设置约束适应度和目标适应度的权重的方法可以将进入可行域和得到优化点统一起来，使用较为简单且直观。

(3) PSO 的计算步骤

应用 PSO 求解模型的具体步骤可描述如下：

① 根据式(9.1.9)生成粒子，根据式(9.1.10)、式(9.1.11)初始化粒子的速度。每个粒子有 $N-1$ 位，N 为竞价机组的个数。粒子中的每一位代表一个竞价机组的有功出力。

② 对每个粒子进行潮流计算和支路流过的功率的计算。如果某一粒子的潮流不收敛，则重新生成粒子。

③ 计算每个粒子的优化目标适应度和约束型适应度，根据双适应度的原则来评估每个粒子的适应度，最后挑选出粒子极值 P_i 和粒子种群目前的最优解 G。

④ 根据式(9.1.1)、式(9.1.2)修正每个粒子。

⑤ 判断程序是否收敛，如果收敛程序结束，如果不收敛则程序转入步骤(2)。收敛的判据为达到一定的循环代数或是粒子种群目前的最优解 G 经过多次进化不再改变。

3. 模型求解

本算例基于 IEEE 30 节点测试系统进行验证并将结果与内点法和遗传算法做比较。为了能将 PSO 的结果与内点法的结果做比较，每台机组的报价函数取为连续二次函数。由此优化的目标函数为：

$$\min\sum_{i=1}^{N}(a_iP_i^2+b_iP_i) \tag{9.1.14}$$

式中，P_i 为竞价机组 i 的有功出力。

在应用粒子群优化算法时，本算例侧重该算法的有效性的分析和算法中粒子的个数以及惯性权重的调整对结果的影响程度。算例采用改进 IEEE 30 节点测试系统，6 台竞价机组。表 9-1 列出竞价机组的报价曲线系数 a_i，b_i 的值。流经支路 1—2，1—5 的额定功率均为 30 MW。

表 9-1 竞价机组的报价曲线系数

系数	发电机 1	发电机 2	发电机 3	发电机 4	发电机 5	发电机 6
a_i	0.006	0.007	0.009	0.010 5	0.005	0.007 5
b_i	0.04	0.03	0.035	0.015	0.045	0.02

ISO 在不考虑阻塞的情况下以购电费用最小为目标安排发电计划，结果见表 9-2。当发现支路越限时调用本算例的阻塞管理模型式(9.1.3)～式(9.1.9)完成阻塞管理。

运用粒子群优化算法时，粒子个数分别取 10、30、50、70、90，惯性权重分别取 0.4、0.5、0.6、0.7、0.8、0.9。在每个同样参数条件下计算 10 次，分析参数对结果的影响。表 9-3 中统计了在同一条件下计算 10 次后最优值和最劣值。表 9-4 统计了 PSO 在同一参数下计算 10 次时达到最优值时的平均迭代次数。

表 9-2 不考虑阻塞时的优化结果

购电费/万元	1—2 功率/MW	2—5 功率/MW
106.48	36.11	39.60

表 9-3 支路 1—2，1—5 发生阻塞时不同惯性权重下的优化结果 单位：万元

粒子个数	0.4		0.5		0.6	
	最优值	最劣值	最优值	最劣值	最优值	最劣值
10	110.57	132.96	112.72	137.09	110.11	132.78
30	110.41	119.63	111.44	123.67	109.90	118.17
50	110.17	114.70	110.20	118.22	109.93	113.28
70	111.52	115.03	110.05	112.70	109.72	111.39
90	111.16	115.15	109.79	112.83	109.70	110.08

粒子个数	0.7		0.8		0.9	
	最优值	最劣值	最优值	最劣值	最优值	最劣值
10	110.32	130.06	110.78	110.32	130.06	110.78
30	109.72	115.80	109.92	109.72	115.80	109.92
50	109.81	111.00	109.72	109.81	111.00	109.72
70	109.69	111.67	109.71	109.69	111.67	109.71
90	109.70	110.34	109.70	109.70	110.34	109.70

表 9-4 支路 1—2,1—5 发生阻塞时不同惯性权重下优化结果的平均迭代次数

粒子个数	惯性权重					
	0.4	0.5	0.6	0.7	0.8	0.9
10	83	59	103	137	233	802
30	105	90	158	191	521	1641
50	114	95	131	218	578	1977
70	111	105	156	236	593	1705
90	111	232	157	235	552	1705

9.2 遗传算法

9.2.1 遗传算法简介

自 20 世纪 40 年代以来,科学家们不断努力从生物学中寻找可用于计算科学和人工系统的新思想和新方法。许多学者对关于从生物进化和遗传的机理中研究开发出的适合于现实世界复杂适应系统研究的计算技术,即自然进化系统的计算模型,以及模拟进化过程的算法进行了长期的开拓性的探索和研究,其中 John H. Holland 首先提出的遗传算法成为一个重要的发展方向。

遗传算法(Genetic Algorithm, GA)是模仿生物遗传学和自然选择机理,通过人工方式构造的一类优化搜索算法,是对生物进化过程进行的一种数学仿真,是进化计算的一种最重要的形式。

20 世纪 60 年代,美国的 J. D. Bagley 首先发明了"遗传算法"一词并发表了第一篇有关遗传算法应用的论文,同时他还敏锐地觉察到防止早熟收敛的机理,并发展了自适应遗传算法的概念。到了 20 世纪 70 年代,Cavicchio 于 1970 年研究了基于遗传算法的子程序选择和模式识别问题。他提出了以预选择策略保证群体多样性,对遗传算法参数进行中心控制的方法。在 1975 年,遗传算法迎来了发展史上的两块里程碑:一是 John H. Holland 出版了经典著作 *Adaptation in Nature and Artificial System*,该书是其十几年来许多思想及其实践的结晶,详细阐述了遗传算法的理论,为其奠定了数学基础,并发展了一整套模拟生物自适应系统的理论;二是 K. A. De Jong 完成了具有指导意义的博士论文 *An Analysis of Behavior of a Class of Genetic Adaptive System*,他深入领会了模式定理并做了大量严格的计算实验,给出了明确的结论,他还建立了著名的 De Jong 五函数测试平台,定义了评价遗传算法性能的在线指标和离线指标,并以函数优化为例,对遗传算法的六种方案的性能及机理进行了详细实验和分析,他的工作成为后继者的范例并为以后广泛应用奠定了坚实的基础。

进入 20 世纪 80 年代,随着以符号系统模仿人类智能的传统人工智能暂时陷入困境,神经网络、机器学习和遗传算法等从生物系统底层模拟智能的研究重新复活并获得繁荣。20 世纪 90 年代后,由于遗传算法能有效地解决属于 NPC (Non-deterministic

Polynomial Complete Problem）类型的组合优化问题及非线性多模型、多目标的函数优化问题，从而得到了多学科的广泛重视。

进入 21 世纪，大批各领域的研究人员利用遗传算法解决各自领域的实际问题的研究成果持续大量涌现。这些成果针对各领域的不同特点，改进设计了遗传算法，从编码机制、参数的选择和自适应变化到特殊遗传算子的设计，全方位地丰富了遗传算法的内容和应用，使遗传算法成为不可或缺的研究优化设计问题的强有力工具。

遗传算法是一种基于自然选择和遗传变异等生物机制的全局性概率搜索算法，与基于导数的解析方法和其他启发式搜索方法相同，遗传算法在形式上也是一种迭代方法，但其却具有一些独特的特点：

(1) 遗传算法的搜索过程是从一群初始点开始，而不是从单一的初始点开始，这种机制意味着搜索过程可以有效地跳出局部极值点，得到全局最优点的概率大大提高了。

(2) 遗传算法在搜索过程中使用的是基于目标函数适应值的评价信息，而不是传统方法主要采用的目标函数的导数信息或待求问题领域内知识。遗传算法的这一特点使其成为具有良好普适性和规模化的优化方法。

(3) 遗传算法具有显著的隐含并行性。

(4) 在所求问题为非连续、多峰及有噪声的情况下，遗传算法能够以很大的概率收敛到最优解或满意解，具有较好的全局求解能力。

(5) 遗传算法具有很强的鲁棒性，即在存在噪声的情况下，对同一问题的多次求解的结果是相似的。

(6) 遗传算法的基本思想简单，运行方式和实现步骤规范，便于具体运用。

总之，遗传算法是模拟自然界生物进化过程与机制求解极值问题的一类自组织、自适应人工智能技术，通过模拟达尔文的自然进化论与孟德尔的遗传变异理论，具有坚实的生物学基础；提供从智能生成过程观点对生物智能的模拟，具有鲜明的认知学意义；适合于无表达或有表达的任何类函数，具有可实现的并行计算行为；能解决任何类实际问题，具有广泛的应用价值。

9.2.2 遗传算法的基本原理和基本方法

1. 基本原理

按照生物群体的进化机制，John H. Holland 最早提出了基于群体的进化概念，以及交叉、逆转和变异等遗传算子。虽然遗传算法（Genetic Algorithm, GA）的形式简单，但其运行机理却非常复杂。自从应用遗传算法求解复杂的非线性问题取得成功以来，人们就试图对遗传算法及其运行机理进行理论方面的分析，以便更好地理解和掌握遗传算法的进化本质，这一努力一直贯穿于遗传算法发展和应用的整个过程。John H. Holland 提出的模式定理及隐含并行性成为这种努力的初步尝试和基础性理论。

(1) 模式定理

所谓模式是描述个体基因串相似程度的模板，它反映基因串某个位置上存在的相似性。采用字符集 $\{0, 1\}$ 对问题参数进行二进制编码，可以产生通常的二进制基因串。如果在该二值字符集中再增加一个可和 0 或 1 匹配的通配符 *，则二值字符集 $\{0, 1\}$ 就直接扩展为三字符的字符集 $\{0, 1, *\}$，它可以产生由 0、1 和 * 组成的扩展字符串。

定义 9.2.1 基于字符集 {0, 1, *} 所产生的能够描述具有某些结构相似性的 0、1 字符串集的字符串称为模式。

由定义可知，模式 *1*00 描述了所有在基因位 2 上为 1、基因位 4 和基因位 5 为 0 的字符串，该模式包含的 4 个样本分别为 {01000, 01100, 11000, 11100}。可见，模式描述了该样本集中字符串结构相似性和基因特点。

定义 9.2.2 模式中所含有 0、1 确定基因位的个数称为模式阶，记为 $o(H)$，模式中从左向右第一个非 * 位置和最后一个非 * 位置之间的距离称为模式的定义距，记为 $\delta(H)$。

根据定义 9.2.2，模式 101* 的模式阶为 3，定义距为 2，模式 0**1 的模式阶为 2，定义距为 3。显然，一个模式的模式阶越高，模式的确定性就越高，其对应的样本数就越少；而一个模式的定义距越大，模式被破坏的概率就越大，生存概率就越小，该模式的生命力就越弱。

定理 9.2.1(模式定理) 在遗传算子选择、交叉和变异的作用下，具有低阶、短定义距并且平均适应值高于群体平均适应值的模式的生存数量，将随着迭代次数的增加以指数级增长。

统计确定理论中的双臂赌机问题表明：要获得最优的可行解，则必须保证较优解的样本数量呈指数级增长。模式定理保证了遗传进化过程中较优解的样本数呈指数级增长，故被称为遗传算法进化动力学的基本定理。

虽然模式定理在一定意义上可以解释标准遗传算法的进化本质，但它仍具有很大的局限性。这主要表现在以下三个方面：①模式定理只适用于基于二进制编码的遗传算法；②由模式定理无法推断算法的收敛性；③模式定理缺乏严格的数学证明。

(2) 积木块假设

由于模式定理并不能保证遗传算法的收敛性，那么基于模式定理，遗传算法是如何搜索到问题的最优解的？John H. Holland 在研究适应系统的建模和生物体进化过程中提出了著名的积木块假设。

定义 9.2.3 具有低阶、短定义距以及高适应值的模式称为积木块。

积木块假设：积木块在遗传算子的作用下被采样、相互结合，能够形成高阶、长定义距、高于群体平均适应值的模式，并最终生成全局最优解。

模式定理保证了性能优良的模式，其样本数量将呈指数级增加，满足了寻找问题最优解的必要条件，即遗传算法有可能达到全局最优解；积木块假设则表明遗传算法具备全局寻优能力，即积木块在遗传算子的作用下，能产生高于群体平均适应值的模式，而模式中确定基因位决定了模式在解空间中所代表的区域，若在该区域上有较高的适应值，作用于该区域的模式被继承并存活下来，并最终形成最优解。

尽管人们做出了巨大努力，截至目前，积木块假设还是没有得到严格的理论证明。但是大量的实践为这一假设提供了强有力的支持。从 1967 年 Bagley 和 Rosenberg 的研究到最近有关遗传算法的大量应用实例，都充分体现了该假设在平滑多峰问题、带干扰多峰问题和组合优化等多个领域的成功应用。可以肯定地说，对于多数经常遇到的搜索问题遗传算法都是适用的。

模式定理和积木块假设构成了关于遗传算法进化过程能够发现问题最优解的充分

条件，被认为是揭示遗传算法寻优原理的系统理论，统称为模式理论。

(3) 收敛性准则

定理 9.2.2 交叉概率 $p_c \in (0, 1)$、变异概率 $p_m \in (0, 1)$，采用比例选择算子的标准遗传算法不能收敛到全局最优解；如果在选择前或选择后采取精英保留策略，则遗传算法最终能收敛到全局最优解。

由定理 9.2.2 可见，标准遗传算法在任意初始化、任意交叉算子和适应值函数下，都不具有全局收敛性能，但是如果保留当前最优解，即采取精英保留策略，就能保证算法的全局收敛性。因而从某种意义上说，收敛到全局最优解是不断保留当前最优解的结果。

(4) 隐含并行性

一个基因串实际上隐含着多个模式，对于群体规模为 n，编码长度为 L 的群体，隐含着 $2^L—n \cdot 2^L$ 个模式。遗传算法实质上是模式的运算。John H. Holland 和 Goldberg 指出：遗传算法有效处理的模式个数为 $O(n^3)$。John H. Holland 称这一性质为隐含并行性，它意味着遗传算法只花费了正比于群体规模 n 的计算量，但所处理的模式却正比于群体规模的立方。这种并行性是遗传算法本身特征带来的，也被称为遗传算法计算上的并行性。

(5) 性能评估方法

关于搜索类算法的性能评估一般可归结为两个判断指标：算法的求解质量和算法的求解效率。算法的求解质量是指在规定的时间内算法所能得到的解的优劣；算法的求解效率是比较获得同样解所需要的计算时间。算法的求解质量和求解效率分别相当于通常意义下的收敛性和收敛速度。

对遗传算法的性能进行评估的主要方法有：适应值函数计算次数、在线和离线性能函数、最优解搜索性能等。

适应值函数计算次数是指发现同样适应值的个体，或者找到同样可行解所需要的关于个体评价的适应值函数的计算次数。该值越小说明相应的遗传算法搜索效率越高。同样，在预定的适应值函数计算次数的条件下，比较所发现的最佳个体，或者所找到的解的质量，也可以判断不同遗传算法的搜索能力。

在线和离线性能函数：如果令 f 为问题的目标函数适应值，n 为群体规模，$f(x_i, s)$ 为第 s 代中第 i 个个体的适应值，则算法在第 t 代时的在线性能为：

$$\bar{p}(t) = \frac{\sum_{s=0}^{t} \sum_{i=1}^{n} f(x_i, s)}{n(t+1)} \tag{9.2.1}$$

表示到当前代为止进化群体中所有个体适应值的平均，反映遗传算法的收敛速度。算法在第 t 代时的离线性能定义为：

$$\bar{p}(t) = \frac{\sum_{s=0}^{t} \max f(x_i, s)}{t+1}, \quad i = 1, 2, \cdots, n \tag{9.2.2}$$

表示到当前代为止进化群体中最优个体适应值的平均，反映遗传算法的收敛性。

式(9.2.1)和式(9.2.2)所示的在线性能和离线性能是多个进化群体性能的综合反映，所以对算法的总体评价会比较客观、稳定，但反映算法性能的灵敏度较低。对于计算量较小的优化问题而言，进化代数可以比较大，通过在线性能和离线性能来评价算法的性能会比较合理。但是，对计算量很大的问题来说，应该采用灵敏度高的评价指标，来捕捉进化过程中出现的微小变化和可用信息。

遗传算法的目的就是发现问题的全局最优解，所以通常采用当前群体所发现的最佳解的改善情况作为衡量遗传算法搜索能力的基本指标。遗传算法在第 t 代时的最大适应值为：

$$p^*(t)=\max f(x_i,t),\quad i=1,2,\cdots,n \tag{9.2.3}$$

式(9.2.3)可以反映遗传算法搜索到全局最优解的过程、速度及早熟等情况，也是适应值参数调整的基础。

在完成了对遗传算法的改进设计以后，就需要对该算法的性能进行评估。一般情况下，对遗传算法的性能进行直接评估是比较困难的，往往通过对算法引入一系列测试函数，由算法在测试函数中的结果来比较算法的性能。这种策略已经发展为设计改进遗传算法的典型方案。

2. 基本方法

在采用遗传算法解决实际问题以前，首先要设计出适合于该领域问题求解的遗传算法。设计遗传算法的基本过程可大致分为制订编码方案、设定适应度函数、设定选择策略、设计交叉和变异操作、选取控制参数等几个步骤。在完成遗传算法的设计工作之后，就可以按照遗传算法的结构去编程实现，进行具体的问题求解。

(1) 制订编码方案

遗传算法主要是通过遗传操作对进化群体中的个体进行结构重组，不断地搜索出群体中个体之间的结构相似性，形成并优化积木块以逐渐逼近最优解。对于基于二进制字符集 $\{0,1\}$ 的编码方案而言，需要把问题空间的解转换成遗传空间的个体，这种转换操作被称为编码；反之，对经过遗传操作的个体进行性能评价时，又需要把遗传空间的个体转换为问题空间的解，再采用适应值函数对解进行评价，这种转换操作被称为解码。

遗传算法最常用的编码方法是二进制编码，其编码方法如下：

假设某一参数的取值范围是 $[U_{\min},U_{\max}]$，用长度为 l 的二进制编码符号串来表示该参数，则它总共能够产生 2^l 种不同的编码，二进制编码的编码精度为：

$$\delta=\frac{U_{\max}-U_{\min}}{2^l-1} \tag{9.2.4}$$

假设某一个体的编码是 X：$b_l b_{l-1} b_{l-2}\cdots b_2 b_1$。则上述二进制编码所对应的解码公式为：

$$x=U_{\min}+\left(\sum_{i=1}^{l} b_i 2^{i-1}\right)\cdot\frac{U_{\max}-U_{\min}}{2^l-1} \tag{9.2.5}$$

二进制编码的最大缺点是长度较大，对很多问题用其他编码方法可能更有利。其他的编码方法主要有：格雷码、浮点数编码、符号编码等。

二进制编码不便于反映所求问题的结构特征，例如一些连续函数的优化问题等，同时由于遗传算法的随机特性而使得其局部搜索能力较差。为此，人们提出用格雷码来对个体进行编码。

格雷码是其连续的两个整数所对应的编码值之间只有一个码位是不相同的，其余码位都完全相同。假设有一个二进制编码为 $B=b_m b_{m-1}\cdots b_2 b_1$，其对应的格雷码为 $G=g_m g_{m-1}\cdots g_2 g_1$。由二进制编码到格雷码的转换公式为：

$$\begin{cases} g_m = b_m \\ g_i = b_{i+1} \oplus b_i,\ i=m-1,\ m-2,\ \cdots,\ 1 \end{cases} \tag{9.2.6}$$

由格雷码到二进制码的转换公式为：

$$\begin{cases} b_m = g_m \\ b_i = b_{i+1} \oplus g_i,\ i=m-1,\ m-2,\ \cdots,\ 1 \end{cases} \tag{9.2.7}$$

上面两种转换公式中，$\oplus$ 表示异或运算符。

浮点数编码方法是指个体的每个染色体用某一范围内的一个浮点数来表示，个体的编码长度等于其问题变量的个数。因为这种编码方法使用的是决策变量的真实值，所以浮点数编码方法也叫作真实编码方法。对于一些多维、高精度要求的连续函数优化问题用浮点数编码来表示个体时将会有一些益处。

符号编码方法是指个体染色体编码串中的基因值取自一个无数值含义而只有代码含义的符号集。这个符号集可以是一个字母表，如 $\{A,\ B,\ C,\ D,\ \cdots\}$；也可以是一个数字序号表，如 $\{1,\ 2,\ 3,\ 4,\ 5,\ \cdots\}$；还可以是一个代码表，如 $\{x_1,\ x_2,\ x_3,\ x_4,\ \cdots\}$ 等等。

(2) 设定适应度函数

为了体现染色体的适应能力，引入了对问题中的每一个染色体都能进行度量的函数，叫作适应度函数(Fitness Function)。通过适应度函数来决定染色体的优劣程度，它体现了自然进化中的优胜劣汰原则。对于优化问题，适应度函数就是目标函数。在遗传算法中，要根据各个体的适应度函数值进行排序并计算各个体的选择概率，所以适应度函数应取非负值，并且在任何情况下总是希望越大越好。因此，在求解实际问题时，我们总希望将问题转换成最大值问题，通过建立适应度函数和目标函数的映射关系，保证映射后的适应度函数值是非负值，而且目标函数的优化方向对应适应度函数值增大方向。

通常情况下，可以采用以下的方法将最小值问题中的原始目标函数 $f_0(x)$ 转换为最大值问题中非负的目标函数适应值 $f_0(x)$。

$$f(x)=\begin{cases} c_{\max}-f_0(x), & f_0(x)<c_{\max} \\ 0, & f_0(x)\geqslant c_{\max} \end{cases} \tag{9.2.8}$$

其中，$c_{\max}$ 是一个合适的输入值，也可采用迄今为止进化群体或当前群体中 $f_0(x)$ 的最大值。

如果优化问题属于最大值问题，那么通过如下变化可以得到目标函数适应值的非负性。

$$f(x)=\begin{cases} f_0(x)+c_{\min}, & f_0(x)+c_{\min}>0 \\ 0, & f_0(x)+c_{\min}\leqslant 0 \end{cases} \tag{9.2.9}$$

其中，$c_{\min}$ 可以是一个合适的输入值，也可采用迄今为止进化群体或当前群体中 $f_0(x)$ 的最小值。

(3) 设定选择策略

选择操作也叫作复制操作，根据个体的适应度函数值所度量的优劣程度决定它在下一代是被淘汰还是被遗传。选择的目的是把性能优良的个体直接遗传到下一代，或通过交叉产生新的个体。目前常用的选择策略有比例选择机制(Proportionate Selection)、最佳保留选择机制(Elitist Selection)和排名选择机制(Ranking Selection)等。

① 比例选择机制

比例选择机制是遗传算法中最基本的选择机制，其特点是群体中各个体的选择概率等于该个体适应度值在整个群体适应度值总和中所占的比例，通常采用赌盘方式实现。令 $\sum f_i$ 表示群体的适应度值的总和，f_i 表示群体中第 i 个染色体的适应度值，它产生后代的能力(被选中的概率)为其适应度值所占份额 $\dfrac{f_i}{\sum f_i}$。

② 最佳保留选择机制

最佳保留选择机制(也称为精英策略)的基本思想是：先按比例选择机制执行遗传算法的选择功能，然后把群体中适应度值最高的个体不进行交叉而直接复制到下一代。该方法的优点是进化过程中的最优解不会被破坏，缺点是进化过程中最优个体的遗传特征可能会迅速控制整个进化群体，增加过早收敛现象的出现概率。

③ 排名选择机制

排名选择是指把群体中个体根据其适应度值的相对大小进行排序，再依据排序情况对各个体指定相应的选择概率。适应度值越大的个体，其选择概率越大。由于排名选择机制中各个体的选择概率与其适应度值不成比例，可以防止过早收敛和停滞现象的出现，其缺点是选择标准有可能过于偏离个体的适应值，延缓进化进程。

(4) 设计交叉和变异操作

遗传算法中的交叉操作可以使遗传算法的搜索能力大大提高。相比而言，变异算子在遗传算法中的主要作用是保持群体的多样性，防止进化过程陷入局部优化。

编码方式是设计遗传算子的基础和前提条件，它决定了交叉和变异算子的设计方法。下面分别以二进制编码和实数编码为基础，介绍几种比较常用的交叉和变异算子。

① 二进制编码方式下的交叉和变异算子

a. 点式交叉

点式交叉是指首先随机选择两个个体，再随机生成一个或多个交叉位置，然后交替交换个体的对应基因串。点式交叉过程可表示为：

$$\begin{cases}/01110/110/\\/10101/001/\end{cases}\Rightarrow\begin{cases}/01110/001/\\/10101/110/\end{cases} \text{或} \begin{cases}/01/110/110/\\/10/101/001/\end{cases}\Rightarrow\begin{cases}/01/101/110/\\/10/110/001/\end{cases}$$

其中，左侧为单点交叉，右侧为两点交叉。

b. 均匀交叉

均匀交叉是依据概率交换两个父代个体字串中的每一位。其具体过程为：先随机选择两个个体，再随机生成一个与个体具有相同基因串长度的模板，0 表示不交换，1 表示交换，然后依据该模板对被选基因串进行交换处理。假如生成的模板为 [10011100]，均匀交叉过程可表示为：

$$\begin{cases} /01110110/ \\ /10101001/ \end{cases} \rightarrow /10011100/ \Rightarrow \begin{cases} /11101010/ \\ /00110101/ \end{cases}$$

c. 基本变异

基本变异是指随机生成一个或多个变异位置，并对其对应码值取反。基本变异过程可表示为：

$$[10\underline{1}0\underline{1}010] \Rightarrow [10\underline{0}0\underline{1}110]$$

d. 逆转变异

逆转变异是首先随机产生两个基因位，再将个体基因串中对应位置的基因值逆序排列，得到新的子代个体。逆转变异过程可表示为：

$$[10\ \underline{1010}10] \Rightarrow [10\ \underline{0101}10]$$

② 实数编码方式下的交叉和变异算子

a. 部分交叉和整体交叉

设 $\{x_i\}$ 和 $\{y_i\}$ 为两个被选择进行交叉的父代个体，则采用部分交叉产生的后代个体 $x_{\sigma i}$ 和 $y_{\sigma i}$ 为：

$$\begin{cases} x_{\sigma i} = \alpha_i x_i + (1-\alpha_i) y_i \\ y_{\sigma i} = \alpha_i y_i + (1-\alpha_i) x_i \end{cases} \tag{9.2.10}$$

其中，α_i 为 [0，1] 中的随机数。如果对所有的 i 都采用相等的 α_i，那么部分交叉演变为整体交叉。

b. 启发式交叉

启发式交叉使用适应度函数的值来确定搜索方向，每次仅产生一个子代个体，对某些约束优化问题还可能不产生子代个体。采用启发式交叉所产生的子代个体 $x_{\sigma i}$ 为：

$$x_{\sigma i} = \alpha(x_i - y_i) + x_i \tag{9.2.11}$$

其中，α 为 [0，1] 中的随机数，且 x_i 优于 y_i，即对最大化问题而言，有 $f(x_i) > f(y_i)$；对最小化问题而言，有 $f(x_i) < f(y_i)$。可见，启发式交叉类似于梯度下降法的爬山策略，而当 α 在 0 附近取值时，具有微调(局部搜索)作用。

c. 倒位变异

倒位变异类似于二进制编码下的逆转变异。设 $\{x_i\}$ 为执行变异的父代个体，其中分量 x_k 发生变异，若 $x_k \in [a_k, b_k]$，则采用倒位变异产生的后代个体 y_k 为：

$$y_k = \frac{(x_k - a_k) a_k + (b_k - x_k) b_k}{b_k - a_k} \tag{9.2.12}$$

d. 自适应变异

倒位变异策略容易理解，易于实现，但不是理想的变异策略。在优化过程中，比较合理的搜索方式应该是：对适应度值较大的个体，应在较小的范围内搜索，而对适应度值较小的个体，则应在较大的范围内搜索。这便涉及自适应变异的概念。

设 $\{x_i\}$ 为执行变异的父代个体，其中分量 x_k 发生变异，若 $x_k \in [a_k, b_k]$，则采用自适应变异产生的后代个体 y_k 为：

$$y_k = \begin{cases} x_k + \Delta(T, b_k - x_k), & \mu = 0 \\ x_k - \Delta(T, x_k - a_k), & \mu = 1 \end{cases} \tag{9.2.13}$$

其中，μ 是从 $\{0, 1\}$ 中随机生成的；$\Delta(T, z) = z(1 - r^{T\lambda})$，式中 r 是 $[0, 1]$ 上的随机数，λ 一般在 $[2, 5]$ 中取值，变异温度 $T = 1 - f/f_{\max}$，其中 f 为适应值，$f_{\max}$ 为当前群体中的最大适应值。

(5) 选取控制参数

遗传算法中常用的控制参数有基因串长度、群体规模、最大进化代数、交叉概率和变异概率。遗传控制参数取值是否合理，对遗传算法的求解质量和求解效率会产生很大的影响。至于各个控制参数如何选取，这里不再具体论述，请参阅相关书籍。

9.2.3 基于遗传算法的 AGC 机组最优调配问题

例 9.2 电力系统 AGC 机组最优调配案例。

自动发电控制（Automatic Generation Control, AGC）是能量管理系统（Energy Management System, EMS）中最重要的控制功能，对电力系统的安全稳定运行至关重要。电力市场建立后，厂网分离，成为在市场运营规则约束下的电力市场的买卖双方，成交电量及价格直接关系到厂网的经济效益。这使得传统的 AGC 调控面临着许多新问题。由于相对于电能这一主服务而言，AGC 服务是高成本的，这就决定了市场化后 AGC 机组的调配与运行不能沿用以前由调度员随意指定的方式，否则可能会大大增加电网公司的购电费用。

1. 问题描述

AGC 调节的费用支付大体上可以分为 2 类：

① 只支付 AGC 调节费用，即只有当参与 AGC 调节的机组实际参与系统调节后才付费。

② 不仅支付 AGC 调节费用，还要支付 AGC 容量费用。

在这类费用支付框架下，已提出了一些方法，这些方法均基于这样一个假设，即所有参与 AGC 调节的发电机，其 AGC 调节容量是固定不变的。如果考虑 AGC 调节容量变化这一因素，上述问题将被表述为一个由连续变量和整数型变量构成的非线性混合整数规划问题，很难求解。

研究表明，利用遗传算法求解上述非线性混合整数规划问题，可以克服现有利用整数规划方法时所存在的问题并达到很好的效果。

2. 优化模型

关于 AGC 机组的调配，可将其表达成如下整数规划问题：

$$\min \sum_{j=1}^{n} C_j S_j X_j \tag{9.2.14}$$

s.t.

$$\sum_{j=1}^{n} S_j X_j \geqslant S_{\text{AGCmax}} \tag{9.2.15}$$

$$\sum_{j=1}^{n} v_j X_j \geqslant v_{\text{AGCmax}} \tag{9.2.16}$$

$$S_{j\min} \leqslant S_j \leqslant S_{j\max} \tag{9.2.17}$$

式中，C_j 为 AGC 机组 j 对应于基点出力的当日 48 个点发电报价的平均值(元/MWh)；S_j 为 AGC 机组 j 的 AGC 调节容量(MW)；X_j 为整数 0 或 1，0 表示未被指定参与 AGC 调节，1 表示被指定参与 AGC 调节；$S_{j\max}$ 和 $S_{j\min}$ 分别为 AGC 机组 j 的调节容量的上下限(MW)；S_{AGCmax} 为系统所需的 AGC 调节容量(MW)；v_{AGCmax} 为系统所需的 AGC 调节速率(MW/min)；v_j 为 AGC 机组 j 的调节速率(MW/min)。

上述数学模型中，式(9.2.14)表示被选定 AGC 机组的费用最低；式(9.2.15)表示所有被选定 AGC 机组的调节容量之和大于需求值；式(9.2.16)表示所有被选定 AGC 机组的调节速率之和大于需求值；式(9.2.17)表示 AGC 机组的调节区间限制。

可以看出，上述问题是一个由连续变量和整数型变量构成的混合整数规划问题。

下面的分析表明，如果计算中忽略机组 AGC 调节区间的变化，即去掉上述数学模型中的约束条件(式(9.2.17))，则进行 AGC 机组调配会出现问题。

例如，某系统进行 AGC 机组调配，已有 m 台机组被指定参与 AGC 调控，假定还有 19 MW 的调节容量缺额和 5 MW/min 的调节速率缺额。系统中剩余的 2 台机组的性能均能满足上述缺额，所以应选择 1 台作为 AGC 边际机组。如果 2 台机组的性能指标如表 9-5 所示，假定机组 A，B 调节容量固定不变，分别为 30 MW 和 75 MW，则显然应选择机组 A。这时机组运行的基点出力为 170 MW，增加的 AGC 调节容量费用为 4 200 元。如果 AGC 机组的调节容量不是固定的，而假定机组 A，B 调节容量可变，分别为 10～30 MW 和 20～75 MW，则显然应选择机组 B。这时，机组运行的基点出力为 330 MW，增加费用为 2 400 元，而选择机组 A 增加的费用为 2 660 元。

表 9-5　机组性能指标

机组	机组容量/MW	调节速率 /(MW/min)	调节容量/MW	标价 /(元/MWh)
A	200	6	10～30	140
B	350	6	20～75	120

注：调节容量为 AGC 上调区间，下调区间与上调区间相等。

上述分析说明，当 AGC 机组的调节容量不是固定时，利用已有的基于整数规划的方法进行计算所得到的解有可能不是最优的。

遗传算法的主要步骤如下：

遗传算法是一种群体型操作,该操作以群体中的所有个体为对象。该算法的 3 个主要操作算子,即选择、交叉和变异构成了所谓的遗传操作,这是其他传统算法所没有的特性。遗传算法中包含如下 5 个基本要素:评价函数的设计、参数编码、初始种群的设定、遗传操作设计和控制参数设定。这些要素构成了遗传算法的核心内容。

① 评价函数的设计

评价函数即适应度函数。遗传算法由于仅靠适应度来评估和引导搜索,所以约束条件不能明确地表示。作为一种对策,可采取罚函数,对违背约束条件的个体给予惩罚。评价函数的设计如下:

$$\begin{aligned}&\min g(X)\\&\text{s.t.}\\&b_i(X)\geqslant 0,\ i=1,\ 2,\ \cdots,\ n\end{aligned} \tag{9.2.18}$$

式中,$g(X)$ 表示参与电网调度 AGC 机组的购置费用之和;X 是由代表每个 AGC 机组状态和容量的一系列子串构成的向量。

惩罚函数的确定方法有很多种,这里我们对所有的违背约束条件的个体都按如下设定:

$$f(b_i(X))=\begin{cases}c_i,\ b_i(X)<0\\ \quad 0\end{cases} \tag{9.2.19}$$

式中,c_i 是当染色体 X 的基因全为 1 时 $g(X)$ 的值。

通过惩罚函数,上述问题可转化为非约束问题:

$$g(X)+r\sum_{i=1}^{m}f[b_i(X)] \tag{9.2.20}$$

式中,r 为惩罚系数,$f(b_i(X))$ 为惩罚函数。

如果检测过程中发现某个体不满足约束,则按上述惩罚原则对对应此个体的最优值进行惩罚。

② 编码的设计

假如子串中容量串的长度是 a,则该容量串译码后的无符号整数范围为 $(0,\ 2^a)$。若机组 AGC 调节范围为 $(S_{\min},\ S_{\max})$,很明显两者间存在一个映射关系,而映射的精度 ε 为:

$$\varepsilon=\frac{S_{\max}-S_{\min}}{2^a-1}$$

如果 m 是该机组容量串二进制码的整数值,则由上述映射关系,参调机组调节容量计算公式为:

$$S=(S_{\min}+m\varepsilon)I \tag{9.2.21}$$

如果需要提高计算精度,可增加基因的编码位数。子串个数由机组的数量决定。

③ 初始种群的产生

由于目标函数受到很多条件的约束，如果采用传统的随机数生成方法产生初始种群，要想使初始种群中的每一代都满足约束条件，其难度不亚于全局寻优。所以在这里我们采用一种策略：位串“置 1”和位串“置 0”操作。为加快初始种群产生的速度，在应用这两种操作时，必须与约束条件相结合，每进行一次“置 1”操作要进行一次条件判断，直到满足约束为止。“置 1”和“置 0”操作都不能单独使用，否则得到的后代可能会影响下一代种群的质量而找不到全局最优解。算法中采用先对初始种群中满足约束条件的染色体进行“置 0”操作，然后再对其进行“置 1”操作，这样可以避免初始种群中产生病态个体，避免把局部最优解当作全局最优解。

④ 选择算子的设计

从群体选择优胜个体、淘汰劣质个体的操作称为选择，选择算子有时又称为再生算子。选择的目的是将优化个体遗传到下一代或通过配对交叉产生新个体再遗传到下一代。选择算子的设计采用了轮盘赌选择和最佳个体保留相结合的机制。这种综合的选择操作，既能避免某一代的最优解被破坏而造成退化，又能避免陷入局部最优解。

⑤ 变异算子的设计

变异算子是使用伯努利试验的方法对染色体进行基因取反，可以以变异概率 p_m 对染色体各基因座上的选中基因值进行改变来实现。

⑥ 交叉算子的设计

交叉算子设计是遗传算法中核心的部分。机组状态位和容量串代表不同的物理参数，它们之间不允许有交叉操作。实际问题中的约束条件较多，初始种群中的个体虽然完全满足约束条件，但是经过选择、交叉、变异以后产生的新代中有可能出现病态个体，即不满足约束条件的个体，也有可能使上一代中的最优个体受到破坏而产生不满足约束条件的个体。

⑦ 种群规模

种群规模影响遗传优化的最终结果以及遗传算法的执行效率。当种群规模太小时，遗传算法的优化性能一般不会太好；而采用较大的种群规模则可以减少遗传算法陷入局部最优解的机会，但计算复杂度高。

⑧ 遗传概率的确定

这里主要是指交叉概率和变异概率的确定。交叉概率 p_c 控制着交叉概率被使用的频度。较大的交叉概率可以增强遗传算法开辟新的搜索区域的能力，但高性能的模式遭到破坏的可能性增大；若交叉概率太低，遗传算法搜索可能陷入迟钝状态。变异在遗传算法中属于辅助性的搜索操作，它的主要目的是维持解种群的多样性。一般低频度的变异可防止种群中重要、单一基因的可能丢失，而高频度的变异将使遗传算法趋于纯粹的随机搜索。

3. 模型求解

利用本算法对某实际系统的 AGC 机组进行了调配计算。该系统中有 15 台机组，其参数和报价如表 9-6 所示。

表 9-6 可用 AGC 机组调节参数和报价

机组序号	调节速率/(MW/min)	调节容量下限/MW	调节容量上限/MW	标价/(元/MWh)
A	5	17.0	34	126.7
B	5	17.0	34	126.7
C	5	17.0	34	126.7
D	6	17.0	34	126.7
E	5	17.0	34	126.7
F	5	17.0	34	126.7
G	4	17.0	34	196.9
H	4	27.5	55	196.9
I	4	27.5	55	127.0
J	2	27.5	55	293.9
K	4	27.5	55	264.8
P	3	28.0	56	210.0
Q	2	28.0	56	127.1
R	3	18.0	56	130.0
S	3	18.0	56	130.0

如果系统对 AGC 调节容量和调节速率的要求为：$S_{AGCmax}=133$ MW，$V_{AGCmax}=33$ MW/min，则利用遗传算法和整数规划所得到的 AGC 机组调配结果如表 9-7 所示。表中遗传算法的计算结果是同条件下 5 次计算结果的最优值。

表 9-7 AGC 机组调配结果

机组序号	遗传算法			整数规划	
	对应的基因串值	参调机组调节容量/MW	机组选择结果	参调机组调节容量/MW	机组选择结果
A	10011011	20.580	1	34	1
B	10000000	17.000	1	34	1
C	10000000	17.000	1	34	1
D	10000000	17.000	1	34	1
E	10000000	17.000	1	34	1
F	10000000	17.000	1	34	1
G	00000000	0.000	0	0	0
H	00000000	0.000	0	0	0
I	10000000	27.500	1	0	0

（续表）

机组序号	遗传算法			整数规划	
	对应的基因串值	参调机组调节容量/MW	机组选择结果	参调机组调节容量/MW	机组选择结果
J	00000000	0.000	0	0	0
K	00000000	0.000	0	0	0
P	00000000	0.000	0	0	0
Q	00000000	0.000	0	0	0
R	00000000	0.000	0	0	0
S	00000000	0.000	0	36	1

注：机组选择结果中，1 代表参与 AGC 调节，0 代表不参与。

两种计算方法的结果比较如表 9-8 所示。利用整数规划由于调节容量固定，则其计算所得到的调节容量远大于需求值。而机组 I 由于调节容量较大，应用整数规划并不被选中，尽管其报价较低。

表 9-8　遗传算法和整数规划结果比较

方法	调节容量总和/MW	调节速率总和/(MW/min)	总费用/(元/h)
遗传算法	133.08	35	16 870.2
整数规划	240.00	34	30 526.8

遗传算法本质上是随机搜索方法，故每次计算所用的时间是不同的。但在该算例规模下，每次计算时间相差甚微，平均计算时间为 586 ms(CPU 工作频率为 1.6 GHz)，可以满足实际需求。

9.3　蚁群算法

9.3.1　蚁群算法简介

蚁群算法(Ant Colony Optimization, ACO)，又称蚂蚁算法，是一种用来在图中寻找优化路径的概率型算法。它由 Marco Dorigo 于 1992 年在他的博士论文 *Ant system: optimization by a colony of cooperating agents* 中提出，其灵感来源于蚂蚁在寻找食物过程中发现路径的行为。蚁群算法是一种模拟进化算法，初步的研究表明该算法具有许多优良的性质。针对 PID 控制器参数优化设计问题，将蚁群算法设计的结果与遗传算法设计的结果进行了比较，数值仿真结果表明，蚁群算法具有一种新的模拟进化优化方法的有效性和应用价值。

蚁群优化算法已应用于许多组合优化问题，包括蛋白质折叠或路由车辆的二次分配问题等，很多派生的方法已经应用于实变量动力学问题、随机问题、多目标并行的实现。它也被用于求解旅行推销员问题的拟最优解。在图表动态变化的情况下解决相似问题时，相比模拟退火算法和遗传算法方法有优势：蚁群算法可以连续运行并适应实时变化。这在网络路由和城市交通系统中是有利的。

第一蚁群优化算法被称为“蚂蚁系统”，它旨在解决推销员问题，其目标是要找到一系列城市的最短遍历路线。总体算法相对简单，它基于一组蚂蚁，每只完成一次城市间的遍历。在每个阶段，蚂蚁根据一些规则选择从一个城市移动到另一个：它必须访问每个城市一次；一个越远的城市被选中的机会越少（能见度更低）；在两个城市边际的一边形成的信息素越浓烈，这边被选择的概率越大；如果路程短的话，已经完成旅程的蚂蚁会在所有走过的路径上沉积更多信息素，每次迭代后，信息素轨迹挥发。

9.3.2 蚁群算法的基本原理和基本方法

蚁群算法具体算法流程如下，流程图如图 9-2 所示：

（1）输入原始数据，包括风电场群的机组台数、启动的风电场群数量、局部电网的网络信息、各风电场群在这段时间内的满足风向条件的机组出力平均值、各风电场群辅机容量等。

（2）设有 m 只蚂蚁，每只蚂蚁有以下特征：它根据以风电场群距离和链接边上信息素为变量的概率函数选择下一个城市（设 $\tau_{ij}(t)$ 为 t 时刻 $e(i, j)$ 上信息素）。规定蚂蚁走合法路线，不允许重复到达某个风电场点，由禁忌表控制（$tabu_k$ 表示第 k 只蚂蚁的禁忌表，$tabu_k(s)$ 表示禁忌表中第 s 个元素）。当蚂蚁完成路线行走后，在它的每一条访问的边上留下信息素。

（3）蚁群算法初始化，初始时刻，各条路径上的信息素相等，设 $\tau_{ij}(t)=C$（C 为常数）。蚂蚁 $k(k=1, 2, \cdots, m)$ 在运动过程中，根据各条路径上的信息量决定转移方向，$p_{ij}^{k}(t)$ 表示在 t 时刻蚂蚁 k 由位置 i 转移到位置 j 的概率：

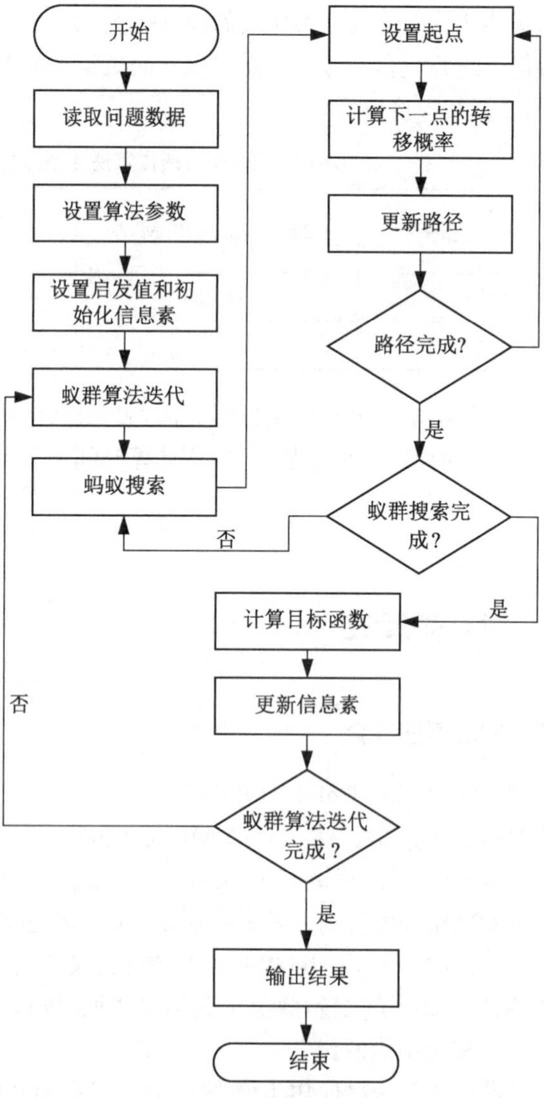

图 9-2　蚁群算法流程图

$$p_{ij}^{k}(t)=\begin{cases}\dfrac{\tau_{ij}^{\alpha}(t)\cdot\eta_{ij}^{\beta}(t)}{\sum\limits_{s\in allowed_k}\tau_{is}^{\alpha}(t)\cdot\eta_{is}^{\beta}(t)}, & j\in allowed_k\\ 0, & \text{其他}\end{cases}\tag{9.3.1}$$

式中，$allowed_k=\{0,1,\cdots,n-1\}-tabu_k$ 表示蚂蚁 k 下一步选择的城市。

(4) 信息素更新，人工蚁群具有记忆功能，$taku_k(k=1,2,3,\cdots,m)$ 用以记录蚂蚁 k 当前走过的路线，集合 $taku_k$ 随着进化过程做动态调整。η_{ij} 表示边弧 (i,j) 的能见度，一般取 $\eta_{ij}=1/d_{ij}$，表示风电场群 i 到风电场群 j 之间的距离。α 表示轨迹的相对重要性，β 表示能见度的相对重要性，ρ 表示轨迹的持久性，$1-\rho$ 可理解为轨迹衰减度随着时间的推移，以前留下的信息逐渐丢失，用参数 $1-\rho$ 表示信息消失程度。经过 n 个时刻，蚂蚁完成一次循环，各路径上信息量要根据以下公式做调整：

$$\tau_{ij}(t+n)=\rho\tau_{ij}(t)+\Delta\tau_{ij}\tag{9.3.2}$$

$$\Delta\tau_{ij}(t+n)=\sum_{k=1}^{m}\Delta\tau_{ij}^{k}\tag{9.3.3}$$

式中，$\Delta\tau_{ij}^{k}$ 表示第 k 只蚂蚁在本次循环中留在路径 ij 上的信息素；$\Delta\tau_{ij}$ 表示在本次循环中路径 ij 上的信息素增量。当第 k 只蚂蚁在本次循环中经过，$\Delta\tau_{ij}^{k}$ 可表示为：

$$\Delta\tau_{ij}^{k}=\begin{cases}\dfrac{Q}{L_k}, & \text{若第 } k \text{ 只蚂蚁在本次循环经过路径 } ij\\ 0, & \text{其他}\end{cases}\tag{9.3.4}$$

式中，L_k 表示第 k 只蚂蚁行走路径总长度，Q 为常数。

(5) 当所有蚂蚁均完成了信息素的更新操作之后，记录当前的最优路径，并且对禁忌表以及信息素的增加值 $\Delta T(t,t+1)$ 进行初始化，并转到步骤(3)。依此循环下去，直到满足算法的终止条件，搜索结束。

9.3.3　基于蚁群算法的风电黑启动路径寻优

例 9.3　电力系统风电黑启动路径系统案例。

在新能源发电高渗透率地区，在电网崩溃情况下如何综合考虑自然资源状况、电网拓扑结构以及新能源电厂状况等因素，研究多新能源电厂的连续自启动技术，实现新能源电厂替代传统黑启动电源具有重要的研究意义。本节针对风电高渗透率电网，探讨基于蚁群算法的多风电场作为电网黑启动电源的自启动路径寻优方法。

1. 问题描述

以国内某风电基地的实际数据为基础构建仿真算例，假设已启动 WF0，接下来在 WF1～WF10 之间选择 6 个风电场群启动，风电场群的电气位置采用随机数确定，具体参数如表 9-9 所示。

由于各风电场群超短期风功率预测在不同的时间区间内可能呈现不同的变化趋势，需对风电参与黑启动过程 4 h 内的待启动风电场进行动态分群，具体分群情况如表9-10 所示，通过动态分群系数的转化可在一定程度上表征风速对发电量的影响。

表 9-9　风电场群参数

待启动 风电场群	位置坐标	t 时刻内风况下 平均出力/MW	风电场群辅机 容量/MVA
WT1	(3.2，2.8)	6.5	4
WT2	(1.9，4.4)	10	6
WT3	(1.6，2.7)	4	1.5
WT4	(2.9，2.3)	9	5
WT5	(0.8，3.9)	5	2
WT6	(2.9，4.1)	7.5	4.5
WT7	(2.1，1.7)	6	3.5
WT8	(2.5，3.4)	3	2
WT9	(0.4，1.4)	5	1.5
WT10	(1.7，3.5)	5.5	3

表 9-10　风电场动态分群情况

风电场群	时间区间/h	分群类型	风电场群	时间区间/h	分群类型
WF1	0～1	2	WF2	0～1	2
	1～2	5		1～2	5
	2～3	4		2～3	3
	3～4	2		3～4	1
WF3	0～1	1	WF4	0～1	1
	1～2	3		1～2	5
	2～3	4		2～3	4
	3～4	2		3～4	3
WF5	0～1	3	WF6	0～1	2
	1～2	5		1～2	3
	2～3	2		2～3	4
	3～4	1		3～4	1
WF7	0～1	1	WF8	0～1	3
	1～2	4		1～2	2
	2～3	5		2～3	3
	3～4	4		3～4	5
WF9	0～1	1	WF10	0～1	1
	1～2	5		1～2	3
	2～3	3		2～3	1
	3～4	2		3～4	4

2. 优化模型

当启动一个风电场后，如何在高密度风电渗透率地区内有效地选择恢复路径，以最大化提升孤立小系统容量，需要综合考虑电气距离、风况、风机辅机等因素的协同作用。在多风电场群启动阶段恢复的目标应该是以最短电气距离、最小的辅机启动容量去恢复此风况下最大出力的风电场群，其目标函数应包括：

(1) 最大发电量

不同风速情况下的风况因素可基于发电量来予以量化，最大发电量可用小系统在优化时间段内加权发电量来表征，以综合考虑被启动风电场群的容量、风电场群启动时间等因素，结合风电场动态分群类型的考虑，满足此风况下风向条件的最大发电量，即：

$$f_1 = \max \sum_{i=1}^{N_G} \int_{k\Delta t}^{T_1} c_i \varphi_i P_{Gi}(t)\,\mathrm{d}t \tag{9.3.5}$$

式中，c_i 表示机组 i 是否投入，投入为 1，否则为 0；φ_i 为机组 i 发电权重，P_{Gi} 为风机 i 发出的有功功率，T_1 为优化时间段，N_G 为风电机组数量。

(2) 最短电气距离

基于风电场内各机组之间的电气距离 d_{ij}，将恢复路径上电气距离之和最小化作为目标函数之一，即：

$$f_2 = \min \sum_{i,\, j \in N_G} d_{ij} \tag{9.3.6}$$

(3) 最小辅机启动容量

由于启动初期系统无法承受较大的冲击，启动风电场群的时候需要同时考虑风电场群的辅机容量大小，由于风电场辅机容量与风速条件息息相关，考虑风电场动态分群的结果，以最小代价作为目标函数之一，即：

$$f_3 = \min \sum_{i=1}^{N_G} \frac{c_i S_{Li}}{\varphi_i} \tag{9.3.7}$$

其中，S_{Li} 为机组 i 辅机容量。

因此，多风电场群启动路径寻优的多目标函数可表示为：

$$\min F = [-f_1 \quad f_2 \quad f_3] \tag{9.3.8}$$

约束条件如下：

$$\sum P_{Gk}^{\min} \leqslant \sum P_{Gk} \leqslant \sum P_{Gk}^{\max},\ k \in N_G \tag{9.3.9}$$

$$U_i^{\min} \leqslant U_i \leqslant U_i^{\max},\ i \in N_D \tag{9.3.10}$$

$$P_{li} \leqslant P_{li}^{\max},\ i \in C_n \tag{9.3.11}$$

式中，$P_{Gk}^{\max}$ 和 $P_{Gk}^{\min}$ 表示第 k 台风电机组发出的有功功率的上限和下限；$U_i^{\max}$ 和 $U_i^{\min}$ 表示节点电压的最大值与最小值；N_D 为节点个数；$P_{li}^{\max}$ 为支路 i 的最大允许功率，C_n 为支路条数。

此类优化问题是完全非多项式问题，可采用启发式智能算法中的蚁群算法对其进行求解。

3. 模型求解

蚁群算法参数设置：迭代次数 $m=80$，蚂蚁数 $n=200$，轨迹的相对重要性 $\alpha=3$，能见度的相对重要性 $\beta=1$，轨迹的持久性 $\rho=0.15$，常数 $Q=1$，节点数 $N=10$，寻优数 $M=6$。

考虑到黑启动初期，需要风电场群自启动同时提供更大的功率支持，因此将最大发电量作为主要的目标函数，对电气距离和辅机启动容量进行约束处理，设置如式(9.3.12)条件，利用蚁群算法对多风电场群启动路径进行寻优，得到如图 9-3 所示的收敛曲线。

$$\begin{cases} \sum\limits_{i,\ j\in N_G} d_{ij} \leqslant 8 \\ \sum\limits_{i=1}^{N_G} \dfrac{c_i S_{Li}}{\varphi_i} \leqslant 10 \end{cases} \tag{9.3.12}$$

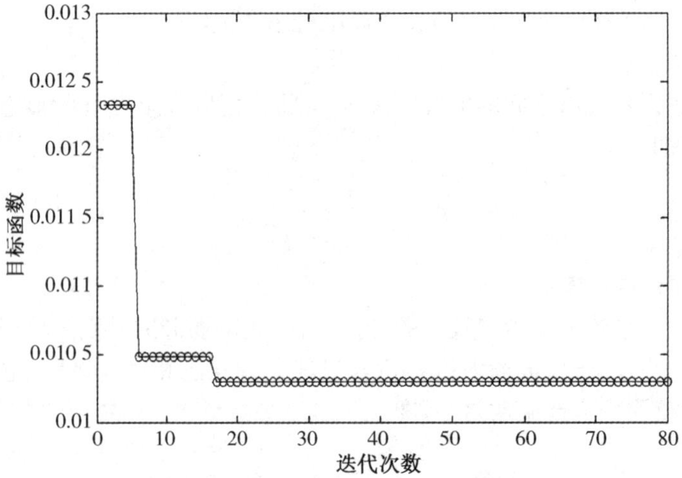

图 9-3　基于不等式约束法求解的蚁群算法收敛曲线

由图 9-3 可知，随着迭代次数的增加，求解的精度变化，渐渐收敛于全局最优解，在迭代 17 次后基本可以取到全局最优解，目标函数值为 0.010 3，启动 6 个风电场群，总发电量为 39.5 MW，总电气距离为 7.998 5，总辅机启动容量为 21 MVA，风电场群的启动顺序如图 9-4 所示，启动顺序为 WF0→WF7→WF4→WF3→WF10→WF2→WF5。

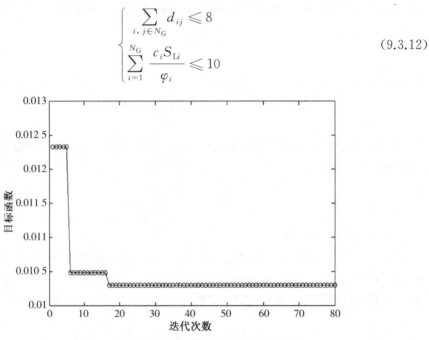

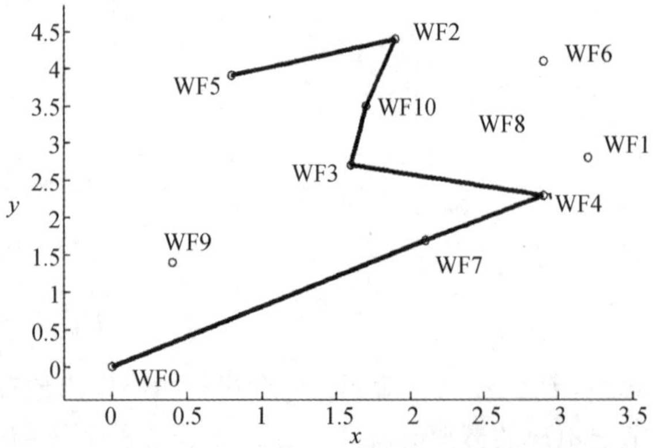

图 9-4　基于不等式约束法的风电机组的恢复路径

由结果可知，利用不等式约束法可以尽可能在最短的时间内获得更大的加权发电量，以进一步提升孤立小系统的容量和稳定水平。不等式约束法求解较为简单，迭代次数较少，其边界条件可根据实际要求进行设定，如果确定主要目标，最终的优化结果可以在安全边界条件内达到主要目标的最优化，在实际工程应用中更具意义。

综上所述，综合考虑最短的电气距离、最大发电量和最小的辅机启动容量，通过不等式约束方法对多目标优化结果进行求解，能够在保证孤立小系统电压和频率在允许范围内的基础上，协调各风电场群的实际出力情况，实现多风电场群启动路径寻优，有效地保证多风电场群启动过程中的快速平稳运行。

9.4　差分进化算法

9.4.1　差分进化算法简介

随着科学技术的不断发展，很多最优化问题呈现非凸、非线性、不可导的特点，应用传统的方法求解有着诸多不足。由于以遗传算法为代表的进化算法能以较大的概率求得问题的最优解或满意解，从而得到越来越广泛的应用。但是，遗传算法由于在求解前需对决策变量进行编码，因此会不可避免地在实数问题求解中引入网格误差。虽然通过增加决策变量的编码长度可以减小网格误差，但会使得搜索效率下降。

1995 年由 Storn 与 Price 等提出的差分进化算法（Differential Evolution，DE）作为一种与遗传算法类似的进化类全局搜索算法，同样由变异、交叉、选择等操作实现，但由于 DE 采用实数编码替代了遗传算法的二进制编码因而避免了网格误差。同时，DE 通过将不同个体间的差分作为个体扰动量，扰动量在进化早期数值较大，使得种群可以在较大的范围内探索，具有较强的全局搜索能力，而随着不断进化，个体间差异性逐渐减小，扰动量也随之减小，增强了算法在进化后期的局部搜索能力。

除了上述的实数编码与自适应搜索能力外，DE 算法简单地基于差分的变异操作与单一个体的选择策略使得其代码简单易于实现，同时 DE 还具有群体搜索与协同搜索相结合、控制参数少等特点。目前差分进化算法已经广泛应用于电力系统优化、控制工程、机械设计，在大数据与人工智能等领域均取得了良好的应用效果。

9.4.2　差分进化算法的基本原理和基本方法

差分进化算法的基本思想是，每一个个体任意选择群体中另外两个个体，以其差分量作为扰动量对该个体进行变异操作，再将变异后的个体与原个体进行交叉操作作为新的个体，最后原个体与新个体基于各自对目标问题的适应度进行竞争，淘汰低适应度个体，选择高适应度个体进入下一代。差分进化算法通过每代的变异、交叉、选择操作，可以不断提高群体整体对目标问题的适应度，从而快速搜索最优解。

差分进化算法的基本流程包括初始化、变异、交叉、选择四个主要步骤，算法流程图如图 9-5 所示。下面就式(9.4.1)描述的简单抽象优化问题对差分进化算法的具体步骤进行说明。

$$\begin{aligned}&\min f(x_1,\ x_2,\ \cdots,\ x_n)\\&\text{s.t.}\\&x_{\mathrm{L},i}\leqslant x_i\leqslant x_{\mathrm{U},i}\end{aligned}\tag{9.4.1}$$

式中，n 为决策变量维数，x_i 为第 i 个决策变量，$x_{L,i}$、$x_{U,i}$ 分别为决策变量 x_i 的下限与上限。

(1) 初始化

设置种群数量 M，最大迭代次数 N_{max}。依据决策变量上下限，在决策变量取值范围内随机生成 M 组个体构成种群 $\boldsymbol{P}=\{X_j=(x_{j,1}, x_{j,2}, \cdots, x_{j,i}, \cdots, x_{j,n}) \mid i=1, 2, \cdots, n, j=1, 2, \cdots, M\}$，其中 X_j 为第 j 个个体，$x_{j,i}$ 为第 j 个个体的第 i 维决策变量，$x_{j,i}$ 依据式(9.4.2)生成。

$$x_{j,i}=x_{L,i}+\lambda(x_{U,i}-x_{L,i}) \quad (9.4.2)$$

其中，λ 为[0, 1]内的随机数。

(2) 变异操作

对于个体 X_j，在种群中随机选择两个其他个体 X_{r1}、X_{r2}，依据式(9.4.3)计算其间差分 $\mathrm{d}X_j=(\mathrm{d}x_{j,1}, \mathrm{d}x_{j,2}, \cdots, \mathrm{d}x_{j,n})$，并在此基础上生成变异个体 $X_j'=(x_{j,1}', x_{j,2}', \cdots, x_{j,n}')$。

$$\begin{cases}\mathrm{d}X_j'=X_{r1}-X_{r2}\\ X_j'=X'+\alpha\cdot\mathrm{d}X'\end{cases} \quad (9.4.3)$$

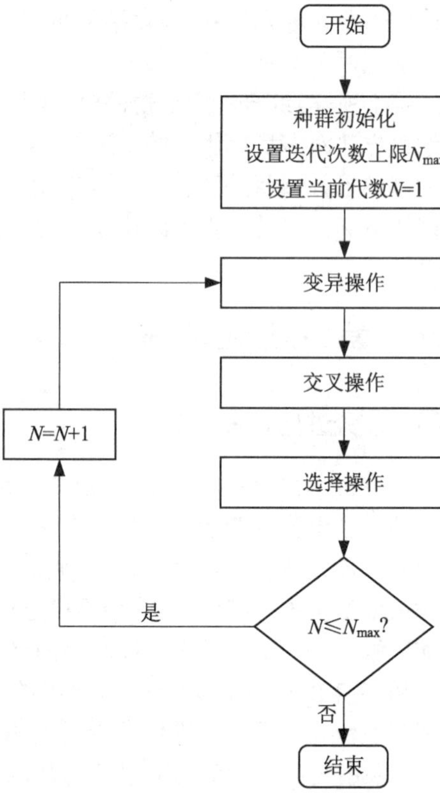

图 9-5 差分进化算法的基本流程

其中，$\alpha\in[0, 2]$ 为变异率，控制差分量对原个体的变异程度。

(3) 交叉操作

对于原个体 X_j 及其通过变异操作生成的变异个体，变异个体依据式(9.4.4)采用离散杂交算子与原个体随机交换部分决策变量生成新个体 $X_j''=(x_{j,1}'', x_{j,2}'', \cdots, x_{j,n}'')$，以提升种群多样性。

$$x_{j,i}''=\begin{cases}x_{j,i}'', & \lambda_i\leqslant\beta \quad 或 \quad i=i_{rand}\\ x_{j,i}, & 其他\end{cases} \quad (9.4.4)$$

其中，$\beta\in[0, 1]$ 为交叉率，控制着新个体中决策变量属于变异个体的概率；λ_i 为[0, 1]间的随机变量用以决定第 i 个变量是否发生交换；i_{rand} 为[1, n]间的随机整数，用以保证至少一维决策变量发生交换。

(4) 选择操作

对于原个体 X_j 与交叉操作后生成的新个体 X_j''，分别计算两者对应的目标函数值，由于所解优化问题为求解最小值问题，因此淘汰两者中较大的目标函数值对应的个体，选择目标函数值较小的个体进入下一代。

重复上述变异、交叉、选择操作，使种群逐代进化，直到进化代数达到设定最大迭代次数 N_{max}。最终代中目标函数值最小个体即为所求优化问题的解。

9.4.3　基于差分进化算法的直流输电系统模型参数辨识

例 9.4　电力系统直流输电系统模型参数辨识案例。

随着电网调度一体化深入，实时仿真和在线安全稳定分析对系统元件模型和参数的精度提出了更高要求。交流输电系统的元件模型测辨技术已较为成熟，但直流输电技术以及柔性直流输电技术的快速发展使得电力系统模型测辨更加复杂和困难。

目前，直流输电系统元件的模型参数通常是在出厂前由厂家经离线试验获得，并未考虑元件在线运行时参数可能发生变化，同时由于电力设备长期运行也有可能导致运行参数与出厂参数的不一致；此外，在电力系统仿真软件中常用一套通用直流模型来仿真不同的直流输电系统，造成目前使用的直流输电系统仿真模型和参数与实际系统可能存在一定误差。国内外多次事故后复现和大扰动实验结果都表明现有的数值仿真模型和参数难以准确描述直流输电系统的动态特性，仿真结果与实测存在明显偏差。从而严重地影响了数值仿真可信度及电力系统安全分析水平，因此有必要对直流输电系统模型参数进行准确辨识。

1. 问题描述

PSASP 等仿真分析软件中提供的直流控制系统模型，结构图如图 9-6 所示，主要基于对 ABB 公司的直流保护控制技术的建模，并在建模中针对机电暂态仿真的需求进行了一定的化简与等效，仿真模型的控制参数也难以从直流数字控保系统中直接获取。直流输电系统的控制系统内部结构复杂，控制环节众多，且在不同场景下启动环节不一致，无法统一用一个微分方程进行描述。同时由于不同控制环节间传递的控制变量不可观测，仅可根据直流输电系统的电压、电流等响应曲线来测辨控制系统中的主导参数，控制系统整体可观性差，难以使用最小二乘法等传统参数辨识方法进行参数辨识。

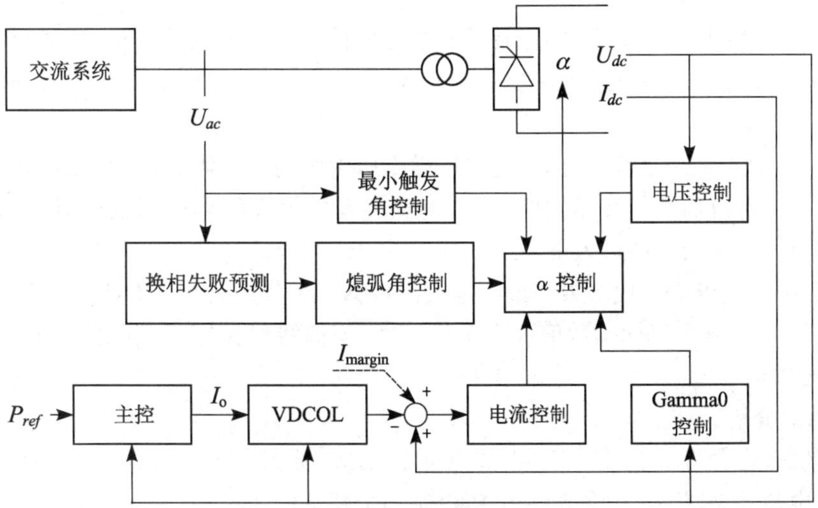

图 9-6　直流控制系统模型结构图

参数辨识的目的在于，通过量测元件的响应量反推元件对应的模型参数，使得在该参数下，模型仿真所得响应曲线与实际量测响应曲线尽可能接近。因此参数辨识问题可以转化为这样一组优化问题，即寻找一组最优参数向量 $\boldsymbol{\theta}$，使得在该参数向量下，模型仿真响应曲线与实际曲线误差 E 达到最小。基于该原理，可以列写直流输电系统参数辨识的问题的优化模型。

2. 优化模型与求解流程

直流输电系统参数辨识问题的优化模型可以表示为：

$$\min E=\frac{1}{3T}\sum_{t=1}^{T}\left(\frac{|U_{\mathrm{rec}}(t,\boldsymbol{\theta})-U_{\mathrm{rec0}}(t)|}{U_{\mathrm{N}}}+\frac{|U_{\mathrm{inv}}(t,\boldsymbol{\theta})-U_{\mathrm{inv0}}(t)|}{U_{\mathrm{N}}}+\frac{|I(t,\boldsymbol{\theta})-I_{0}(t)|}{I_{\mathrm{N}}}\right)$$

s.t.

$$\boldsymbol{\theta}_{\mathrm{L}}\leqslant\boldsymbol{\theta}\leqslant\boldsymbol{\theta}_{\mathrm{U}} \tag{9.4.5}$$

式中，$U_{\mathrm{rec}}(t,\boldsymbol{\theta})$、$U_{\mathrm{inv}}(t,\boldsymbol{\theta})$、$I(t,\boldsymbol{\theta})$ 分别为参数组 $\boldsymbol{\theta}$ 对应的第 t 个采样时刻直流输电系统整流侧、逆变侧电压以及直流电流的仿真值；$U_{\mathrm{rec0}}(t)$、$U_{\mathrm{inv0}}(t)$、$I_0(t)$ 分别为第 t 个采样时刻直流输电系统整流侧、逆变侧电压以及直流电流的实际值；U_{N}、I_{N} 分别为直流输电系统直流电压以及直流电流的额定值；T 为采样总时刻数。

针对上述直流输电系统参数辨识问题的优化模型，结合 9.4.2 节中差分进化优化算法，可以通过以下步骤实现直流输电系统参数辨识。

步骤 1：设置种群数量 M，最大迭代次数 $N_{\max}$。依据待辨识参数上下限，在待辨识参数取值范围内依据式(9.4.2)生成 M 组个体构成种群 $\boldsymbol{P}=\{\theta_j=(\theta_{j,1},\theta_{j,i},\cdots,\theta_{j,n})\mid i=1,2,\cdots,n,j=1,2,\cdots,M\}$。

步骤 2：对于种群中每一个个体 θ_j，在种群中随机选择两个其他个体 θ_{r1}、θ_{r2}，依据式(9.4.3)计算间差分 $\mathrm{d}\theta_j=(\mathrm{d}\theta_{j,1},\mathrm{d}\theta_{j,2},\cdots,\mathrm{d}\theta_{j,n})$，并在此基础上生成变异个体 $\theta_j'=(\theta_{j,1}',\theta_{j,2}',\cdots,\theta_{j,n}')$。

步骤 3：对于每一个原个体 θ_j 及其通过变异操作生成的变异个体，变异个体依据式(9.4.4)采用离散杂交算子与原个体随机交换部分决策变量生成新个体 $\theta_j''=(\theta_{j,1}'',\theta_{j,2}'',\cdots,\theta_{j,n}'')$。

步骤 4：对于每一个原个体 θ_j 与交叉操作后生成的新个体 θ_j''，分别采用式(9.4.5)计算两者对应的直流响应与实际响应差异，淘汰两者中较大的目标函数值对应的个体，选择目标函数值较小的个体进入下一代。

步骤 5：比较当前迭代次数与最大迭代次数 $N_{\max}$，若当前迭代次数小于 $N_{\max}$ 则返回步骤 2，以当前种群中目标函数值最小个体，即响应曲线最接近于实际曲线的个体，作为待辨识参数的辨识值。

3. 算例分析

本算例采用含直流的 EPRI 36 节点测试系统，系统结构图如图 9-7 所示。选择 VDCOL、电流控制、换相失败预测、电压控制四个环节的 T_{up}、T_{dn}、$Gain$、K_{pI}、T_{iI}、G_{cf}、T_{dncf}、K_{pv}、T_{iV}等 9 个参数作为待辨识参数，如表 9-11 所示，采用蒙特卡罗方法依据表 9-12 中参数设置范围以平均分布随机抽取控制器参数，依据表 9-13 随机抽取故障参数设置在 13 号节点的不同水平三相短路故障以模拟直流输电系统的不同程度扰动场景。在 PSASP 中共仿真生成 20 组场景样本对所提方法进行测试，单场景仿真时间 2 s，仿真时间步长 0.01 s。

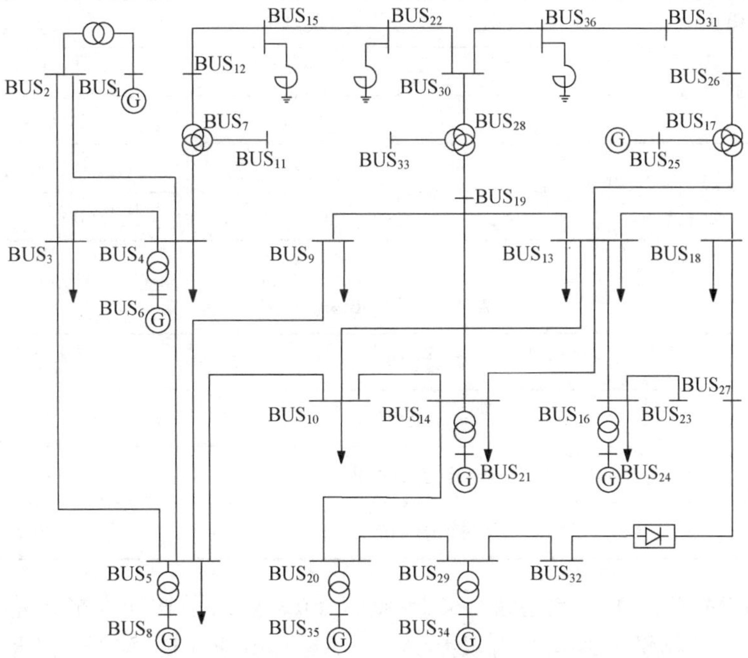

图 9-7　EPRI 36 节点交直流混联系统结构

表 9-11　待辨识参数

控制模块	参数符号	参数说明
VDCOL	T_{up}	电压上升滤波时间常数
	T_{dn}	电压下降滤波时间常数
电流控制	$Gain$	电流控制总增益
	K_{pI}	电流控制的比例增益
	T_{iI}	电流控制积分时间常数
换相失败预测	G_{cf}	换相失败预测增益
	T_{dncf}	输出角度下降时间常数
电压控制	K_{pv}	电压控制比例增益
	T_{iV}	电压控制积分时间常数

表 9-12　待辨识参数设置

控制模块	参数	典型值	设置范围
VDCOL	T_{up}	0.03	[0.01, 0.05]
	T_{dn}	0.015	[0.01, 0.02]
电流控制	$Gain$	30	[25, 40]
	K_{pI}	3.44	[2, 4]
	T_{iI}	0.009	[0.006, 0.015]

（续表）

控制模块	参数	典型值	设置范围
换相失败预测	G_{cf}	0.15	[0.1，0.25]
	T_{dncf}	0.02	[0.01，0.03]
电压控制	K_{pv}	26	[20，40]
	T_{iV}	0.000 5	[0.000 2，0.001 5]

表 9-13　故障参数设置

参数	参数说明	平均分布范围
$t_{f.occ}$	故障开始时间	0.1 s
$t_{f.cut}$	故障结束时间	0.19～0.25 s
Z_f	接地阻抗	0～0.05 p.u.

选用所选观测量的拟合优度(Goodness of Fit，R^2)、平均均方根误差(Root-Mean Squared Error，RMSE)、平均绝对误差(Mean Absolute Error，MAE)以及平均绝对误差百分数(Mean Absolute Percent Error，MAPE)四种指标对参数辨识后的直流响应曲线拟合程度进行评价。

$$R^2=\frac{\sum_{i=1}^{l}\sum_{t=1}^{h}(x_t^i-\overline{x})^2}{\sum_{i=1}^{l}\sum_{t=1}^{h}(x_{0.t}^i-\overline{x})^2}$$

$$RMSE=\sqrt{\frac{1}{lh}\sum_{i=1}^{l}\sum_{t=1}^{h}\left(\frac{x_t^i-x_{0.t}^i}{x_N^i}\right)^2} \tag{9.4.6}$$

$$MAE=\frac{1}{lh}\sum_{i=1}^{l}\sum_{t=1}^{h}\left|x_t^i-x_{0.t}^i\right|$$

$$MAPE=\frac{1}{lh}\sum_{i=1}^{l}\sum_{t=1}^{h}\left|\frac{x_t^i-x_{0.t}^i}{x_{0.t}^i}\right|\times 100\%$$

式中，x_t^i，$x_{0.t}^i$，x_N^i 分别为第 t 个时刻第 i 种观测量的仿真值、实际量测值与额定值；$\overline{x}$为序列平均值；l 与 h 分别为观测量种类数与观测中的采样次数。

在测试的 20 组场景中，随机选取一组测试结果对比本算例所提方法辨识结果与实际参数的差异及采用数值方法计算的参数灵敏度，如表 9-14 所示。由表 9-14 可以看出，本算例所提方法对于高灵敏度参数具有较好的辨识效果，其中灵敏度较高的 T_{dn}、T_{iI}、G_{cf}、T_{dncf}辨识误差均在 10%以内，而灵敏度较低的 K_{pv}与 T_{iV}误差则达到了 20%以上，这是由于 K_{pv}与 T_{iV}所处的电压控制环节在测试环境下并未起主导性作用，导致其对直流输电系统模型输出的影响较小，难以准确辨识。图 9-8 展示了辨识结果以及典型参数对应的直流输电系统直流电压、电流以及熄弧角的响应曲线。由图 9-8 可以看出，本算例所提方法在训练完成后，在线辨识所得直流响应曲线可以很好地拟合实际曲线，具有较高的辨识精度。

表 9-14　参数辨识值与实际值对比

参数	实际值	辨识值	相对误差	灵敏度
T_{up}	0.049 3	0.054 7	10.95%	5.19×10^{-5}
T_{dn}	0.019 8	0.021 3	7.58%	2.64×10^{-3}
$Gain$	39.755 4	45.814 9	15.24%	2.32×10^{-6}
K_{pI}	3.967 4	3.269 9	17.58%	5.23×10^{-6}
T_{iI}	0.014 9	0.016 2	8.44%	2.451 20
G_{cf}	0.247 6	0.259 5	4.81%	5.19×10^{-4}
T_{dncf}	0.029 7	0.030 3	2.02%	5.19×10^{-4}
K_{pv}	39.673 9	26.962 7	32.04%	1.53×10^{-8}
T_{iV}	0.001 5	0.001 1	26.67%	2.37×10^{-7}

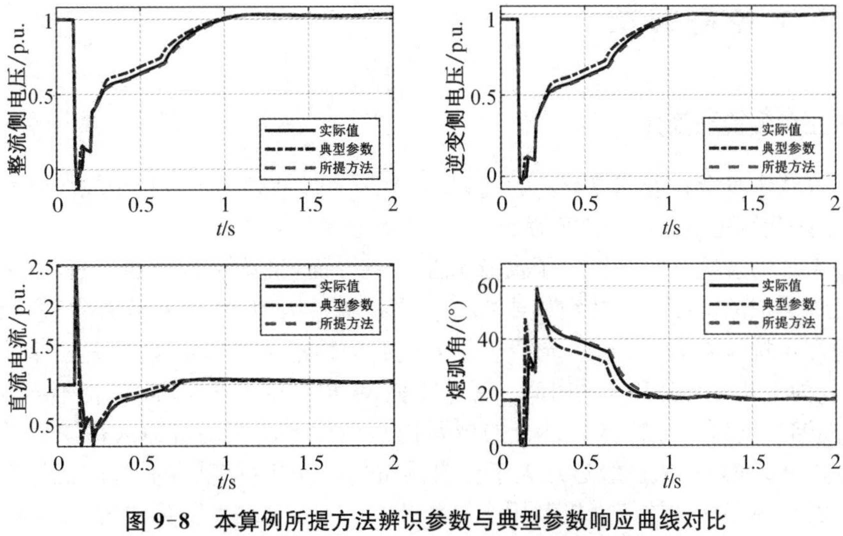

图 9-8　本算例所提方法辨识参数与典型参数响应曲线对比

为进一步说明本算例所提方法的辨识效果，表 9-15 给出了该方法以及基于遗传算法的参数辨识方法在 20 种场景中辨识后的 R^2、*RMSE*、*MAE*、*MAPE* 指标统计结果。由表9-15可以看出基于差分进化的直流输电系统参数辨识方法相较于遗传算法 *RMSE* 指标提升了 25%，在直流输电系统模型参数辨识方面总体表现出更高的辨识精度。

表 9-15　本算例所提方法辨识参数与典型参数对比

指标		TP	GA	DE
R^2	max	0.999 9	1.000 0	1.000 0
	mean	0.997 7	0.999 8	0.999 9
	min	0.991 8	0.999 5	0.999 5
RMSE	max	0.034 6	0.010 5	0.010 6
	mean	0.015 6	0.004 9	0.003 7
	min	0.003 7	0.001 1	9.22×10^{-4}
MAE	max	0.027 2	0.005 9	0.006 4
	mean	0.011 9	0.002 9	0.002 2
	min	0.002 2	8.41×10^{-4}	6.15×10^{-4}
MAPE	max	3.263 6%	0.679 3%	0.753 8%
	mean	1.377 7%	0.345 2%	0.258 1%
	min	0.238 9%	0.097 2%	0.064 3%

9.5　人工免疫算法

9.5.1　人工免疫算法简介

进化算法本身存在着难以解决的问题，其中之一就是局部收敛和全局收敛之间的矛盾，造成了进化算法的早熟收敛问题。

免疫系统为解决该问题提供了灵感源泉。一方面，抗体是特异的，一种抗体只强烈地结合几种类似的抗原决定基结构或模式。当抗原侵入时，免疫系统首先进行识别，然后快速地产生抗体来消灭抗原。与成千上万代的生物进化过程相比，这是一个快速的过程，一般只为十几分钟到几天的时间。另一方面，免疫系统大约含有 10^6 种不同的蛋白质（抗体是能够与抗原发生特异性结合的球蛋白），但外部潜在的抗原或待识别的模式有 10^{16} 种之多。要实现对数量级远远大于自身的抗原的识别，就需要有效的抗体多样性产生机制。将抗体多样性的产生机制用于算法中，可以有效地克服算法的早熟收敛问题，从而更好地找到全局最优解。

免疫系统证明了进化作为一种革新动力的作用，在抗体对外部抗原应答的亲和力（Affinity）成熟时，与无交叉的遗传算法、进化策略和进化规划非常相似。生物进化和免疫系统进化的相似性使得我们可以借鉴进化算法来研究人工免疫系统，或者利用免疫特性与进化算法结合设计新的计算方法。

9.5.2　人工免疫算法基本原理和基本方法

人工免疫算法，其基本思想是将全局收敛机制和局部收敛机制分开，全局收敛通过保持抗体种群多样性的机制实现，局部收敛通过克隆扩增和高频变异机制实现，两种机制的控制可以分开进行。

1. 基本原理

免疫系统的主要功能是产生抗体以清除抗原。当抗原侵入体内后，抗体与抗原发生结合，当它们之间的亲和力超过一定阈值，抗体被活化进行克隆扩增，随后克隆细胞经历高频变异过程，产生对抗原具有特异性的抗体。经历变异后的免疫细胞分化为浆细胞和记忆细胞。当记忆细胞再次遇到相同抗原后能够迅速被激活，实现对抗原的免疫记忆。此外，老的、没有起作用的抗体逐渐凋亡，新的抗体随机产生并进入免疫系统。

免疫响应的一个重要特点是亲和力成熟，也就是说，在抗原的选择之下，抗体与抗原的亲和力呈现不断增加的趋势，最终能够产生对付抗原的最有效的抗体。变异的迅速累积对于免疫应答的快速成熟是必须的，但只靠高频变异并不足以使免疫系统成熟，这是因为变异也会导致更弱或者非功能性抗体。如果一个细胞刚刚采用一种有用的变异，并以同一变异率在下次免疫应答期间继续变异，则衰弱变化的积累可能引起变异优点的损失。免疫系统克服这个问题的一个方法是通过选择性增加高亲和力抗体群体，这样，选择也在决定高亲和力抗体中起重要作用。可见，在克隆选择过程中，高频变异和更高亲和力抗体的选择这两个过程对于亲和力成熟起着关键作用。

2. 基本方法

模仿免疫系统的特性，能够设计出既具有良好全局搜索能力，又具有快速局部搜索能力的优化算法。将求解问题的目标函数和约束条件对应于入侵生物体的抗原，最优问题的候选解对应于免疫系统产生的抗体，通过亲和力来描述候选解与最优解的逼近程度。

人工免疫优化算法的主流程如图 9-9 所示。

算法的计算过程如下：

步骤 1：确定抗原和抗体的编码形式，设定算法中所有的参数值，包括抗体种群规模 N、选择克隆（或称活化）细胞数量 N_s，克隆倍数 N_c、免疫补充数量 N_r、变异率 P_m，设定进化终止条件。

步骤 2：载入抗原。

步骤 3：初始化抗体群体 $X(t)=(x_1(t),\ x_2(t),\ \cdots,\ x_N(t))$，进化代数 $t=l$。

步骤 4：评估群体 $X(t)$ 中每个抗体与抗原的亲和力，并按照亲和力的大小进行降序排列（对最小化问题则为升序排列）。

步骤 5：活化细胞的克隆选择过程可分为以下几步：

① 选择克隆：选择亲和力最大的从 N_s 个细胞形成活化细胞群体 $X_s(t)$。

② 克隆扩增：对被选择的（活化的）细胞进行克隆扩增。克隆就是对细胞的简单复制，为简化计算，这里每个细胞按照相同的倍数 N_c 复制。

③ 高频变异：对克隆细胞以较大的变异率 P_m 进行变异，

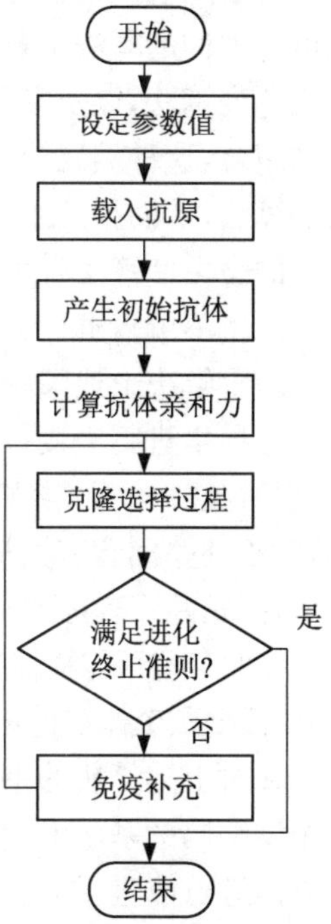

图 9-9　人工免疫优化算法的流程图

形成变异种群 $X_m(t)$。

④ 再次选择：把种群 $X'(t)$ 和变异种群 $X_m(t)$ 组成新种群，$X'(t) \cup X_m(t)$，并按亲和力降序排列，选取前 N 个个体作为下一代的父代 $X(t+1)$。其中 $X'(t)$ 为父代种群 $X(t)$ 的子集或全集，集合中包含了最优个体。

步骤 6：终止检验。如果 $X(t+1)$ 已满足预设的进化终止准则，则停止；否则置 $t=t+1$ 并继续下一步骤。算法终止条件应根据问题的要求而定，可以采取固定的计算代数，也可以采用亲和力或抗体对应的解达到某一指定范围。

步骤 7：免疫补充。随机产生 N_r 个新抗体并计算其亲和力，替换群体中亲和力最小的抗体，种群按亲和力大小重新降序排列，并转步骤 5 继续进行。这一步骤模拟了免疫系统新陈代谢，骨髓每天产生新抗体来补充免疫系统。

上述算法步骤 3 群体初始化一般采用随机产生，这个过程模拟了首次免疫响应时抗体与抗原无关的现象。对于有先验知识的问题，可以进行接种疫苗，以获得优良的初始群体。

9.5.3　基于人工免疫算法的配电网重构

例 9.5　电力系统配电网重构案例。

电力系统的配电网一般具有闭环设计、开环运行的特点，它在配电沿线上设有分段开关，在馈线入口处设有联络开关。配电网重构就是对配电网众多的分段开关和少量的联络开关进行分合操作，它是降低配电网网损的有效途径，并且还可以均衡负荷、消除过载及提高供电电压质量。

1. 问题描述

由于配电网重构需要优化大量的开关，穷举搜索很容易产生组合爆炸问题。目前，配电网重构的算法主要有最优流法、支路交换法、禁忌搜索法、遗传算法、动态规划算法、人工免疫算法，以及多种方法的混合。其中，遗传算法的 0 和 1 编码分别对应着支路断开和闭合，这种编码简单易行，且基于精英保留策略的遗传算法在理论上是一种全局收敛的算法，从而得到了较多的应用。但在实际应用中，遗传算法仍有诸多不足，如种群多样性的丧失使算法有可能收敛到局部最优，以及由于配电网辐射状的特点，使得遗传算法会产生不可行解。

为了解决上述问题，一些学者提出了改进的遗传算法，例如：模糊遗传算法，对交叉率和变异率进行模糊控制以改善算法的收敛性能；采用信息熵理论来控制种群的多样性，以避免算法不成熟收敛；根据配电网特点，采用相关措施减少了不可行解的产生。然而，对于环路间含有大量公共开关的复杂配电网，这些方法在实际操作中仍会产生不可行解，问题并没有得到彻底解决。如果将不可行解直接抛弃，而未进行有效处理，进化过程中个体的某些可能最佳基因位也就随之丧失。另外，抛弃不可行解有可能使得候选解所剩无几，极个别个体在进化过程中快速占优，使种群丧失了多样性，从而导致算法早熟收敛。

针对上述算法的不足，本算例采用人工免疫算法对配电网重构问题进行求解。在缩短个体编码的基础上，利用免疫机理从群体初始化、不可行解的修复、避免早熟收敛等几个方面进行改进。

2. 优化模型

正常供电的配电网是没有闭环和孤岛的辐射状网络。本节的配电网重构以网损最小为目标函数，其表达式可以表示为：

$$\min f = \sum_{i=1}^{n} k_i r_i \left(\frac{P_i^2 + Q_i^2}{U_i^2} \right) \tag{9.5.1}$$

式中，n 是系统支路总数；i 为支路编号；r_i 为支路 i 的电阻；P_i，Q_i 为支路 i 流过的有功功率和无功功率；U_i 为支路 i 末端的节点电压；k_i 为开关的状态变量，0 代表打开，1 代表闭合。

约束条件包括电压约束、支路过载约束、变压器过载约束等，即：

$$U_{i\min} \leqslant U_i \leqslant U_{i\max} \tag{9.5.2}$$

$$S_i \leqslant S_{i\max} \tag{9.5.3}$$

$$S_t \leqslant S_{t\max} \tag{9.5.4}$$

式中，$U_{i\min}$ 和 $U_{i\max}$ 分别为节点电压下限和上限值；S_i 和 $S_{i\max}$ 分别为第 i 条支路流过功率的计算值及其最大允许值；S_t 和 $S_{t\max}$ 分别是变压器流出的功率和最大允许值。若一个变压器处有若干条馈线，则应视为这些馈线根节点处的功率之和。不等式约束可以通过越界罚函数加入目标函数中。

3. 模型求解

本算例利用人工免疫算法进行求解。用进化算法对最优化问题求解时，一般先要将最小化问题通过变换化为最大化问题，将其作为适应度函数。

为了验证本算例提出算法的有效性，用以下网络进行验证：这是一个 12.66 kV 的配电网络，有 69 个节点，74 条线，5 个联络开关，系统有功负荷 3 802 kW，无功负荷 2 694 kVA。利用缩短抗体编码方法，确定抗体长度为 59，取种群进化代数为 50，种群规模为 50，克隆选择细胞数量为 20，克隆倍数为 5，免疫更新数量为 10，种群亲和力划分区间为 4。为避免转换带来不必要的计算量，本节算法直接将式(9.5.1)的目标函数作为抗体对抗原的亲和力评估函数，因此抗体(解)的亲和力越小，表明抗体(解)越优。得到计算结果如表 9-16 所示。

表 9-16　配电网重构前后结果

比较项目	重构前	重构后
打开开关集合	10—70	10—70
	12—20	12—19
	14—90	13—14
	26—54	47—48
	38—48	50—51
网损/kW	228.7	101.1
最低节点电压/p.u.	0.891	0.931

9.6 支持向量机算法

9.6.1 SVM 算法简介

支持向量机(Support Vector Machine, SVM)是一类按监督学习方式对数据进行二元分类的广义线性分类器,其决策边界是对学习样本求解的最大边距超平面。随着信息技术的飞速发展,计算机的运算能力越来越强大,支持向量机在软件编程和仿真研究中得到了广泛应用,越来越多的研究人员将支持向量机应用于预测领域。

在机器学习领域中,支持向量机是一种具有代表性的有监督学习模型,可以用其来进行数据的分类和回归分析,是求解凸二次规划的最优化算法。支持向量机基于统计学习理论框架,是一种稳健的预测方法。对给定的一组训练样本,其中每个样本都被标记为属于两个类别中的一个。对支持向量机进行训练,使其能够成为一个非概率二元线性分类器。除了进行线性分类外,支持向量机还可以使用核技巧高效地进行非线性分类,将输入隐式映射到高维特征空间中。

SVM 由模式识别中广义肖像算法发展而来,其早期工作来自苏联学者 Vapnik 和 Lerner 在 1963 年发表的研究成果。1964 年,Vapnik 和 Chervonenkis 对广义肖像算法进行了进一步讨论并建立了硬边距的线性 SVM。此后在 20 世纪 70—80 年代,随着模式识别中最大边距决策边界的理论研究,基于松弛变量的规划问题求解技术的出现和 VC 维的提出,SVM 被逐步理论化并成为统计学习理论的一部分。1992 年,Boser、Guyon 和 Vapnik 通过核方法得到了非线性 SVM。1995 年,Corinna Cortes 和 Vapnik 提出了软边距的非线性 SVM 并将其应用于手写字符识别问题,这份研究在发表后得到了关注和引用,为 SVM 在各领域的应用提供了参考。

此外,当数据未进行标记时,普通的 SVM 无法进行监督学习。基于此,Siegelmann 和 Vapnik 于 2001 年提出一种非监督学习聚类方法,即试图发掘数据中的特征从而进行聚类,然后将新的数据映射到这些类中。这种基于支持向量机算法发展起来的无监督学习方法可以实现对未标记数据进行分类,是一种在工业中应用最广泛的聚类算法之一。

SVM 由于其数学特性,具有较好的稳健性与稀疏性:SVM 的优化问题同时考虑了经验风险和结构风险最小化,因此具有稳定性。从几何观点来看,SVM 的稳定性体现在其构建超平面决策边界时要求边距最大,因此间隔边界之间有充裕的空间包容测试样本。SVM 使用铰链损失函数作为代理损失,铰链损失函数的取值特点使 SVM 具有稀疏性,即其决策边界仅由支持向量决定,其余的样本点不参与经验风险最小化。在使用核方法的非线性学习中,SVM 的稳健性和稀疏性在确保了可靠求解结果的同时降低了核矩阵的计算量和内存开销。

通过在 SVM 的算法框架下修改损失函数和优化问题可以得到其他类型的线性分类器,例如将 SVM 的损失函数替换为 logistic 损失函数就得到了接近于 logistic 回归的优化问题。SVM 和 logistic 回归是功能相近的分类器,二者的区别在于 logistic 回归的输出具有概率意义,也容易扩展至多分类问题,而 SVM 的稀疏性和稳定性使其具有良好的泛化能力并在使用核方法时计算量更小。

9.6.2　SVM 原理和基本方法

1. SVM 基本原理

假设有一个观察样本集 $\{(\boldsymbol{x}_i, \boldsymbol{y}_i), i=1, 2, \cdots, N\}$，其中每个 $\boldsymbol{x}_i \in \mathbb{R}^N$ 表示样本的输入空间，有对应的目标值 $\boldsymbol{y}_i \in \mathbb{R}^N$，其中 $i=1, 2, \cdots, N$，N 与样本数据的容量大小相关。支持向量机的基本思想是从输入空间到输出空间的非线性映射，将输入数据映射到高维特征空间。为了将测试数据尽可能正确地分类，针对训练样本集为线性或者非线性两种情况分别进行讨论。

(1) 线性情况

如果存在分类超平面：

$$\boldsymbol{\omega} \cdot \boldsymbol{x} + b = 0 \tag{9.6.1}$$

使得：

$$\begin{aligned} &\boldsymbol{\omega} \cdot \boldsymbol{x}_i + b \geqslant 1, \quad y_i = 1, \quad i=1, 2, \cdots, t \\ &\boldsymbol{\omega} \cdot \boldsymbol{x}_i + b \leqslant -1, \quad y_i = -1, \quad i=1, 2, \cdots, l \end{aligned} \tag{9.6.2}$$

则称训练集是线性可分的，其中 $\boldsymbol{\omega} \cdot \boldsymbol{x}$ 表示向量 $\boldsymbol{\omega} \in \mathbb{R}^N$ 与 $\boldsymbol{x} \in \mathbb{R}^N$ 的内积。式中 $\boldsymbol{\omega} \in \mathbb{R}^N$ 与 $\boldsymbol{x} \in \mathbb{R}^N$ 都进行了规范化，使得每类样本集中与分类超平面距离最近的数据点满足约束要求。

由统计学习理论知，如果训练样本集被超平面正确分开，并且距超平面最近的样本数据与超平面之间的距离最大，则该超平面为最优超平面，由此得到的决策函数：

$$\tilde{f}(\boldsymbol{x}) = \mathrm{sign}(\boldsymbol{\omega} \cdot \boldsymbol{x} + b) \tag{9.6.3}$$

其推广能力最优，其中 sign 为符号函数。最优超平面的求解需要最大化 $2/\|\boldsymbol{\omega}\|$，因此转化为如下的二次规划问题：

$$\begin{aligned} &\min_{\omega, b} \frac{1}{2} \|\boldsymbol{\omega}\|^2 \\ &\text{s.t.} \\ &y_i(\boldsymbol{\omega} \cdot \boldsymbol{x}_i + b) \geqslant 1, \quad i=1, 2, \cdots, l \end{aligned} \tag{9.6.4}$$

训练样本集为线性不可分时，需引入非负松弛变量 ξ_i，$i=1, 2, \cdots, l$，分类超平面的最优化问题为：

$$\begin{aligned} &\min_{\omega, b, \xi_i} \frac{1}{2} \boldsymbol{\omega}^{\mathrm{T}} \boldsymbol{\omega} + C \sum_{i=1}^{l} \xi_i \\ &\text{s.t.} \\ &\begin{cases} y_i(\boldsymbol{\omega}^{\mathrm{T}} \cdot \boldsymbol{x}_i + b) \geqslant 1 - \xi_i \\ \xi_i \geqslant 0, \quad i=1, 2, \cdots, l \end{cases} \end{aligned} \tag{9.6.5}$$

其中，C 为惩罚参数，C 越大表示对错误分类的惩罚越大。采用拉格朗日乘子法求解这个具有线性约束的二次规划问题，即：

$$L_P = \frac{1}{2} \|\boldsymbol{\omega}\|^2 + C\sum_{i=1}^{l} \xi_i - \sum_{i=1}^{l} \alpha_i [y_i(\boldsymbol{\omega} \cdot \boldsymbol{x}_i + b) - 1 + \xi_i] - \sum_{i=1}^{l} \beta_i \xi_i \quad (9.6.6)$$

其中，α_i，β_i 为拉格朗日乘子，由此得到：

$$\frac{\partial L_P}{\partial \boldsymbol{\omega}} = \boldsymbol{\omega} - \sum_{i=1}^{l} \alpha_i y_i \boldsymbol{x}_t = \boldsymbol{0} \quad (9.6.7)$$

$$\frac{\partial L_P}{\partial b} = -\sum_{i=1}^{l} \alpha_i y_i = 0 \quad (9.6.8)$$

$$\frac{\partial L_P}{\partial \xi_i} = C - \alpha_i - \beta_i = 0 \quad (9.6.9)$$

所以可以得到对偶最优化问题：

$$\begin{aligned} &\min_{\alpha} \frac{1}{2} \boldsymbol{\alpha}^{\mathrm{T}} \boldsymbol{Q} \boldsymbol{\alpha} - \boldsymbol{e}^{\mathrm{T}} \boldsymbol{\alpha} \\ &\text{s.t.} \\ &\begin{cases} 0 \leqslant \alpha_i \leqslant C, \quad i = 1, 2, \cdots, l \\ \mathbf{y}^{\mathrm{T}} \boldsymbol{\alpha} = 0 \end{cases} \end{aligned} \quad (9.6.10)$$

根据 Karush-Kuhn-Tucher 条件知，在最优点，拉格朗日乘子与约束的积为 0，即：

$$\begin{cases} \alpha_i [y_i(\boldsymbol{\omega} \cdot \boldsymbol{x}_i + b) - 1 + \xi_i] = 0 \\ \beta_i \xi_i = 0 \end{cases} \quad (9.6.11)$$

对于标准支持向量，可以得到 $\beta_I > 0$，因此，对于任一标准支持向量，满足：

$$y_i(\boldsymbol{\omega} \cdot \boldsymbol{x}_i + b) = 1 \quad (9.6.12)$$

(2) 非线性情况

训练集为非线性时，通过一个非线性函数 f 将训练集数据 x 映射到一个高维线性特征空间，在这个维数可能为无穷大的线性空间中构造最优分类超平面，并得到分类器的决策函数。因此，在非线性情况，分类超平面为：

$$\boldsymbol{\omega} \cdot \phi(\boldsymbol{x}) + b = 0 \quad (9.6.13)$$

决策函数为：

$$\tilde{f}(\boldsymbol{x}) = \text{sign}[\boldsymbol{\omega} \cdot \phi(\boldsymbol{x}) + b] \quad (9.6.14)$$

最优分类超平面问题描述为：

$$\begin{aligned} &\min_{\omega, b, \xi_i} \frac{1}{2} \boldsymbol{\omega}^{\mathrm{T}} \boldsymbol{\omega} + C\sum_{i=1}^{l} \xi_i \\ &\text{s.t.} \\ &\begin{cases} y_i(\boldsymbol{\omega}^{\mathrm{T}} \phi(\boldsymbol{x}_i) + b) \geqslant 1 - \xi_i \\ \xi_i \geqslant 0, \quad i = 1, 2, \cdots, l \end{cases} \end{aligned} \quad (9.6.15)$$

与线性情况类似，得到对偶最优化问题：

$$\max_{a}\left\{\begin{aligned}L_D&=\sum_{i=1}^{l}\alpha_i-\frac{1}{2}\sum_{i=1}^{l}\sum_{j=1}^{l}\alpha_i\alpha_j y_i y_j\phi(\boldsymbol{x}_i)\cdot\phi(\boldsymbol{x}_j)\\&=\sum_{i=1}^{l}\alpha_i-\frac{1}{2}\sum_{i=1}^{l}\sum_{j=1}^{l}\alpha_i\alpha_j y_i y_j K(\boldsymbol{x}_i,\ \boldsymbol{x}_j)\end{aligned}\right\}$$

$$\text{s.t.}\quad 0\leqslant\alpha_i\leqslant C,\quad \sum_{i=1}^{l}\alpha_i y_i=0 \tag{9.6.16}$$

其中，$K(\boldsymbol{x}_i,\ \boldsymbol{x}_j)=\phi(\boldsymbol{x}_i)\cdot\phi(\boldsymbol{x}_j)$ 称为核函数。决策函数和参数 b 分别为：

$$\tilde{f}(\boldsymbol{x})=\text{sign}\left(\sum_{i=1}^{l}y_i\alpha_i K(\boldsymbol{x}_i,\ \boldsymbol{x})+b\right) \tag{9.6.17}$$

$$b=\frac{1}{N_{\text{NSV}}}\sum_{x_i\in \boldsymbol{JN}}\left(y_i-\sum_{\boldsymbol{x},\ \boldsymbol{J}}\alpha_j y_j K(\boldsymbol{x}_j,\ \boldsymbol{x}_i)\right) \tag{9.6.18}$$

其中，N_{NSV} 为标准支持向量数；$\boldsymbol{JN}$ 为标准支持向量的集合；$\boldsymbol{J}$ 为支持向量的集合。

(3) 核函数

因为核函数是解决维数灾难的关键，只有通过核函数高维的点积运算转化为低维空间核函数计算，才能解决高维运算的难题，因此 SVM 核函数的选择对于其性能的表现有至关重要的作用，尤其是针对线性不可分的数据。核函数的作用是，通过将空间内线性不可分的数据映射到一个高维的特征空间，使得数据在特征空间内是可分的。常见的可用于回归问题的核函数有：

① 多项式核函数：

$$K(x,\ y)=[\gamma(x^{\text{T}}y)+r]^q \tag{9.6.19}$$

② Gauss 径向基核函数：

$$K(x,\ y)=\exp(-\gamma\ \|x-y\|^2) \tag{9.6.20}$$

③ 傅里叶核函数：

$$K(x,\ y)=\frac{1-q^2}{2(1-2q\cos(x-y))+q^2} \tag{9.6.21}$$

④ sigmoid 函数：

$$K(x,\ y)=\tanh(\gamma x^{\text{T}}y+r) \tag{9.6.22}$$

2. 基本方法

(1) 多分类支持向量机

由于许多任务不仅仅局限于二分类问题，更多的时候可能我们面临的是多分类问题。有些二分类机器学习方法可直接推广到多分类问题之中，但支持向量机本身是一种二分类问题的判别方法，不能直接应用于多分类问题。因此，关于支持向量机，需要制定一些基本策略才能利用其来解决多分类问题。

SVM 多分类方法的实现根据目前的方法可以大致分为两种：一种为将多类问题分解为一系列 SVM 可直接求解的二分类问题，基于这一系列 SVM 求解结果得出最终的判别结果；另一种为通过对支持向量机的原始最优化问题进行适当更改，使得它同时计算出所有多类分类的决策函数，从而“一次性”地实现多类分类。

虽然第二种方法看似简单，但由于其最优化问题求解过程太过复杂，计算量太大，实现起来比较困难，因此未得到广泛应用。目前广泛采用基于第一种方法的多分类支持向量机。针对多分类问题的支持向量机主要有 5 种：一类对余类法(OVR)、一对一法(OVO)、二叉树法(BT)、纠错输出编码法和有向非循环图法。

① 一类对余类法

一类对余类法(One Versus Rest, OVR)是最早出现也是目前应用最为广泛的方法之一，其步骤是构造 k 个两类分类机(设共有 k 个类别)，其中第 i 个分类机把第 i 类同余下的各类划分开，训练时第 i 个分类机取训练集中第 i 类为正类，其余类别点为负类进行训练。判别时，输入信号分别经过 k 个分类机共得到 k 个输出值 $f_i(x)=\mathrm{sgn}(g_i(x))$，若只有一个“+1”出现，则其对应类别为输入信号类别；若输出不止一个“+1”(不止一类声称它属于自己)，或者没有一个输出为“+1”(即没有一个类声称它属于自己)，则比较 $g(x)$ 输出值，最大者对应类别为输入的类别。

② 一对一法

一对一法(One Versus One, OVO)也称为成对分类法。在训练集 T(共有 k 个不同类别)中找出所有不同类别的两两组合，共有 $P=k(k-1)/2$ 个，分别用这两个类别样本点组成两类问题训练集 $T(i, j)$，然后用求解两类问题的 SVM 分别求得 P 个判别函数 $f_{i,j}(x)=\mathrm{sgn}(g_{i,j}(x))$。判别时将输入信号 X 分别送到 P 个判别函数 $f_{i,j}(x)$，若 $f_{i,j}(x)=+1$，判 X 为 i 类，i 类获得一票，否则判为 j 类，j 类获得一票。分别统计 k 个类别在 P 个判别函数结果中的得票数，得票数最多的类别就是最终判定类别。

③ 二叉树法

二叉树法(Binary Tree, BT)先将所有类别划分为两个子类，每个子类又划分为两个子子类，以此类推，直到划分出最终类别，每次划分后两类分类问题的规模逐级下降。

④ 纠错输出编码法

纠错输出编码法(Error Correcting Output Code, ECOC)对 k 个类别的分类问题，可以建立 M 个不同的分类方法，如把奇数类看作正类，偶数类看作负类；把 1,2 类看作正类，剩下的 $k-2$ 类看作负类等，这样就得到了一系列(M 个)两类问题，对每个两类问题建立一个决策函数，共有 M 个决策函数，每个决策函数的输出为“+1”或“−1”。若这些决策函数完全正确，k 类中的每一个点输入 M 个决策函数后都对应一个长度为 M 的每个元素为“+1”或“−1”的数列。将这些数列按照类别顺序逐行排列起来，即可得到一个 k 行 M 列的矩阵 $\mathbf{A}$。相当于对每一类别进行长度为 M 的二进制编码，矩阵 $\mathbf{A}$ 的第 i 行对应第 i 类的编码，可以采用具有纠错能力的编码方式实现。

有效的 ECOC 法应满足两个条件：①编码矩阵 $\mathbf{A}$ 的行之间不相关；②编码矩阵 $\mathbf{A}$ 的列之间不相关且不互补。对于 k 类分类问题，编码长度 M 一般取：$\log_2 k<M\leqslant 2^{k-1}-1$。判别时，将 X 依次输入 M 个决策函数，得到一个元素为“+1”或“−1”的长度为 M 的数列，

然后把该数列与矩阵 **A** 比较。若决策函数准确，两类问题的选择合理，矩阵 **A** 中应有且仅有一行与该数列相同，这一行对应的类别即为所求类别。若矩阵 **A** 中没有一行与该数列相等，找出最接近的一行（如通过计算汉明距离），该行对应的类别即为所求类别。

⑤ 有向非循环图法

对 k 个类别的多类问题，构造 $k(k-1)/2$ 个 OVO 两类分类机，由于引入了图论中有向无环图（Direct Edacydic Graph, DAG）的思想，故被称为 DAGSVM 方法。

（2）SVM 训练算法

① 块算法

块算法的出发点是删除矩阵中对应的拉格朗日乘数为零的行和列将不会影响最终的结果。对于给定的样本，块算法的目标是通过某种迭代方式逐步排除非支持向量，从而降低训练过程中对存储器容量的要求。

具体方法是：将一个大型的二次规划（QP）问题分解为一系列较小规模的 QP 问题，然后找到所有非零的拉格朗日乘数并删除。

这种算法的优势是将矩阵规模从训练样本数的平方减少到具有非零拉格朗日乘数的样本数的平方，在很大程度上降低了训练过程对存储容量的要求。块算法能够大大提高训练速度，尤其是当支持向量的数目远远小于训练样本数目时。然而，如果支持向量的个数比较多，所选的块也会越来越大，算法的训练速度依旧会变得十分缓慢。

② 分解算法

分解算法是目前能够有效解决大规模问题的主要方法。分解算法将二次规划问题分解成一系列规模较小的二次规划子问题，进行迭代求解。在每次迭代中，选取拉格朗日乘子分量的一个子集作为工作集，利用传统优化算法求解一个二次规划的子问题。以分类 SVM 为例，分解算法的主要思想是将训练样本分成工作集 B 和非工作集 N，工作集 B 中的样本个数为 q，q 远小于训练样本总数。每次只针对工作集 B 中的样本进行训练，而固定 N 中的训练样本。该算法的关键在于选择一种最优工作集选择算法，而在工作集的选取中采用了随机的方法，因此限制了算法的收敛速度。

③ 增量训练算法

增量训练是机器学习系统在处理新增样本时，能够只对原学习结果中与新样本有关的部分进行增加、修改或删除操作，与之无关的部分则不被触及。增量训练算法的一个突出特点是支持向量机的学习不是一次离线进行的，而是一个数据逐一加入反复优化的过程。SVM 增量训练算法，即每次只选一小批常规而此算法能处理的数据作为增量，保留原样本中的支持向量和新增样本混合训练，直至训练样本用完。

9.6.3　基于支持向量机的低频振荡类型识别方法

例 9.6　电力系统低频振荡类型识别案例。

随着电力系统互联规模的不断扩大，电力系统低频振荡发生的风险日益增加，危害也愈加严重。引起低频振荡的原因主要有两种：一种是由于电力系统阻尼不足而导致的负阻尼振荡；另一种则是由于电力系统中存在持续周期性的扰动而导致的强迫功率振荡。这两种振荡类型由于产生机理不同需要采取不同的应对措施，负阻尼振荡需要通过增加系统阻尼的方法来抑制振荡发生，而强迫功率振荡需要及时切除持续周期性的扰动源来使得电力系统恢复稳定状态。但是在实际电力系统中发生的负阻尼振荡与强迫功率振荡常常由于波形的相似性，难以辨别其振荡类型，所以对振荡类型判别的研究一直以来受到广泛的关注和重视。

1. 问题描述

本算例基于 WECC 179 节点测试系统，在计及量测噪声的前提下，考虑录波数据不完整和系统阻尼比接近 0 等容易发生误判的情况对本算例所提方法识别低频振荡类型的有效性和准确性进行验证。并且最后使用 New England 实际系统数据，成功判断了低频振荡类型。

本算例使用 PSAT 电力系统仿真软件对负阻尼振荡和强迫功率振荡进行批量仿真，设置仿真时长 18 s。通过使负荷从 95%～105%的额定负荷变化、施加不同位置的三相短路故障和调整发电机的阻尼系数完成负阻尼振荡的样本构造。此外为了增加样本的丰富度，以提高训练模型的泛化能力，还通过调整发电机阻尼系数使得电力系统阻尼比接近 0，构造出波形与强迫振荡类似的负阻尼振荡作为样本。强迫功率振荡样本是在原动机转矩和励磁系统输入上施加周期性扰动实现的，分别在原动机输入转矩上施加扰动幅值在 0.1～0.5 p.u.之间变化的正弦波与方波和在励磁系统上施加扰动幅值在 0.05～0.25 p.u.之间变化的正弦波与方波，设置扰动频率在 0.2～2.5 Hz 之间变化，并且改变负荷在 95%～105%的额定负荷变化完成对强迫功率振荡样本的构造。为模拟实际系统中的 PMU 工作状态，在上述负阻尼振荡样本和强迫功率振荡样本均施加信噪比为 100 的量测噪声，设置数据采样频率为 30 Hz。

选取每个样本中有功功率波动最大的节点的有功功率信号计算其时域、频域、能量、相关性、复杂度和模态指标，形成特征指标集。设置 ReliefF 算法的最邻近参数为 10，mRMR 选择特征指标的数量为 5，筛选得到样本的特征子集包含时域峭度指标、能量函数峭度指标、互相关指标、能量函数峰值系数、能量函数裕度指标和能量函数脉冲指标。可以看出，所提取的指标中主要包括时域峭度指标和能量指标，而且目前已有将四阶累积量和能量函数应用于低频振荡方面的研究，说明这些指标与低频振荡具有较高的相关性。

将样本分为 85%的训练组和 15%的测试组，使用 GA-SVM(Genetic Algorithm, Support Vector Mochine)对训练组特征子集进行训练，通过训练得到的模型判别测试组的振荡类型。

2. 优化模型

(1) 时频域特性分析及特征构造

在电力系统发生低频振荡时，电力系统的电气量不再稳定，而是发生周期性的大幅度波动。要完整描述低频振荡的特性，难以在某个时间断面上反映其振荡特性，而直接分析完整的低频振荡波形时间序列又包含过多冗余信息，所以需要构造电力系统时域与频域特征，分析计算振荡数据时频域的特征指标来刻画低频振荡的波形特征。

本算例构造多个典型时频域统计量作为候选特征，包括常用的均值、标准差、均方根指标，高阶统计量歪度、峭度指标，以及典型波形描述指标如波形指标、脉冲指标等。时域特征指标如表 9-17 所示，频域特征指标如表 9-18 所示。

表 9-17　时域特征指标

指标	时域特征指标表达式	指标	时域特征指标表达式
均值	$T_1=\dfrac{\sum_{n=1}^{N}x(n)}{N}$	峭度	$T_7=\dfrac{\sum_{n=1}^{N}(x(n)-T_1)^4}{(N-1)T_2^4}$
样本标准差	$T_2=\sqrt{\dfrac{\sum_{n=1}^{N}(x(n)-T_1)^2}{N-1}}$	峰值系数	$T_8=\dfrac{T_5}{T_4}$
方根幅值	$T_3=\left(\dfrac{\sum_{n=1}^{N}\sqrt{\mid x(n)\mid}}{N}\right)^2$	裕度	$T_9=\dfrac{T_5}{T_3}$
均方根值（有效值）	$T_4=\sqrt{\dfrac{\sum_{n=1}^{N}x(n)^2}{N}}$	波形	$T_{10}=\dfrac{T_4}{\dfrac{1}{N}\sum_{n=1}^{N}\mid x(n)\mid}$
峰值	$T_5=\max\mid x(n)\mid$	脉冲	$T_{11}=\dfrac{T_5}{\dfrac{1}{N}\sum_{n=1}^{N}\mid x(n)\mid}$
歪度（偏态指标）	$T_6=\dfrac{\sum_{n=1}^{N}(x(n)-T_1)^3}{(N-1)T_2^3}$		

其中，$x(n)$ 是 $n=1, 2, \cdots, N$ 的信号序列，N 是数据点的个数。

表 9-18　频域特征指标

指标	频域特征指标表达式	指标	频域特征指标表达式
中心频率	$F_1=\dfrac{\sum_{k=1}^{K}s(k)}{K}$	均方根频率	$F_7=\sqrt{\dfrac{\sum_{k=1}^{K}f_k^2 s(k)}{\sum_{k=1}^{K}s(k)}}$
方差	$F_2=\dfrac{\sum_{k=1}^{K}(s(k)-F_1)^2}{K-1}$	波形稳定系数	$F_8=\dfrac{\sum_{k=1}^{K}f_k^2 s(k)}{\sqrt{\sum_{k=1}^{K}s(k)\sum_{k=1}^{K}f_k^4 s(k)}}$
偏斜度	$F_3=\dfrac{\sum_{k=1}^{K}(s(k)-F_1)^3}{K(\sqrt{F_2})^3}$	变异系数	$F_9=\dfrac{F_6}{F_5}$
峰度	$F_4=\dfrac{\sum_{k=1}^{K}(s(k)-F_1)^4}{KF_2^2}$	歪度	$F_{10}=\dfrac{\sum_{k=1}^{K}(f_k-F_5)^3 s(k)}{KF_6^3}$

（续表）

指标	频域特征指标表达式	指标	频域特征指标表达式
频度中心	$F_5=\dfrac{\sum_{k=1}^{K} f_k s(k)}{\sum_{k=1}^{K} s(k)}$	峭度	$F_{11}=\dfrac{\sum_{k=1}^{K}(f_k-F_5)^4 s(k)}{KF_6^4}$
频率标准差	$F_6=\sqrt{\dfrac{\sum_{k=1}^{K}(f_k-F_5)^2 s(k)}{K}}$	均方根比率	$F_{12}=\dfrac{\sum_{k=1}^{K}(f_k-F_5)^{1/2} s(k)}{K\sqrt{F_6}}$

其中，$s(k)$是$k=1, 2, \cdots, K$时的频谱，K是谱线的数量，f_k是第k个谱线的频率。

(2) 能量、相关性、复杂度、模态特性分析及特征构造

① 能量指标

电力系统低频振荡的能量函数为：

$$E_{Gi}=\int \Delta P_{Gi} 2\pi \Delta f_i \mathrm{d}t+\int \Delta Q_{Gi} \mathrm{d}(\Delta \ln U_i) \tag{9.6.23}$$

式中，E_{Gi}为第i台发电机的低频振荡能量函数；P_{Gi}为第i台发电机输出的有功功率相对稳态值的变化量；f_i为第i台发电机的频率偏移量；Q_{Gi}为第i台发电机输出的无功功率相对稳态值的变化量；$\ln U_i$为第i台发电机母线电压的自然对数值的相对稳态值的变化量。

通过计算得到系统能量函数，计算其时域指标、频域指标和能量时空分布熵作为能量指标。其中，能量时空分布熵反映了电力系统能量函数时空分布特性，计算方法如下：

$$S_{OE}=-\sum_{i=1}^{N}\left(\frac{E_{Gi}}{E_{\Sigma}}\right)\ln\left(\frac{E_{Gi}}{E_{\Sigma}}\right) \tag{9.6.24}$$

式中，S_{OE}为能量时空分布熵；E_{Σ}为系统振荡能量之和；N为发电机总数。

② 相关性指标

低频振荡相关性指标包括两部分：互相关特征指标和自相关特征指标。

互相关函数体现了两个振荡信号在不同时刻之间的相似性，能够反映不同信号之间的周期性特征。自相关函数是互相关函数的一种特殊情况，体现了同一振荡信号在不同时刻之间的相关程度。相关函数能够保留原始振荡信号的周期特性与其中各特征信息的差异性，并且其具有较好的降噪功能，已经在机械振动故障诊断方面表现出较好的效果。由于电力系统低频振荡信号具有周期性特征，因此可以通过计算振荡信号的相关函数来提取其特征信息，并作为相关性指标进行振荡类型判别。

互相关函数的计算方法如下：

$$R_{12}(\tau)=\int_{-\infty}^{+\infty} f_1(t) f_2(t+\tau)\,\mathrm{d}t \tag{9.6.25}$$

式中，$f_1(t)$，$f_2(t)$为信号随时间变化的函数。

自相关函数的计算方法如下：

$$R(\tau)=\frac{E[(X_t-\mu)(X_{t+\tau}-\mu)]}{\sigma^2} \tag{9.6.26}$$

式中，X_t，$X_{t+\tau}$ 为信号关于时间 t 的函数；μ 为信号的期望；σ 为信号的标准差。

本算例分别取互相关函数与自相关函数在延时不为 0 时的最大值作为描述振荡特征的相关性指标，其中选择低频振荡电压波动最剧烈的节点作为互相关函数计算的参考节点。

③ 复杂度指标

本算例采用样本熵来反映振荡信号的复杂度。样本熵通过度量信号中各个模式的幅值来衡量信号序列的时间复杂性，具有不依赖数据长度和参数变化对样本熵影响程度相同的特点，在诊断机械故障等方面具有较广泛的应用。电力系统低频振荡具有复杂性和多样性，在发生振荡的同时可能具有多种模式，通过计算振荡信号的样本熵对振荡进行描述，可以反映出当前振荡模式复杂度的信息。样本熵的计算步骤如下：

a. 设 u 为低频振荡信号，定义算法相关参数 m 和 r，构造 m 维向量：$\boldsymbol{X}_m(1)$，$\boldsymbol{X}_m(2)$，…，$\boldsymbol{X}_m(N-m+1)$，其中，$\boldsymbol{X}_m(i)=[u_i(1),\ u_i(2),\ \cdots,\ u_i(N-m+1)]$。

b. 对于 $1\leqslant i\leqslant N-m+1$，计算：

$$B_i^m(r)=C_i/(N-m)\ ,\ i\neq j \tag{9.6.27}$$

式中，C_i 为满足 $\max|u_i(a)-u_j(a)|\leqslant r$ 的 $\boldsymbol{X}_m(i)$ 的数量；$u_i(a)$ 为 $\boldsymbol{X}_m(i)$ 的第 i 个元素；$u_j(a)$ 为 $\boldsymbol{X}_m(j)$ 的第 j 个元素。记 $B_i^m(r)$ 的平均值为 $B^m(r)$。

c. 取 $k=m+1$，重复步骤 a 和 b 计算 $B^k(r)$，则低频振荡的样本熵为：$-\ln[B^k(r)/B^m(r)]$。

样本熵的计算参数 m 一般取 2～10，r 取信号时间序列标准差的 0.1～0.25 倍。本节中计算低频振荡信号样本熵时，m 取 2，r 取 0.15 倍的时间序列标准差。

④ 模态指标

本算例将振荡信号的频率和阻尼比作为模态指标对低频振荡进行描述。首先采用总体最小二乘-旋转不变技术（TLS-ESPRIT）算法对振荡信号进行模态分析，提取出主导振荡模式的频率和阻尼比作为模态指标。TLS-ESPRIT 是一种基于子空间技术，把待估计信号分解成信号子空间和噪声子空间，通过信号空间估计出信号参数的信号分析方法，具有良好的抗噪性能和较高的参数辨识精度。

对低频振荡数据计算上述的时域、频域、能量、相关性、复杂度和模态共 53 个指标，能够得到较完整描述低频振荡特性的特征指标集。

(3) 基于 ReliefF-mRMR 的低频振荡类型识别特征选择

由于选择特征子集的过程是针对每个单个特征的样本区分能力进行评估，而没有检验整个特征子集的区分能力。但是这些特征之间可能存在相互影响或相互包含的关系，所以特征子集就可能会存在冗余的情况。mRMR 特征子集选择方法是一种基于互信息的滤波式特征选择算法，通过计算特征之间和特征与类别之间的互信息，对特征之间的冗余度和特征与类别的相关性进行评估，保证被选择特征之间具有较大差异。因此，通过计算 mRMR 评价函数来对特征进行排序，可以选择出样本区分能力更强的特征子集。

ReliefF 算法计算简单，效率高，但是选择出的特征子集可能会存在冗余。mRMR 算法能够降低特征子集冗余度，但在面对高维度的特征时计算效率低，速度慢。因此，本算例采用 ReliefF-mRMR 算法对特征集进行特征选择，首先对整个特征集使用 ReliefF 算法筛选出 M 个特征，再使用 mRMR 算法对 M 个特征进行最大相关最小冗余的特征选择，选择出 q 个最能够反映低频振荡类型的特征。

此外，要对第 9.6.2 节得到的多维特征子集进行分析，使用传统方法难以实施。而支持向量机(SVM)由于具有较好的泛化能力和能够发掘数据之中的非线性关系，对于发掘低频振荡特征与振荡类型之间人类还未发现或难以发现的深层次关联具有独特优势。但是，传统 SVM 算法由于参数固定，在一些情况下的分类准确率可能不够理想，而 GA-SVM 中采用了遗传算法对 SVM 参数进行寻优，使训练模型具有更强的分类准确率。所以本算例采用 GA-SVM 算法对低频振荡特征子集进行训练，通过训练得到的模型对振荡类型进行判别。

设计低频振荡类型识别方法流程，流程示意图如图 9-10 所示，具体步骤如下：

① 充分考虑扰动源特性、系统运行条件、阻尼水平、噪声等多种影响因素，对两种类型低频振荡进行批量仿真，获得数据样本。

② 计算样本的包括时域、频域、能量、相关性、复杂度和模态六个方面的特征指标集。

③ 对特征指标集使用 ReliefF-mRMR 方法进行特征选择，得到特征子集。

④ 使用 GA-SVM 对得到的特征子集进行训练，得到低频振荡类型识别模型。

⑤ 将未知振荡类型的振荡数据特征指标输入识别模型中对其振荡类型进行识别。

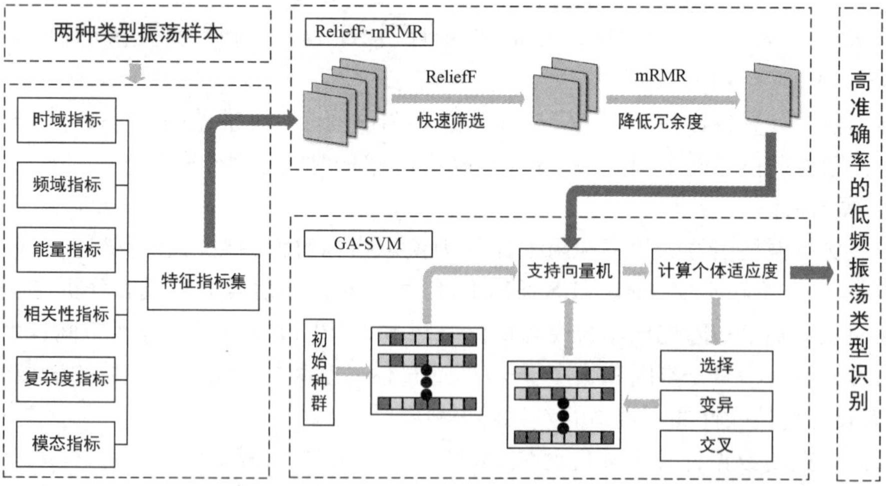

图 9-10　基于多维特征及 ReliefF-mRMR 的低频振荡类型识别方法流程示意图

3. 模型求解

本节分别针对录波数据不完整和负阻尼振荡阻尼比接近 0 这两种容易发生误判的情况，验证本方法的有效性。

(1) 录波数据不完整

对两种低频振荡起振时段波形和振荡稳定时段波形分别进行训练并验证训练模型

的准确率。

在 WECC 179 节点测试系统中对两种类型振荡进行批量仿真(典型负阻尼振荡波形图如图9-11所示,典型强迫功率振荡波形图如图9-12所示)。截取 0～8 s 的数据为起振波形和 10～18 s 数据为振荡稳定波形,使用上述方法对训练组起振波形和振荡稳定波形分别使用未经参数优化的 SVM 和 GA-SVM 进行训练,得到的振荡类型识别模型成功率见表9-19。由此可以看出,采用 GA-SVM 对录波数据不完整的情况有着很高的判别准确率。

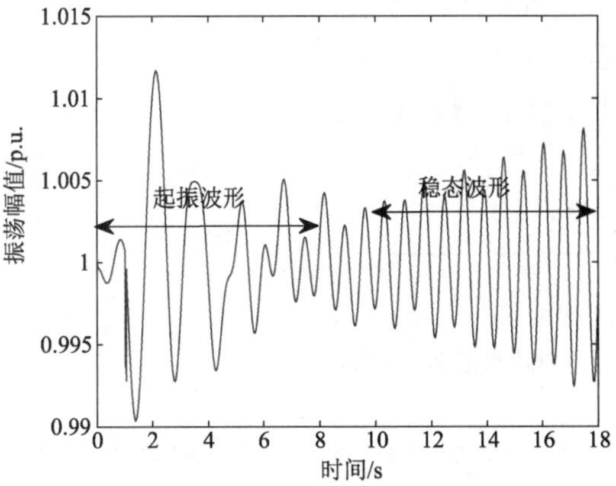

图 9-11　典型负阻尼振荡波形图

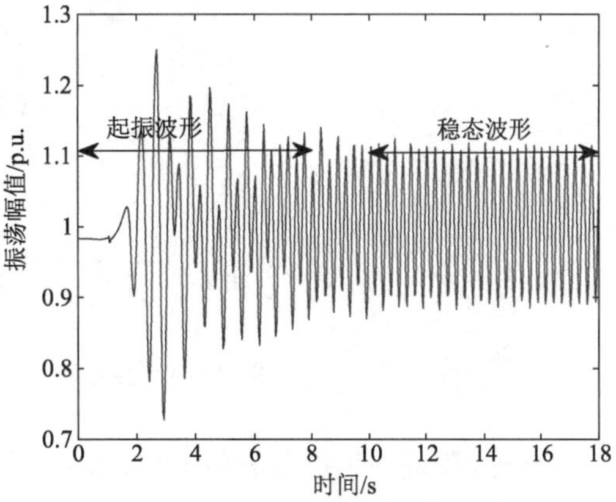

图 9-12　典型强迫功率振荡波形图

表 9-19　模型准确率

录波数据类型	SVM 准确率	GA-SVM 准确率
起振波形	94%	100%
稳态波形	92%	99%

(2) 阻尼比接近 0

针对负阻尼振荡阻尼比接近 0 时,其波形(如图 9-13 所示)与强迫功率振荡类似的情况,首先计算阻尼比接近 0 的负阻尼振荡的特征子集指标,使用振荡类型识别模型对其振荡类型进行判别。经测试,对于类似于图9-13的负阻尼振荡波形数据,使用该方法依然可以识别其为负阻尼振荡,与实际情况一致。

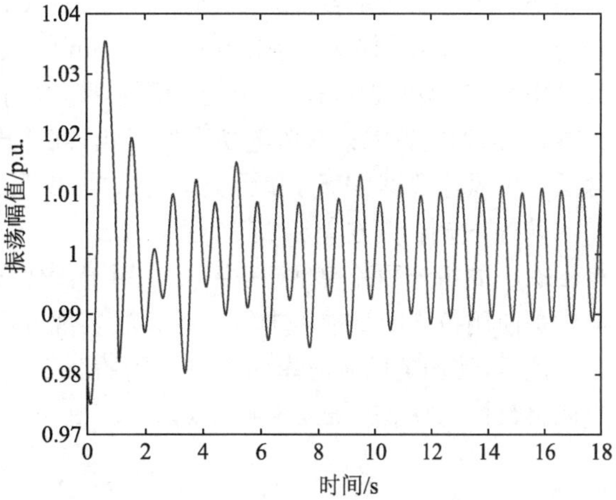

图 9-13　阻尼比接近 0 的负阻尼振荡波形图

(3) 实际系统

本算例针对在 2016 年 6 月 17 日美国 New England 系统发生的一次持续 3 min、频率为 0.27 Hz 的低频振荡,振荡波形如图 9-14 所示，使用本算例方法进行验证。经测试，将振荡波形的 40～60 s 数据采用本算例所提方法进行判别，判别结果为强迫振荡，与实际情况一致。

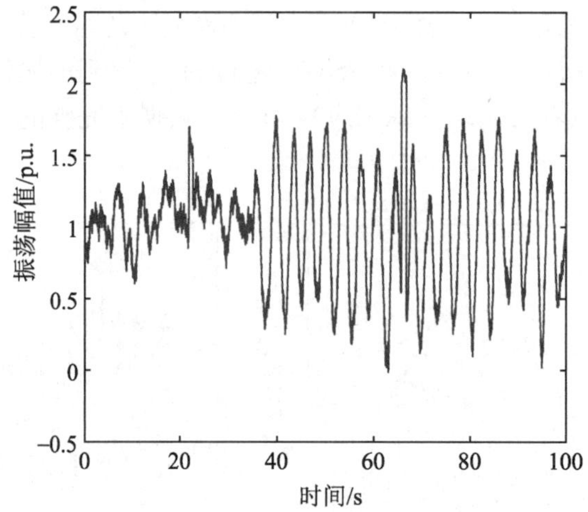

图 9-14　实际系统发生强迫功率振荡波形图

此外，要进一步提高振荡类型识别模型在实际系统中的准确率，还可以将实际数据加入训练组中进行训练以增强模型的泛化能力。

9.6.4　基于支持向量机算法的风电功率预测

例 9.7　电力系统风电功率预测案例。

随着风电装机容量的增加，风电的波动性对电力系统的稳定运行造成的影响越来越显著。关于风电功率预测的研究受到了广泛关注，风电功率预测精度的提高对电力系统的稳定运行和经济调度具有重要的作用。

1. 问题描述

本算例以美国东海岸某风电场的风电功率数据为预测对象，采用支持向量机预测风电功率。风电场额定容量为 16 MW，提供的风电功率数据样本为全年数据，观测时间间隔为 5 min，本算例选取时间间隔为 15 min 的数据进行预测分析。选取 4 000 个数据作为 ARMA 模型的训练样本，建立预测模型，并对其后 1 天的 96 个数据点进行逐步预测。此外，考虑到气象因素对风电功率的影响，训练样本除了包含历史风电功率 $\{WP_t\}$，还包含了历史风速数据 $\{WS_t\}$ 和历史温度数据 $\{WT_t\}$。

另外，选择协方差最优法建立 PSO - SVM 和 ARMA（Auto-Regressive Moving Average）的组合预测模型（其中 PSO 用于优化 SVM 的参数），组合模型的最优加权系数通常是使用拉格朗日乘子求解。在算法实现方面，使用 PSO 算法求解最优加权系数。

最后，使用美国东海岸两个风电场的 2011—2012 年共 2 年的数据进行聚类分析，分成四组数据，数据集 $\{x_i,\ i=1,\ 2,\ \cdots,\ 52\}$ 的数据点

$$x_i=(wp_i,\ ws_i,\ wt_i) \tag{9.6.28}$$

其中，wp_i 为第 i 周的风电功率平均值；ws_i 为第 i 周的风速平均均值；wt_i 为第 i 周的温

度平均值。使用 K-means 聚类算法分别对历史数据进行聚类。

2. 优化模型

(1) 基于粒子群优化的支持向量机建模

① 数据预处理

在实际应用中,为了加快 PSO-SVM 模型优化收敛的速度,提高 SVM 模型训练的效率,通常会将训练数据进行归一化处理,将所有数据的数值转化为范围为[0, 1]的数,转化公式为:

$$\tilde{x}_i = \frac{x_i - x_{\min}}{x_{\max} - x_{\min}} \tag{9.6.29}$$

式中,$\tilde{x}_i$ 是归一化结果;x_i 是原数值;$x_{\max}$ 和 $x_{\min}$ 是 $\{x_i\}$ 的最大值和最小值。

此外,还要给定 SVM 模型的输入空间的维度($\boldsymbol{x}_i \in \mathbb{R}^n$),即将多少个历史数据用于对未来值的预测,然后生成模型的训练数据。对于本算例来说,这些历史数据同时包含了前几时刻的风电功率、风速和温度数据。生成训练数据就是将原始的风电功率、风速和温度数据时间序列处理成用于模型训练的输入空间向量序列 $\{\boldsymbol{x}_i = (x_{i1}, x_{i2}, \cdots x_{in}), i = 1, 2, \cdots, 52\}$ 和输出目标值序列 $\{\boldsymbol{y}_i\}$。

② 核函数选取

比较 9.6.2 节四种核函数的数学表达式,可以看出其中 Gauss 径向基核函数参数较少,结构也更为简单。因此本算例选择使用 Gauss 径向基核函数进行 PSO-SVM 建模。

③ 基于粒子群优化的支持向量机建模流程

PSO-SVM 风电功率预测模型的建模流程如图 9-15 所示,由于计算粒子适应度时进行 SVM 训练会耗费大量计算时间,为了提高效率,必须设定收敛终止条件。

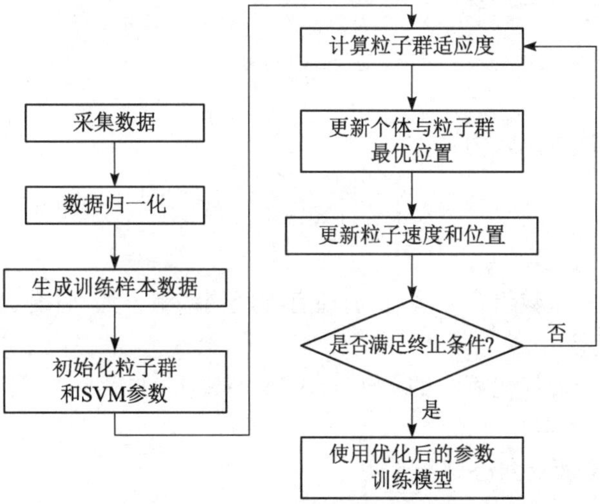

图 9-15　PSO-SVM 风电功率预测模型建模流程图

(2) 基于时间序列法和智能化算法的组合预测模型

① 组合模型的意义和方法

不同的预测方法,预测的出发点不同,提取数据的特征信息不同,使用起来也有不同的优缺点，若是舍弃精度较低的模型，只选择精度较高的模型，就会丢失一些有用的信息。更科学的方法是使用组合方法将不同的预测模型合理地组合起来，保留各模型的特性，消除单个模型可能存在的较大误差，以提高预测精度。

模型组合方法有很多，最常见的就是加权系数组合。加权系数组合分为等权平均法、协方差最优法、加权几何平均法、加权调和平均法等。

等权平均法的表达式为：

$$F=\sum_{i=1}^{M}\omega_i f_i \tag{9.6.30}$$

式中，F 为组合模型；f_i 为用于组合的单一模型；ω_i 为加权系数，满足 $\sum\omega_i=1$。当所有加权系数全部相等，即 $\omega_i\equiv 1/M$ 时，就称这样的组合方法为等权平均法。因为只要模型数量一定，加权系数就是相等且固定的，所以等权平均法并不是最优组合法。为了得到最优组合，通常会对权系数进行优化，通过各个预测模型的预测绝对误差或预测误差方差等指标，寻找一组最优的加权系数使得误差指标最小。

协方差最优法就是基于等权平均法的改进权系数组合方法，协方差最优法的思想是寻找一组最优加权系数 $\{\omega_i\}$，使得

$$\mathrm{Var}=\sum_{i}^{M}\omega_i^2\sigma_i^2 \tag{9.6.31}$$

的值最小，其中 σ_i^2 为各单一模型的预测误差方差。

等权平均法和协方差最优法是线性组合方法，而加权几何平均法、加权调和平均法是非线性组合方法。

加权几何平均法表达式为：

$$F=\prod_{i=1}^{M}f_i^{\omega_i} \tag{9.6.32}$$

加权调和平均法表达式为：

$$F=\left[\sum_{i=1}^{M}\frac{\omega_i}{f_i}\right]^{-1} \tag{9.6.33}$$

除了传统的加权系数组合方法，目前还有神经网络组合法、时变加权系数法。

② 组合模型建模

本算例使用粒子群优化算法的 PSO-SVM-ARMA 最优组合预测模型的建模流程如图 9-16 所示。

(3) 基于聚类分段的组合预测方法

① 聚类分段的意义

风资源的分布与地理位置和季节变化有关，不同的地理位置的风资源随季节变化的特点也不同。风电场的地理位置是固定的，其所利用的风资源按时间在一年中的分布特点影响着风电功率的分布。不同时间段的风速大小、温度等气象特征不同，风电场发出的风电功率大小和波动情况也有所不同。

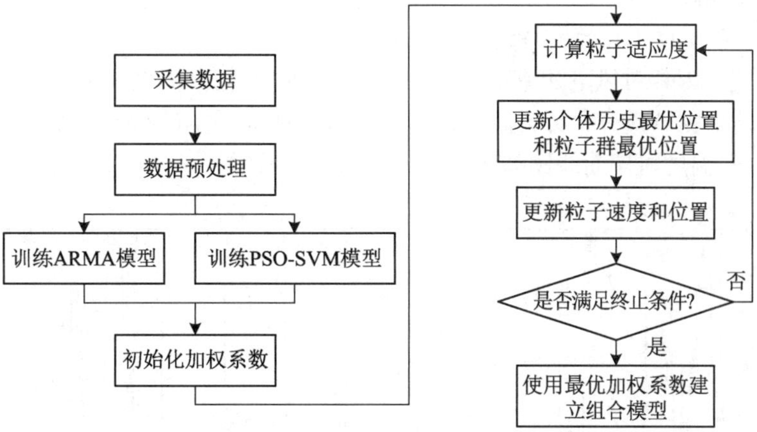

图 9-16　PSO-SVM-ARMA 最优组合预测模型建模流程图

使用风电场历史数据建立风电功率预测模型时，为了保证所使用的历史数据时间段的风电功率特征和被预测时间段的风电功率特征基本相同，往往每次预测都使用被预测时间段前一周或一个月的历史数据进行模型训练，而频繁的模型训练需要占用计算机大量的计算资源，影响预测算法的效率。

若要尽可能地减小模型的训练频率，而又让模型同时包含不同特征的数据的信息，使用大量的历史数据进行模型训练，往往会让模型对某个特定特征的数据的预测精度降低。按照风电功率数据和气象数据的特征，将一年的时间段分为几个时间段，每个时间段只训练一个预测模型，不同的时间段使用对应时间段的预测模型进行预测，这样也能保证训练数据的特征与预测段的特征基本相同，在确保预测精度的同时也减小了预测算法的复杂度。

② 聚类方法

将风电功率和风电场的气象特征对一年的数据分类，需要使用到聚类算法。聚类的方法有很多种，其中 K-均值(K-means)聚类的应用最为广泛。K-means 算法将包含 N 个 d 维数据的数据集 $\{x_i \in \mathbb{R}^N,\ i=1,\ 2,\ \cdots,\ N\}$ 分为 K 类 $\{c_j,\ j=1,\ 2,\ \cdots,\ K\}$，其中 $K<N$，确保数据集中每个数据点都只属于其中一类，每类至少含有 1 个数据点，每类 c_j 有一个特征中心 μ_j，聚类中心为该类所有数据点的平均值。计算类 c_j 中各数据点到聚类特征中心的距离平方和

$$J(c_j)=\sum_{x_i \in c_j} \| x_i-\mu_j \|^2 \tag{9.6.34}$$

聚类的目标是所有类的距离平方和

$$J(C)=\sum_{j=1}^{K} J(c_j)=\sum_{j=1}^{K}\sum_{x_i \in c_j} \| x_i-\mu_j \|^2 \tag{9.6.35}$$

的值达到最小值。使用 K-means 聚类算法对一年内的风电场、风电功率和气象数据进行聚类时，将一周内的特征数据作为一个数据点，一年分为 52 周，则数据集为 $\{x_i,\ i=1,\ 2,\ \cdots,\ 52\}$。选择合适的聚类个数 K，使得聚类结果尽量让连续周次的数据点聚于一类，根据聚类结果进行分段。

3. 模型求解

(1) 基于粒子群优化的支持向量机建模

考虑到气象因素对风电功率的影响，训练样本除了包含历史风电功率$\{WP_t\}$，还包含了历史风速数据$\{WS_t\}$和历史温度数据$\{WT_t\}$。训练样本的风电功率时序曲线图、风速时序曲线图、温度时序曲线图如图 9-17～图 9-19 所示。

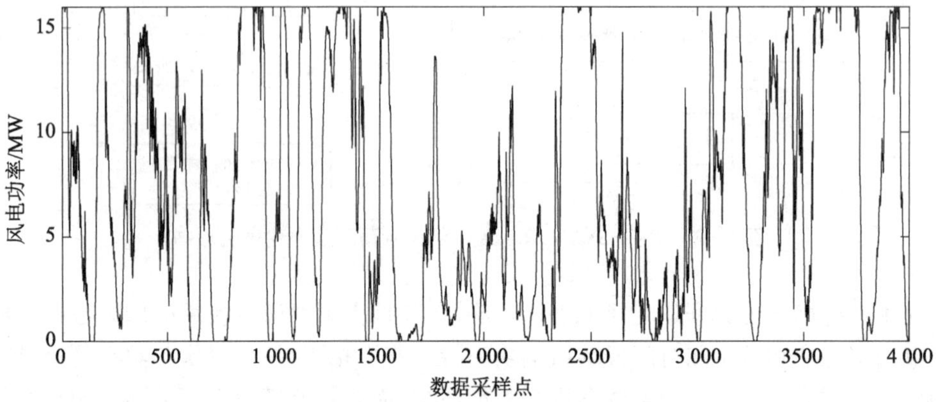

图 9-17 风电功率时间序列图

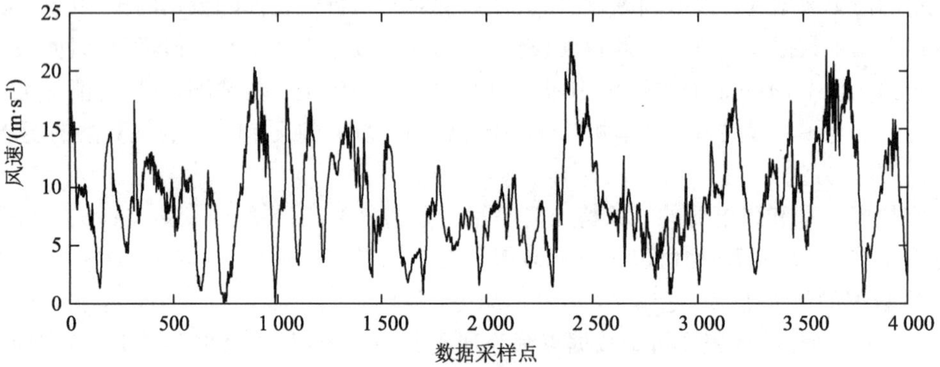

图 9-18 风速时间序列图

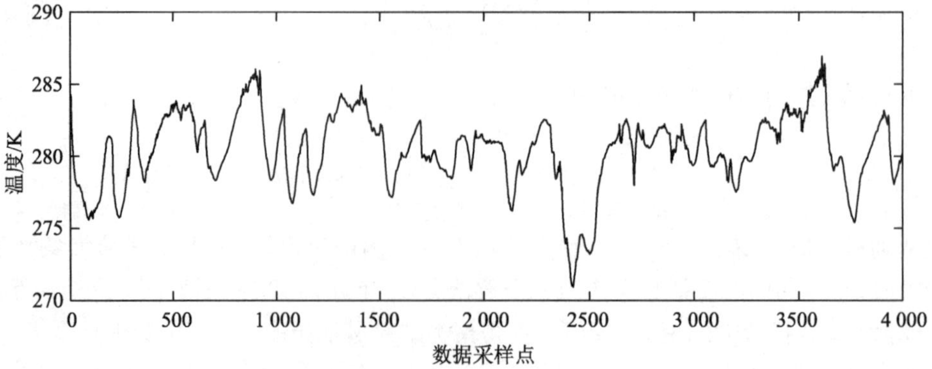

图 9-19 温度时间序列图

首先将风电功率数据、风速数据和温度数据根据式(9.6.29)归一化。使用预测点前 4 个时间点的风电功率、风速和温度数据预测风电功率,即训练样本的输入空间向量 $\boldsymbol{x}_t$ 和对应的目标输出 $\boldsymbol{y}_t$ 为:

$$\begin{cases}\boldsymbol{x}_t=(WP_{t-1},\ \cdots,\ WP_{t-4},\ WS_{t-1},\ \cdots,\ WS_{t-4},\ WT_{t-1},\ \cdots,\ WT_{t-4})\\ \boldsymbol{y}_t=WP_t\end{cases} \tag{9.6.36}$$

给定 Gauss 径向基核函数参数的取值范围 $\gamma\in[1,\ 100]$,惩罚参数的取值范围 $C\in[1,\ 5]$,以 SVM 模型训练残差的 RMSE 指标作为粒子适应度,PSO 算法的粒子数为 30,迭代上限 100 次,对 SVM 模型进行 PSO 参数优化,粒子适应度随迭代次数变化曲线如图 9-20 所示。

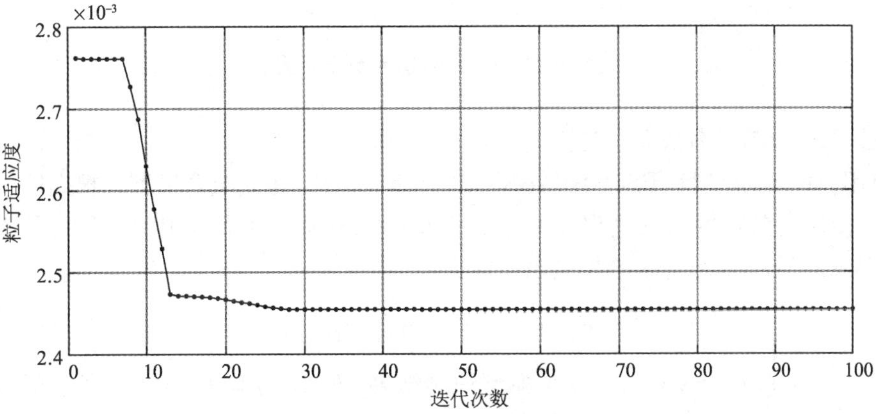

图 9-20 粒子适应度收敛曲线

由图 9-20 可以看出,粒子适应度会很快收敛,实际应用中往往不需要完成 100 次迭代,因此可以设定一个收敛的判定条件,当满足收敛判定条件时即退出迭代。经过 PSO 算法优化,确定惩罚因子 $C=1$,核函数参数 $\gamma=1.241\,8$。使用优化后的 SVM 预测模型进行预测,预测结果与实际值的对比图如图 9-21 所示。

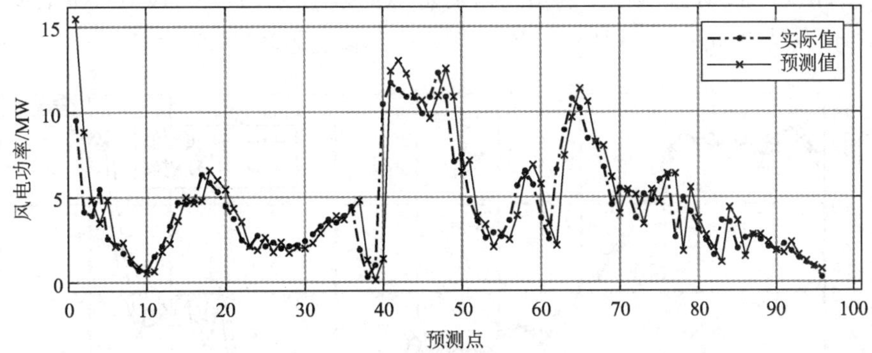

图 9-21 PSO-SVM 预测与实际数据对比曲线图

PSO-SVM 预测模型的预测误差曲线如图 9-22 所示。计算模型的误差指标 RMSE 和 MAPE,结果分别为 10.01%和 7.10%。从误差曲线可以看出,PSO-SVM 模型的预测精度也会受到风电功率大波动的影响，但从 RMSE 指标相比于 ARMA 模型有所降低可以看出，受影响程度小于 ARMA 模型。

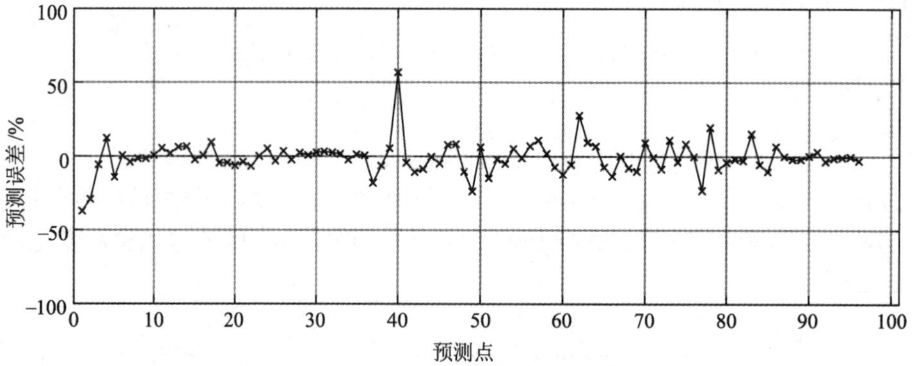

图 9-22 PSO-SVM 预测误差图

(2) 基于时间序列法和智能化算法的组合预测模型

使用 ARMA 模型和 PSO-SVM 模型进行组合优化，建立组合模型。根据图 9-16 所示流程，使用之前算例的预测误差对组合模型的加权系数进行优化，计算粒子适应度。PSO-SVM-ARMA 组合预测模型表达式为：

$$F_{\text{comb}} = \omega_1 F_{\text{SVM}} + \omega_2 F_{\text{ARMA}} \tag{9.6.37}$$

式中，F_{comb} 为 PSO-SVM-ARMA 模型预测结果；F_{SVM} 为 PSO-SVM 模型预测结果；F_{ARMA} 为 ARMA 模型预测结果。

使用粒子群优化算法求解加权系数，由于本次 PSO 算法的适应度较为简单，为了得到高精度的解，可以不增加判断最优适应度收敛的迭代终止条件。最优结果为 $\omega_1 = 0.492$，$\omega_2 = 0.508$。确定了最优加权系数后，分别使用 ARMA 预测模型、PSO-SVM 预测模型和 PSO-SVM-ARMA 组合预测模型，对之前算例分析中所预测数据点之后的 96 个数据点进行预测，并对比预测结果的误差指标。ARMA 预测模型的预测结果如图 9-23 所示，PSO-SVM 预测模型的预测结果如图 9-24 所示，PSO-SVM-ARMA 组合预测模型的预测结果如图 9-25 所示。各个预测模型参数见表 9-20。

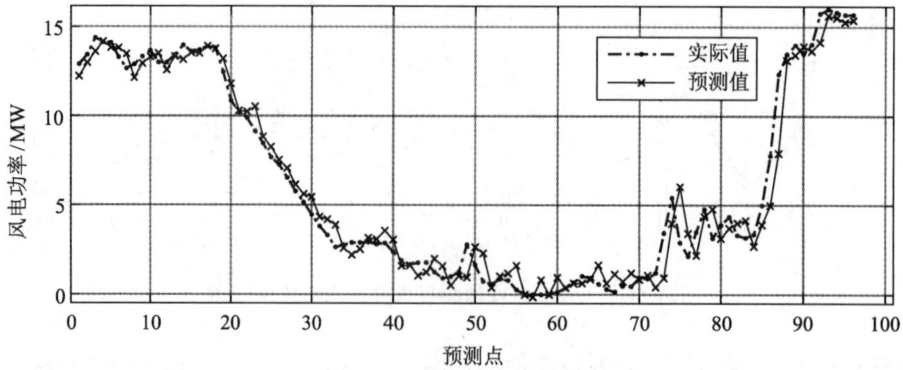

图 9-23 ARMA 预测结果

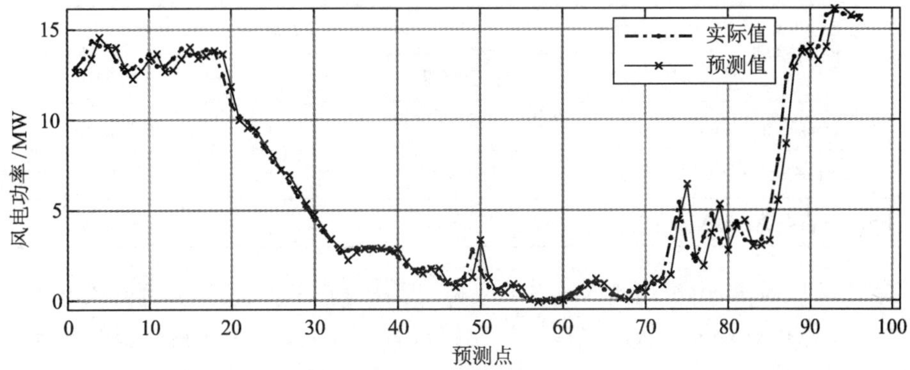

图 9-24　PSO-SVM 预测结果

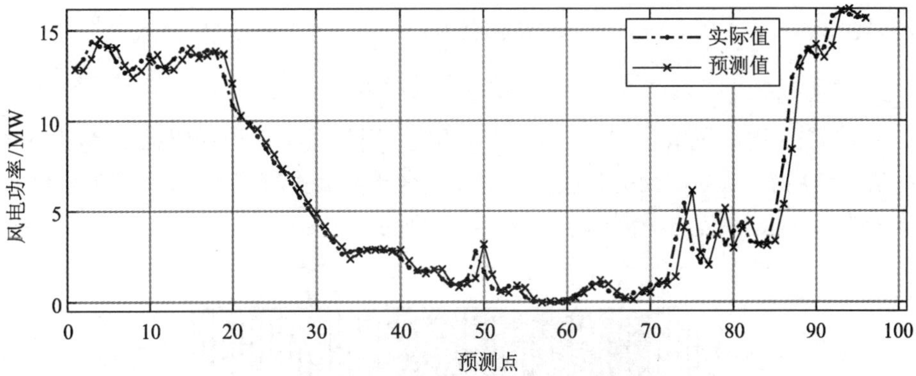

图 9-25　PSO-SVM-ARMA 组合预测结果

表 9-20　模型参数

模型参数		Ⅰ段	Ⅱ段	Ⅲ段
ARMA	(p, q)	(10, 3)	(8, 3)	(10, 4)
	$(a_1, a_2, \cdots, a_p)$	(−0.892, −0.789, 0.277, 0.462, −0.066, 0.022, 0.062, −0.051, −0.090, 0.067)	(−1.060, 0.126, 0.393, −0.409, 0.028, −0.032, 0.012, −0.034)	(−0.872, −0.120, −0.517, 0.195, 0.288, 0, 0.046, −0.025, 0.064, −0.055)
	$(b_1, b_2, \cdots, b_q)$	(0.247, −0.663, −0.381)	(−0.056, 0.010, 0.404)	(0.139, −0.048, −0.403, −0.272)
PSO-SVM	(C, γ)	(1.000, 0.930)	(8.828, 0.838)	(2.801, 0.901)
PSO-SVM-ARMA	(ω_1, ω_2)	(0.615, 0.385)	(0.563, 0.437)	(0.582, 0.418)

三种预测模型的误差指标 EMSE 和 MAPE 如表 9-21 所示。

表 9-21　三种预测模型的误差指标

预测模型	误差指标	
	RMSE	MAPE
ARMA	6.04%	4.26%
PSO-SVM	5.40%	3.41%
PSO-SVM-ARMA	5.35%	3.38%

从表中可以看出，由于预测的风电功率相较于 PSO-SVM 模型算例的风电功率波动较小，误差指标相对较小。从误差指标的比较来看，PSO-SVM 预测模型的预测精度优于 ARMA 预测模型，而将两者组合起来，预测精度又有进一步的提升。

(3) 基于聚类分段的组合预测方法

本节使用美国东海岸两个风电场 2011 年和 2012 年共 4 组全年的数据进行聚类分析，数据集 $\{x_i, i=1, 2, \cdots, 52\}$ 的数据点为：

$$x_i = (wp_i, ws_i, wt_i) \tag{9.6.38}$$

其中，wp_i 为第 i 周的风电功率平均值；ws_i 为第 i 周的风速平均均值；wt_i 为第 i 周的温度平均值。使用 K-means 聚类算法分别对 4 组全年数据进行聚类，选择聚类个数 $K=3$，将数据分为 A、B、C 三类，聚类结果如图 9-26 所示。

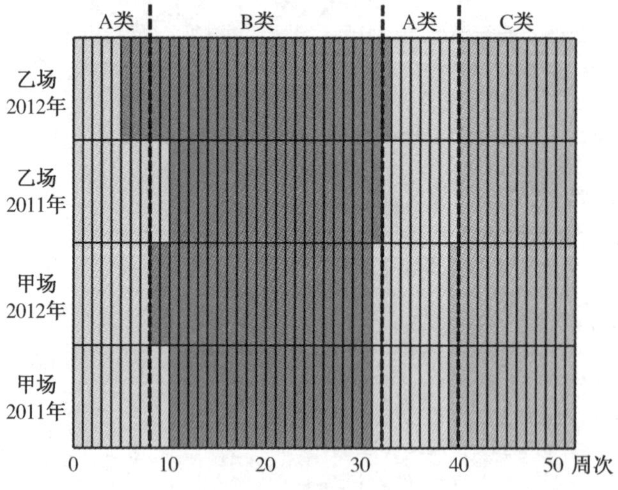

图 9-26　聚类结果分布

从图 9-26 可以看出，将全年的数据聚类为 3 类时，可将全年分为 4 个时间段。这 4 个时间段分别为第 1～9 周、第 10～31 周、第 32～40 周和第 41～52 周。其中，第 1～9 周和第 32～40 周属于 A 类，第 10～31 周属于 B 类，第 41～52 周属于 C 类。

分别使用全年数据、A 类时间段数据、B 类时间段数据、C 类时间段数据，根据 PSO-SVM-ARMA 组合模型建模方法，训练 4 个组合预测模型，分别为不分段模型、A 段模型、B 段模型和 C 段模型。使用这四个组合模型对下一年的 A、B、C 三类时间段的风电功率进行预测，计算误差指标，对比四种模型的预测效果。

此外，为了进一步评估分段模型的预测效果，将分段预测模型的预测误差指标，与每次预测都使用被预测时间前一个月的历史数据进行模型训练的即时模型进行比较。

上述各种组合预测模型对 A、B、C 各段的风电功率进行逐步预测的误差指标 RMSE 和 MAPE 结果见表 9-22。表中均值为不分段的预测模型、分段预测模型和即时训练模型对 A、B、C 段风电功率预测误差指标的平均值。

表 9-22　各预测模型误差指标表

预测模型	A 段		B 段		C 段		均值	
	RMSE	MAPE	RMSE	RMSE	RMSE	MAPE	RMSE	MAPE
不分段	4.60%	3.64%	5.75%	4.61%	5.75%	3.84%	5.36%	4.03%
A 段模型	3.88%	2.93%	—	—	—	—	4.85%	3.59%
B 段模型	—	—	5.17%	4.11%	—	—		
C 段模型	—	—	—	—	5.51%	3.72%		
即时模型	3.98%	2.84%	5.13%	3.79%	5.57%	3.65%	4.89%	3.43%

可以看出：同样是使用上一年的风电功率、风速和温度数据训练模型，使用同样的历史数据输入预测模型进行预测。使用不分段模型对 3 种类型的时间段的预测误差指标 RMSE 平均值为 5.36%，MAPE 平均值为 4.03%；使用分段模型对各时间段进行分段预测的误差指标 RMSE 平均值为 4.85%，MAPE 平均值为 3.59%。

分段模型与不分段模型相比，其预测误差指标 RMSE 和 MAPE 都有所减小。使用不分段的数据进行模型训练时，模型需要同时拟合三种不同特性的数据，对不同特性数据的单独拟合精度就会下降；而使用分段的数据训练模型时，模型只需要拟合一种特性的数据，拟合精度不会受到其他种类特性的数据的干扰。因此，不分段模型对不同类型时间段的预测效果不如分段模型。

分段模型使用上一年的数据进行模型训练，使用即时数据进行风电功率预测；而即时模型使用即时数据进行模型训练，再将即时数据作为输入数据进行风电功率预测。使用即时模型的预测模型的误差指标 RMSE 平均值为 4.89%，MAPE 平均值为 3.43%，与分段模型的误差指标相差很小。其中 RMSE 指标方面，即时模型和分段模型相差非常小，说明分段模型和即时模型的预测稳定性基本相同；MAPE 指标方面，即时模型的指标略小于分段模型，说明即时模型的绝对预测精度相对较高。

为了比较即时预测模型和分段预测模型的预测效率，对两种预测模型的训练过程和预测过程进行计时。显然，两者的模型训练过程消耗的时间是基本相同的，平均耗时 75 s；输入历史数据进行一次 96 个数据点逐步预测的时间消耗也是相同的，平均耗时4 s。可见模型的训练消耗的时间远大于逐步预测所消耗的时间。分段模型对同一类时间段的风电功率进行预测时，可以只进行一次模型训练；而即时模型每完成一次 96 个数据点逐步预测，都需要重新进行模型训练。因此在时间消耗方面，分段预测模型具有很大的优势。

第十章　基于人工智能算法的电力系统稳定性预测技术

及时、准确地获取并预测电力系统安全稳定状态，是电力系统稳定性预测技术的目标。随着先进信息采集和通信设备的投运，以及以人工智能为代表的数据分析处理技术的进步，电力系统对运行状态信息的感知能力得到大幅提升，为实现基于实时信息的电力系统预测提供了支撑。

目前在有关电力系统预测技术方面的研究中，按照稳定性物理表征进行分类，可分为电压稳定预测、频率稳定预测和功角稳定预测；按照预测目标的不同，可以为定量分析和定性判断。在功角稳定、电压稳定的预测中，由于其失稳发生速度快、代价大，因此更关注定性判断，以便快速启动相应干预措施避免大停电事故；在频率稳定预测中，由于其动态过程明显，控制措施明确，因此更关注定量分析，从而确定更优的控制措施辅助电网恢复。

现有的电力系统稳定性预测方法主要分为两大类：一类是传统的基于物理机理模型的分析方法，例如，用于电力系统大扰动功角稳定性分析的安全域法、能量函数法以及扩展等面积法则(Extended Equal Area Criterion，EEAC)法，用于电力系统电压稳定性分析的潮流雅可比矩阵奇异值法、Hopf 分叉法，用于电力系统频率稳定性分析的系统频率响应模型法(System Frequency Response，SFR)、平均系统频率分析法(Average System Frequency，ASF)等。另一类是以人工智能和机器学习技术为代表的基于数据关联关系挖掘的分析方法，如人工神经网络(Artificial Neural Network，ANN)、极限学习机(Extreme Learning Machine，ELM)、支持向量机(Support Vector Machine，SVM)、深度置信网络(Deep Brief Network，DBN)、卷积神经网络(Conventional Neural Network，CNN)等，由于其处理非线性问题独具优势，已经在电力系统功角、频率等各类暂态稳定分析问题中得到研究和应用。这类数据处理技术的应用，可以大大缩短预测系统稳定信息所需的时间，弥补时域仿真方法的不足。通常情况下，可以利用代表电力系统动态特征的大规模数据集对这类智能方法进行训练，从而建立电力系统安全稳定分析模型，然后再基于实时采集的状态信息，对电力系统的安全稳定状态进行快速预测。

在电力系统稳定性预测方法中，每一类方法均有其固有的特点，能够达到的最好效果可能被预测方法的固有属性所限制，当修正或简化方法达到该方法的极限时，再提高预测速度和预测准确度就存在很大的困难。例如时域仿真法速度慢，但预测可靠性和准确度高，人工智能法预测速度快，但预测准确度不能完全保证，如果能将各类预测方法相结合，取长补短，则能够大大提高预测方法的实施效果。

本章分别以功角稳定、频率稳定为例，介绍极限学习机算法(Extreme Learning

Machine, ELM)在功角稳定性判断、频率稳定定量分析预测中的应用,并尝试利用其他方法与人工智能方法融合的方式,提高电力系统稳定性的预测性能。

10.1　极限学习机算法

在实际应用中,现有的人工智能和机器学习方法主要受学习时间和参数调整问题的限制,当学习的样本数据规模很大时,需较长的学习时间。电力系统运行状态的不断变化,使样本数据的规模迅速增长,因此在电力系统应用中,这些方法应当具有实时应用和在线学习的能力,以保证准确可靠的应用效果。现有的理论研究和工程应用表明,与其他人工智能和机器学习的方法相比,极限学习机在训练速度和预测准确度方面均有优势。

极限学习机于 2004 年由南洋理工大学黄广斌提出,是一种快速的单隐层神经网络(Single-hidden Layer Feedforward Neural Network, SLFNN)算法,可用于回归、分类计算。该算法的特点是,在网络参数确定过程中,隐层节点参数随机选取,在训练过程中无需调节,只需设置隐含层神经元的个数,便可以获得唯一的最优解;而网络的输出权值可化归为求解一个矩阵的 Moore-Penrose 广义逆问题。因此,在网络参数的确定过程中,无需任何迭代步骤,从而大大降低了网络参数的调节时间。与传统的智能方法相比,该方法具有学习速度快、泛化性能好等优点。

对于 N 个任意不同的样本, $\aleph_N=\{(\boldsymbol{x}_i, \boldsymbol{t}_i) \mid \boldsymbol{x}_i \in R^n, \boldsymbol{t}_i \in \mathbb{R}^m\}_{i=1}^N$,其中 $\boldsymbol{x}_i=[x_{i1}, x_{i2}, \cdots, x_{in}]$ 是 n 维输入特征向量, $\boldsymbol{t}_i=[t_{i1}, t_{i2}, \cdots, t_{im}]$ 是 m 维目标向量。针对样本数据,具有 $\tilde{N}$ 个隐层节点和激励函数 $\partial(x)$ 的单隐层前向神经网络,可以用如下的数学表达式表达:

$$\sum_{i=1}^{\tilde{N}} \boldsymbol{\beta}_i \vartheta_i(\boldsymbol{w}_i, b_i, \boldsymbol{x}_j)=\boldsymbol{o}_j, \ j=1, \cdots, N \tag{10.1.1}$$

其中, $\boldsymbol{w}_i=[w_{i1}, w_{i2}, \cdots, w_{in}]^{\mathrm{T}}$ 和 b_i 是隐层节点参数; $\boldsymbol{\beta}_i=[\beta_{i1}, \beta_{i2}, \cdots, \beta_{in}]^{\mathrm{T}}$ 是连接第 i 层隐层节点和输出节点的权值向量; $\vartheta_i(\boldsymbol{w}_i, b_i, \boldsymbol{x}_j)$ 是第 i 层对应于样本 $\boldsymbol{x}_j$ 的隐层节点输出。$\boldsymbol{w}_i \cdot \boldsymbol{x}_j$ 代表 $\boldsymbol{w}_i$ 和 $\boldsymbol{x}_j$ 的内积。单隐层神经网络的结构如图 10-1 所示。

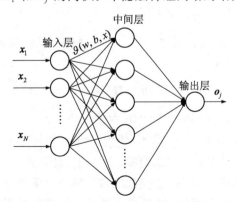

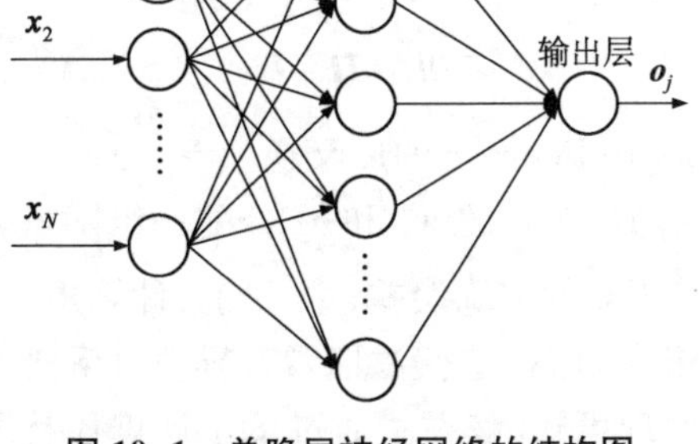

图 10-1　单隐层神经网络的结构图

若单隐层神经网络的输出结果与 N 个样本输入结果接近，即误差接近为 0，就可得出 $\sum_{j=1}^{N}\|\boldsymbol{o}_j-\boldsymbol{t}_j\|=0$，即要求存在 $\boldsymbol{\beta}_i$，b_i，$\boldsymbol{w}_i$ 使得 $\sum_{i=1}^{\widetilde{N}}\boldsymbol{\beta}_i\vartheta_i(\boldsymbol{w}_i, b_i, \boldsymbol{x}_j)=\boldsymbol{t}_j$，$j=1, 2, \cdots, N$，将该方程组用矩阵的形式表达，可简化为：

$$\boldsymbol{H\beta}=\boldsymbol{T} \tag{10.1.2}$$

其中，

$$\begin{aligned}&\boldsymbol{H}(\boldsymbol{w}_1, \cdots, \boldsymbol{w}_{\widetilde{N}}, b_1, \cdots, b_{\widetilde{N}}, \boldsymbol{x}_1, \cdots, \boldsymbol{x}_{\widetilde{N}})\\&=\begin{bmatrix}\vartheta(\boldsymbol{w}_i, b_i, \boldsymbol{x}_1) & \cdots & \vartheta(\boldsymbol{w}_{\widetilde{N}}, b_{\widetilde{N}}, \boldsymbol{x}_1)\\ \vdots & \ddots & \vdots\\ \vartheta(\boldsymbol{w}_i, b_i, \boldsymbol{x}_N) & \cdots & \vartheta(\boldsymbol{w}_{\widetilde{N}}, b_{\widetilde{N}}, \boldsymbol{x}_N)\end{bmatrix}_{N\times\widetilde{N}}\end{aligned}$$

$$\boldsymbol{\beta}=\begin{bmatrix}\boldsymbol{\beta}_1^{\mathrm{T}}\\ \vdots\\ \boldsymbol{\beta}_{\widetilde{N}}^{\mathrm{T}}\end{bmatrix}_{\widetilde{N}\times m}, \boldsymbol{T}=\begin{bmatrix}\boldsymbol{t}_1^{\mathrm{T}}\\ \vdots\\ \boldsymbol{t}_N^{\mathrm{T}}\end{bmatrix}_{N\times m}$$

式中，$\boldsymbol{H}$ 是神经网络隐层的输出矩阵，$\boldsymbol{H}$ 的第 i 列即为与 $\boldsymbol{x}_1$，$\boldsymbol{x}_2$，$\cdots$，$\boldsymbol{x}_n$ 对应的第 i 个隐层节点输出。输入权值向量 $\boldsymbol{w}_i$ 和隐层偏差 b_i 可不做调整，当这些参数值在训练开始时给定，那么矩阵 $\boldsymbol{H}$ 能够保持不变。

(1) 当隐层神经元节点的数目与训练样本的数目相同时，即 $\widetilde{N}=N$，若激励函数 $\partial(x)$ 无穷次可微，则可以随机分配隐层节点的参数（如 $\boldsymbol{w}_i$ 和 b_i），并且通过求 $\boldsymbol{H}$ 的逆，即可得到输出权值 $\boldsymbol{\beta}$ 的解析解。在此情况下，单隐层前馈神经网络方法能够无误差地估计出样本 $\aleph_N$。

(2) 通常情况下，$\widetilde{N}\ll N$，因此，$\boldsymbol{H}$ 将变为矩形矩阵，$\boldsymbol{\beta}_i$，b_i，$\boldsymbol{w}_i$ 的数值也未知。但仍可以找到满足下式的 $\boldsymbol{\beta}_i$，b_i，$\boldsymbol{w}_i$ 的参数：

$$\begin{aligned}&\|\boldsymbol{H}(\widetilde{\boldsymbol{w}_1}, \cdots, \widetilde{\boldsymbol{w}_{\widetilde{N}}}, \hat{b}_1, \cdots \hat{b}_{\widetilde{N}})\widetilde{\boldsymbol{\beta}}-\boldsymbol{T}\|\\&=\min_{\boldsymbol{\beta}_i, b_i, \boldsymbol{w}_i}\|\boldsymbol{H}(\boldsymbol{w}_1, \cdots \boldsymbol{w}_{\widetilde{N}}, b_1, \cdots b_{\widetilde{N}})\boldsymbol{\beta}-\boldsymbol{T}\|\end{aligned} \tag{10.1.3}$$

将上式进行等价转化，推导出如下等式：

$$E=\sum_{j=1}^{N}\left(\sum_{i=1}^{\widetilde{N}}\boldsymbol{\beta}_i\vartheta_i(\boldsymbol{w}_i, b_i, \boldsymbol{x}_j)-\boldsymbol{t}_j\right)^2 \tag{10.1.4}$$

该式即为偏差最小化函数。因此，在 $\boldsymbol{w}_i$ 和 b_i 修正之后，原表达式成为线性系统，输出权值 $\boldsymbol{\beta}$ 可以用下式进行计算：

$$\hat{\boldsymbol{\beta}}=\boldsymbol{H}^{\#}\boldsymbol{T} \tag{10.1.5}$$

其中，$\boldsymbol{H}^{\#}$ 是矩阵 $\boldsymbol{H}$ 的 Moore-Penrose 的广义逆。

综上所述，可以首先给隐层节点的 $\boldsymbol{w}_i$ 和 b_i 分配一组随机数，然后根据上式，计算输出权值 $\hat{\boldsymbol{\beta}}$，从而给出一个趋于 0 的训练误差 ε。目前，计算矩阵 Moore-Penrose 广义逆的方法较多，如正射投影法、正交化法、迭代法以及奇异值分解法等。

从 ELM 方法的工作原理可知，该方法通过单步计算代替了传统智能方法训练过程中最耗时的参数给定过程，大大缩短了样本训练时间。相关文献的研究表明，ELM 在缩短训练时间的情况下，仍能够保持较好的预测准确性。

10.2　基于极限学习机的功角稳定性预测技术

为充分利用 ELM 重复训练代价低、学习速度快的优势，建立起一个以 ELM 分类器为核心的电力系统暂态过程稳定评估模型，其具体的框图如图 10-2 所示。该模型中，ELM 的初始样本数据是基于离线仿真和历史采集数据产生的，然后将对电力系统暂态稳定性影响较大的特征数据筛选出来，并以此作为 ELM 分类器的训练输入，最后，基于样本数据中获得的先验知识和实时采集的系统信息，对系统暂态稳定性进行预判。对电力暂态稳定关键特征信息的筛选，不仅能提高 ELM 方法的学习和处理速度，而且有助于运行人员了解重要的系统参数。

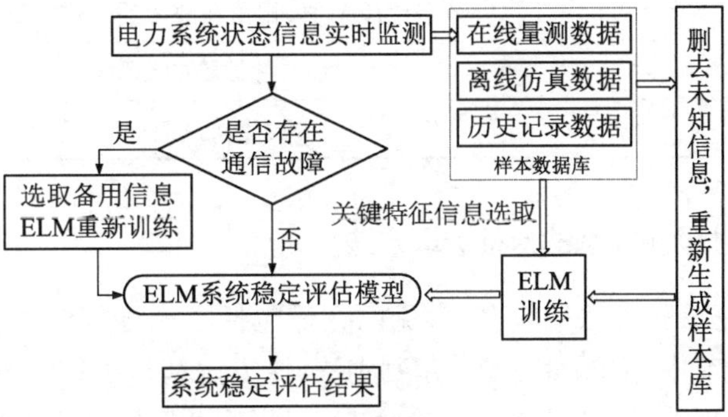

图 10-2　基于 ELM 的暂态稳定评估模型

在进行电力系统暂态稳定预测时，基于 ELM 的分析模型将采集的系统信息作为输入，然后经过一个短暂的延时，给出系统的暂态稳定预测结果。若状态不稳定，则可以通过执行预防控制措施来保持稳定，同时，开始量测下一个周期的电力系统状态信息，并继续进行预测分析。将采集的电力系统历史信息作为新的样本加入样本数据库中，另外，也可以通过基于实测信息的时域仿真来获得新的样本数据。由于样本数据是不断根据电力系统的运行状态产生的，因此，通过对 ELM 分类器不断地进行重复训练，可以使该模型的先验知识更加丰富，从而与实际电力系统运行状态相匹配。

在对 ELM 模型进行训练和测试时，ELM 对稳定状态的评价通过输出的 T_Y 值表示，T_Y 值非负代表系统的稳定状态，数学表达式如下：

$$\text{稳定状态评价}=\begin{cases}1, & T_Y \geqslant 0(\text{稳定})\\0, & T_Y < 0(\text{不稳定})\end{cases} \tag{10.2.1}$$

ELM 模型的输入特征是影响功角稳定性预测模型性能的重要因素之一，因此需要对电力系统中与暂态功角稳定性相关的特征进行选取。电力系统中，与暂态功角稳定性相关的运行参数规模非常巨大，在实际电力系统在线分析和预测中，同时对这些参数进行处理具有较大的难度。因此，有必要对由历史/仿真数据和在线记录数据形成的样本数据库进行提前处理，确定与电力系统暂态过程稳定性强相关的关键信息，从而将这些关键信息作为 ELM 的输入，用于电力系统暂态过程稳定性的快速预测。

首先，对反映电力系统稳定运行和动态过程的电力系统运行参数信息进行收集，汇总如表 10-1 所示，表 10-1 中所列的相关数据都能够通过 PMU 或其他监测设备进行实时量测。基于此运行参数信息，进行筛选后，可形成 ELM 模型输入特征。

表 10-1　暂态功角稳定性相关的电力系统运行参数信息汇总表

符号	描述
Pl, Ql	稳态下，系统各线路中有功功率、无功功率传输量
ΔP, ΔQ	各节点注入有功功率、无功功率在故障后 4 周波的变化量
Δw	各发电机转子角速度在故障后 4 周波的变化量
$\Delta\delta$	各发电机转子功角在故障后 4 周波的变化量
ΔU, $\Delta\theta$	各节点电压幅值、相角在故障后 3 周波的变化量
T	系统故障的类型
Δt	故障持续时间

10.2.1　功角稳定性预测模型的特征选取方法

目前，关键特征分析方法比较多，常见的方法包括主成分分析法、离散分析法、费希尔判别法等。在本节中，主要参考费希尔判别法，该方法基于子集的离散度进行评价，并通过一定的权值体现差异。通过权值上的差异，可以判断出信息的相对重要程度。

费希尔判别法基于费希尔线性区分函数 $F(\boldsymbol{w})$，即以从 D 维空间中，向一条线做投影的方式，对数据进行区分。假设有 n 个 D 维的训练样本 $\boldsymbol{x}_1$, $\boldsymbol{x}_2$, …, $\boldsymbol{x}_n$，其中 n_1 个样本属于 C_1 类，n_2 个样本属于 C_2 类，需要确定线性映射 $\boldsymbol{y}=\boldsymbol{w}^{\mathrm{T}}\boldsymbol{x}$，使下式最大：

$$F(\boldsymbol{w})=\frac{|m_1-m_2|}{\sigma_1^2+\sigma_2^2} \tag{10.2.2}$$

式中，m_i 是 C_i 的均值 $(i=1, 2)$；σ_i 是 C_i 的偏差 $(i=1, 2)$。对上式进行转化，写为 $\boldsymbol{w}$ 的表达式，如下：

$$F(\boldsymbol{w})=\frac{\boldsymbol{w}^{\mathrm{T}}\boldsymbol{S}_B\boldsymbol{w}}{\boldsymbol{w}^{\mathrm{T}}\boldsymbol{S}_W\boldsymbol{w}} \tag{10.2.3}$$

式中，$\boldsymbol{S}_B$ 是类间的离差矩阵；$\boldsymbol{S}_W$ 是类内的离差矩阵。基于特征集的类间区分度，可以通过下式进行计算：

$$J_F=\mathrm{trace}(\boldsymbol{S}_W^{-1}\boldsymbol{S}_B) \tag{10.2.4}$$

J_F 的幅值可以作为特征集合线性区分度的指标，J_F 值越高，数据区分得越明显。

为确定最优的特征子集，通常将费希尔判别法与搜索过程相结合，但在对大规模数据进行处理分析时，搜索过程的引入极大地增加了计算代价，使在线辨识与分类相关的关键信息的效率降低。因此，通过下式来代替费希尔判别法，以评价一个单独特征信息的区分度，即对于第 k 个特征，区分度可以表示为：

$$F_S(k)=\frac{S_B^{(k)}}{S_W^{(k)}} \tag{10.2.5}$$

其中 $S_B^{(k)}$ 和 $S_W^{(k)}$ 是 $\boldsymbol{S}_B$ 和 $\boldsymbol{S}_W$ 中的第 k 个对角元素，特征信息对应的 F_S 值越大，则相应的区分度指标越大，在分类时越重要。为进行快速特征选取，通过上式计算每一个特征信息的 F_S，并按照降序排序，然后选择排名较高的部分信息作为与分类相关的关键信息。

10.2.2　基于极限学习机的功角稳定性预测在线实施方法

基于 ELM 稳定评估模型的暂态过程稳定预测方法，进行在线应用时，主要包括如下步骤，具体流程图如图 10-3 所示：

（1）采集电力系统实时信息，判断系统是否发生故障或人为干预，若有，则进入步骤(2)进行预测，若没有，则继续进行检测；

（2）判断 ELM 稳定评估模型的输入信息是否存在缺失，若有，则进入步骤(3)，若输入信息完整则进入步骤(4)；

（3）对样本库进行在线修正，利用费希尔判别法快速重新选取影响电力系统暂态稳定的关键信息，并对 ELM 进行在线重新训练；

（4）利用 ELM 对输入的电力系统状态信息进行处理，输出电力系统稳定预测结果；

（5）结束电力系统稳定预测过程。

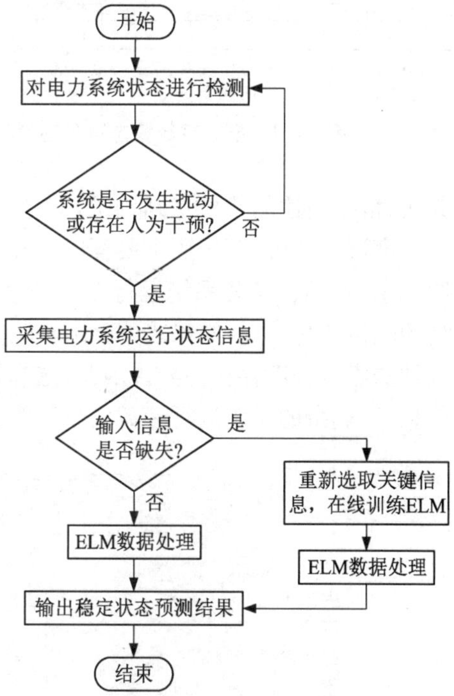

图 10-3　基于 ELM 稳定评估模型的电力系统暂态过程稳定预测方法流程图

10.2.3　基于极限学习机的暂态稳定预测模型应用分析

本节算例基于 IEEE 39 节点测试系统展开。用于学习和测试 ELM 的样本，均基于 Monte-Carlo 原理，一共产生学习样本数据 9 000 组，测试样本数据 1 000 组。在运行参数设置中，故障类型、负荷水平、故障地点、故障持续时间等参数，均服从一定的概率分布。

为保证 ELM 的训练数据的完备性，选择了反映系统稳态运行和扰动后动态过程的状态参数作为系统运行工况的特征。同时，将系统暂态过程的稳定性状态作为 ELM 的训练目标和输出结果，当系统中任意一台发电机与参考发电机（平衡机）的功角偏差超过180°时，则认为电力系统暂态过程不稳定，否则，认为电力系统暂态过程稳定，其ELM的输出结果状态分别用1和0表示，1代表电力系统暂态过程稳定，0代表电力系统暂态过程不稳定。图10-4中分别表示了电力系统暂态过程中系统稳定和不稳定的状态下发电机功角的典型运动轨迹，其中不稳定状态下存在两台发电机功角差大于180°的情况。

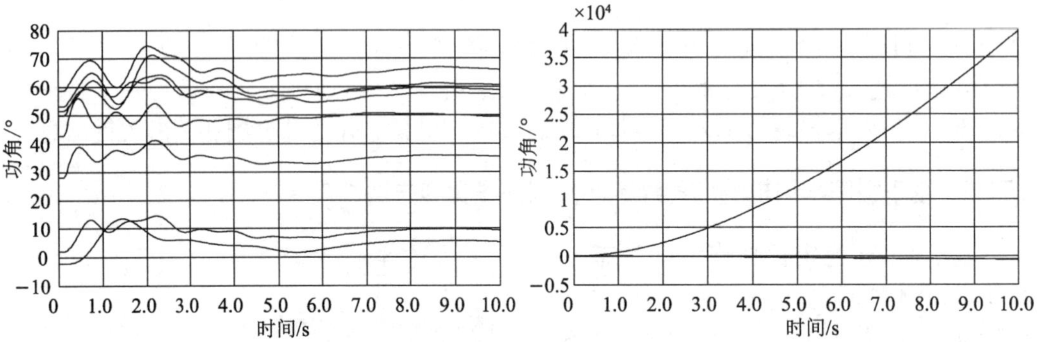

图10-4　电力系统暂态过程功角稳定与不稳定情况下发电机功角轨迹

其次，根据前述的费希尔判别法，对学习样本数据中各运行参数信息与系统稳定性的关联程度进行评价，并按照重要程度指标从大到小排序。

图10-5中给出了各系统运行参数信息按照费希尔判别法求出的指标值，按从大到小排列的幅值变化情况，结果表明，不同的系统运行参数信息对于电力系统暂态过程稳定性判别的影响程度存在差异。因此，选择较为关键的前100个系统运行参数信息作为关键信息，而剩余的系统运行参数信息作为备选信息。

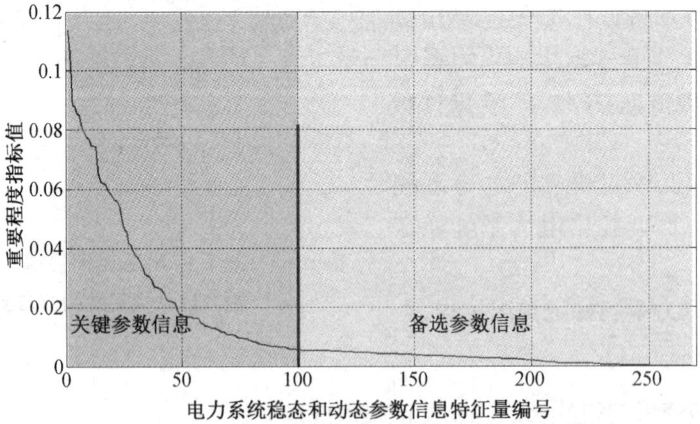

图10-5　电力系统运行参数信息重要程度指标排序

从图10-6中可以看出，与电力系统暂态过程稳定性区分强相关的信息，主要集中在电力系统故障前后运行参数的动态变化信息中，从关键信息的分布上来看，主要包括了系统扰动前后各节点电压幅值、相角的变化信息、系统扰动前后各发电机功角的变化信息以及系统扰动前后各发电机转子角速度的变化信息等。

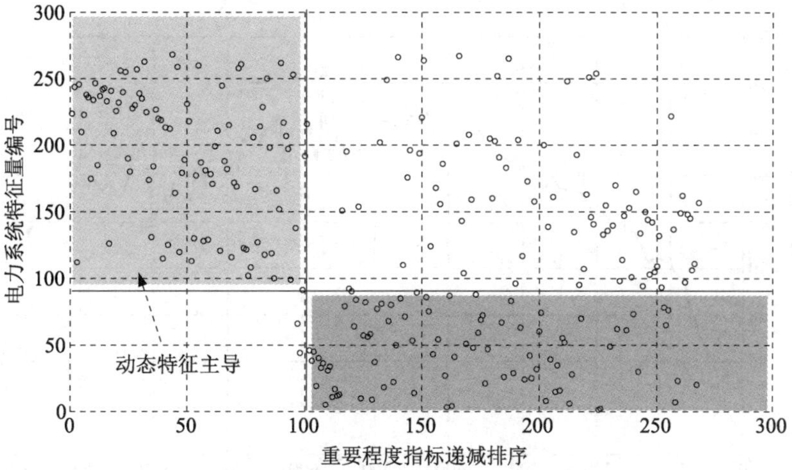

图 10-6 关键运行参数信息分布情况示意图

根据对样本数据作用的分类，一类用于训练 ELM 模型，包含 9 000 组样本数据，另一类用于测试 ELM 的预测效果，包含 1 000 组样本数据。首先考虑隐含节点数目对 ELM 预测结果准确度的影响，通过不断增加隐含节点数目实现；其次，考虑通信故障影响情况下，对关键信息重新选取和 ELM 重新训练的时间代价进行测试，分析此时 ELM 预测结果的准确度。

从图 10-7、图 10-8 和图 10-9 中可以看出，ELM 方法预测的准确度随着隐含节点数的变化先是逐渐递增，后趋于平缓，最终发生跌落，在隐含节点数初始增加的阶段，ELM 方法预测准确度增加，当隐含节点数目增加到一定程度时，ELM 方法预测准确度不再明显增加，反而略有下降，这是由于隐含节点数过多，使 ELM 产生过拟合，从而造成了预测准确度的降低。图 10-7、图 10-8 和图 10-9 中，三种情况下均存在预测准确度最优的节点数目，在考虑全部信息时，当隐含节点数为 1 960 时，ELM 预测结果准确度能够达到 97.86%，当隐含节点数超过 3 200 时，预测结果准确度开始有下降趋势；在仅考虑 50 种关键信息时，当隐含节点数为 500 时，ELM 预测结果准确度达到最优，为 96.67%；在仅考虑 100 种关键信息时，当隐含节点数为 1 350 时，ELM 预测结果准确度达到最优，为 97.46%。

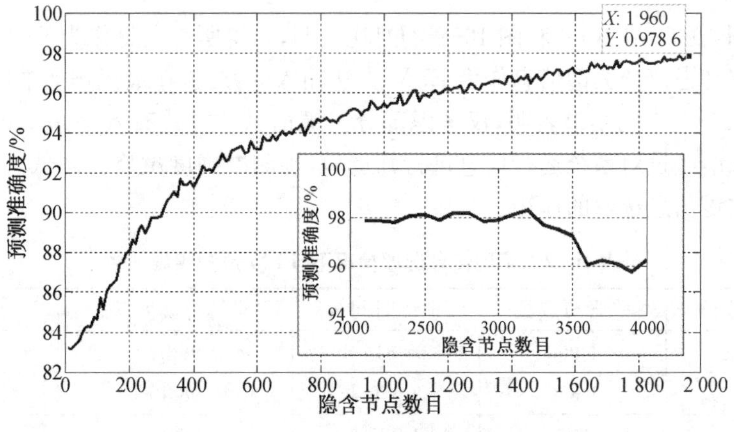

图 10-7 考虑全部信息时，ELM 方法预测准确度随隐含节点数变化趋势

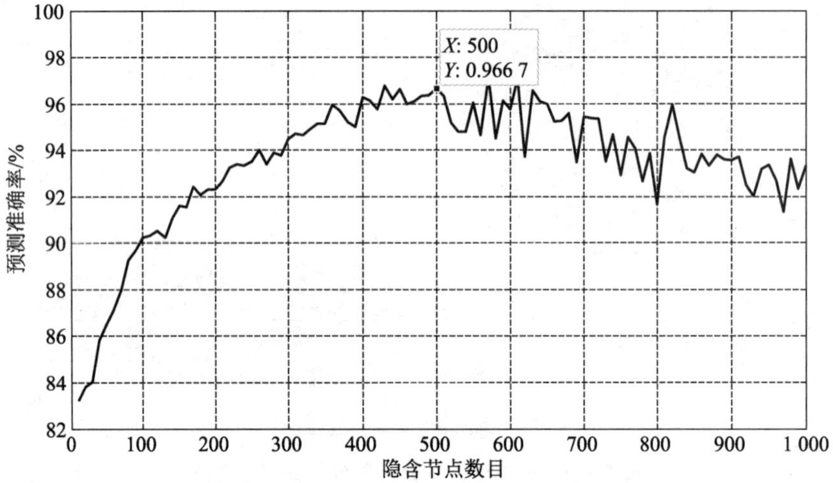

图 10-8　仅考虑 50 组关键信息时，ELM 方法预测准确度随隐含节点数变化趋势

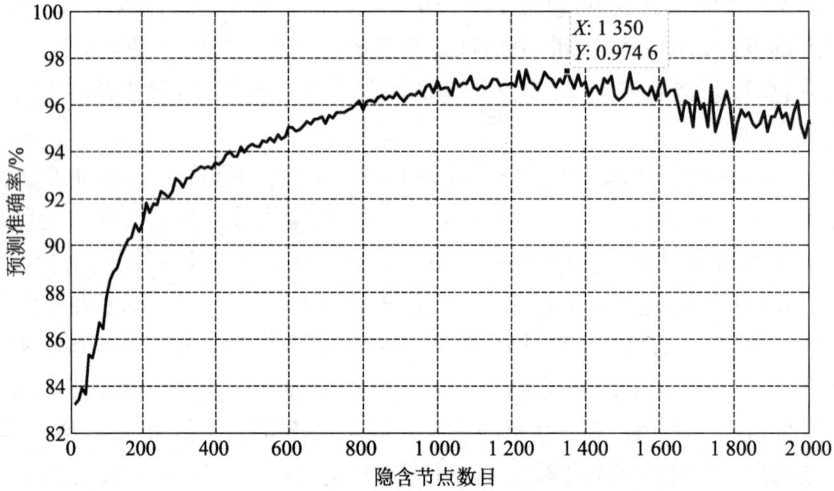

图 10-9　仅考虑 100 组关键信息时，ELM 方法预测准确度随隐含节点数变化趋势

同时，图 10-7、图 10-8 和图 10-9 的对比表明，与将所有信息作为 ELM 方法输入的方式相比，仅考虑部分关键信息作为 ELM 方法输入的方式，在最优预测准确度方面略有降低。但表 10-2 中的结果表明，仅考虑部分关键信息的方式有效缩短了训练耗时和预测耗时。因此，经过对系统运行信息进行筛选后，预测准确度虽略有降低，但计算耗时减小，体现出关键信息选取的作用。

表 10-2　不同信息选取情况下，ELM 预测实施效果

选取信息数目	隐含节点数	训练时间/s	训练准确度/%	预测时间/s
全部选取	1 960	65.816 8	98.32	0.391 6
100	1 350	8.559 4	98.49	0.078 1
50	500	1.281 3	98.45	0.039 1

利用 ELM 对系统状态进行预测时,虽然具有较高的预测准确度,但仍然存在发生预测错误的可能。在该部分中,着重对 ELM 预测发生错误的情况进行分析,以探讨提高 ELM 预测准确度的方法。针对 ELM 预测方法,进行多组测试数据重复测试实验,记录 ELM 的输出结果以及预测结果准确情况。在预测正确与预测错误的情况下,ELM 的输出结果作散点图,其分布情况如图 10-10 所示。

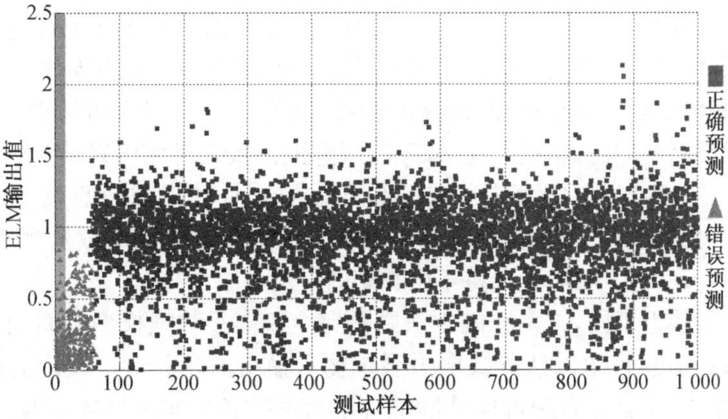

图 10-10　预测正确与错误情况下,ELM 输出结果分布散点图

从图 10-10 中可以看出,在预测发生错误的情况中,虽然存在部分 ELM 输出结果接近数值 1 的情况,但大部分的 ELM 输出结果集中在区间 0～0.8 内,在区间 0～0.5 内尤为密集;而当 ELM 输出结果超过 0.8 时,几乎没有发生预测错误的情况。因此,通过对 ELM 输出结果的检测,判断 ELM 预测结果的可靠性,亦可通过其他方法进行校验、修正,以提高 ELM 电力系统暂态过程稳定评估模型的预测准确度。

10.3　频率响应模型与人工智能相结合的频率动态特征预测技术

影响电网受扰后频率动态特性的因素主要有故障类型、故障地点、电网当前运行状态、发电机组/负荷参数、网络拓扑结构等。现有的电网频率动态分析方法主要有全时域仿真法、单机等值模型法和人工智能方法。在全网模型参数精确完善的基础上,全时域仿真法能够准确地再现电网各节点的频率动态变化过程。该类方法的准确性建立在耗费大量计算资源迭代求解高阶非线性微分代数方程组的基础上,因此适用于大型电网频率动态过程的离线分析,而不适用于在线分析或决策。单机等值模型法和人工智能方法通过对系统的简化考虑,适当牺牲分析精度,能够大幅提高计算效率,因此更加适合在线运行。单机等值模型法通过对系统进行简化等值,快速获取系统频率动态特性。影响系统频率响应的主要因素是电网中发电机和负荷相关特性,因此忽略网络拓扑影响;考虑到电力系统频率主要和有功功率相关,因此忽略发电机/负荷的电压动态特性。在上述假设前提下,将全网发电机/负荷模型等值成单机带集中负荷模型,并在此基础上开展频率稳定性分析。常用的单机等值模型有平均系统频率模型(Average System Frequency, ASF)和系统频率响应模型(System Frequency Response, SFR)。ASF 模型将系统中所有同步发电机的转子运动方程进行聚合，等效成一个等值转子方程，与此同时保留各同步发电机的调速器-原动机模型，并将所有的机械输出功率求和作用于等值转子。ASF 模型基于全时域模型进行简化，并最大限度地保留了对系统频率动态影响最大的发电机调速系统。但由于 ASF 模型中发电机组的调速器-原动机模型仍然包含非线性环节，需要进行逐步积分求解，限制了其在线应用范围。因此考虑对该模型进行进一步简化，将调速器-原动机模型进行等值，忽略其中较小的时间常数环节和限幅环节，并忽略非线性环节，以获得频率响应的解析解，即系统频率响应模型。由于 SFR 方法进行了大量简化，计算速度大幅提高的同时，精度相比 ASF 有所降低。从全时域仿真模型到 ASF 模型再到 SFR 模型，是从物理模型层面对系统频率动态响应分析精度和计算效率之间的取舍过程。现有的针对物理模型的研究通常都是采用数学降阶方法或广域量测信息模型修正方法等寻找二者之间的平衡，以支持不同类型的应用。

与上述两类模型不同，人工智能方法则是完全脱离了物理模型层面，利用近些年来发展迅速的数据信息科学方法寻找电力系统输入输出的相关性。理论上讲，若具备充足、精确的样本，人工智能方法可以精确拟合电力系统各种非线性环节的响应特性。但样本选取方式、样本质量以及所采用的人工智能方法将直接影响该方法的有效性。相比较人工智能应用的其他领域，电力系统稳定领域的数据之间往往包含着天然的物理关系(如基尔霍夫定律和欧姆定律)，而现有的人工智能方法并没有有效结合数据之间本身的物理规律。

10.3.1 电力系统频率响应模型

通常认为电力系统频率具备全网统一性。这并不是指全网各节点频率在任意时刻保持严格一致，而是围绕一个平均频率轻微波动。在电力系统受扰后针对该平均频率进行快速预测能够为在线控制策略赢得时间。系统频率响应模型的出发点是将电网中多台发电机组之间的同步振荡频率忽略，只保留系统平均频率响应特征，其简化过程如下。

针对一个主要由再热式火电机组构成的大型电力系统，目标是将系统降阶，用最少的方程描述系统平均频率。在该系统中，加速能量经由独立调速器对旋转质量块的动态响应进行独立控制，典型结构如图 10-11 所示。

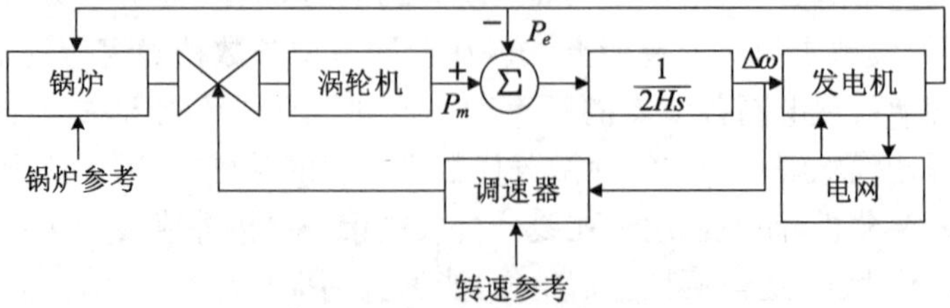

图 10-11 发电系统频率控制框图

SFR 模型只关注引起转子轴转速变化的相关频率，忽略响应速度过慢的锅炉部分的热动力系统以及响应速度过快的发电机电磁动态。简化后的低阶模型包括伺服调速电机、汽轮机和惯性环节，如图 10-12 所示。

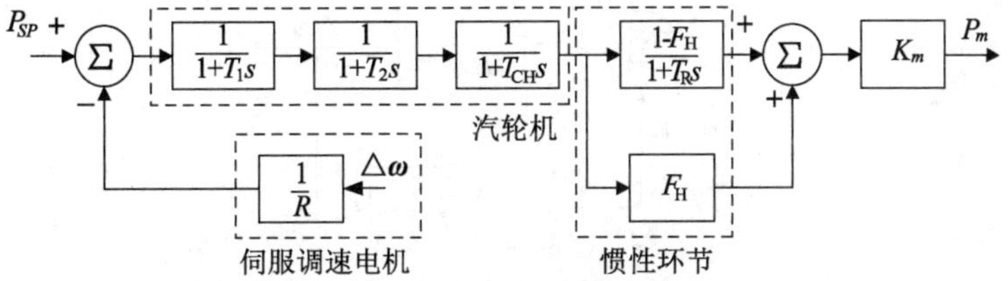

图 10-12　典型再热式汽轮发电机模型

当前系统中最大的时间常数是原动机再热时间常数 T_R，其值通常范围在 6～12 s，最大程度上决定了原动机功率输出的响应特性。第二大时间常数为系统惯性时间常数 H，通常在 3～6 s。第三大时间常数为调速器调差系数倒数 $1/R$，在控制框图中体现为增益。保留上述时间常数而忽略其他所有较小时间常数，可得如图 10-13 所示的降阶模型。

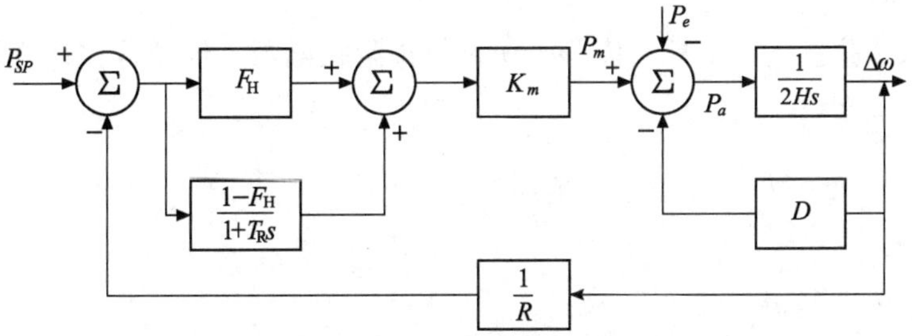

图 10-13　降阶 SFR 模型

其中，P_{SP} 为负荷增量设定标幺值；P_m 为原动机机械功率标幺值；P_e 为发电机电磁功率标幺值；$P_a=P_m-P_e$ 为加速功率标幺值；$\Delta\omega$ 为转速增量标幺值；F_H 为原动机高压缸做功比例标幺值；T_R 为原动机再热时间常数标幺值；H 为惯性时间常数，单位为秒；D 为发电机等效阻尼系数；K_m 为备用系数。

根据图 10-13，其传递函数表示为：

$$\Delta\omega=\left(\frac{R\omega_n^2}{DR+K_m}\right)\left(\frac{K_m(1+F_H T_R s)P_{SP}-(1+T_R s)P_e}{s^2+2\zeta\omega_n s+\omega_n^2}\right) \tag{10.3.1}$$

其中，

$$\omega_n^2=\frac{DR+K_m}{2HRT_R} \tag{10.3.2}$$

$$\zeta=\left(\frac{2HR+(DR+K_m F_H)T_R}{2(DR+K_m)}\right)\omega_n \tag{10.3.3}$$

在大部分研究中，通常只对发电机电磁功率突变后系统频率响应感兴趣。因此，采用扰动功率 P_d 表示不平衡功率变化，作为输入量，当 $P_d>0$ 时表示发电功率突然超出负荷功率，反之亦然。对上述系统进行进一步简化，如图 10-14 所示。

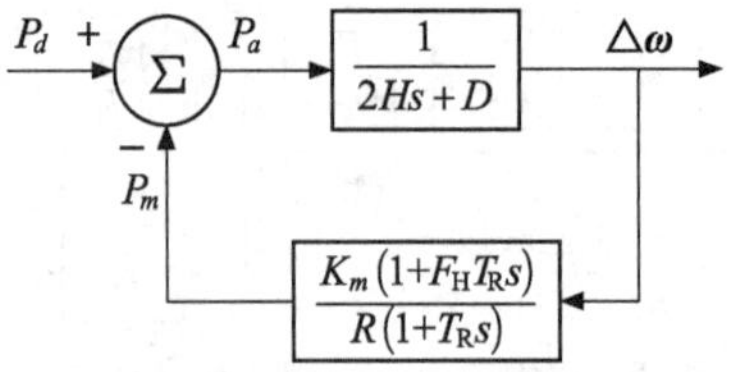

图 10-14　输入量为负荷扰动的简化 SFR 模型

因此频率响应可以进一步表示为：

$$\Delta\omega = \left(\frac{R\omega_n^2}{DR+K_m}\right)\left(\frac{(1+T_R s)P_d}{s^2+2\zeta\omega_n s+\omega_n^2}\right) \tag{10.3.4}$$

对于突变的扰动功率，通常将其表示为一个阶跃函数：

$$P_d(t) = P_{\mathrm{Step}}u(t) \tag{10.3.5}$$

其中，P_{Step} 是扰动幅度标幺值；$u(t)$ 是单位阶跃函数。经拉普拉斯变换，上式可表示为：

$$P_d(s) = \frac{P_{\mathrm{Step}}}{s} \tag{10.3.6}$$

代入式(10.3.4)得：

$$\Delta\omega = \left(\frac{R\omega_n^2}{DR+K_m}\right)\left(\frac{(1+T_R s)P_{\mathrm{Step}}}{s(s^2+2\zeta\omega_n s+\omega_n^2)}\right) \tag{10.3.7}$$

上式可以解析求解，其时域表达式为：

$$\Delta\omega(t) = \left(\frac{RP_{\mathrm{Step}}}{DR+K_m}\right)\left[1+\alpha \mathrm{e}^{-\zeta\omega_n t}\sin(\omega_r t+\phi)\right] \tag{10.3.8}$$

其中，

$$\alpha = \sqrt{\frac{1-2T_R\zeta\omega_n+T_R^2\omega_n^2}{1-\zeta^2}} \tag{10.3.9}$$

$$\omega_r = \omega_n\sqrt{1-\zeta^2} \tag{10.3.10}$$

$$\phi = \phi_1 - \phi_2 = \arctan\left(\frac{\omega_r T_R}{1-\zeta\omega_n T_R}\right) - \arctan\left(\frac{\sqrt{1-\zeta^2}}{-\zeta}\right) \tag{10.3.11}$$

10.3.2　基于极限学习机的系统频率响应模型校正方法

极限学习机以其学习速度快、算法简单和精度高的优势，已在电力系统负荷预测研究和新能源发电功率预测研究等方面得到应用。然而在电力系统暂态稳定态势预测方面应用暂时还较少。这是由于机器学习方法有效应用的前提是具备高质量和高数量的样本，而实际电力系统暂态问题发生频率较低，不足以提供大量样本，因此需要高精度的仿真模拟提供样本数据。这带来的问题是，根据有限数量的样本，单纯利用机器学习方法去挖掘数据内部强非线性联系往往容易产生较大误差，训练结果距离实际应用需求较远。而相比较负荷或发电预测领域研究，电力系统暂态稳定领域的样本数据之间往往包含着天然的物理关系。因此考虑将基于物理模型的处理方法融入机器学习，增加输入数据的信息含量，提高机器学习方法的精度。

极限学习机的性能主要取决于输入特征的选取，当输入特征与输出结果的相关性较高时，性能就更好。在电力系统频率动态特征预测中，极限学习机的输入特征一般为可直接获取的暂态过程前稳态潮流数据(包括各发电机有功、无功输出，系统总有功、无功功率和负荷功率等)和描述暂态事件特征的数据(如切机故障的系统发电和负荷有功功率缺额)。在实际物理系统中，这些输入数据通过物理模型与输出数据产生联系，决定系统暂态过程态势。SFR 模型方法对中间的物理模型进行简化作为输入和输出之间的联系；而极限学习机方法则是通过神经网络猜测/拟合中间模型而找寻输入和输出之间的联系。考虑通过 SFR 模型方法保留电力系统输入输出数据之间较为明显的物理模型联系，而通过 ELM 方法取猜测/拟合由于 SFR 简化造成的数据联系丢失，从而得到保留了 SFR 快速计算特性且精度大幅提高的态势预测结果。其基本逻辑思想如图 10-15 所示。

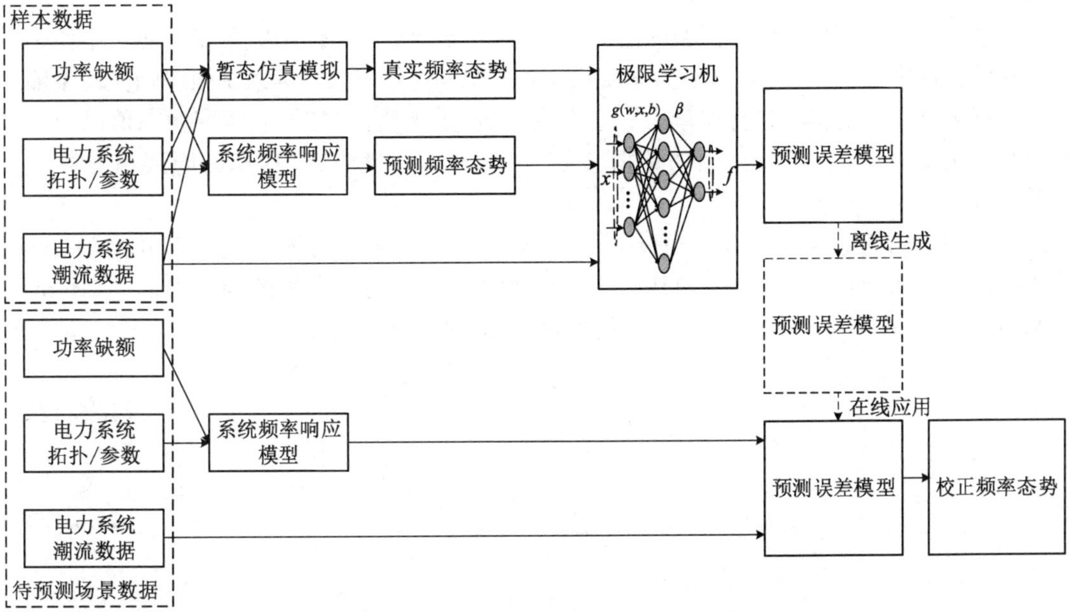

图 10-15　基于极限学习机的系统频率响应模型校正方法流程

通过 SFR 模型将 ELM 方法无法考虑的电力系统网络拓扑结构和机组参数等信息与当前功率缺额进行计算，得到初步的频率态势预测；然后将该态势预测结果与实际数据(即暂态仿真结果)比较得到 SFR 预测误差；该误差是由于模型简化、无功-电压问题的忽略等造成的，因此，将其与稳态运行数据(即暂态过程前潮流数据)共同作为极限学习机的输入，利用机器学习的方法寻找二者之间的联系，从而形成预测误差修正模型。将预测误差模型与 SFR 模型共同应用，即可得到校正后的频率态势模型。

需要说明的是，SFR 模型预测结果是频率时域变化的解析表达式，无法直接作为 ELM 方法的输入。对电力系统扰动后频率响应特性而言，最值得关注的三个特征量为：频率变化极值、极值出现时间以及频率稳态值（如果可以恢复）。因此选取这三个量作为频率态势特征值，通过修正 SFR 模型方法对这些变量的预测结果以获得对受扰系统频率态势真实感知。

10.3.3 电力系统受扰频率态势特征计算方法性能分析

采用 IEEE 10 机 39 节点测试系统标准算例对所提算法的效率及精度进行验证。系统基准频率为 50 Hz，基态有功负荷为 6 150 MW，总旋转备用为 1 047 MW，平均分布在各台发电机组。

为模拟不同工况下电力系统运行场景，修改系统整体负荷水平，使之满足[0.8，1.07]之间的均匀随机分布；对所有节点的注入功率乘以[0.9，1.1]区间内正态分布随机数，并由系统平衡节点保持系统功率平衡。设置发电机跳开故障，除 39 号母线平衡节点外，每个样本跳开其余 9 台机组中的一台，循环 120 次。由此，产生 1 080 个样本算例。采用 MATLAB PST3.0 软件对样本算例进行时域仿真作为样本真实频率态势。采用所提算法对受扰后频率态势进行预测，采用“10 次 10 折交叉验证”方法对所提算法精度进行计算。

系统频率动态特征预测模型的输入包括：39 条母线注入有功功率和无功功率作为工况特征数据；10 个发电机节点频率变化率和系统发电机参数作为系统频率响应模型输入。极限学习机的输入包含惯量中心频率变化极值、极值出现时间、频率稳态值以及发电机和负荷母线注入有功、无功数据共 81 个属性。经过测试，选择的隐层节点数量为 375。

采用平均绝对误差（Mean Absolute Error，MAE）和平均绝对误差百分比（Mean Absolute Percentage Error，MAPE）以及回归问题性能度量常用的均方根误差（Root-Mean Squared Error，RMSE）等三个指标对算法精度进行对比：

$$E_{\mathrm{MAE}}(f;D)=\frac{1}{m}\sum_{i=1}^{m}|f(x_i)-y_i| \tag{10.3.12}$$

$$E_{\mathrm{MAPE}}(f;D)=\frac{1}{m}\sum_{i=1}^{m}\frac{|f(x_i)-y_i|}{|f(x_i)|}\times 100\% \tag{10.3.13}$$

$$E_{\mathrm{RMSE}}(f;D)=\sqrt{\frac{1}{m}\sum_{i=1}^{m}(f(x_i)-y_i)^2} \tag{10.3.14}$$

其中，$D=\{(x_1, y_1), (x_2, y_2), \cdots, (x_m, y_m)\}$ 为给定样本集；y_i 为 x_i 的真实值；f 为预测方法函数。

在随机生成的 1 080 个样本算例仿真结果中，平均频率跌落幅值 0.565 1 Hz，时间 5.948 7 s，稳态频率偏差 0.233 8 Hz。采用 SFR 与 ELM 融合的预测方法与 SFR 模型方法对系统受扰后频率态势特征进行预测的比对结果如表 10-3 和表 10-4 所示。

表 10-3 融合方法与 SFR 方法预测结果对比——MAE/MAPE

MAE/MAPE	最低频率预测误差(Hz)/%	最低频率出现时间预测误差(s)/%	50 s 时稳态频率预测误差(Hz)/%	计算时间/s
SFR 模型方法	0.243 8/43.1	2.723 9/45.8	0.219 5/94.0	0.077 8
融合方法	0.032 7/5.79	0.261 6/4.40	0.010 7/4.58	0.005 6

表 10-4 融合方法与 SFR 方法预测结果对比——RMSE

RMSE	最低频率预测误差/Hz	最低频率出现时间预测误差/s	50 s 时稳态频率预测误差/Hz
SFR 模型方法	0.327 3	3.446 7	0.305 6
融合方法	0.051 8	0.427 1	0.016 6

采用融合方法时平均学习时间为 0.18 s。选取"10 次 10 折交叉验证"100 次测试结果中的一次，如图 10-16 所示。

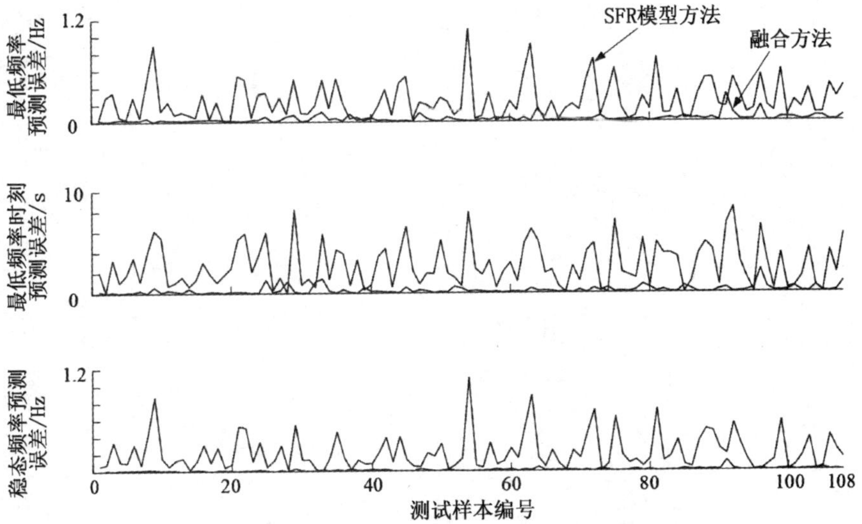

图 10-16 融合方法与 SFR 模型方法测试结果

由于该系统备用容量比例较高，系统稳定裕度较大，因此单台发电机组切除后最低频率跌落幅度不大（平均跌落至 49.434 9 Hz）。融合方法的计算结果误差分别达到 0.032 7 Hz、0.261 6 s 和 0.010 7 Hz，相对误差在 5%左右，但总体比 SFR 模型方法仍有大幅优势。通过 RMSE 指标对比，融合方法误差分布较为稳定，因此具备较高可靠性。在电网结构更为复杂的情况下，融合方法的计算时间并没有显著提高，完全能够满足在线应用处理速度需求。

本章在介绍 ELM 算法原理的基础上，分别从电力系统功角稳定性分析、电力系统频率故障特性分析两个角度，对 ELM 的应用过程进行了详细介绍。在电力系统功角稳定性分析中，对电力系统运行参数信息进行区分，确定将对电力系统暂态稳定性影响较大的信息作为关键信息，并作为 ELM 的输入，对 ELM 进行训练；其次，当进行在线应用时，仅需将量测的关键信息输入 ELM 电力系统暂态过程稳定评估模型，即可获得电力系统暂态稳定预测结果。在电力系统频率故障特性分析中，利用 WAMS 提供的广域量测数据，将电力物理模型融入 ELM 算法，在保留电力系统物理本质的基础上，利用高效的学习算法对简化物理模型计算结果进行修正，从而得到能够同时满足在线计算速度和精度的预测模型。

参 考 文 献

[1] 周孝信，李汉香，吴中习. 电力系统计算[M]. 北京:水利电力出版社，1988.

[2] 薛禹胜. 运动稳定性量化理论:非自治非线性多刚体系统的稳定性分析[M]. 南京:江苏科学技术出版社，1999.

[3] 倪以信,陈寿孙,张宝霖. 动态电力系统的理论和分析[M]. 北京：清华大学出版社，2002.

[4] 周双喜,朱凌志,郭锡玖,等. 电力系统电压稳定性及其控制[M]. 北京:中国电力出版社，2004.

[5] 王锡凡. 现代电力系统分析[M]. 北京:科学出版社，2003.

[6] 张伯明,陈寿孙,严正. 高等电力网络分析 [M]. 2版. 北京:清华大学出版社,2007.

[7] 陈珩. 电力系统稳态分析(第四版) [M]. 北京:中国电力出版社,2018.

[8] Kundur P. Power System Stability and Control[M]. New York：Mc Graw Hill，Inc.，1994.

[9] Li F X，Qiao W，Sun H B，et al. Smart Transmission Grid：Vision and Framework[J]. IEEE Transactions on Smart Grid，2010,1(2)：168-177.

[10] 孙华东，汤涌，马世英. 电力系统稳定的定义与分类述评[J]. 电网技术,2006，30(17)：31-35.

[11] Gan D，Thomas R J，Zimmerman R D. Stability-constrained optimal power flow[J]. IEEE Transactions on Power Systems，2000，15(2)：535-540.

[12] 孙元章，杨新林，王海风. 考虑暂态稳定性约束的最优潮流问题[J]. 电力系统自动化，2005，29(16)：56-59.

[13] 方斯顿，程浩忠，徐国栋，等. 随机最优潮流及其应用的研究综述[J]. 电力自动化设备，2016，36(11)：1-10.

[14] 陈宝林. 最优化理论与算法[M]. 2版. 北京：清华大学出版社，2005.

[15] 希利尔，利伯曼. 运筹学导论[M]. 9版. 北京：清华大学出版社，2010.

[16] 邢文训，谢金星. 现代优化计算方法[M]. 2版. 北京：清华大学出版社，2005.

[17] 万仲平，费浦生. 优化理论与方法[M]. 武汉：武汉大学出版社，2004.

[18] 马昌凤. 最优化方法及其 Matlab 程序设计[M]. 北京：科学出版社，2010.

[19] 袁亚湘，孙文瑜. 最优化理论与方法[M]. 北京：科学出版社，1997.

[20] 席少霖. 非线性最优化方法[M]. 北京：高等教育出版社，1992.

[21] 鞠平. 电力系统建模理论与方法[M].北京:科学出版社,2010.

[22] Soliman S A H，Mantawy A A H. Modern Optimization Techniques with Applications in Electric Power Systems[M]. New York：Springer，2012.

[23] 姚建国,杨胜春,王珂. "源-网-荷"互动环境下电网调度控制[M]. 北京：中国电力出版社，2020.

[24] 刘明波，王晓村. 内点法在求解电力系统优化问题中的应用综述[J]. 电网技术，1999，23(8)：61-64.

[25] 张勇军，任震，李邦峰. 电力系统无功优化调度研究综述[J]. 电网技术，2005，29(2)：50-56.

[26] 程改红，朱庆春，燕京. 基于损耗最小化的南方西电东送通道功率优化分配实用方法[J]. 中国电力，2020，53(10)：200-205.

[27] 文劲宇，刘沛，程时杰. 遗传算法及其在电力系统中的应用(下)[J]. 电力系统自动化，1996，20(11)：57-60.
[28] 万秋兰，单渊达. 对应用直接法分析电力系统暂态稳定性的再认识[J]. 电力系统自动化，1998，22(9)：13-15.
[29] 汤奕，崔晗，李峰，等. 人工智能在电力系统暂态问题中的应用综述[J]. 中国电机工程学报，2019，39(1)：2-13.
[30] Shi Q X, Li F X, Cui H T. Analytical method to aggregate multi-machine SFR model with applications in power system dynamic studies[J]. 2019 IEEE Power & Energy Society General Meeting (PESGM)，2019：1.
[31] 张粒子，陈之栩，舒隽. 基于微粒群优化算法的阻塞管理[J]. 中国电机工程学报，2005，25(22)：73-77.
[32] 肖力. 基于人工免疫算法的配电网络重构[J]. 微计算机信息，2007，23(34)：284-285.
[33] 袁晓辉，袁艳斌，张勇传. 电力系统中机组组合的现代智能优化方法综述[J]. 电力自动化设备，2003，23(2)：73-78.
[34] 马煜普，乔颖，鲁宗相，等. 考虑风电特性的中期－日前嵌套式机组组合优化[J]. 电网技术，2019，43(11)：3908-3917.
[35] 陈海焱，陈金富，段献忠. 含风电场电力系统经济调度的模糊建模及优化算法[J]. 电力系统自动化，2006，30(2)：22-26.
[36] 翁振星，石立宝，徐政，等. 计及风电成本的电力系统动态经济调度[J]. 中国电机工程学报，2014，34(4)：514-523.
[37] 丁涛，郭庆来，柏瑞，等. 考虑风电不确定性的区间经济调度模型及空间分支定界法[J]. 中国电机工程学报，2014，34(22)：3707-3714.
[38] 陈国平，董昱，梁志峰. 能源转型中的中国特色新能源高质量发展分析与思考[J]. 中国电机工程学报，2020，40(17)：5493-5506.
[39] 康重庆，姚良忠. 高比例可再生能源电力系统的关键科学问题与理论研究框架[J]. 电力系统自动化，2017，41(9)：2-11.
[40] 权然，金国彬，陈庆，等. 源网荷储互动的直流配电网优化调度[J]. 电力系统及其自动化学报，2021，33(2)：41-50.
[41] 程耀华，张宁，王佳明，等. 面向高比例可再生能源并网的输电网规划方案综合评价[J]. 电力系统自动化，2019，43(3)：33-42.
[42] 杨卫东，薛禹胜，荆勇，等. 用EEAC分析南方电网中一个难以理解的算例[J]. 电力系统自动化，2004，28(22)：23-26.
[43] 吴俊，薛禹胜，舒印彪，等. 大规模可再生能源接入下的电力系统充裕性优化（三)多场景的备用优化[J]. 电力系统自动化，2019，43(11)：1-7.
[44] 谢小荣，姜齐荣. 柔性交流输电系统的原理与应用[M]. 北京：清华大学出版社，2006.
[45] 徐筝，孙宏斌，郭庆来. 综合需求响应研究综述及展望[J]. 中国电机工程学报，2018，38(24)：7194-7205.
[46] 潘扬，石立宝，姚诸香，等. 考虑多风电场出力耦合特性的热电联合优化调度[J]. 电力自动化设备，2019，39(8)：232-238.
[47] 王毅，张宁，康重庆. 能源互联网中能量枢纽的优化规划与运行研究综述及展望[J]. 中国电机工程学报，2015，35(22)：5669-5681.
[48] 李国庆，刘钊，金国彬，等. 基于随机分布式嵌入框架及BP神经网络的超短期电力负荷预测[J]. 电网技术，2020，44(2)：437-445.

[49] Zimmerman R D, Murillo-Sánchez C E, Thomas R J. MATPOWER: steady-state operations, planning, and analysis tools for power systems research and education[J]. IEEE Transactions on Power Systems, 2011, 26(1): 12-19.

[50] Beerten J, Belmans R. Development of an open source power flow software for high voltage direct current grids and hybrid AC/DC systems: MATACDC[J]. IET Generation, Transmission & Distribution, 2015, 9(10): 966-974.

[51] 王琦. 电力信息物理融合系统的负荷紧急控制理论与方法[D].南京:东南大学, 2017.

[52] 李峰. CPS环境下的电力系统暂态过程轨迹预测技术研究[D]. 南京:东南大学, 2016.

[53] 孙大松. 主配一体化电网的风险评估技术研究[D].南京:东南大学, 2020.

[54] 胡健雄. 直流输电系统参数测辨与在线校正方法研究[D].南京:东南大学, 2021.

[55] Li Z, Zhang T Q, Wang Y R, et al. Fault Self-recovering Control Strategy of Bipolar VSC-MTDC for Large-scale Renewable Energy Integration[J]. IEEE Transactions on Power Systems, 2021.

[56] Ning J, Tang Y, Chen Q, et al. A Bi-Level Coordinated Optimization Strategy for Smart Appliances Considering Online Demand Response Potential[J]. Energies, 2017, 10(4):1-16.

[57] 袁泉, 汤奕. 基于路-电耦合网络的电动汽车需求响应技术[J]. 中国电机工程学报, 2021, 41(5): 1627-1637.

[58] 拜润卿, 常平, 刘文飞, 等. 光热电站促进风电消纳的电力系统优化调度[J].电测与仪表,2020,57(22):1-6.

[59] 吴方, 桂湘云. 一类具有 $n+1$ 个参数的变测度算法[J]. 数学学报, 1981, 24(6): 921-930.

[60] Feng S, Chen J N, Tang Y. Identification of Low Frequency Oscillations Based on Multidimensional Features and ReliefF-mRMR[J]. Energies, 2019, 12(4): 1-18.

[61] Lofberg J. YALMIP: A toolbox for modeling and optimization in MATLAB[C]. IEEE, 2004.

[62] 崔翰韬.含间歇性电源区域电网的互补优化调度研究[D]. 南京: 东南大学,2013.